Linux
典藏大系

Linux

服务器架设实战

林天峰 谭志彬◎编著

清华大学出版社
北京

内 容 简 介

本书是获得大量读者好评的"Linux 典藏大系"中的《Linux 服务器架设指南》(第 2 版)的升级版。本书以 Red Hat Enterprise Linux 9 为例,结合大量实例详细介绍各种网络服务的安装、运行和配置等相关知识。**本书提供配套教学视频、思维导图和教学 PPT 等超值配套资料,帮助读者高效、直观地学习。**

本书共 21 章,分为 3 篇。第 1 篇"架站基础知识",涵盖的主要内容有网络硬件基础知识、Linux 服务器架设规划、Linux 系统安装、Linux 系统管理与优化、Linux 网络接口配置、Linux 网络管理与故障诊断。第 2 篇"Linux 主机与网络安全",涵盖的主要内容有 Linux 主机安全、Linux 系统日志、Linux 路由配置、Linux 防火墙配置、Snort 入侵检测系统。第 3 篇"Linux 常见服务器架设",涵盖的主要内容有 SSH、VNC、DHCP、DNS、Web、MySQL、Postfix、NFS、Samba、Squid、LDAP 和 NTP 服务器的架设以及容器管理。

本书内容通俗易懂,讲解循序渐进,适合已经掌握 Linux 操作系统基础知识,并对网络应用有初步了解的 Linux 服务器架设人员阅读,也适合 Linux 系统管理、维护和开发的相关人员学习与参考,还适合高等院校相关专业和培训机构作为教材。

本书封面贴有清华大学出版社防伪标签,无标签者不得销售。

版权所有,侵权必究。举报:**010-62782989,beiqinquan@tup.tsinghua.edu.cn**。

图书在版编目(CIP)数据

Linux 服务器架设实战 / 林天峰,谭志彬编著. —北京:清华大学出版社,2023.11
(Linux 典藏大系)
ISBN 978-7-302-64768-3

Ⅰ. ①L… Ⅱ. ①林… ②谭… Ⅲ. ①Linux 操作系统—网络服务器 Ⅳ. ①TP316.85

中国国家版本馆 CIP 数据核字(2023)第 194682 号

责任编辑:王中英
封面设计:欧振旭
责任校对:徐俊伟
责任印制:丛怀宇

出版发行:清华大学出版社
   网 址:https://www.tup.com.cn,https://www.wqxuetang.com
   地 址:北京清华大学学研大厦 A 座   邮 编:100084
   社 总 机:010-83470000   邮 购:010-62786544
   投稿与读者服务:010-62776969,c-service@tup.tsinghua.edu.cn
   质量反馈:010-62772015,zhiliang@tup.tsinghua.edu.cn
印 装 者:涿州汇美亿浓印刷有限公司
经 销:全国新华书店
开 本:185mm×260mm   印 张:30   字 数:751 千字
版 次:2023 年 12 月第 1 版   印 次:2023 年 12 月第 1 次印刷
定 价:119.00 元

产品编号:100985-01

前　　言

　　Linux 是一种开放源代码的操作系统，自诞生以来，在全世界 Linux 爱好者的共同努力下，其性能不断完善。Linux 具有稳定、安全、网络负载力强和占用硬件资源少等特点，得到了全世界用户的青睐，如今已成为主流操作系统之一。

　　Linux 不但可以作为桌面操作系使用，而且在服务器领域更是得到了广泛的应用。目前，Linux 在服务器操作系统的占有率接近 70%，是占有率最高的操作系统。很多企业和行政事业单位把自己的关键业务构建在了 Linux 服务器平台上。实践证明，Linux 操作系统不仅拥有商业操作系统所具备的性能，而且在保护信息安全、充分利用硬件资源和降低成本等方面具有很大的优势。

　　本书是获得大量读者好评的"Linux 典藏大系"中的《Linux 服务器架设指南》（第 2版）的升级版。为了让读者能够了解并掌握网络服务器架设的最新技术，本书在第 2 版的基础上进行了全面改版。为了更加贴合本书特色，本次升级改版对书名做了细微调整。本书基于主流 Linux 操作系统版本——Red Hat Enterprise Linux 9（RHEL 9），详细介绍在Linux 操作系统上构建各种网络服务的方法。本书实践性强，相信读者在新版图书的引领下，完全可以把所学的知识直接应用在实际项目中。

关于"Linux 典藏大系"

　　"Linux 典藏大系"是专门为 Linux 技术爱好者推出的系列图书，涵盖 Linux 技术的方方面面，可以满足不同层次和各个领域的读者学习 Linux 的需求。该系列图书自 2010年 1 月陆续出版，上市后深受广大读者的好评。2014 年 1 月，创作者对该系列图书进行了全面改版并增加了新品种。新版图书一上市就大受欢迎，各分册长期位居 Linux 图书销售排行榜前列。截至 2023 年 10 月底，该系列图书累计印数超过 30 万册。可以说，"Linux典藏大系"是 Linux 图书市场上的明星品牌，该系列中的一些图书多次被评为清华大学出版社"年度畅销书"，还曾获得"51CTO 读书频道"颁发的"最受读者喜爱的原创 IT技术图书奖"，另有部分图书的中文繁体字版在中国台湾出版发行。该系列图书的出版得到了国内 Linux 知名技术社区 ChinaUnix（简称 CU）的大力支持和帮助，读者与 CU 社区中的 Linux 技术爱好者进行了广泛的交流，取得了良好的学习效果。另外，该系列图书还被国内上百所高校和培训机构选为教材，得到了广大师生的一致好评。

关于本书

　　随着技术的发展，《Linux 服务器架设指南》（第 2 版）与当前 Linux 的几个流行版本有所脱节，这给读者的学习带来了不便。应广大读者的要求，笔者结合 Linux 技术的新近发展，对第 2 版图书进行全面的升级改版。相比第 2 版，新版图书在内容上的变化主要体现在以下几个方面：

- ❏ 将 RHEL 版本从 6.3 升级为 9.1；
- ❏ 对 Linux 系统安装和初始配置的相关内容进行调整；
- ❏ 删除一些过时或不安全的服务，如流媒体服务和 Telnet 服务等；
- ❏ 对 NTP 等服务配置方式进行调整；
- ❏ 增加在云服务器上部署 RHEL 系统的相关知识；
- ❏ 增加容器管理的相关知识；
- ❏ 修订第 2 版中的一些疏漏，并对一些不准确的内容重新表述；
- ❏ 新增思维导图（提供电子版高清大图）和课后习题，方便读者学习。

本书特色

1．配教学视频，高效、直观

服务器架设涉及很多具体操作，为了帮助读者高效、直观地学习这些知识，笔者专门为书中的重点内容录制了大量的教学视频。

2．以软件的稳定版本写作，内容新颖

由于计算机网络技术飞速发展，各种网络服务器软件的版本也在不断地更新，有些新版本软件的功能和配置方法与旧版本相比有很大的变化，因此本书在讲解时尽可能使用各个软件的稳定版本，以便让读者紧跟技术的发展。

3．注重对协议知识的讲解

本书不仅讲解各种服务器架设的实际操作，而且对与服务相关的知识尤其是协议标准等内容进行深入浅出的讲解，这对读者深入理解网络服务，解决服务器运行过程中出现的故障非常有帮助，可以让读者不仅知其然，而且能知其所以然。

4．示例丰富，实用性强

架设网络服务器是一门实践性非常强的技术。本书结合大量示例进行讲解，可以让读者更容易理解。书中的示例可操作性很强，已经过严格测试，读者可以直接上手。

5．内容力求准确

由于网络服务器软件的版本和运行的操作系统众多，市面上的各种资料对一些技术细节的描述往往不一致，有时差别还比较大。本书写作时参考了大量的原始英文 RFC 文档和软件帮助手册，对所述技术细节进行反复核对与确认，力求准确，让读者学习时无障碍。

本书内容

第 1 篇 架站基础知识

本篇涵盖第 1~5 章，主要介绍网络硬件基础知识、Linux 服务器架设规划、Linux 系统安装、Linux 系统管理与优化、Linux 网络接口配置，以及 Linux 网络管理与故障诊断等相关内容。通过学习本篇内容，读者可以初步掌握在 Linux 平台上完成与 Windows 平台相同工作的方法。

第 2 篇 Linux 主机与网络安全

本篇涵盖第 6~10 章，主要介绍 Linux 主机安全、Linux 系统日志、Linux 路由配置、Linux 防火墙配置，以及 Snort 入侵检测系统等相关内容。通过学习本篇内容，读者可以掌握让自己的计算机更加安全的相关技术。

第 3 篇 Linux 常见服务器架设

本篇涵盖第 11~21 章，主要介绍远程管理 Linux、DHCP 服务、DNS 服务器架设与应用、Web 服务器架设和管理、MySQL 数据库服务器架设、Postfix 邮件服务器架设、共享文件系统、Squid 代理服务器架设、LDAP 服务的配置与应用、网络时间服务器的配置与应用、容器管理等相关内容。通过学习本篇内容，读者可以系统地掌握在 Linux 系统下如何架设各种服务器并实现它们的功能。

读者对象

- ❏ Linux 服务器架设入门人员；
- ❏ Linux 服务器架设从业人员；
- ❏ Linux 网络管理与维护人员；
- ❏ Linux 网络规划与设计人员；
- ❏ Linux 系统管理、维护与开发人员；
- ❏ 高等院校的学生；
- ❏ 培训机构的学员。

配书资源获取方式

本书涉及的配套资源如下：
- ❏ 配套教学视频；
- ❏ 高清思维导图；
- ❏ 习题参考答案；
- ❏ 配套教学 PPT；
- ❏ 书中涉及的工具。

读者可通过以下 3 种方式获取上述配套资源：

❑ 在清华大学出版社网站（www.tup.com.cn）上搜索到本书，然后在本书页面上找到"资源下载"栏目，单击"网络资源"按钮进行下载；

❑ 关注微信公众号"方大卓越"，回复数字"6"，即可自动获取下载链接；

❑ 在本书技术论坛（www.wanjuanchina.net）上的 Linux 专栏进行下载。

技术支持

虽然编者对书中所述内容都尽量予以核实，并多次进行文字校对，但因时间所限，可能还存在疏漏和不足之处，恳请读者批评与指正。

读者在阅读本书时若有疑问，可以通过以下方式获得帮助：

❑ 加入本书 QQ 交流群（群号：302742131）进行提问；

❑ 在本书技术论坛（网址见上文）上留言，会有专人负责答疑；

❑ 发送电子邮件到 book@ wanjuanchina.net 或 bookservice2008@163.com 获得帮助。

编者

2023 年 11 月

目　　录

第 1 篇　架站基础知识

第 2 篇　Linux 主机与网络安全

一对相互绞合的金属导线，它们之间相互绝缘，这种绞合方式可以抵御一部分外界电磁波干扰，更主要的是降低自身信号对外界的影响。从电磁学原理来讲，把两根绝缘的铜导线按一定密度互相绞在一起，每一根导线在传输信号的过程中，辐射的电波会被另一根导线上辐射的电波抵消，从而降低信号干扰的程度。

1．双绞线的构成

局域网中使用的双绞线一般由两根 22～26 号绝缘铜导线相互缠绕而成。实际使用时，一般把多对双绞线包在一个绝缘电缆套管内，如图 1-3 所示。从外观上看，只能看到双绞线的灰色套管，因此也称其为双绞线电缆。市场上见到的普通双绞线电缆一般都是 4 对双绞线，实际上也有更多对的双绞线放在一个电缆套管里。

图 1-3　双绞线实物

双绞线的扭绞程度对双绞线的抗干扰能力非常重要。单位长度上的扭绞越多，抗干扰能力就越强。不同线对具有不同的扭绞长度。一般来说，扭绞长度在 14～38.1cm 内，按逆时针方向扭绞。相邻线对的扭绞长度在 12.7cm 以上。

与其他传输介质相比，虽然双绞线在传输距离、信道宽度和数据传输速度等方面受到一定限制，但是其价格较为低廉，因此还是得到了广泛的使用。特别是在星型和树型网络拓扑结构中，双绞线更是不可缺少的布线材料。

除了按电缆套管内包含的双绞线根数来分类外，双绞线还可以按是否具有屏蔽层分为屏蔽双绞线（Shielded Twisted Pair，STP）与非屏蔽双绞线（Unshielded Twisted Pair，UTP）。屏蔽双绞线在双绞线与外层绝缘封套之间有一层金属屏蔽层，它可以减少对外辐射，防止信息被窃听，同时也可以阻止外部电磁干扰进入。因此，屏蔽双绞线比同类的非屏蔽双绞线具有更高的传输速率。

2．双绞线的分类

根据双绞线的传输性能，双绞线还可以分为 3 类线、5 类线和超 5 类线等。在这些分类中，双绞线的性能依次递增。EIA/TIA 为双绞线电缆定义了几种不同质量的型号，计算机网络综合布线一般使用其中的第三、第四、第五类，这些型号的具体定义如下：

❑ 第一类：用于传输语音（第一类标准主要用于 20 世纪 80 年代初之前的电话线缆），不用于数据传输。

❑ 第二类：传输频率为 1MHz，用于语音传输和最高传输速率为 4Mbps 的数据传输。常见于使用 4Mbps 规范令牌传递协议的令牌网。

❑ 第三类：主要用于目前在 ANSI 和 EIA/TIA568 标准中指定的电缆。该电缆的传输频率为 16MHz，用于语音传输及最高传输速率为 10Mbps 的数据传输（第三类标准主要用于以太网的 10Base-T 标准）。

❑ 第四类：该类电缆的传输频率为 20MHz，用于语音传输或最高传输速率为 16Mbps 的数据传输。该类电缆主要用于基于令牌的局域网和 10Base-T。

❑ 第五类：该类电缆增加了绕线密度，外套是一种高质量的绝缘材料，传输频率为 100MHz，用于语音传输或最高传输速率为 100Mbps 的数据传输。该类电缆主要用于 100Base-T 和 10Base-T 网络，这也是目前局域网布线中最常用的双绞线电缆。

- 超五类线：超五类线衰减小，串扰少，具有更高的衰减与串扰比和信噪比、更小的时延误差，传输性能得到了很大的提高。超五类线主要在千兆位以太网中使用。
- 六类线：该类电缆提供了 2 倍于超五类的带宽，最适合用于传输速率高于 1Gbps 的应用。布线标准要求采用星型的拓扑结构，永久链路的布线距离不能超过 90m，信道长度不能超过 100m。
- 七类线：这个标准规定了一个完全屏蔽的双绞线电缆。每一对线都进行了屏蔽，信号发送速度可达 600MHz，是六类线的两倍多。

3．双绞线的连接标准

在局域网布线中，双绞线一般用于点对点的连接。使用时，线的两端或者接在 RJ45 水晶头上，或者接在 RJ45 模块上。按照布线标准，八芯的双绞线中每一芯外皮的颜色是有规定的，而且每种颜色的线芯对应一个编号。线芯颜色的编号有两个标准，分别称为 568B 和 568A，具体规定如下：

- 标准 568B：橙白—1，橙—2，绿白—3，蓝—4，蓝白—5，绿—6，棕白—7，棕—8。
- 标准 568A：绿白—1，绿—2，橙白—3，蓝—4，蓝白—5，橙—6，棕白—7，棕—8。

一般情况下都是采用 568B 标准，但不管采用 568A 还是 568B，对通信的性能都没有影响。当接线时，应该根据颜色按上面的某一种标准依次与水晶头或模块上对应的针脚进行连接。

🔔注意：一个工程中只能使用一种接线方式。

除了按标准进行连接外，双绞线还有一种交叉连接方式。即一端按上述标准进行连接，另一端把 1 和 2、3 和 6、4 和 5，以及 7 和 8 进行交换。当两台计算机直接相连或者某些交换机不通过级联口连接时，应该使用交叉线。还有，在大部分常见的以太网标准中，实际上只需要 1、2、3、6 这 4 根线就足够了，其余的 4 根线保留未用。

1.2.2　同轴电缆

同轴电缆以硬铜线为芯，外面包一层白色的绝缘材料。这层绝缘材料又用密织的网状细导体环绕，网外又覆盖一层保护性材料，如图 1-4 所示。信号的传输是由中心导体完成的，其他部分主要是保护中心导体不受外界影响（包括电、机械和环境方面的影响）。

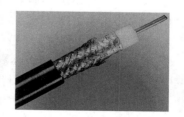

图 1-4　同轴电缆实物

同轴电缆的上述结构，使它具有高带宽和极好的噪声抑制特性。同轴电缆的带宽取决于电缆长度，1km 的同轴电缆可以达到 1～2Gbps 的数据传输速率。还可以使用更长的电缆，但是传输速率要降低或者需要使用中间放大器。

有两种广泛使用的同轴电缆：一种是 50Ω 电缆，用于数字传输。由于它多用于基带传输，因此也叫基带同轴电缆；另一种是 75Ω 电缆，用于模拟传输，也称为宽带同轴电缆。

同轴电缆由于价格相对便宜且安装简单，曾经是网络用户的首选，被大量使用。目前，在局域网中，同轴电缆基本上已经被双绞线或光纤取代，但仍广泛应用于有线电视领域。

早期的以太网只在同轴电缆上运行。刚开始时它只运行在一种坚硬的厚电缆上，通常是黄色的，称为粗缆以太网。后来，在以太网中使用了一种更易管理的同轴电缆，称为细缆以太网。电子和电气工程师协会（IEEE）分别把这两种以太网定义为 10Base 5 和 10Base 2 标准。

粗缆和细缆以太网目前已经基本上废弃不用了，而且也没有出现新的使用同轴电缆的局域网标准。但是，使用同轴电缆接入 Internet 的应用却在迅猛发展，它可以通过线缆调制解调器，依托有线电视网络，把家庭计算机接入 Internet。线缆调制解调器使用宽带技术，在同轴电缆上同时携带 Internet 数字信号和有线电视信号，可以为家庭用户提供 256kbps 或 512kbps 的 Internet 接入带宽。

1.2.3　光导纤维

光导纤维也称为光纤或光缆，它是利用全反射原理使光在玻璃或塑料制成的纤维中传播，从而使光的衰减非常小，实现了远距离传输。使用光纤时，要先通过某种设备将计算机系统中的电脉冲信号变换为等效的光脉冲信号。由于没有电信号在线路中传输，所以光纤基本上不受外界干扰的影响，而且也不会向外界辐射可能会被检测到的信号。这使得光纤传输非常安全，所传输的数据不会被窃听。

光纤的结构一般分为 3 层：中心是高折射率玻璃纤维芯（芯径可以是 50μm 或 62.5μm），中间为低折射率硅玻璃包层（直径一般为 125μm），最外层是加强用的树脂涂层，起到保护作用。另外，一根光缆可以包含 4 芯、8 芯或更多芯的光纤，并根据室内或室外的环境特点采用不同形式的保护层，如图 1-5 所示。

图 1-5　光缆实物

按光在光纤中的传输模式可以把光纤分为单模光纤和多模光纤。多模光纤的中心玻璃纤维芯较粗，芯径一般是 50μm 或 62.5μm，可传输多种模式的光。但由于模间的色散较大，限制了传输数字信号的频率，而且随着距离的增加影响会更加严重。因此，多模光纤传输的距离比较近，一般只有几千米。

单模光纤的中心玻璃芯较细，芯径一般为 9μm 或 10μm，只能传输一种模式的光。因此，其模间的色散很小，适用于远距离的信号传输。但由于单模光纤对光源的谱宽和稳定性有较高的要求，即谱宽要窄，稳定性要好，因此配套的光电变换设备较昂贵。

在光纤布线链路和网络设备之间的光纤连接线也称为光纤跳线，一般用于光端机和终端盒之间的连接。单模光纤跳线一般是黄色的，接头和保护套为蓝色，而多模光纤跳线一般是橙色的，也有部分是灰色的，接头和保护套为米色或者黑色。

注意：光纤跳线的接头有多种类型，包括 ST、SC、MIC、SMA 及 MT-RJ 等。

最后，总结一下光纤传输的优点，具体如下。

1．频带宽

频带的宽窄代表传输容量的大小。载波的频率越高，可以传输信号的频带宽度就越大。例如，在 VHF 频段，载波频率为 48.5～300MHz，带宽约 250MHz，大约可以传输 27 套电视节目和几十套调频广播。而可见光的频率可达 100 000GHz，比 VHF 频段高出一百多万倍。虽然光纤对不同频率的光也有不同的损耗，使频带宽度受到影响，但在最低损耗区的频带宽度仍然可达 30 000GHz。通过采用先进的相干光通信，可以在 30 000GHz 范围内安排 2 000 个光载波，进行光波复用后，可以容纳上百万个频道。

2．损耗低

在由同轴电缆组成的系统中，即使是最好的电缆，在传输 800MHz 信号时，每千米的损耗都在 40dB 以上。相比之下，光导纤维的损耗则要小得多。传输波长为 1.31μm 的光，每千米的损耗不到 0.35dB。由于光纤纤维的功率损耗是同轴电缆的一亿分之一以下，使得它能够传输的距离要远得多。此外，光纤传输的损耗还有两个特点：一是在全部频带内具有相同的损耗，因此不需要像电缆干线那样需要使用均衡器进行均衡；二是其损耗几乎不随温度而变，不用担心因环境温度变化而造成干线电平的波动。

3．抗干扰能力强

由于光纤的基本成分是石英和玻璃等，其只传光，不导电，电磁场对其没有任何作用，因此，在光纤中传输的光信号不会受到外界电磁场的影响，光纤传输对电磁干扰、工业干扰有很强的抵御能力。另外，由于全反射的特性，光纤也不会向外界泄漏光信号，因此在光纤中传输的信号不易被窃听，利于保密。

4．工作可靠

一个系统的可靠性与组成该系统的设备数量密切相关。设备越多，发生故障的机会越大。因为光纤系统包含的设备数量少，不像电缆系统那样需要很多放大器，因此可靠性自然就高。另外，光纤设备的寿命一般都很长，无故障工作时间可达 50～75 万小时。其中，寿命最短的是光发射机中的激光器，最低寿命也在 10 万小时以上。因此，一个设计良好、安装调试正确的光纤系统，其工作性能是非常可靠的。

5．成本不断下降

在光纤使用的初期，由于受到制造水平的限制，光纤的成本较高。随着制造技术的进步和产量的提高，光纤的成本不断地降低。另外，由于制作光纤的主要材料是石英，其来源十分丰富；而电缆所需的铜原料是有限的资源，价格将会越来越高。因此，与铜缆相比，光纤的成本优势逐渐体现出来。现在，光纤传输已经逐步占据绝对优势，成为有线电视网的主要传输手段。

1.2.4　无线介质

无线传输介质也称为非导向传输介质。随着技术的发展和移动通信需求的不断出现，传统的有线网络存在的弊端逐渐显现，并成为影响和限制网络应用的一个因素。无线通信系统的产生和应用弥补了有线网络的不足，成为目前的应用和技术热点。在局域网中使用的无线介质主要是无线电波。

无线电通信在数据通信中占有重要的地位。无线电波产生容易，传播的距离较远，很容易穿过建筑物，在室内通信和室外通信中都得到了广泛应用。另外，无线电波是通过广播方式全向传播的，所以发射和接收装置不必在物理上准确对准。

无线电波的特性与其频率有关。在 VLF、LF 和 MF 频段上，无线电波沿着地面传播，其传播的特点如下：

- ❑ 工作频率较低；
- ❑ 传播距离远，在较低频率时可以达到 1000km；
- ❑ 通过障碍物的穿透能力较强；
- ❑ 能量会随着距离的增大而急剧减小。

在 HF 和 VHF 频段上，无线电波会被地面吸收。这时，可以通过地面上空电离层的反射来传播无线电波。无线电信号通过地面上的发送站将其发送出去，当到达地面上空（距地球 100～500km）的电离层时，无线电波被反射回地面，再被地面的接收站接收到。HF 和 VHF 频段上的无线电波的传输特点如下：

- ❑ 工作频率较高；
- ❑ 无线电波趋于直线传播；
- ❑ 通过障碍物的穿透能力较弱；
- ❑ 无线电波会被空气中的水蒸气和自然界的雨水吸收。

📑 **说明**：目前广泛使用的无线局域网标准 802.11 的频率为 2.4GHz 或 5GHz，位于 VHF 频段之上。

1.3　局域网连网设备

除了传输介质外，还需要各种网络连接设备才能将独立工作的计算机连接起来，构成计算机网络。在局域网中，常用的网络连接设备有网卡、集线器和交换机等。另外，如果希望把复杂的局域网互联起来，或者把局域网连入 Internet，还需要路由器。本节主要介绍这些网络连接设备的结构、功能、特点及使用方法等。

1.3.1　网卡

网卡也称为网络接口卡或网络适配器，是计算机网络中最重要的连接设备之一，其外形如图 1-6 所示。网卡安装在计算机内部或直接与计算机连接，计算机只能通过网卡接入局域网。网卡的作用是双重的，一方面它负责接收网络上传过来的数据，并将数据直接通过总线传送给计算机；另一方面它将计算机上的数据封装成数据帧，再转换成比

图 1-6　网卡实物

特流送入网络。

1．网卡的结构

网卡主要由发送单元、接收单元和控制单元组成。网卡一般直接插在计算机主板的总线插槽上，并通过网络插口与传输介质连接。发送单元的功能是把从计算机总线上发送过来的数据转换成一定格式的电信号，再传送到传输介质上，而接收单元的功能与其相反。控制单元一方面控制着发送单元和接收单元的工作，另一方面协调通过系统总线与计算机交换数据。

2．网卡的功能

网卡的功能体现在以下几个方面。

第一，计算机内部采用的是并行总线的工作方式，而网络中的通信采用的是串行工作方式。数据在通过网络传输前必须由并行状态转换为串行状态，这个功能就是由网卡承担的。

第二，网卡将并行数据转换成串行数据后，还需要将数据转换成可以在网络中传输的电信号或光信号。同时，还需要按标准规定在这些数据信号中插入一些控制信号，这样才能利用传输介质进行传输。同样，当网卡从网络传输介质中接收到电信号或光信号后，也需要经过相反的处理，才能还原成原来的数字信号。

第三，当一块网卡与网络上的其他网卡通信时，首先需要进行协调，然后才能开始真正传输数据。这些协调工作包括相互确定数据帧的大小、数据的传输速率、所能接收的最大数据量、发送和接收数据帧之间的时间间隔等。一些功能较强的网卡会自动调整某些性能，保证自己能够与其他网卡的性能相互匹配。

传输数据是网卡的主要功能，除此之外，网卡还需要向网络中的其他设备通报自己的地址，该地址即为网卡的 MAC 地址。为了保证网络中的数据正确传输，要求网络中的每个设备的 MAC 地址必须是唯一的。网卡的 MAC 地址共占 6 字节且被分为两个部分。其中，前 3 字节是厂商的标识，由 IEEE 统一分配，如 Cisco 公司分到的是 00000C，Intel 公司分到的是 00AA00 等，后 3 字节由厂商自行确定如何分配。

📓说明：有些网卡配上相应的 BOOT ROM 芯片后，还具有引导计算机的功能。

3．网卡的分类

根据所支持的局域网标准不同，网卡可分为以太网网卡、令牌网网卡、FDDI 网卡和 ATM 网卡等不同的类型。由于近年来以太网技术发展十分迅速，所以在实际应用中以太网网卡占据了主导地址，目前市面上见到的绝大部分都是以太网卡。

按照网卡的使用场合来分，可以分成服务器专用网卡、普通工作站网卡、笔记本电脑专用网卡和无线局域网网卡。除了无线网卡外，目前的以太网卡速率大部分是 10/100/1000Mbps 自适应。这些网卡与网络的连接方式一般都是通过 RJ45 接口与双绞线进行连接。当然，也有光纤接口的网卡。

服务器网卡是为了适应网络服务器的工作特点而专门设计的，它的主要特征是在网卡上采用了专用的控制芯片。大量的工作由这些芯片直接完成，减轻了服务器 CPU 的工作负荷。由于价格相对较贵，因此这类网卡一般只安装在一些专用的服务器上使用。普通的工作站一般使用价格相对低廉的"兼容网卡"，它在一般的 PC 上都是通用的。兼容网卡除了价格低廉外，工作性能也非常稳定，因此得到了广泛的使用。

PCMCIA 是专门用在笔记本、PDA 和数码相机等便携设备上的一种接口规范。笔记本网卡通常都支持 PCMCIA 规范，因此也称为 PCMCIA 网卡，它一般不能用在台式机上。PCMCIA 总线分为两种，一种是 16 位的 PCMCIA，另一种是 32 位的 CardBus。CardBus 是一种用于笔记本电脑的新的高性能 PC 卡总线接口标准，它不仅能提供更快的传输速率，而且可以独立于主 CPU，与计算机内存间直接交换数据，因此可以减轻 CPU 的负担。

无线局域网网卡是近年来随着无线局域网技术的发展而产生的。与有线网卡不同的是，无线网卡使用无线介质来传送信息，不需要双绞线、同轴电缆或光纤等有线介质。由于受无线局域网标准的限制，无线网卡的速度一般较有线网卡低，并且容易受到环境的影响。

1.3.2　集线器

集线器也称为 Hub，它是连接计算机的最简单的网络设备，主要作用是把计算机或其他网络设备汇聚到一个节点上，其外形如图 1-7 所示。Hub 只是一个多端口的信号放大设备。在工作中，当一个端口接收到数据信号时，由于信号在从源端口到 Hub 的传输过程中已经有了衰减，所以 Hub 便将该信号进行整形放大，使被衰减的信号恢复到发送时的状态，然后再转发到 Hub 其他端口所连接的设备上。

图 1-7　集线器实物

从 Hub 的工作方式可以看出，它在网络中只起到信号放大和重发的作用，目的是扩大网络的传输范围，不具备信号的定向传送能力，是一个标准的共享式设备。Hub 的功能实际上同中继器一样，因此 Hub 实际上是一种多端口的中继器。

衡量 Hub 性能的主要指标是端口速度和端口数。Hub 的端口速度与网卡相对应，一般有 10Mbps、100Mbps 和 10/100Mbps 自适应 3 种，而端口数可以是 8 口、16 口或 24 口等。由于交换机的价格已经下降到与 Hub 相差无几，而其性能却比 Hub 要好得多，因此，目前 Hub 已经很少使用。

1.3.3　交换机

随着计算机网络的应用越来越广泛，人们对网络速度的要求也越来越高，传统的以 Hub 为中心的局域网已经不能满足人们的要求。在这样的一种背景下，网络交换技术开始出现并很快得到了广泛的应用。交换机也称为交换式 Hub(Switch Hub)，虽然其功能及组网方式与 Hub 差不多，但是它的工作原理却与 Hub 有着本质上的区别。如图 1-8 是 Cisco 2950 交换机的实物图。

图 1-8　交换机实物

1. 交换机的工作原理

集线器只能在半双工方式下工作，而交换机可以同时支持半双工和全双工两种工作方式。全双工网络允许同时发送和接收数据，从理论上讲，其传输速度可以比半双工方式提高一倍。因此，采用全双工工作方式的交换机可以显著地提高网络性能。

用集线器组成的网络称为共享式网络，而用交换机构建的网络则称为交换式网络。共享网络存在的主要问题是所有用户共享带宽，每个用户的实际可用带宽随着网络用户数目的增加而递减。这是因为当通信繁忙时，多个用户可能同时争用一个信道，而一个信道在某一时刻只允许一个用户占用。因此，大量的用户经常要处于等待状态，并不断地检测信道是否已经空闲。

说明： 更为严重的是，当用户同时争用信道并发生"碰撞"时，信道将处于短暂的闲置状态。如果碰撞大量出现，将严重影响性能。

在交换式以太网络中，交换机提供给每个用户专用的信道，多个端口对之间可以同时通信而不会发生冲突，除非两个源端口试图同时将数据发往同一个目的端口。交换机之所以有这种功能，是因为它能根据数据帧的源 MAC 地址知道该 MAC 地址的机器与哪一个端口连接并把它记住，以后发往该 MAC 地址的数据帧只转发到这个端口，而不是像集成器那样转发给所有的端口，这样就大大减少了数据帧发生碰撞的可能。

2. 交换机的分类

交换机是构成整个交换式网络的关键设备。不同类型的交换机采用的交换方式不同，从而对网络的性能造成影响。目前，交换机主要使用存储转发（Store and Forward）、直通（Cut Through）和无碎片直通（Fragment Free Cut Through）3 种方式。

当交换机以存储转发方式运行时，在转发数据帧之前必须先接收整个数据帧，并将其存储在一个共享的缓冲区中，然后检查其源 MAC 地址和目标 MAC 地址，以及对整个数据帧进行 CRC 校验。如果交换机没有发现错误，则根据目标 MAC 地址把这个数据帧转发给相应的端口；否则丢弃这个数据帧。由于交换机在开始转发数据帧之前必须先接收到整个数据帧，因此存储转发模式的延迟会比较大，而且这个延迟和所转发的数据帧的大小有关。

直通转发方式允许交换机在检查到数据帧中的目标 MAC 地址时就开始转发数据帧。目标 MAC 地址在数据帧中占用 6 字节，而且位于数据帧的最前面，因此直通式的延迟很小。但是直通式无法像存储转发方式那样在转发数据帧之前对其进行错误校验。因此，错误的数据帧依然通过交换机被转发到目的设备，由目的设备丢弃该数据帧并要求重传。

无碎片直通方式有效地结合了直通式和存储转发方式的优点。当交换机以无碎片直通方式运行时，它只检查数据帧的前 64 字节。如果前 64 字节没有出现错误，交换机将转发该数据帧；反之则丢弃该帧。采用这种机制的原因是当网络发生冲突时，大部分错误都是发生在数据帧的前 64 字节。因此采用无碎片直通方式能检查出大部分的错误数据帧。

大部分交换机可以同时支持直通式和存储转发式两种工作方式。开始时，交换机采用直通式转发数据帧，同时监视着它所转发的数据帧是否出错。当错误帧达到某一限制值时，交换机将自动切换到存储转发方式，以保证不让错误的数据帧浪费带宽。这种工作机制结合了存储转发和直通式的优点，在网络环境好的时候能够有效地保证低延迟转发，在网络环境变差时又能限制错误帧的转发。

3. 交换机的选择

对于用户来说，选择交换机最关心的还是端口速率、端口数及端口类型。目前主流的交换机端口速率有 10/100Mbps 自适应、10/100/1000Mbps 自适应等几种，有些还带有光口，速率可能是 100Mbps 或 1000Mbps，端口数可以是 8 个、16 个、24 个或 48 个。其次还要考虑背板带宽、吞吐率交换方式、堆叠能力和网管能力等指标。

1.3.4　路由器

路由器是一种连接多个网络或网段的网络设备，它能将不同网络或网段之间的数据信息进行"翻译"，以便它们之间能够互相"读"懂对方的数据，从而构成一个更大的网络。路由器一般用于把局域网连入 Internet 等广域网，或者用于不同结构子网之间的互连。这些子网本身可能就是局域网，但它们之间的距离很远，需要通过租用专线并通过路由器进行互连。

路由器最基本的功能之一是路由选择。当两台连接在不同子网上的计算机进行通信时，可能需要经过很多路由器。每一台路由器从上一站接收到数据包后，必须根据数据包的目的地址决定下一站是哪一台路由器，这就是路由选择。通过路由器的一站站转发，数据包最终沿着某一条路径到达目的地。

说明：路由选择是通过路由表来实现的，每一台路由器都维持着一张路由表，在路由表中指明了哪一种目的地址应该选择下一站的哪一台路由器。路由表可以是由管理员输入的静态路由，也可以根据网络结构的变化进行动态更新。

路由器的另一个基本功能是数据转发。虽然路由器是根据 IP 地址对数据包进行路由的，但是在大多数情况下，计算机和路由器或者路由器和路由器之间是通过 MAC 地址交换数据包的，它们必须位于同一子网。因此，路由器从某一端口接收到数据包，通过路由选择把数据包从另一端口发送给其他路由器时，需要改变数据包的 MAC 地址，这个过程就是数据转发。

根据性能和价格，路由器可分为低端、中端和高端 3 类。高端路由器又称核心路由器。低端和中端路由器每秒的信息吞吐量一般在几千万至几十亿比特，而高端路由器每秒信息吞吐量均在 100 亿比特以上。选择路由器时，首先要确定所需路由器的档次，其次要注意路由器的端口是否满足自己的需要。另外，还要考虑可靠性、安全性及管理的方便性等方面。

1.3.5　三层交换机

虽然第二层交换机解决了集线器存在的不足，它可以只向数据帧接收方所在的端口转发数据帧，而集线器是把所有的数据帧都广播给所有的端口，广播风暴会使网络的效率急剧下降，但是第二层交换机还有一个弱点，就是还不能完全隔断广播域。当某一站点在网上发送广播或组播数据帧，或第一次发送数据帧时，交换机上的所有站点都将收到这些数据帧，此时整个交换环境构成一个大的广播域。

为了解决这个问题，以及其他一些如异构网络互联和安全控制等问题，出现了第三层交换技术。第三层交换是相对于传统的第二层交换概念而提出的。简单地说，第三层交换就是在第二层交换的基础上再集成了路由功能，吸收了路由器在网络中的可扩展性和灵活性等特点。因此第三层交换技术也称为路由交换技术或 IP 交换技术，但它是二者的有机结合，并不是简单地把路由器设备叠加在第二层交换机上。

第三层交换机对数据包的处理与传统路由器相似，它可以进行路由计算、确定最佳路由，同时对路由表进行维护更新，以及对数据包进行转发。但是，第三层交换机对数据包的转发是由专门的硬件来负责的，这比路由器中基于微处理器引擎执行的数据包转发要快得多。

在第三层交换机的工作过程中，它会观察数据包中的源 IP 地址与源 MAC 地址，并把它们之间的对应关系记录下来。如果以后收到的数据包中发现源 IP 地址和目的 IP 地址之间存在一条二层通路，则不会将数据包上交给第三层进行路由处理，而是直接通过交换进行转发。也就是说，第三层交换开始时使用路由协议确定传送路径，但会在第二层记住这条路径。以后同样目的地的数据包到达时，可以绕过路由器直接发送，即实现"一次路由，多次交换"。

第三层交换技术的出现，解决了局域网中划分网段之后不同子网之间必须依赖路由器互连的局限，以及传统路由器低速、复杂所造成的网络瓶颈问题。第三层交换机在提高网络的运行速度和扩展网络的规模方面所起的作用已经得到了公认，目前已作为局域网的主干设备广泛应用。

1.4　局域网架设实例

有了传输介质和网络连接设备后，就可以把计算机连接成常见的局域网络了。本节介绍几个局域网的架设实例，从最简单的双机互连开始，再介绍小型的由交换机连接的局域网，以及结构复杂的企业网和无线局域网。

1.4.1　双机互连网络

如果只对两台计算机进行连接，则不需要任何网络连接设备，只需一根双绞线即可，如图 1-9 所示。当然，前提是在两台计算机中已经安装了网卡。此时需要注意以下几点。

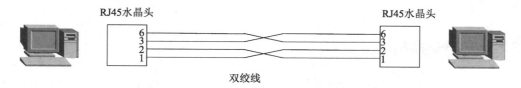

图 1-9　交叉双绞线连接示意

❑ 当双绞线与水晶头连接时，应该做成交叉线的形式，其接线方式如图 1-9 所示，即某一边的 1 和 2 交换、3 和 6 交换，而 1 和 2、3 和 6 应该是双绞线对。其余 4 根线可以不接。

❑ 两台计算机的网卡要有 RJ45 接口，而且速率要匹配，不能一台是 10Mbps，另一台是 100Mbps；最好使用 10/100Mbps 自适应的网卡。

❑ 双绞线要选用五类及以上，这样才能保证有 100Mbps 的速率。

以上硬件连接完成后，在两台计算机上设置同一网段的 IP 地址，即可以进行通信了。如果希望这两台计算机再连入 Internet，可以在某一台计算机上再插一块网卡，然后通过 LAN 或 ADSL 连接到 Internet。为了使另一台计算机也能连入 Internet，已经连入 Internet 的这台计算机需要设置成代理或 NAT 服务器。

1.4.2　小型交换网络

小型交换网络是指通过一台或若干台交换机，将一定数目的计算机连成网络。由于双绞线连接成本低、性能可靠，因此一般都选用 RJ45 接口的交换机，再通过双绞线进行连接，如图 1-10 所示。

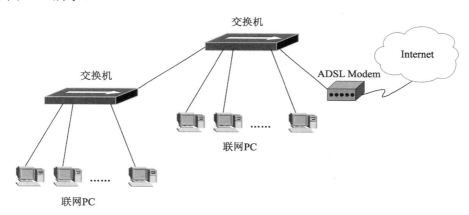

图 1-10　小型交换网络连接示意

连接小型交换网络需要注意以下几点：

❑ 每一台计算机内均应安装好具有 RJ45 接口的网卡。

❑ 网卡、交换机和双绞线之间的速率应匹配。

❑ 有些交换机具有级联口，用于交换机之间的连接，计算机之间连接时不应该接在级联口上。

❑ 有些交换机没有级联口，相互连接时可能需要交叉双绞线。

按照图 1-10 所示完成网络连接后，需要把联网 PC 设成同一个网段的 IP 地址，这样它们之间才能通信。为了能接入 Internet，每台计算机或者通过 PPPoE 拨号，或者让某台计算机连入 Internet，并且配置代理或 NAT 服务器来带动整个网络中的计算机上网。

1.4.3　企业网络

企业网络相对来说要复杂得多。首先，由于联网的计算机数目众多，需要通过划分 VLAN 的方式缩小每个网段中的计算机数目，以方便管理。其次，除了简单地为内部用户提供上网服务外，企业内部可能还有很多的服务器要对外服务，此时，网络安全要特别注意。另外，由于上网计算机很多，一般要通过专线连入 Internet，网络的结构相对复杂。如图 1-11 为一个典型的企业网络结构。

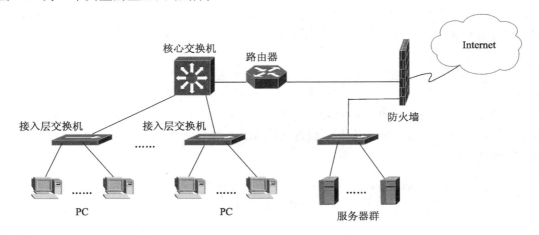

图 1-11　典型的企业网络连接示意

在图 1-11 中，核心交换机承担着整个企业网络的数据交换任务，其性能对网络的影响举足轻重。各种接入层交换机一般位于各幢楼内，与核心交换机通过光纤连接，用户 PC 再通过接入层交换机接入网络。另外，在核心交换机中，还可以通过 VLAN 划分，把各种 PC 归到不同的网段，以方便管理。

路由器为内部网段之间以及内部网段与 Internet 之间提供路由服务。目前，大部分的核心交换机都是三层交换机，已经包含路由功能，在这种情况下，单独的路由器设备可以省略。防火墙为内网与服务器群提供安全保护。一般情况下，为外界提供网络服务的服务器群应该独立组成一个网段，并连接到防火墙的一个独立端口构成 DMZ 区。

1.4.4　无线局域网

无线网络的组建与有线网络的组建类似，其核心设备是无线集线器，通常称之为 AP（Access Point）。它的作用与集线器或交换机差不多，也是跟很多 PC 连接，然后再接入上一层交换机，只不过与 PC 连接时使用的是无线信号。因此，PC 需要配置无线网卡。最简单的一种无线网络如图 1-12 所示。

在图 1-12 中，无线 AP 通过双绞线接到交换机的某一 RJ45 端口，相当于一个集线器。具有无线网卡的 PC 通过无线信号与 AP 建立连接，就可以把 PC 接入网络。与集线器一样，每一个 AP 可以为多台 PC 提供接入服务。

一般，无线 AP 拥有 4 种工作模式，即接入点（AP）、AP 客户端（AP Client）、无线网桥（Wireless Bridge）和多路桥（Multiple Bridge），以适应大型的复杂网络结构。无线网卡一般工作在 AP 客户端模式，因此图 1-12 所示的 AP 应该工作在接入点模式。如图 1-13 是交换机之间通过无线 AP 进行连接。此时，两个 AP 的工作模式应该一个是接入点，另一个是 AP 客户端模式；或者两个都是无线网桥模式。

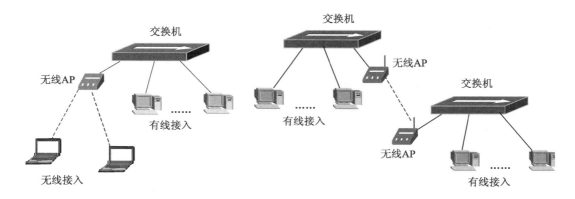

图 1-12　无线用户接入示意　　　　　图 1-13　交换机之间使用无线连接

安全也是无线 AP 要考虑的一个重要问题。不像有线接入，无线信号是很容易被其他设备获取的。因此，无线 AP 一般会提供用户认证和数据的加密传输服务。

说明：在实际的无线产品中，很多 AP 还集成了一些其他功能，如路由、DHCP 和 NAT等，为用户提供了很大的便利。

1.5　小　　结

本章主要讲述了计算机网络的基础知识及局域网的一些硬件知识。计算机网络是一个非常复杂的系统工程，包含的层次结构非常多。对于架设 Linux 服务器的用户来说，了解计算机网络的知识非常必要，而且还应该在实践过程中不断地学习网络知识，提高网络管理水平，这样才能真正管理好各种各样的服务器。

1.6　习　　题

一、填空题

1．计算机网络是由_____和_____组成的。

2．计算机网络的主要功能包括_____、_____、_____和_____。

3．按照网络覆盖的地理范围，计算机网络可以分为_____、_____和_____三种类型。

二、选择题

1. 下面哪些是光纤传输的优点？（　　　）

　A．频带宽　　　　　　　　　　　　B．损耗低

　C．抗干扰能力强　　　　　　　　　D．成本低

2. 在局域网中，常用的网络连接设备有哪些？（　　　）

　A．网卡　　　　　　　　　　　　　B．路由器

　C．交换机　　　　　　　　　　　　D．集线器

3. 交换机支持下面哪种工作方式？（　　　）

　A．半双工　　　　　　　　　　　　B．全双工

　C．半双工和全双工　　　　　　　　D．以上都不是

三、判断题

1. 一个工程中只能使用一种接线方式。　　　　　　　　　　　　　　　　（　　　）

2. 双绞线包括 568A 和 568B 两个标准。其中，568B 的线序为"绿白——绿——橙白——蓝——蓝白——橙——棕白——棕"；568A 的线序为"橙白——橙——绿白——蓝——蓝白——绿——棕白——棕"。　　　　　　　　　　　（　　　）

3. 集线器的主要目的是扩大网络的传输范围。　　　　　　　　　　　　（　　　）

第 2 章　Linux 服务器架设规划

服务器是计算机网络中重要的组成部分。如果没有各种服务器提供网络服务，则计算机网络的意义将大打折扣，网络应用也不会像今天这么丰富。本章主要介绍 Linux 服务器架设的相关内容，包括网络规划、服务器硬件规划和 Linux 操作系统等。

2.1　网　络　规　划

网络建设是一项涉及建网需求分析、网络规划、可行性论证、产品选择、工程施工和人员培训等许多方面的系统工程，需要考虑和解决的问题较多。这项系统工程实施的目的是建成一个性价比最优的网络。本节主要介绍有关网络规划方面的基本知识，包括需求分析、网络设计准则、硬件与系统软件平台等内容。

2.1.1　需求分析

在规划和建设计算机网络时，一项重要工作是进行需求分析。计算机网络需求主要包括业务需求、管理需求、安全需求、通信量需求、网络扩展性需求和网络物理环境需求等。需求分析主要包括收集需求和编制需求说明书两项工作。

业务需求分析的目标是明确企业的业务类型、应用系统软件的种类，以及它们对网络的带宽、服务质量的要求。业务需求分析是企业建网中的首要环节，是进行网络规划与设计的基本依据。业务需求分析主要包括以下几方面：

- ❏ 计划投入的资金规模；
- ❏ 需要实现或改进的网络功能；
- ❏ 需要集成的企业应用；
- ❏ 需要架设的系统应用（电子邮件服务器、Web 服务器和视频服务器等）；
- ❏ 内部网络需要多大的带宽；
- ❏ 是否连入 Internet，以及所需的带宽；
- ❏ 需要什么样的数据共享模式。

在规划企业网络时，对网络管理的规划是必不可少的。当网络运行时，是否按照设计目标提供稳定的服务，主要依靠有效的网络管理。高效的网络管理策略能提高网络的运营效率，建网之初就应该重视这些策略并对其进行规划。网络管理需求包括以下几方面：

- ❏ 网络管理人员的技术水平；
- ❏ 确定是否需要网管软件；
- ❏ 需要哪些管理功能，如计费功能、日志功能和上网速率限制功能等；

❏ 是否需要跟踪和分析网络运行信息；

❏ 是否采用易于管理的设备和布线方式；

❏ 是否需要对网络进行远程管理。

Internet 的出现极大地满足了人们对各种信息的需求，给人们的工作和生活带来了很大的便利，同时也丰富了人们的生活。但是，随之而来的网络安全问题也给人们带来了很大的困扰。网络中的各种设备及计算机每时每刻都受到安全的威胁，为了确保企业网络的整体安全，需要分析并明确以下安全性需求。

❏ 网络遵循的安全规范和达到的安全级别；

❏ 企业敏感性数据的安全级别及其分布情况；

❏ 网络用户的安全级别及信息访问控制；

❏ 可能存在的安全漏洞，以及这些漏洞对系统的影响程度；

❏ 对网络设备的安全功能要求；

❏ 系统软件与应用软件的安全评估；

❏ 防毒与防火墙技术方案；

❏ 灾难恢复需求。

通信量需求是从网络应用出发，对当前技术条件下可以提供的网络带宽做出评估，主要考虑以下几方面：

❏ 未来是否有对高带宽服务的需求；

❏ 本地能够提供的 Internet 接入方式有哪些；

❏ 需要使用什么样的传输介质；

❏ 内部服务器的访问量有多大（包括内网和外网的访问量）；

❏ 用户对网络访问的特殊要求；

❏ 哪些网络设备能提供合适的带宽且性价比较高；

❏ 服务器和网络应用是否支持负载均衡。

网络的扩展性主要有两层含义：其一是指现有网络能够通过增加设备进行简单的扩展；其二是指新增加的应用能够无缝地在现有网络上运行。扩展性需求需要明确以下指标：

❏ 企业新的需求有哪些；

❏ 现存的网络设备和计算机资源情况；

❏ 需要淘汰哪些设备，哪些设备还可以继续保留使用；

❏ 需要多大的网络布线及交换机端口的预留比率；

❏ 核心设备的升级性能。

网络环境主要指企业的地理环境和建筑布局，分析网络环境需求时需要确定企业的建筑群位置、建筑物内的弱电间和配电房的位置，以及所需的信息点数目等。

2.1.2　目标与设计原则

计算机网络建设是一项系统工程，在建设初期就应该确定网络建设的总体目标，再进行严格的规划设计。网络建设的总体目标就是在一定时期内，网络建设完成之后能实现的功能与其规模。通常，由于资金的限制及现有网络技术的发展趋势，网络建设的总体目标无论功能还是规模都应该是分阶段完成的。因此，在进行网络规划设计时，不仅要充分考虑对网络现有资源的利用，还要考虑到将来进一步的升级改造或后期建设的需要。

企业网络设计是否合理，对计算机网络的未来发展和产生的效益起着极为重要的作用。因此，在进行企业网络设计时应当遵循"整体规划、分步实施"的方针。整体方案的设计需要考虑各阶段的情况，进行统一规划和设计。具体来说，网络设计要遵循下面几个原则。

1．先进性

计算机网络技术的发展甚为迅速，网络建设应该有超前意识，要具备先进的设计思想，并采用先进的网络结构和开发工具，同时要使用市场占有率高、标准化和技术成熟的软硬件产品。只有这样，才能保证网络系统具有较强的生命力，在可见的时间范围内不至于落后或被淘汰。

2．实用性

在设计系统时，应以满足应用需求为主，不追求最高或最新。同时还要充分考虑现有网络资源的利用，充分发挥现有设备的效益，保证系统和应用软件功能完善，界面友好，兼容性强。

3．开放性

在设计网络时，应该尽量采用开放的技术、结构、系统组件和用户接口，能兼容各种不同类型的拓扑结构，具有良好的网络互联性。同时要考虑到良好的升级能力，维护方便以及适应以后大容量带宽的需求。

4．灵活性

尽量采用模块化组合和结构化设计，能进行灵活多样的系统配置，满足逐步到位的网络建设需求，使网络具有强大的可增长性，并方便管理和维护。

5．可扩展性

网络规划设计要预见技术发展趋势，满足网络不断发展的要求，尽量使目前采用的技术能顺利过渡到下一代的主流网络技术。

6．安全性

应该建立完善的安全管理体系，提供多层次安全防护，以防止数据受到攻击和破坏。

7．可靠性

重要系统应该具有容错能力，对网络设计、设备选型、系统的安装和调试等各个环节进行统一规划和分析，严格按规范操作，确保系统能可靠地运行。

8．经济性

要控制投资预算，所建设的网络要具有较高的性价比。

📖说明：一般情况下，网络建设不可能一步到位，需要区分近期目标和远期目标。其中，近期目标就是根据用户的实际需求，设计和建设网络，建设好的网络要能够满足当前的实际需求，而且其功能和规模还应考虑未来网络的升级改造或后期工程的建设，以有利于远期目标的实现。

2.1.3 硬件和软件平台的规划

网络硬件平台主要包括交换机、路由器和服务器等硬件设备，而软件平台主要包括网络操作系统和数据库系统等软件，它们共同构成计算机网络的基础平台，所有的网络应用系统都要运行在这个基础平台上。下面介绍软件和硬件平台的规划与选用原则。

1．交换机

对于一个一定规模的企业网络来说，核心交换机担负着整个企业网络内所有信息的交换工作，因此，其性能将决定整个网络的整体性能。根据用户需求不同，应该选择相应功能的核心交换机。目前，主干网普遍采用千兆以太网技术，一般选用具有三层交换能力的三层交换机。

选择第三层交换机时，首先要分析各种产品的性能指标，如交换容量、背板带宽、处理能力和吞吐量等；其次要考虑其工作是否安全可靠，功能是否齐全；最后就是考虑其扩展能力是否满足企业未来的发展需要。不同品牌、型号的核心交换机其性能、稳定性和价格等相差很大，需要根据资金预算及业务要求进行综合考虑与选择。

汇聚或接入层交换机主要实现企业网络各子网内部之间的信息交换，汇聚层交换机通过与核心交换机直接相连实现整个企业网内信息的交换。相对核心交换机来说，接入层交换机对网络性能的影响要小，但数量众多。因此，在资金预算比较紧张的情况下，可以选择档次相对较低的品牌和型号。

2．客户机与服务器

在企业网络中，计算机是最主要的设备，是网络中最基本的组成单元，用户是通过计算机来使用网络提供的功能的。数据的存储、传输及处理等各项工作都需要通过网络中各种各样的计算机才能实现。网络中的计算机根据其功能不同可以分为服务器和客户机两种。

客户机是平时上网使用的计算机，它不断地向网络服务器发出服务请求，并进行数据传输。服务器是向客户机提供网络服务的计算机。相对来说，服务器要重要得多。因此在服务器的选择上首先应考虑其稳定性与可靠性，其次才是服务器的技术参数指标。网络服务器必须要有强大的处理能力，可靠性高，容易管理和维护，并具有一定的扩展和升级能力。

3．网络操作系统

网络操作系统是运行在服务器上，为网络用户提供共享资源管理服务、基本通信服务、网络系统安全服务，以及其他一些网络服务的最重要的系统软件。网络操作系统是企业网络软件的核心部分，其他的应用系统软件必须有网络操作系统的支持才能正常运行。当选择网络操作系统时，需要考虑以下几个方面：

- ❑　网络操作系统的主要功能、优势及配置能否满足用户的基本需求；
- ❑　网络操作系统的生命周期；
- ❑　网络操作系统是否符合技术的发展趋势；
- ❑　支持该网络操作系统的应用软件是否丰富。

4．数据库系统

数据库系统是对各种应用系统产生的数据进行存储和管理的系统，其性能对用户的应用系统有很大的影响。目前，数据库市场上可以选择的产品非常多，包括 Oracle、SQL Server、Access、MySQL、DB2、Paradox 等主流的数据库产品。选择一个合适的数据库需要考虑以下问题：

- ❑　数据库的使用者，以及需要执行的任务；
- ❑　数据库更新数据的频率高不高？由谁来负责数据的更新？
- ❑　由谁负责数据库的技术支持？由谁负责数据库的维护？
- ❑　企业为数据库系统提供的硬件设施，以及现有的和将来的预算；
- ❑　数据的访问权限是否要设置？如果进行设置，需要哪些级别的访问权限？

以上是企业网络中关键系统的规划与设计原则。只有这些关键系统性能稳定、工作可靠，整个企业网络的性能才能得到保障。

2.2　Linux 服务器硬件规划

作为服务器的计算机一般需要 24 小时开机，工作不能间断。因此，与普通的作为客户机的计算机相比，服务器的硬件需要具备更高的性能。本节主要介绍 CPU、内存、硬盘和网卡等服务器硬件对 Linux 系统及其所运行的网络服务性能的影响，以及 Linux 服务器硬件选用的原则。

2.2.1　对 CPU 的要求

CPU 也称为中央处理单元，是计算机系统的核心部件。它的功能是进行数值比较、数学运算及执行一些控制指令。CPU 对整个计算机系统有着决定性的影响。对于 Linux 系统来说，它可以在多种类型和型号的 CPU 上运行，CPU 的性能对 Linux 系统的性能有着重要的影响。

从最基本的层次来看，CPU 的体系结构决定了它所能识别的程序指令类型，不同体系结构的 CPU 要求有不同的二进制指令代码。一般来说，每种类型的 CPU 都有一种特定的体系结构，并且属于某家计算机公司所有。例如，Motorola 公司是 PowerPC 体系结构 CPU 的所有者。Linux 系统对 CPU 体系结构的适应范围很广，可以在多种体系结构的 CPU 上运行。

以前，Intel 公司的 x86 体系结构的 CPU 最为流行，Linux 系统最早开发时使用的就是这种类型的 CPU，后来才逐渐移植到其他 CPU 平台上。由于 x86 体系结构的 CPU 的成功，并且其所有的技术资料是完全公开的，所以，很多公司也生产 x86 体系结构的 CPU，如 AMD、Cyrix、IBM 等。这些公司生产的 CPU 也称为兼容 CPU，其核心功能与 Intel 公司生产的 CPU 是一样的，Linux 完全可以运行在这些兼容 CPU 上。目前流行的体系结构是 AMD 公司的 AMD64，也被 Intel 支持。

Intel 系列 CPU 的型号非常多，并且还在不断地发展。从最早的 8088、8086、80286、80386、80486 到后来的 Pentium、Pentium II、Pentium III，再到现在的 Intel Core i3/i5/i7/i9 系列，性能有了突飞猛进的发展。另外，Intel 公司还开发了专门用于服务器的 CPU，如 Xeon、Xeon MP 和 Itanium 等。

Linux 操作系统对服务器平台的 CPU 要求并不高，或者说，CPU 档次的高低对 Linux 服务器的性能影响并不是很大。这是因为 Linux 操作系统是数据密集型的软件，其上运行的网络服务也大都属于数据密集型。

说明：最新的 RHEL 9.1 还对 IntelCore i5/i7/i9 进行了相应优化。

如果在 Linux 服务器上运行的某些服务是属于计算密集型的，则对 CPU 的要求还是很高的。例如，当某些低档的打印机连接 Linux 打印服务器时，需要 Linux 打印服务器提供 PostScript 打印功能，这是一项计算量很大的任务，需要高性能的 CPU，否则，打印速度将会受到影响。再例如，构成集群的 Linux 服务器如果接受一些科学计算任务，也需要高性能的 CPU。

2.2.2　对内存的要求

任何一台计算机都必须拥有内存，而且计算机为了完成不同的任务，还使用不止一种类型的内存。最常见的内存分为 RAM 和 ROM，RAM 可以随时进行读和写操作，但掉电时，里面所存储的信息将全部消失。ROM 只能往外读，不能往里写，但掉电时，里面的信息不会丢失。一般提到内存时，都是指 RAM。对于 Linux 系统来说，ROM 对它的性能是没有影响的，但 RAM 的影响很大。

每块主板可以有多种等级的内存，一般，较低级的内存其成本也低。系统使用比较快的内存作为高速缓存（Cache），它离 CPU 较近，用来保存很快就可能会被再次使用的数据和指令。在这种方式下，CPU 在大部分的时间里使用的都是快速的存储器，只有在需要时才使用低速的存储器。此时，内存可以分为以下几种类型。

第一种是 CPU 内部的 Cache，它是读写速度最快但容量最小的一种存储器类型，用户无法添加和减少存储器。CPU 内部的 Cache 也称为 L1 Cache。

第二种是 L2 Cache，它位于主板上，通常是固定的。L2 Cache 的读写速度比 L1 Cache 低，但容量大。根据需要，还可以有 L3 或 L4 的 Cache。

第三种是主存储器，它的容量最大，读写速度也最慢，用户可以根据需要增加或减少存储器。主存储器的大小对计算机的性能有很大的影响，如果主存储器太小，会严重影响计算机的性能，因为此时计算机需要在主存储器和硬盘之间频繁交换数据。

说明：目前主流的计算机内存为 8GB 以上，服务器一般为 16GB、32GB 或更大。

内存对 Linux 服务器性能的影响非常大，大部分服务器为用户提供服务时，需要为每一个客户端连接并派生出一个子进程，专门用于处理该连接的事务。而每一个进程都会占用一定的内存。如果用户的并发连接数很多，就需要很多的进程，也就需要很多的内存。如果内存不够，需要频繁切换到虚拟内存，则会严重影响 Linux 服务器的性能。

另外，内存还有一个作用是作为硬盘缓冲区。当 Linux 从硬盘读取文件时，会把文件的内容暂时保存在硬盘缓冲区，以便下次读取相同的内容时可以直接从缓冲区中读取。由于内存的访问速度远远高于硬盘的访问速度，所以可以大大提高服务器的性能。有些服务器如 Web 和 FTP 等，某些文件可能会频繁地被用户访问，如果有足够大的硬盘缓冲区用于缓存这些文件，则可以显著提高服务器的性能。

2.2.3　对硬盘的要求

在理想状态下，当操作系统读取文件时，第一次从硬盘中读取，以后所有同样的数据都可以从内存的硬盘缓冲区中读取。也就是说，操作系统基本上不对硬盘进行读写。但这在现实中是不可能的，一台正常工作的服务器总是要经常地读写硬盘，对于某些繁忙的服务器来说，更是要频繁地读写硬盘中的数据。因此，硬盘的读写速度对服务器性能有重大的影响。

对于传统的机械硬盘，影响硬盘读写速度的一个重要指标是盘片转速。盘片转得快，就可以从机械方面保证硬盘有较高的读写速度，目前盘片的转速一般可以达到每分钟 1 万转。还有一个指标是接口类型，作为服务器，一般采用一种名为 SCSI 的接口总线，它具有数据吞吐量大、CPU 占有率极低的特点。用于连接 SCSI 接口硬盘的 SCSI 控制器上有一个相当于 CPU 功能的控制芯片，能够替代 CPU 处理大部分的工作。

内部传输速率的高低是评价一个硬盘整体性能的主要因素。硬盘数据传输速率分为内部传输速率和外部传输速率。通常，外部传输速率也称为接口传输速率，是指从硬盘的缓存中向外输出数据的速度，目前最快的 SCSI 接口的外部传输速率已经达到了 320Mbps。内部传输速率也称最大或最小持续传输速率，是指硬盘在盘片上读写数据的速度，目前主流的硬盘的内部传输速率大多在 60～170Mbps 之间。

📑 **说明：**由于内部传输速率可以明确表现出硬盘的读写速度，所以它是评价一个硬盘整体性能的决定性因素，也是衡量硬盘性能的真正标准。

还可以通过添加多个物理硬盘来改善硬盘的读写速度。例如，有些文件经常会被不同的用户同时访问。如果文件在同一个硬盘上，磁头将在多个文件之间来回变换位置，读取文件的速度将大大降低，对用户来说服务质量将会下降。考虑到这种情况，如果有意识地把这些文件分别存放在不同的硬盘上，可以同时读取这些文件，则大大提高了服务器的性能。

还有一种提高硬盘读写速度的手段是采用 RAID 技术。RAID 也称为独立冗余磁盘阵列，简单地说，就是将多个硬盘通过 RAID 卡组合成虚拟单台大容量的硬盘来使用，其特点是可以对多个硬盘同时操作，以提高读写速度，并提供容错功能。

至于硬盘的容量，则取决于应用服务的需要。就 Linux 系统本身而言，如果是普通安装，20GB 的空间基本上就可以了。有些服务可能需要较大的硬盘空间，如 FTP 服务和视频服务等，某些服务需要的硬盘空间可能较小，如 DNS 服务、SSH 服务及 DHCP 服务等。

2.2.4　关于网卡的建议

对于普通的计算机来说，网卡的性能可能对网络速度影响不大，但对于网络服务器来说，其性能却是至关重要的。网卡虽然在整台服务器中所占的投资比例不高，但如果其性能不高，其他硬件即使再好也不能发挥作用，因为服务器无法足够快地把数据发送到网络上。

有些网卡是为了适应网络服务器的工作特点而专门设计的。它的主要特征是采用了专用的控制芯片，大量的工作由这些芯片直接完成，减轻了服务器 CPU 的工作负荷。对于服务器来说，应该尽量选用这种类型的网卡。

目前，以太网网卡按传输速率可以分为 10Mbps、100Mbps、10/100Mbps 及 10/100/1000Mbps 自适应几种。对于大数据量的网络应用来说，服务器应该采用千兆以太网网卡，以避免出现性能瓶颈。同时，大部分的服务器采用的是基于 PCI-X 或 PCI-E 的总线架构。

为了适应服务器的需要，还可以使用一些与网卡有关的技术。例如，AFT 是一种在服务器和交换机之间建立冗余连接的技术。它在服务器上安装两块网卡，一块为主网卡，另一块作为备用网卡，然后把两块网卡都连接到交换机上。当主网卡工作时，智能软件通过备用网卡对主网卡及连接状态进行监测，发送特殊设计的"试探包"。如果主网卡连接失效，则"试探包"无法到达主网卡。此时，智能软件会立即启用备用网卡，使服务器能继续工作。

ALB 也称为网卡负载均衡，它通过在多块网卡之间平衡数据流量来增加吞吐量，是一种让服务器更多、更快地传输数据的技术。在 ALB 中，服务器每增加一块网卡，就能增加一条相应速度的通道。另外，ALB 还具有容错功能。当一块网卡失效时，其他网卡可以承担该网卡的流量。ALB 技术无须划分网段，网络管理员只需要在服务器上安装两块具有 ALB 功能的网卡并把它们配置成 ALB 状态，就可以方便地解决网络通道瓶颈问题。

2.3　Linux 操作系统

Linux 操作系统是一种免费、源码开放的类 UNIX 系统。它继承了 UNIX 功能强大、性能稳定、网络功能强等特点，并具有良好的硬件平台移植性。本节主要介绍 Linux 操作系统的相关内容，包括 Linux 的起源、特点及其各种发行版，以及 Red Hat 公司为企业应用开发的 Red Hat Enterprise Linux。

2.3.1　Linux 的起源

早期的 UNIX 是在一些大型服务器或工作站上使用的操作系统，而且一般是和计算机硬件一起出售的。这些计算机系统价格非常昂贵，因此只是在企业的核心应用中使用，无法得到普及。由于 UNIX 功能强大，许多系统开发人员便尝试把它移植到相对廉价的 PC

上使用。当时最成功的是 Minix 系统，它是一种免费、源码开放的类 UNIX 操作系统，主要用于教学。随后，许多人便以 Minix 系统为参考，开发自己的操作系统，Linux 操作系统就是在这种背景下出现的。

Linux 操作系统核心最早是由芬兰一位名叫 Linus Torvalds 的学生于 1991 年 8 月发布在 Internet 上的。他当时出于学习与研究目的，希望能编写一个"比 Minix 更好的 Minix"，于是在 Minix 系统的基础上开发了最原始的 Linux 内核。

Linus 把 Linux 奉献给了自由软件基金会的 GNU 计划，并公布了所有的源代码，因此，任何人都可以从 Internet 上下载、使用、分析和修改 Linux 操作系统。借助于 Internet 的传播，Linux 得到了迅速发展，来自世界各地的顶尖软件工程师不断地对其进行修改和完善，终于在 1994 年完成并发布了 Linux 的第一个版本——Linux 1.0 版。

虽然 Linux 是参考 Minix 开发的，但实际上与 Minix 有很大的不同。Minix 采用的是微内核技术，而 Linux 采用的是具有动态加载模块特性的单内核技术。同时，Linux 具备标准 UNIX 系统所具备的全部特征，包括多任务、虚拟内存、共享库、按需装载及 TCP/IP 网络支持等。

由于许多志愿开发者的协同工作，Linux 操作系统的功能日益强大，各种性能不断完善，在全球得到了迅速普及，在服务器领域及个人桌面系统上得到了越来越多的应用，在嵌入式开发方面更是具有其他操作系统无可比拟的优势。Linux 凭借优秀的设计，不凡的性能，加上 IBM、Intel、CA、CORE 和 Oracle 等国际知名企业的大力支持，市场份额逐步扩大，逐渐成为主流的操作系统之一。

2.3.2　Linux 的特点

近几年，Linux 操作系统得到了迅猛的发展，尤其是在中高端服务器领域，更是得到了广泛的应用。许多知名的计算机软件和硬件生产厂商都推出了采用 Linux 作为操作系统平台的产品。Linux 之所以受到如此青睐，与其特色是密切相关的。简单来说，Linux 主要具有以下特点。

1．Linux是免费的自由软件

Linux 是一种遵守通用公共许可协议 GPL 的自由软件。这种软件具有两个特点，一是开放源代码并免费提供，二是开发者可以根据自己的需要自由修改、复制和发布程序的源码。因此，用户可以从互联网方便地免费下载并使用 Linux 操作系统，不需要担心成为盗版用户。

由于 Linux 的源码也是同时提供的，所以只要用户具备一定的开发水平，就可以自己解决 Linux 运行时所出现的故障。同时，用户也可以对源码进行修改，编写属于自己的个性化的操作系统。另外，在 Linux 系统上运行的绝大多数应用程序也是可以免费得到的，这也是吸引用户使用 Linux 的一个重要原因。

2．良好的硬件平台可移植性

硬件平台可移植性是指将操作系统从一个硬件平台转移到另一个硬件平台上时，只需要改变底层的少量代码，无须改变自身的运行方式。Linux 最早诞生于 PC 环境，一系列版本都充分利用了 x86 CPU 的任务切换能力，使 x86 CPU 的效能发挥得淋漓尽致。另外，Linux 几乎能在所有主流 CPU 搭建的体系结构上运行，包括 Intel/AMD、HP-PA、MIPS、PowerPC、UltraSPARC 和 ALPHA 等，其伸缩性超过了其他类型的操作系统。

3．完全符合POSIX标准

POSIX 也称为可移植的 UNIX 操作系统接口，是由 ANSI 和 ISO 制定的一种国际标准，它在源代码级别上定义了一组最小的 UNIX 操作系统接口。Linux 遵循这一标准使得它和其他类型的 UNIX 之间可以很方便地相互移植自己平台上的应用软件。

4．良好的图形用户界面

Linux 具有类似于 Windows 操作系统的图形界面，其名称是 X-Window 系统。X-Window 是一种起源于 UNIX 操作系统的标准图形界面，它可以为用户提供一种具有多种窗口管理功能的对象集成环境。经过多年的发展，Linux 平台上的 X-Window 已经非常成熟，其对用户的友好性不逊于 Microsoft Windows。

5．强大的网络功能

由于 Linux 是依靠互联网平台迅速发展起来的，Linux 具有强大的网络功能也就是自然而然的事情了。它在内核中实现了 TCP/IP 协议栈，提供了对 TCP/IP 协议簇的支持。同时，它还可以支持其他类型的通信协议，如 IPX/SPX、Apple Talk、PPP、SLIP 和 ATM 等。

6．丰富的应用程序和开发工具

由于 Linux 系统具有良好的可移植性，目前绝大部分 UNIX 系统下使用的流行软件都已经被移植到 Linux 系统中。另外，由于 Linux 得到了 IBM、Intel、Oracle 及 Syabse 等知名公司的支持，这些公司的知名软件也都移植到了 Linux 系统中，因此，Linux 获得了越来越多的应用程序和应用开发工具的支持。

7．良好的安全性和稳定性

Linux 系统采取了多种安全措施，如任务保护机制、审计跟踪、核心授权、访问授权等，为网络多用户环境中的用户提供了强大的安全保障。由于 Linux 的开放性及其他原因，使其对计算机病毒具有良好的防御机制，在 Linux 平台上基本不需要安装防病毒软件。另外，Linux 具有极强的稳定性，可以长时间稳定地运行。

2.3.3　Linux 的发行版本

Linux 采用 UNIX 操作系统版本制定的惯例，将版本分为内核版本和发行版本两种。内核版本的格式通常为"主版本号.次版本号.修正号"。其中，主版本号和次版本号表示功能有重大变动，修正号表示功能有较小的变动。另外，如果次版本号是偶数，则表示产品化的版本，运行相对稳定；如果是奇数，则说明是实验版本，是一个内部可能存在 bug 的测试版本。

第 3 章　Linux 系统的安装、管理与优化

为了在 Linux 系统上架设网络服务器，首先需要安装 Linux 操作系统。另外，为了使 Linux 系统符合用户的特定需要，安装完成后，经常还需要对其进行管理和优化。本章将以 Red Hat Enterprise Linux 9（简称 RHEL 9）为例，介绍 Linux 系统安装、管理和优化的方法。

3.1　安装 RHEL 9

RHEL 9 操作系统的安装非常简单，采用图形界面的形式，给用户非常丰富的提示和非常方便的选择。一般情况下，安装 RHEL 9 都会很顺利。当然，安装以前，需要检查计算机硬件，要确保符合 RHEL 9 系统的要求才能安装。下面介绍 RHEL 9 的具体安装过程，以及安装后的设置工作。

3.1.1　准备安装 RHEL 9

首先，用户需要准备 RHEL 9 的安装镜像文件，这个文件包含安装程序、各种软件包、源代码和说明文档等安装所需的所有文件。此外，也可以从 Red Hat 的官方网站（http://www.redhat.com）直接下载 RHEL 9 的 ISO 镜像文件，然后制作 U 盘启动盘进行安装，或者直接使用 ISO 镜像文件进行安装。RHEL 9 遵循 GPL 协议，使用是免费的，如果用户想得到技术支持或更新服务，需要购买 Red Hat 公司的服务产品，并及时进行注册。

RHEL 9 对硬件的兼容性无法和 Windows 系统相比。因此，在安装前要确定计算机的硬件是否兼容，特别是网卡等作为服务器必须要使用的硬件，以及一些市场上不常见的设备。

📑说明：用户可以在 https://access.redhat.com/articles/rhel-limits 上查找 RHEL 9 支持的硬件列表，以判断自己的硬件是否被 RHEL 9 支持。

RHEL 9 支持的系统架构包括 AMD and Intel 64-bit、64-bit ARM、IBM Power Systems、Little Endian 和 IBM Z。对于普通的 PC，建议最小的内存为 2GB。当采用完全安装方式时，所需的硬盘容量约为 10GB。另外，RHEL 9 可以与 Windows 等其他操作系统安装在同一个硬盘上，并支持多重引导。

RHEL 9 支持本地 U 盘安装、本地硬盘安装、远程 NFS 安装、远程 FTP 安装和远程 HTTP 安装 5 种安装方式，但需要以 RHEL 9 提供的引导文件引导成功后才能选择以哪种方式安装。其中，本地 U 盘安装方式最方便，3.1.2 小节介绍的就是这种安装方式。

3.1.2　开始安装 RHEL 9

使用 U 盘安装 RHEL 9 操作系统，需要先将 RHEL 9 的 ISO 镜像文件通过 U 盘写入工具写入 U 盘（推荐 Win32DiskImager）。由于 RHEL 9 的镜像文件较大，所以建议 U 盘的空间最少为 16GB。然后，在计算机的 BIOS 设置中将 U 盘设置为第一次序的引导盘，再按以下步骤进行安装。

（1）将 U 盘设为第一引导设备后，重新启动计算机。如果 U 盘启动成功，将会弹出如图 3-1 所示的安装引导界面。

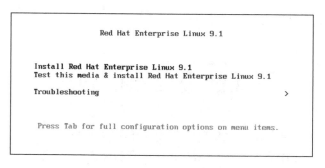

图 3-1　安装引导界面

说明：如果希望在文本模式下进行安装，在安装引导界面选择 Troubleshooting 命令，弹出 Troubleshooting 界面。然后，选择第一项（Install Red Hat Enterprise Linux 9.1 using text mode）再按 Enter 键。一般情况下，直接按 Enter 键以默认方式安装即可。

（2）在安装引导界面选择 Install Red Hat Enterprise Linux 9.1，弹出语言选择对话框，如图 3-2 所示。

图 3-2　选择安装语言

说明：为了保证后续的安装能顺利进行，RHEL 9 提供了光盘检测功能，以免因介质的问题而影响安装。但由于这项检测需要花比较长的时间，在保证光盘介质没有问题的情况下，可以不进行测试。

（3）RHEL 9 提供了 50 多种语言的支持，选择"简体中文"选项后单击"继续"按钮，将弹出如图 3-3 所示的"安装信息摘要"对话框。

图 3-3　"安装信息摘要"对话框

（4）在图 3-3 中，用户可以进行系统及用户的所有设置，如语言、安装目的地、软件选择、网络和主机名、根密码等。其中，带有警告标记🄰的项目必须设置。例如，设置键盘，单击"键盘"选项，弹出"键盘布局"对话框，如图 3-4 所示。

图 3-4　"键盘布局"对话框

说明：由于上一步选择了"简体中文"语言，此时所有的提示都变为了简体中文。

（5）这里使用默认设置，单击"完成"按钮，返回"安装信息摘要"对话框。然后，单击"网络和主机名"选项，弹出"网络和主机名"对话框，如图 3-5 所示。单击网络切换按钮 ⬤○，启动网络连接。在主机名文本框中输入自己喜欢的主机名，单击"应用"按钮，使其生效。用户也可以使用默认的主机名 localhost。单击"完成"按钮，网络连接和主机名设置完成。

图 3-5　"网络和主机名"对话框

（6）在"安装信息摘要"对话框中单击"时间和日期"选项，弹出"时间和日期"对话框。用户可以在其中设置使用的时区和时间。如果设置时间，则需要关闭"网络时间"功能。然后，可以设置时间及时间格式。单击地区或城市下拉列表，即可选择使用的地区和城市。设置完成后，单击"完成"按钮，返回"安装信息摘要"对话框。

（7）在"安装信息摘要"对话框的用户设置部分，单击"root 密码"选项，弹出"ROOT密码"设置对话框。在"ROOT 密码"文本框中输入用户的密码，在"确认"文本框中再次输入相同的密码。然后，勾选"允许 root 用户使用密码进行 SSH 登录"复选框，单击"完成"按钮。如果用户设置的密码过于简单，在底部则会显示警告信息，如图 3-6 所示。单击"完成"按钮，Root 密码设置成功。

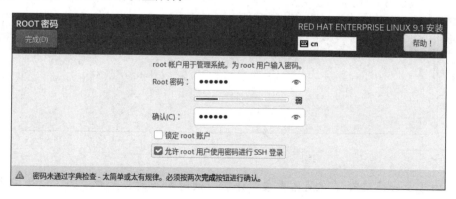

图 3-6　"设置 ROOT 密码"对话框

（8）在"安装信息摘要"对话框中单击"安装目的地"选项，弹出"安装目标位置"对话框，如图 3-7 所示。

图 3-7　"安装目标位置"对话框

（9）在"存储配置"区域可以看到，有"自动"和"自定义"两种存储方式。这里选择"自定义"单选按钮，单击"完成"按钮，将弹出"手动分区"对话框，如图 3-8 所示。

图 3-8　"手动分区"对话框

（10）此时，用户可以自动创建挂载点，也可以手动创建。单击"点击这里自动创建它们"链接，将自动创建挂载点，如图3-9所示。如果想要手动创建，在图3-8中单击添加按钮 ＋，弹出添加新挂载点对话框，如图3-10所示。在"挂载点"下拉列表框中选择"挂载点"，在"期望容量"文本框中输入挂载点对应的硬盘容量。然后，单击"添加挂载点"按钮，即可成功创建挂载点。如果用户不需要某个挂载点，可以在图3-8中单击删除挂载点按钮 － 删除。另外，如果想要重新创建硬盘分区，可以单击从硬盘重新载入存储配置按钮 ↻，或者单击"放弃所有更改"按钮，重新进行分区。

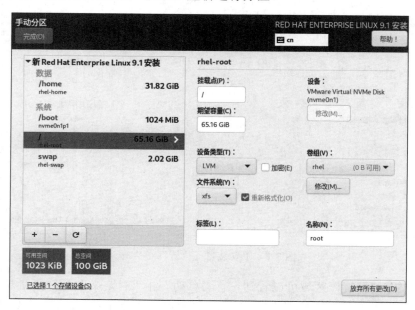

图3-9　自动创建挂载点

（11）单击"完成"按钮，弹出"更改摘要"对话框，如图3-11所示。单击"接受更改"按钮，使配置生效。

图3-10　"添加新挂载点"对话框

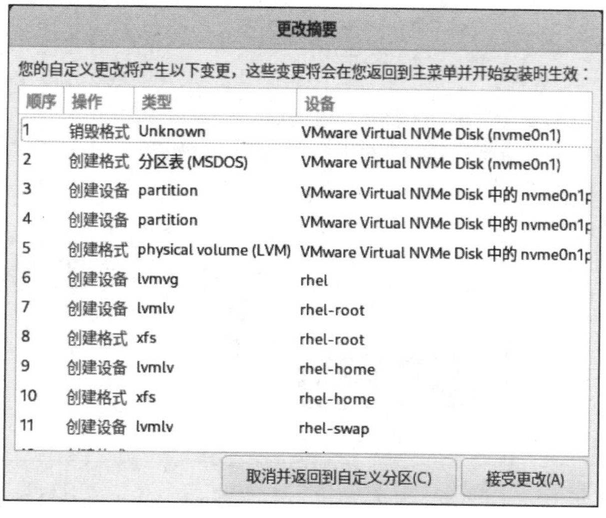

图3-11　"更改摘要"对话框

（12）在"安装信息摘要"对话框中单击"软件选择"选项，弹出"软件选择"对话框，如图 3-12 所示。在"基本环境"列表框中，包括"带 GUI 的服务器""服务器""最小安装""工作站""定制操作系统""虚拟化主机"6 种环境。其中，最常用的是"带 GUI 的服务器""最小安装""工作站"3 个选项。这里选择"带 GUI 的服务器"，在右侧"已选环境的附加软件"列表框中，可以选择需要安装的软件包。一般情况下，建议至少安装控制台互联网工具、开发工具、图形管理工具和系统工具。当然，系统安装完成后即使有一些包没有安装好，也能使用 dnf 命令安装。单击"完成"按钮，软件包选择完成。

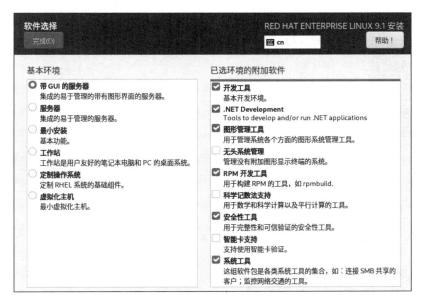

图 3-12　"软件选择"对话框

（13）在"安装信息摘要"对话框中单击 KDUMP 选项，弹出 KDUMP 对话框，如图 3-13 所示。由于该功能需要占用部分系统内存，所以这里将其关闭。不勾选"启用 kdump"复选框，单击"完成"按钮，设置完成。

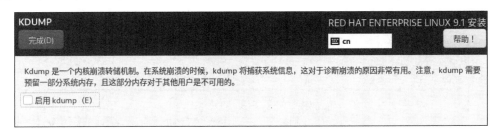

图 3-13　KDUMP 对话框

（14）当"安装信息摘要"对话框中的所有配置项都设置完成时，就可以开始安装操作系统了。所有配置结果如图 3-14 所示。

（15）单击"开始安装"按钮，弹出"安装进度"对话框，如图 3-15 所示。

（16）系统安装完成后，弹出安装完成对话框，如图 3-16 所示。单击"重启系统"按钮，重新启动计算机。

图 3-14　操作系统设置效果

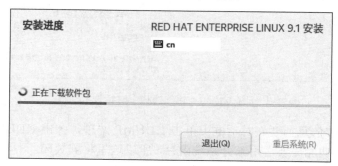

图 3-15　安装进度

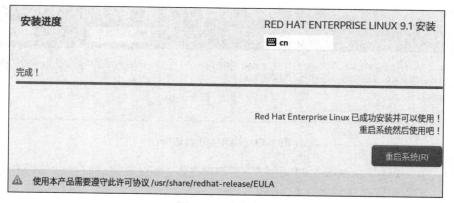

图 3-16　安装完成

说明：安装过程所需的时间取决于所选软件包的容量大小及 U 盘的读取速度。

（7）在管理设置部分设置登录的账户和密码，如图 3-29 所示。

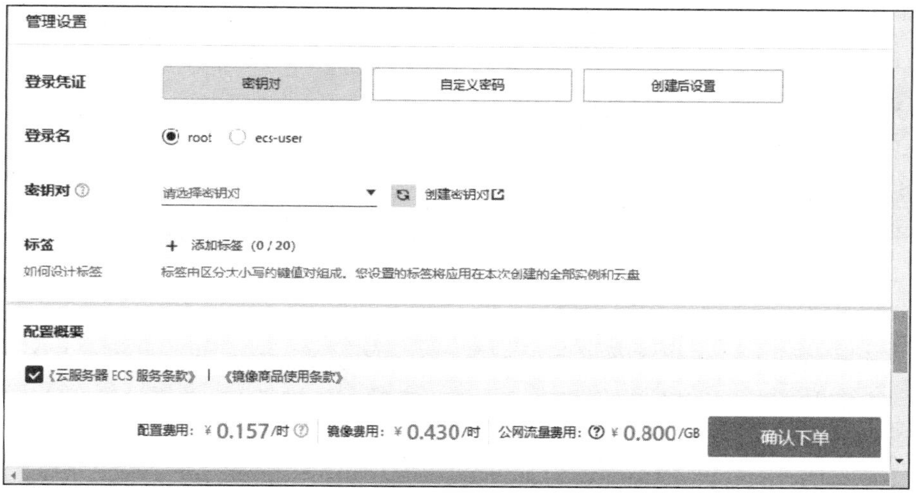

图 3-29　账号配置

（8）所有设置完成后，勾选"《云服务器 ECS 服务条款》|《镜像商品使用条款》"复选框。单击"确认下单"按钮。支付成功后，就可以在 ECS 控制台看到创建的实例了。

（9）选择创建的实例，单击"远程连接按钮"，选择"使用 Web Shell"或"使用 SSH 密钥"进行远程连接。连接成功后，使用 sodo dnf update 命令更新系统软件包，并安装需要的软件包。

（10）此时表示已经成功配置了一台主机。接下来下载 RHEL 9 的 ISO 镜像文件，并安装 RHEL 9 系统（如使用 Anaconda 自动化安装）。关于 Anaconda 的使用，可以参考 RHEL 官网或查阅相关资料。

3.3　Linux 系统管理

RHEL 9 安装完成后，为了使系统能更好地工作，需要掌握一些系统管理的方法和手段，以便能顺利地在 RHEL 9 上架设各种各样的网络服务。下面介绍在 GNOME 桌面环境和终端窗口命令方式下，对 Linux 系统进行用户管理、进程管理和软件包管理的方法。

3.3.1　登录系统

RHEL 9 系统安装完成后，每次开机时都会弹出如图 3-30 所示的登录界面，要求用户输入账号进行登录。在前面的系统安装过程中，已经为名为 root 的管理员用户指定了一个密码，此时可以用 root 用户名登录。在该界面选择"未列出"选项，弹出如图 3-31 所示的用户登录界面，输入用户名后按 Enter 键，弹出如图 3-32 所示的输入密码界面。

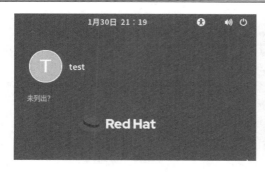

图 3-30　登录界面

图 3-31　输入用户名

说明：在前面的系统安装过程中已经创建了一个名为 test 的用户账号，此时也可以用这个账号登录。

在如图 3-32 所示的登录界面中，采用 root 用户名登录成功后，将弹出如图 3-33 所示的桌面环境。

RHEL 9 支持 GNOME Standard（标准）和 GNOME Classic（经典）两种桌面显示模式，默认是 GNOME Standard 桌面。这两种桌面包括的图形元素不同。其中，GNOME Standard 用户界面主要由顶栏、系统菜单、活动概览和留言板组件组成。GNOME Classic 代表传统的桌面环境（与 RHEL 6 一起使用的 GNOME 2 环境相似）。GNOME Classic 用户界面主要由应用程序和位置、任务

图 3-32　输入密码

栏、四个可用的工作区、最小化和最大化按钮、传统的 Super+Tab 窗口切换器和系统菜单组件组成。在系统登录界面，单击密码文本框右下角的设置按钮，即可切换用户桌面，如图 3-34 所示。

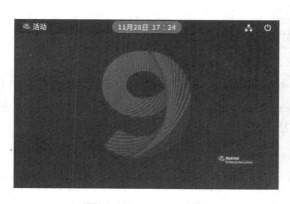

图 3-33　GNOME 桌面

图 3-34　用户桌面

从列表中可以看到，GNOME 桌面包括标准（Wayland 显示服务器）、GNOME 经典模式、GNOME Classic on Xorg、自定义、标准（X11 显示服务器）和 User script 6 种，默认选择的是"标准（Wayland 显示服务器）"。例如，这里选择 GNOME 经典模式，登录后界面如图 3-35 所示。

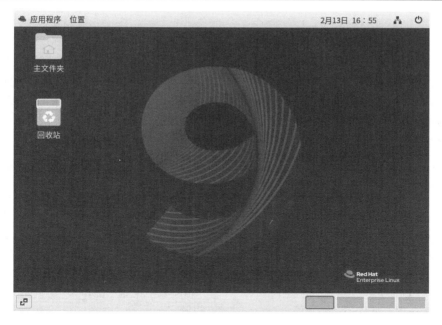

图 3-35　GNOME 经典模式桌面

3.3.2　用户管理

Linux 是一个多用户、多任务的操作系统。多用户是指可以在操作系统中为每个用户指定一个独立的账号，并为账号指定一个独立的工作环境，以确保用户个人数据的安全。而多任务是指 Linux 可以同时运行很多的进程，以便确保多个用户能够同时登录并使用系统的软件和硬件资源，相互之间不干扰。

在 Linux 操作系统中，每个用户账号都有一个唯一的标识符，称为用户 ID 或 UID。每个用户至少属于一个用户组，而用户组可以包含多个用户，每个用户组也有一个唯一的标识符，称为用户组 ID 或 GID。不同的用户和用户组对系统有不同的操作权限，用户组的权限可以由所属的用户使用。用户在系统中所进行的操作需要符合用户的身份，即需要相应的权限，否则将出现违例。

说明：一个正在执行的程序其操作权限也要与执行这个程序的用户相符。

Linux 系统的用户可以分为两类，一类是根用户，也称为管理员用户或超级用户，其用户名是 root，UID 是 0。根用户是系统的所有者，对系统拥有最高的权力，可以在系统中进行任意操作。另一类是普通用户，除根用户以外的其他用户都是普通用户，普通用户只能使用根用户分配的权限。

用户管理的基本内容是添加新用户、删除用户、修改用户的各种属性，以及对用户的访问权限进行设置。常用的用户管理方法可以有使用图形界面和命令行两种方式。其中：图形界面方式比较直观，适用于初学者；命令方式效率较高，适用于有经验的用户。

1. 以图形方式进行用户管理

RHEL 9 提供了一款基于 Web 图形化的管理工具 Cockpit，对一些常见的命令行管理操作都有界面支持，如用户管理、防火墙管理、服务器资源监控等，使用非常方便。这里将使用 Cockpit 图形化工具管理用户。用户在安装系统的过程中，如果选择"图形管理工具"软件包，则会默认安装 Cockpit 工具。此时，用户只需要启动 Cockpit 服务，即可使用该工具进行系统管理。如果没有安装 Cockpit 工具，使用以下命令安装即可。

```
# dnf install cockpit
```

然后启动 Cockpit 服务并设置开机启动。执行命令如下：

```
# systemctl start cockpit                          #启动 Cockpit 服务
# systemctl enable cockpit.socket
Created symlink /etc/systemd/system/sockets.target.wants/cockpit.socket
→ /usr/lib/systemd/system/cockpit.socket.          #开机启动 Cockpit 服务
```

Cockpit 服务安装并启动后，即可进行用户管理。Cockpit 服务的默认监听端口为 9090，而且使用 HTTPS 加密。在浏览器中输入地址"https://IP 地址:9090/"，访问成功后，将弹出一个警告信息，如图 3-36 所示。

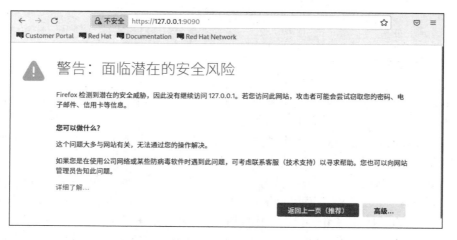

图 3-36 警告信息

这里的警告信息是由于 Cockpit 使用 HTTPS 加密，证书没有被信任，因此需要添加并信任本地证书。单击"高级"按钮，将显示证书警告信息，如图 3-37 所示。

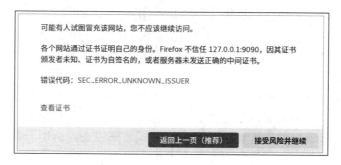

图 3-37 证书警告信息

单击"接受风险并继续"按钮，将弹出 Cockpit 服务登录界面，如图 3-38 所示。

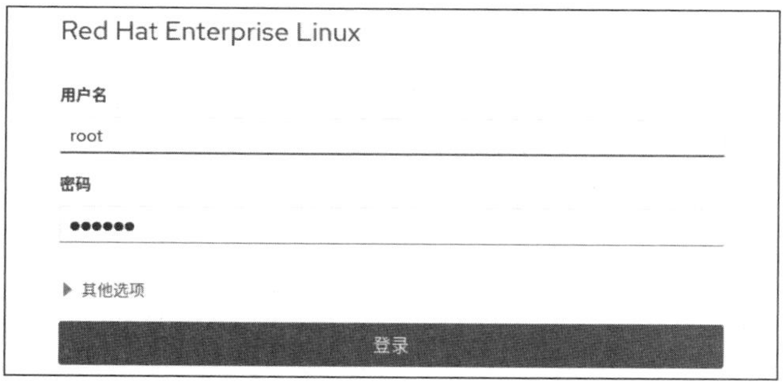

图 3-38　Cockpit 服务登录界面

这里使用 root 用户进行登录，输入用户名 root 和密码，单击"登录"按钮，进入 Cockpit 服务管理界面。在左侧列表中，可以看到所有图形化管理模块，如系统、存储、日志、网络、账户和服务等。单击"账户"，将弹出账户管理界面，如图 3-39 所示。从该界面中可以看到，当前系统中有两个用户，分别为 root 和 test。

图 3-39　账户管理界面

此时，使用 Cockpit 管理工具可以创建用户、修改用户信息或删除用户。例如，创建一个名为 bob 的用户。在 Cockpit 的账户管理界面，单击"创建新账户"按钮，弹出"创建新账户"对话框，如图 3-40 所示。在该对话框中输入新账户的全名、用户名、密码和确认密码。设置完成后，单击"创建"按钮，即可成功创建用户 bob。

图 3-40　"创建新账户"对话框

☎提示：创建用户时，如果设置的密码太简单，则会提示是否使用弱密码创建账户。

如果要修改用户，在用户列表中选择相应的用户，弹出"用户详情"界面，如图 3-41 所示。此时，可以修改用户的全名、角色和密码。另外，默认用户账号和密码从不过期，用户可以单击"编辑"按钮，设置账号和密码的过期时间。

图 3-41　用户详情界面

如果不再需要某个用户，可以将其删除。在用户列表中选择要删除的用户账号，然后单击"删除"按钮，系统将会弹出如图 3-42 所示的对话框。

从图 3-42 所示的对话框中可以选择是否删除文件，默认没有选择。如果想要删除文件，则勾选"删除文件"复选框，然后单击"删除"按钮，用户账号将会从系统中删除。

图 3-42　删除用户

🔔注意：以上操作都要求以 root 用户的身份执行，因为只有 root 用户才有权限进行上述操作，普通用户是没有这个权限的。

2．以命令方式进行用户管理

除了可以通过图形界面方式进行用户管理外，Linux 还提供了一种命令行的方式对用户进行管理。命令需要在控制台或用户终端上执行，在 GNOME 桌面环境中，选择"应用程序"|"工具"|"终端"命令，将会弹出如图 3-43 所示的终端窗口。

在终端窗口中，"#"是 root 用户的命令提示符。如果登录的用户是普通用户，则提示符变为"$"。所有的命令都要在命令提示符后输入，再按 Enter 键才能执行。例如，要查看/usr 目录的内容，可以在"#"后面输入 ls /usr 命令，并按 Enter 键，如图 3-44 所示。

图 3-43　终端窗口

图 3-44　在终端执行命令

创建用户的命令是 useradd，其命令格式和常见的选项如下：

```
useradd [-c comment] [-d home_dir] [-g group] [-G groups] [-M] [-s shell]
[-u uid] <username>
```

其中，username 是要创建的用户账号名，它是必须要指定的选项，其余的都是可选项，它们的含义如下：

❑ -c comment：为该用户账号添加注释；

❑ -d home_dir：指定用户的主目录位置，默认是/home 目录下与用户名同名的目录；

❑ -g group：指定用户所属的主用户组；

❑ -G groups：指定用户所属的附加用户组，可以指定多个，用"，"分隔；

❑ -M：创建用户时不创建用户的主目录，默认是创建；

❑ -s shell：指定用户登录时所使用的 Shell；

❑ -u uid：指定用户的 UID。

例如，下面的命令是创建一个名为 stu 的用户，指定 UID 为 1002，不创建主目录。

```
# useradd -M -u 1002 stu
```

此外，还有一些命令选项，可以通过 man useradd 命令查看 useradd 命令的手册页。useradd 命令并不能设置用户的密码，需要用 passwd 命令进行设置，执行过程如下：

```
[root@localhost ~]# passwd stu
更改用户 stu 的密码。
新的密码：
重新输入新的密码：
passwd：所有的身份验证令牌已经成功更新。
[root@localhost ~]#
```

在上面的命令中，passwd stu 表示对 stu 用户设置密码。在设置时，要输入同样的字符串两次，而且屏幕上不会显示。如果设置的密码比较简单，屏幕上将会给出警告提示，它可以不予理会。

创建用户组的命令是 groupadd，其格式相对简单：

```
groupadd [-g GID] <groupname>
```

groupname 是要创建的用户组名称，-g 选项指定用户组的 GID，还有一些选项可以通过 man groupadd 命令获得。此外，还有几个关于用户和用户组管理的命令如下：

❑ usermod：修改用户属性；

❑ groupmod：修改用户组属性；

❑ userdel：删除用户；

❑ groupdel：删除用户组。

以上命令的使用方法可参考相关手册，此处不再赘述。

3.3.3　进程管理

简单来说，进程就是正在运行的程序，计算机的功能就是通过进程的运行体现出来的，每一种功能都需要由相应的进程来实现。当进程运行时，需要占用一定的 CPU 和内存资源。如果操作系统中的进程太多，或者某些进程占用的 CPU 和内存资源太多，都可能会影响其他进程的执行，从而影响该进程所提供的功能。

每个进程都有一个唯一的标识符，称为进程 ID 或 PID。有些进程之间还有一种父子关系，子进程是由父进程派生的。当父进程终止时，子进程也随之终止；但子进程终止，父进程并不一定会终止。

📓说明：有些进程也称为守护进程，它的特点是平时处于休眠状态，等待用户的请求，一旦用户提出请求，它就会活跃起来，为用户提供服务。

Linux 是一个多任务的操作系统，为了完成某些特定的功能，平时系统中已经运行着很多进程，而每个用户可以根据自己的需要运行很多进程，因此，管理员需要掌握管理进程的方法和手段，以便能查看进程或终止进程。

1. 以图形方式管理进程

进程管理也可以采用图形界面和命令方式。如果采用图形界面方式，可以选择"应用程序"|"工具"|"系统监视器"命令，然后选择"进程"标签，将弹出如图 3-45 所示的窗口。该窗口中列出了系统当前运行的进程。

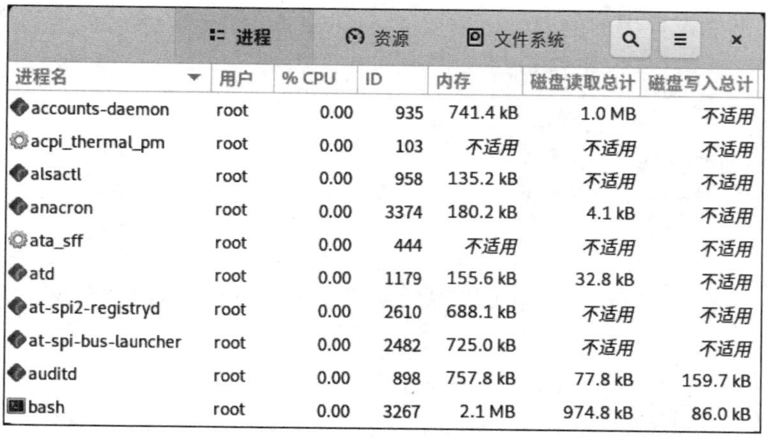

进程名	用户	% CPU	ID	内存	磁盘读取总计	磁盘写入总计
accounts-daemon	root	0.00	935	741.4 kB	1.0 MB	不适用
acpi_thermal_pm	root	0.00	103	不适用	不适用	不适用
alsactl	root	0.00	958	135.2 kB	不适用	不适用
anacron	root	0.00	3374	180.2 kB	4.1 kB	不适用
ata_sff	root	0.00	444	不适用	不适用	不适用
atd	root	0.00	1179	155.6 kB	32.8 kB	不适用
at-spi2-registryd	root	0.00	2610	688.1 kB	不适用	不适用
at-spi-bus-launcher	root	0.00	2482	725.0 kB	不适用	不适用
auditd	root	0.00	898	757.8 kB	77.8 kB	159.7 kB
bash	root	0.00	3267	2.1 MB	974.8 kB	86.0 kB

图 3-45　进程管理窗口

在图 3-45 中，默认列出了进程的名称、运行进程的用户名、CPU 占用率、进程 ID、所占用的内存硬盘读取速度和优先级。如果用户希望查看更多的信息域，单击右上角的菜单按钮 ，在菜单列表中选择"首选项"，将弹出如图 3-46 所示的窗口，然后在信息域列表中选择更多的信息域。除了选择信息域外，在图 3-46 中还可以进行其他进程管理时设置。

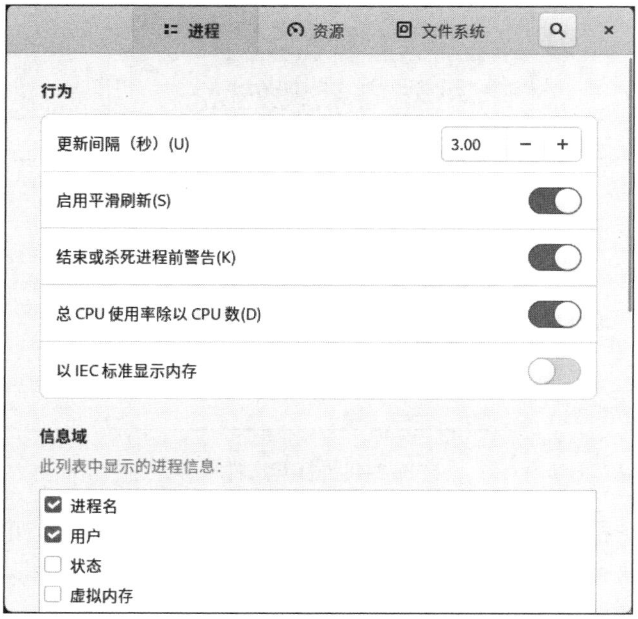

图 3-46　选择进程列表方式

在图 3-45 中，还可以对进程进行排序，方法是单击某个进程域名称，如%CPU，则进程将按照 CPU 占用率进行排序。实际上，在图 3-45 中只列出了当前执行的进程，如果希望列出系统中的所有进程或处于运行状态的进程，可以在菜单列表中选择"全部进程"或"活动的进程"选项。

在菜单列表中，还可以选择"显示依赖关系"选项，使进程以树状的形式列出。此时，所有的子进程将列在父进程的下一层次中。选中某个进程后右击，在弹出的快捷菜单中选择"内存映像"命令，弹出如图 3-47 所示的窗口，其中列出了所选进程占用内存的情况。如果选择"打开的文件"命令，将会弹出如图 3-48 所示的窗口，里面列出了所选进程当前打开了哪些文件。

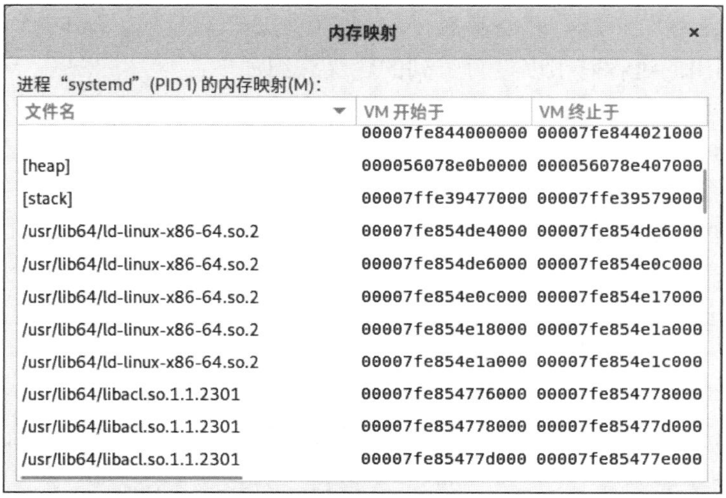

图 3-47　进程占用内存情况

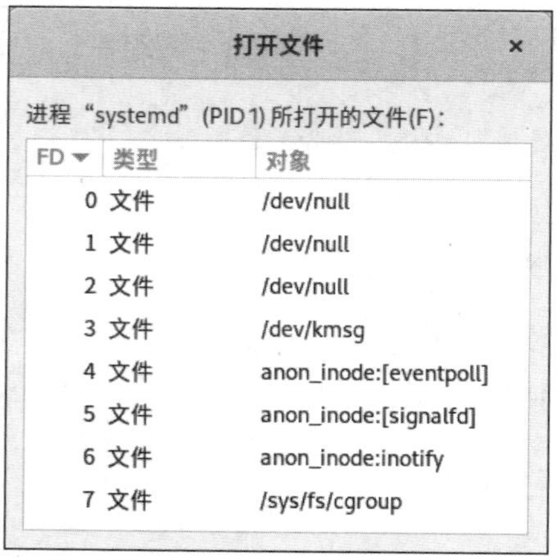

图 3-48　打开文件

另外，在右击进程的快捷菜单中，还有"停止""继续进程""结束""杀死"等命令，可以对所选的进程执行相应的操作。其中，结束和杀死的区别是，在某些情况下进程可能无法结束，如果必须结束，可以将其杀死。

2．以命令方式管理进程

前面介绍的是通过图形界面方式进行进程管理，Linux 与进程管理有关的命令主要有 ps、kill 和 top 等。其中，ps 命令的作用是以各种方式列出系统中的进程，kill 命令用于终止进程，而 top 命令用于动态监视进程，列出 CPU 占用率较高的进程。ps 命令的选项非常多，其中常用的选项是-e 和-f，分别表示列出所有进程和更多的进程列。例如：

```
[root@localhost ~]# ps -ef
UID        PID      PPID    C STIME TTY      TIME        CMD
...
root       1937     7       0 Jan24 ?        00:00:00    [kjournald]
root       2451     1       0 Jan24 ?        00:00:00    /usr/sbin/restorecond
root       2463     1       0 Jan24 ?        00:00:00    auditd
root       2479     1       0 Jan24 ?        00:00:00    syslogd -m 0
...
```

以上命令列出的进程有很多，每一列的含义介绍如下：
- UID：执行进程的用户身份；
- PID：进程标识；
- PPID：父进程的标识；
- C：处理器的利用率；
- STIME：进程的启动时间；
- TTY：进程在哪个终端启动；
- TIME：进程累计使用的 CPU 时间；
- CMD：启动进程时所使用的命令，方括号表示内核进程。

如果希望从所有进程中查找含有某些关键字的进程，可以使用以下形式的命令。

```
[root@localhost     ~]#      ps -ef|grep syslog
root     930      1        0 10:41 ?        00:00:00 /usr/sbin/rsyslogd -n
root     3494     3267     0 11:16 pts/0    00:00:00 grep --color=auto syslog
```

```
[root@localhost    ~]#
```

以上命令列出了包含关键字 syslog 的进程。kill 命令用于终止某个进程，后面跟要终止的进程的 PID，如果不能终止，可以加-9 选项强制终止。top 命令可以接收的常用参数如下：

- ❑ -c：显示命令行，而不仅仅是命令名；
- ❑ -d N：指定两次刷新时间的间隔，N 为间隔秒数；
- ❑ -I：禁止显示空闲进程或僵尸进程；
- ❑ -n N：指定更新的次数，然后退出，N 表示次数；
- ❑ -p PID：仅监视指定 PID 的进程；
- ❑ -S：累计模式，输出每个进程的总的 CPU 时间，包括已死的子进程。

以上是关于 top 命令的常用选项的解释，所有的选项可以查询 man 手册页来了解。

3.3.4　软件包管理

一个软件往往包含程序、配置和说明文档等很多文件。如果需要手工把这些文件复制到各个目录下才能使用这个软件，则是一件非常烦琐而且容易出错的事情。为了减轻用户的负担，一般操作系统中都会提供一种软件包的管理工具，把与软件有关的所有文件放在一个包中，需要时再安装或进行其他管理操作。

RPM（Red Hat Package Manager）是在 Linux 下广泛使用的软件包管理工具。最早由 Red Hat 公司研制，现在也由开源社区进行开发，目前是 GNU/Linux 下资源最为丰富的软件包类型。RPM 工具通常附加于 Linux 发行版中，在包括 Red Hat 在内的多个主流 Linux 发行版本中使用。

RPM 软件包分为二进制包和源代码包两种。二进制包可以直接安装在计算机中，文件名要以.rpm 作为后缀；而源代码包将会由 RPM 自动编译、安装，经常以 src.rpm 作为后缀名。有时候，一个 RPM 包中的软件除了需要自身所附带的文件外，还需要其他 RPM 包的支持，这称为软件包的依赖关系。RPM 包管理工具支持以下功能：

- ❑ 可以安装、删除、升级和管理软件，支持在线方式。
- ❑ 查看 RPM 软件包包含哪些文件，或者查看某个文件属于哪个软件包。
- ❑ 可以在系统中查询某个软件包是否已安装及其版本。
- ❑ 开发者可以把自己的程序文件打包为 RPM 包进行发布。
- ❑ RPM 包可以设置 GPG 和 MD5 签名。
- ❑ 可以对 RPM 包进行依赖性检查。

在具体管理 RPM 包时，可以使用 rpm 命令，其格式非常复杂，下面看几个命令的例子。

示例 1：

```
# rpm -qa
```

功能：以上命令列出系统目前已安装的所有软件包，因为软件包非常多，可以在命令后加"|more"使之显示时满屏暂停。

示例 2：

```
[root@localhost ~]# rpm -qa|grep httpd
httpd-2.4.53-7.el9.x86_64
httpd-filesystem-2.4.53-7.el9.noarch
httpd-tools-2.4.53-7.el9.x86_64
httpd-core-2.4.53-7.el9.x86_64

[root@localhost ~]#
```

功能：在命令后加|grep httpd，表示把系统中安装的包含 httpd 的 RPM 包都列出来，即查询系统是否安装了 httpd 包。

示例 3：

```
[root@localhost ~]# rpm -qf /etc/yum.conf
yum-4.12.0-4.el9.noarch
[root@localhost ~]#
```

功能：-qf 选项表示查看随后的/etc/yum.conf 文件属于哪个软件包。

示例 4：

```
[root@localhost ~]# rpm -ql yum
/etc/dnf/protected.d/yum.conf
/etc/yum.conf
/etc/yum/pluginconf.d
/etc/yum/protected.d
/etc/yum/vars
/usr/bin/yum
/usr/share/man/man1/yum-aliases.1.gz
/usr/share/man/man5/yum.conf.5.gz
/usr/share/man/man8/yum-shell.8.gz
/usr/share/man/man8/yum.8.gz
```

功能：-ql 选项表示查看随后的 YUM 软件包包含哪些文件。此处只需要指出包名即可，包的版本号可以省略。

示例 5：

```
[root@localhost ~]# rpm -qi yum
```

功能：-qi 选项表示列出随后的 YUM 软件包的说明信息。

示例 6：

```
[root@localhost ~]# rpm -qR yum
config(yum) = 4.12.0-4.el9
dnf = 4.12.0-4.el9
rpmlib(CompressedFileNames) <= 3.0.4-1
rpmlib(FileDigests) <= 4.6.0-1
rpmlib(PayloadFilesHavePrefix) <= 4.0-1
rpmlib(PayloadIsZstd) <= 5.4.18-1
```

功能：-qR 选项表示列出随后的 YUM 软件包的依赖关系，即安装 YUM 软件包时，系统中应该先安装哪些文件或软件包。

以上是在查询系统中已安装的 RPM 包的有关信息。如果某个 RPM 包还没有安装，也可以查看类似的信息，只是需要再加一个-p 选项。例如，假设当前目录下有一个名为 webmin-2.013-1.noarch.rpm 的 RPM 包文件，现在还没有安装，但想看一下该 RPM 包文件包含哪些文件，可以使用以下命令：

```
[root@localhost ~]# rpm -qpl webmin-2.013-1.noarch.rpm
/etc/pam.d/webmin
```

```
/usr/bin/webmin
/usr/libexec/webmin
/usr/libexec/webmin/LICENCE
/usr/libexec/webmin/LICENCE.ja
/usr/libexec/webmin/README.md
/usr/libexec/webmin/WebminCore.pm
⋮
```

下面再介绍一下利用 rpm 命令安装、删除和升级软件的命令格式。

示例 7：

```
[root@localhost ~]# rpm -ivh webmin-2.013-1.noarch.rpm
警告: webmin-2.013-1.noarch.rpm: 头 V4 DSA/SHA1 Signature, 密钥 ID 11f63c51:
NOKEY
Verifying...                          ######################### [100%]
准备中...                              ######################### [100%]
正在升级/安装...
  1:webmin-2.013-1                     ######################### [100%]
```

功能：-ivh 选项表示对随后的 webmin-2.013-1.noarch.rpm 包文件进行安装。如果该包所依赖的软件包还没有安装，或所需要的文件不存在，则安装不成功并出现出错提示。

示例 8：

```
[root@localhost ~]# rpm -ivh webmin-2.013-1.noarch.rpm --nodeps --force
```

功能：--nodeps –force 选项表示不管依赖关系，强行安装软件包。但这种方式安装的软件包往往是不能工作的。

示例 9：

```
[root@localhost ~]# rpm -e webmin-2.013-1.noarch
```

功能：-e 选项表示要删除随后的 webmin-2.013-1.noarch 软件包。

示例 10：

```
[root@localhost ~]# rpm -Uvh webmin-2.013-1.noarch.rpm
```

功能：- Uvh 选项表示要升级 clamd 软件包。

以上介绍的是 RPM 软件包管理的一些命令的例子。在 RHEL 9 的桌面系统中，也可以通过选择"应用程序"|"系统工具"|"软件"命令对软件包进行管理，此时将弹出如图 3-49 所示的窗口。

图 3-49　软件包管理工具窗口

在图 3-49 中包括"浏览""已安装""更新" 3 个选项卡。其中,在"浏览"选项卡中按照不同分类列出了所有软件包。选择某个软件包后,可以查看所有软件的详情。如果某个软件没有安装,单击"安装"按钮即可安装,如图 3-50 所示。

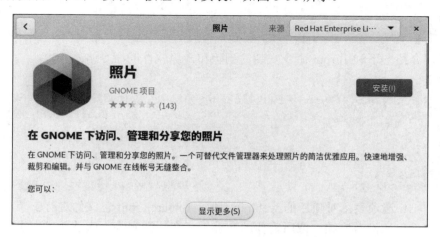

图 3-50　安装软件包

在"已安装"选项卡中列出了所有安装的软件包,如图 3-51 所示。如果不需要某个软件,单击"卸载"按钮可以将其删除。

图 3-51　已安装的软件列表

在"更新"选项卡中列出了所有可以更新的软件包,如图 3-52 所示。这里,所有软件都是最新的,没有需要更新的软件包。

🔔注意:除了删除软件包外,上述功能的实现需要正确的 YUM 配置。

图 3-52　更新软件包

3.4　Linux 性能优化

为了方便安装，RHEL 9 的很多系统配置选项采用的都是默认值，这些默认值并不一定适合用户的特定要求。另外，系统在使用的过程中由于各种原因性能会变差。这都需要管理员对 Linux 的性能进行优化，以满足个性化的要求。下面介绍有关 Linux 性能优化方面的内容，包括如何尽量减少服务进程、文件系统参数优化和内核参数调整等。

3.4.1　关闭不需要的服务进程

在默认安装方式下，当 Linux 系统运行时，在内存中会有很多进程，这些进程对于特定目的的 Linux 系统来说并不都是必需的。例如，如果 Linux 系统主要为外界提供 Web 服务，其中运行着 Apache 服务器，则其他进程如 Sendmail 等就没有必要运行了，应该将其终止。这样，不仅为 Apache 服务器的进程腾出 CPU 和内存资源，而且降低了由于 Sendmail 进程存在的漏洞而造成的安全威胁。

安装 Linux 时，默认已经设置了部分进程是自动启动的，用户可以根据需要改变这些设置。这里仍然可以使用图形化管理工具 Cockpit 进行管理。在 Cockpit 管理界面的左侧列表中单击"服务"选项，打开服务管理界面，如图 3-53 所示。

在服务列表中显示出了所有服务，包括运行的服务、未运行的服务及启动失败的服务。这里可以对服务进行过滤，根据服务名称或描述、活跃状态、文件状态进行过滤。例如，过滤 sshd 服务，显示结果如图 3-54 所示。

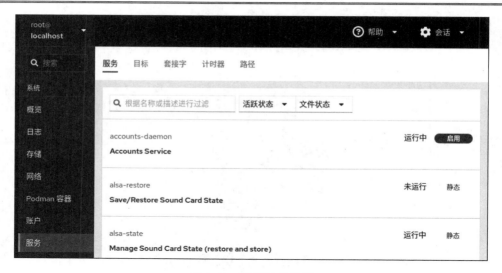

图 3-53　服务管理界面

图 3-54　匹配过滤器的服务

服务名右侧显示的"启用"，表示开机自动运行。如果没有设置开机自动启动，则此处显示为禁用。单击服务名称即可查看及设置服务的运行状态，如图 3-55 所示。从该界面中可以看到 OpenSSH 服务的状态、启动服务的文件路径和内存等。如果不希望开机自动启动这个服务，单击按钮⬤，停止并禁用该服务。另外，在图 3-55 中还可以进行其他操作。单击额外操作按钮⋮，可以对服务进行重载、重启、停止、不允许运行（屏蔽）和固定单元操作。

当系统进入图形界面状态时，需要运行很多进程，占用很多系统资源，而对于专门为外界提供网络服务的服务器来说，图形界面几乎是没有用处的。因此，为了优化服务器的性能，往往希望 Linux 开机时不要进入图形界面状态，此时可以使用 systemctl set-default

2．为 root 用户设置密码时，最好设置得复杂一点，避免很容易就被别人破解。下面比较安全的密码是（　　　）。

A．123456　　　　　　B．abcde　　　　　　C．123456!!　　　　　　D．111.qq.com!!

3．在 RHEL 9 中，Web 图形化的管理工具 Cockpit 默认监听端口为（　　　）。

A．8080　　　　　　B．9090　　　　　　C．80　　　　　　D．8008

三、操作题

1．在虚拟机中安装 RHEL 9 操作系统。

2．使用 root 用户登录 RHEL 9 操作系统。

第 4 章　Linux 网络接口配置

Linux 系统具有丰富的网络功能，在使用网络或为网络中的其他主机提供网络服务前，必须先配置好网络接口。本章主要介绍 TCP/IP 网络的一些基础理论知识、网络配置需要理解的概念以及如何在图形环境下配置各种网络接口。

4.1　TCP/IP 网络基础

TCP/IP 协议簇包含一系列构成互联网基础的网络协议，这些协议最早发源于美国国防部的 ARPA 网络项目。其中的 TCP 和 IP 是两个最重要的协议，分别称为传输控制协议和网际协议。下面介绍与 TCP/IP 有关的一些网络基础理论知识，包括网络协议的概念、ISO/OSI 网络参考模型及 TCP/IP 模型。

4.1.1　网络协议

网络协议（Protocol）是网络上所有设备（网络服务器、计算机及交换机、路由器、防火墙等）之间通信规则的集合，它规定了通信时信息必须采用的格式和这些格式的意义。网络协议是一种特殊的软件，是计算机网络实现其功能的最基本机制。网络协议的本质是规则，即各种硬件和软件必须遵循的共同守则。网络协议并不是一套单独的软件，它融合于所有的软件系统中，因此可以说协议在网络中无所不在。

为了简化协议的实现，以及方便网络的互连，大多数网络采用分层的体系结构，每一层都建立在它的下层之上，并向它的上一层提供一定的服务。在网络的各个层次中存在许多协议，接收方和发送方同层的协议必须一致，否则一方将无法识别另一方发出的信息。

4.1.2　OSI 参考模型

早期的计算机网络是采用不同的技术规范和实现方法组成的独立的系统，它们之间存在着兼容性问题。为了解决网络之间不兼容而导致的相互之间无法通信的问题，国际标准化组织（ISO）于 1984 年发布了开放系统互联（Open System Interconnect，OSI）模型。该参考模型为厂商提供了一系列的标准，确保由世界上多家公司生产的不同类型的网络产品之间能够具有更好的兼容性和互操作性。OSI 模型的具体内容如图 4-1 所示，各个协议层的功能如下。

物理层规定了通信设备的机械和电气方面要遵循的规范，并描述了功能和规程的特性，用以建立、维护和拆除物理链路连接。具体来讲，机械特性规定了网络连接时所接插件的规格尺寸、引脚数量和排列情况等。电气特性规定了在物理连接上传输比特流时线路上的信号电平大小、阻抗匹配、传输速率和距离限制等。功能特性是指给各个信号分配确切的信号含义，即定义 DTE 和 DCE 之间各个线路的功能。规程特性定义利用信号线进行比特流传输的一组操作规程，是指在物理连接建立、维护和交换信息时，DTE 和 DCE 双方在各电路上的动作序列。

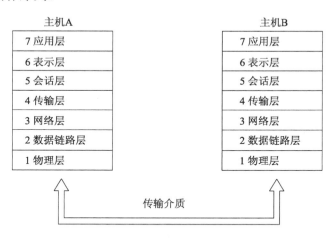

图 4-1　ISO/OSI 模型

数据链路层在物理层提供比特流服务的基础上，建立相邻节点之间的数据链路，通过差错控制提供数据帧（Frame）实现可靠的数据传输，并规定各电路上的动作序列。数据链路层在不可靠的物理介质上提供可靠的传输方式。该层的作用包括物理地址寻址、数据的成帧、流量控制、数据的检错和重发等。在这一层，数据的单位称为帧。

网络层的任务就是选择合适的网间路由和交换节点，确保数据及时传送。网络层将传输层提供的数据封装成数据包，数据包中有网络层包头，其中包括源站点和目的站点的逻辑地址信息。除了地址解析和路由功能外，网络层还可以实现拥塞控制、网际互连等功能。在网络层，数据的单位称为数据包（Packet）。

传输层为上层提供端到端、透明、可靠的数据传输服务，并向会话层提供独立于网络的传输服务。它必须跟踪数据单元碎片、乱序到达的数据包，解决在传输过程中发生的问题。传输层是 OSI 参考模型中最重要、最关键的一层，是唯一负责总体数据传输和控制的一层。

会话层也称为会晤层或对话层，在会话层及以上的高层次中，数据传送的单位不再另外命名，统称为报文。会话层不参与具体的传输，它提供包括访问验证和会话管理在内的建立和维护应用之间通信的机制。例如，服务器验证用户登录便是由会话层完成的。

表示层主要解决用户信息的语法表示问题。它将要交换的数据从适合用户的抽象语法，转换为适合 OSI 系统内部使用的传送语法，即提供格式化的表示和数据转换服务。数据的压缩和解压缩，加密和解密等工作都由表示层负责。例如，某种格式图像的显示，就是由位于表示层的协议来支持的。

应用层为操作系统或网络应用程序提供访问网络服务的接口。应用层是直接面向用户的一层，用户的通信内容要由应用进程（或应用程序）来发送或接收。这就需要应用层采用不同的应用协议来解决不同类型的应用需求，并且保证这些不同类型的应用所采用的低层通信协议是相同的。

注意：OSI 只是一个网络结构参考模型，在理论研究上有重大意义，但在实际应用中并没有真正地实现。实际应用中广泛使用的是 TCP/IP 模型。

4.1.3 TCP/IP 模型

虽然 ISO 的 OSI 参考模型提供了完整的协议分层，但是过于复杂，没有真正实现过。而 Internet 的迅速发展却使 TCP/IP 协议成为事实上的标准。与 OSI 参考模型不同，TCP/IP 模型更侧重于互联设备间的数据传送，而不是严格的功能层次划分。TCP/IP 模型的层次结构及与 OSI 参考模型的对应关系如图 4-2 所示。

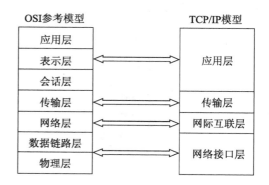

图 4-2　OSI 参考模型与 TCP/IP 模型的对应关系

注意：TCP/IP 是由很多协议构成的协议簇，并不只是 TCP 和 IP 两种协议。

从图 4-2 中可以看到，TCP/IP 模型中的应用层相当于 OSI 参考模型中的会话层、表示层和应用层。而网络接口层相当于 OSI 参考模型的数据链路层和物理层。TCP/IP 模型是在 TCP/IP 使用很久后才出现的，因此更强调功能的分布而不是严格的层次划分。TCP/IP 模型的各层次的功能如下。

网络接口层与 OSI 参考模型的物理层和数据链路层相对应。事实上，TCP/IP 本身并未定义该层的协议，而是由参与互连的各种类型的网络使用自己的物理层和数据链路层协议，然后与 TCP/IP 的网络接口层进行对接。在实际应用中，网络接口层与以太网、令牌环网及 ATM 等网络技术密切相关。

网际互联层对应 OSI 参考模型的网络层，主要解决主机到主机之间的通信问题。该层有 4 个主要协议：网际协议（IP）、地址解析协议（ARP）、反向地址解析协议（RARP）和互联网控制报文协议（ICMP）。IP 是网际互联层最重要的协议，它提供的是一个不可靠、无连接的数据报传递服务。

传输层对应 OSI 参考模型的传输层，为应用层实体提供端到端的通信功能。传输层对数据流有一定的调节作用，能确保其完整、正确并按顺序递交。传输层定义了两个主要协议：传输控制协议（TCP）和用户数据报协议（UDP）。TCP 提供的是一种可靠的、面向连接的数据传输服务；而 UDP 提供的是不可靠的、无连接的数据报传输服务。

应用层对应 OSI 参考模型的上面 3 层，为用户提供所需的各种应用服务，如 FTP、Telnet、DNS 和 SMTP 等。当应用层程序使用传输层提供的服务时，需要指定一个端口与传输层进行交互，端口号总共有 65 535 个，分为 TCP 和 UDP 端口，每一种应用层协议一般要和一个知名的端口相对应，如 HTTP 对应 TCP 80 号端口，DNS 对应 UDP 53 号端口等。

在 UNIX 系统中，/etc/services 文件中包含各种应用层协议及对应的端口，内容如下：

```
# more /etc/services
...
```

```
telnet          23/tcp
telnet          23/udp
# 24 - private mail system
lmtp            24/tcp                      # LMTP Mail Delivery
lmtp            24/udp                      # LMTP Mail Delivery
smtp            25/tcp          mail
smtp            25/udp          mail
...
```

可以看出，TCP/IP 模型的应用层协议非常多，它们大部分是在实际应用中广泛使用的协议。

注意：虽然在/etc/services 文件中定义的应用层协议可以使用 TCP 和 UDP 两种协议端口，但是在实际工作中一般只使用其中一种。

4.2　网络接口配置

在进行网络接口配置时，需要正确地配置每一项参数，这样才能正常地使用网络服务，或者为客户机提供服务。在具体配置网络接口以前，本节先介绍一些配置参数的相关知识，包括主机名、IP 地址、子网掩码、默认网关、域名服务器和默认网关等。

4.2.1　主机名

主机名用于在网络中标识一台计算机的名称，在同一个子网中，它应该是唯一的。在早期的 UNIX 网络中，主机名是赋予计算机的一个形象的名称标识。后来随着 DNS 名称解析的广泛使用，计算机自己设置的主机名基本上不再有具体的作用，但沿袭过去的习惯，UNIX 还保留着这一项设置。

4.2.2　IP 地址

在 TCP/IP 模型中，IP 是网际互联层事实上的协议，它解决了 TCP/IP 网络中主机到主机的通信问题。IP 能够工作的前提是在 TCP/IP 网络中，每台主机都要有一个唯一的地址。这对以 TCP/IP 为核心的 Internet 来说也是一样的，Internet 上的每台主机都有一个唯一的 IP 地址，IP 就是使用这个地址在主机之间传递信息，这是 Internet 能够运行的基础。

为了确保 IP 地址的唯一性，专门有一个称为国际网络信息中心（NIC）的机构管理 Internet 上的 IP 地址，所有的用户都必须向该机构申请才能获得合法的 IP 地址。IP 分为 IPv4 和 IPv6 两个版本，它们之间的主要区别是 IPv4 的地址是 32 位的，目前已不够使用，而 IPv6 的地址是 48 位的，主要为了解决 IPv4 地址不够用的问题。

说明：IPv6 是下一代互联网使用的协议，其理论上可用的地址数是 IPv4 的 65 536 倍，按现有人口计算，平均每人可以分到约 4 万个 IPv6 地址。

通常所说的 IP 一般是指 IPv4，它使用点分十进制形式来表示，如 A.B.C.D。其中的 A、B、C 和 D 都是 0～255 之间的数。255 实际上是十六进制的 FF，它是一个字节能表示的最大的数。实际上，计算机是根据二进制数来识别 IP 地址的。例如，下面的 32 位二进制串是计算机中存储的 IP 地址：

```
11011010010010110001101000100011
```

人们为了阅读方便，将其进行了分组，共分为 4 组，每组 8 位：

```
11011010    01001011    00011010    00100011
```

然后，将 8 位的二进制数转化成十进制数并用点号隔开，于是便成了下面的形式：

```
218 . 75 . 26 . 35
```

与记忆 32 位的二进制串相比，记忆 218.75.26.35 显然更加容易。

在最初设计互联网络时，为了便于寻址以及构造层次化的网络，每个 IP 地址都包括两个标识码（ID），一个是网络 ID，还有一个是主机 ID，并且规定，同一个物理网络上的所有主机都使用同一个网络 ID，网络上的每一个可寻址的主机（包括网络上工作站、服务器和路由器等）都有一个主机 ID 与其对应。IP 地址根据网络 ID 的不同可分为 5 种类型：A 类地址、B 类地址、C 类地址、D 类地址和 E 类地址。

1. A类地址

一个 A 类 IP 地址由 1 字节的网络地址和 3 字节的主机地址组成，并且网络地址的最高位必须是 0。另外，全是 1 的网络地址（即 127）保留为环回网络使用，全是 1 的主机地址保留为广播地址，不能分配给主机使用。因此，当使用二进制表示时，最小的 A 类 IP 地址和最大的 A 类 IP 地址分别如下：

```
最小 IP 地址：   00000001 00000000 00000000 00000001
最大 IP 地址：   01111110 11111111 11111111 11111110
```

如果用点分十进制表示，则地址范围为 1.0.0.1～126.255.255.254。可用的 A 类网络有 126 个，每个网络能容纳 1600 多万个主机，主要分配给大型机构使用。另外，第一个字节为 10 的 IP 地址也是保留地址，不能在 Internet 上使用，只能在内网使用。

2. B类地址

一个 B 类 IP 地址由 2 个字节的网络地址和 2 个字节的主机地址组成，网络地址的最高位必须是 10，用二进制表示的最小和最大的 B 类 IP 地址分别如下：

```
最小 IP 地址：   10000000 00000000 00000000 00000001
最大 IP 地址：   10111111 11111111 11111111 11111110
```

如果用点分十进制表示，则地址范围为 128.0.0.1～191.255.255.254。因此，可用的 B 类网络有 16 384 个，每个网络能容纳 6 万多个主机。另外，B 类地址中的 172.16.0.0～172.31.255.254 也是保留地址，不能在 Internet 上使用。

3. C类地址

一个 C 类 IP 地址由 3 个字节的网络地址和 1 个字节的主机地址组成，网络地址的最高位必须是 110，用二进制表示的最小和最大的 C 类 IP 地址分别如下：

```
最小 IP 地址：   11000000 00000000 00000000 00000001
最大 IP 地址：   11011111 11111111 11111111 11111110
```

如果用点分十进制表示，则地址范围为 192.0.0.1～223.255.255.254。因此，可用的 C
类网络有 2 097 152 个，每个网络能容纳 254 台主机，适合小型网络使用。另外，C 类地址
中的 192.168.0.0～192.168.255.254 也是保留地址，不能在 Internet 上使用。

4．D类地址

D 类地址没有区分网络地址和主机地址，其 IP 地址的第一个字节以 1110 开始，地址
范围是 224.0.0.1～239.255.255.254。D 类地址是一种专门保留的地址，并不指向特定的网
络。目前这一类地址被用在多点广播（Multicast）中。多点广播地址用来一次寻址一组计
算机，它标识的是共享同一协议的一组计算机。

5．E类地址

E 类地址是实验性的地址，也没有区分网络地址和主机地址，保留为以后使用。其 IP
地址的第一个字节以 11110 开始，地址范围是 240.0.0.1～248.255.255.254。

📄说明：E 类地址之后的 IP 地址目前保留未用。

4.2.3　子网掩码

互联网是由许多小型网络构成的，每个网络上都有许多主机，这样便构成了一个有层
次的结构。IP 地址在设计时就考虑到地址分配的层次特点，将每个 IP 地址都分割成网络
号和主机号两部分，以便 IP 地址的寻址操作。此时，需要用某种方法指定哪些位是网络号，
哪些是主机号，这个任务就是由子网掩码来完成的。

子网掩码不能单独存在，它必须和 IP 地址一起使用。与 IP 地址相同，子网掩码的长
度也是 32 位，左边的若干位是 1，右边的若干位是 0。在 IP 地址中，与子网掩码 1 对应的
那些位组成网络号，而与子网掩码 0 对应的那些位组成主机号。例如，192.168.75.109/
255.255.248.0 转换成二进制表示如下：

```
11000000  10101000  01001011  01101101
11111111  11111111  11111000  00000000
```

在 IP 地址中，与子网掩码位 1 对应的位组成以下网络号：

```
11000000  10101000  01001000
```

即网络号是 192.168.72，而与子网掩码位 0 对应的位组成以下主机号：

```
00000000  00000000  00000011  01101101
```

即主机号是 3.109。通常，将 IP 地址的主机号全改为 0，则可以得到 IP 地址的网络号；而
把网络号全改为 0，则得到 IP 地址的主机号。

子网掩码的作用就是获取主机 IP 的网络地址信息，用于区别主机通信的不同情况，由
此选择不同路由。IPv4 为 A、B、C 类地址分别规定了固定位数的网络号和主机号，其中，
A 类地址的默认子网掩码为 255.0.0.0，B 类地址的默认子网掩码为 255.255.0.0，C 类地址
的默认子网掩码为 255.255.255.0。

🔔注意：用户在配置自己的内网时，可以根据实际情况规定子网掩码的位数。

4.2.4　默认网关地址

主机的 IP 地址设置完成后，就可以和同一个网段中的其他主机进行通信了，但此时还不能与其他网段中的主机进行通信。为了能够与外部网络进行通信，需要设置正确的网关地址。在网络设置中，网关通常指的就是路由器。当主机所发送的数据包其目的 IP 不是与自己位于同一网段时，它就需要把该数据包发送给路由器，然后由路由器转发给目的主机。

提供路由功能的网关一般至少要有两个网络接口，一个与内部局域网连接，另一个与外网进行连接。内网的主机要使用这个网关时，需要指定网关内网接口的 IP 地址。此时，对于局域网中的主机来说，发送给外网的数据包实际上都是发送给这个网关。

有时候，内网可以有多个网关与外网有连接。此时，内网的主机访问外网时，就可以有多种选择。内网的主机可以为不同的目的地指定不同的网关，但不管怎样，必须要设置一个默认的网关，以便数据包与其他网关的目的地不匹配时，可以使用默认网关。

⌨注意：在很多场景中，网关和路由器是指同一种设备，但从严格意义来讲，网关应该是工作在应用层的转发设备，而路由器是工作在网络层的转发设备。

4.2.5　域名服务器

正确设置主机 IP 地址和默认网关后，只能保证用户能通过 IP 地址与其他主机进行通信。而对于大多数的应用来说，标识目的主机使用的是域名，而不是 IP 地址。由于计算机不能理解域名，只认识 IP 地址，因此需要把域名解析为 IP 地址，以便计算机使用。

Internet 的域名数量非常巨大，而且是动态变化的，因此不可能由普通的计算机自行解析，需要通过专门的域名服务器（DNS）进行解析。为此，在网络设置中，还需要指定域名服务器的 IP 地址，以便计算机接受用户输入的域名后，再通过指定的域名服务器解析为 IP 地址。

⌨注意：由于域名解析的重要性，一般操作系统都可以指定多台域名服务器的 IP 地址，以便在主域名服务器不能使用时，可以马上使用后备域名服务器。

Internet 上可以提供域名解析服务的域名服务器非常多，为了加快域名解析的速度，一般要指定与本机连接速度最快的域名服务器。通常，为本地局域网提供 Internet 接入服务的 ISP 服务商都有自己的域名服务器，它们与自己的域名服务器连接速度应该是最快的。

4.2.6　DHCP 服务器

网络中的每一台计算机都必须拥有唯一的 IP 地址。主机 IP 地址的设置可以由用户手动进行，此时也称为静态地址。为了保证整个网络正常运行，IP 地址的设置必须要正确，因此，用户一般要咨询网络管理员。此外，网络掩码、默认网关及 DNS 服务器等也要正确设置，这样才能保证网络正常使用，这些参数也需要向网络管理员咨询。

如果网络上的用户众多，则用户的咨询会给网络管理员造成很大的负担。更重要的是，

指定 DNS 服务器的 IP 地址，此时可以在图 4-7 中的"方法（M）"下拉列表框中选择"手动"选项，就可以为选中的连接设置 DNS 服务器信息，此时会弹出如图 4-10 所示的对话框。

图 4-10　连接 DNS 服务器设置

（6）在图 4-10 中可以设置两个 DNS 域名解析服务器。主要目的是当 DNS 服务器失效时，可以设置一个 DNS 搜寻路径，表示当 Linux 只收到一个主机名时，将在指定的域中解析该主机。

说明：例如，指定 DNS 搜寻路径为 abc.cn，当执行 ping xyz 命令时，实际上是执行 ping xyz.abc.cn 命令。这些设置实际上要保存在/etc/hosts 文件中，默认情况下，本地解析的主机名要优先于 DNS 解析。

4.3.3　配置无线以太网连接

如果计算机里安装了无线网卡，就可以配置一个无线以太网连接，以便利用无线网卡上网。配置无线网卡实际上与配置普通的以太网卡差不多，步骤如下。

（1）在图 4-3 所示的"网络连接"对话框中单击添加按钮 ，弹出"选择连接类型"对话框。在该对话框中选择 Wi-Fi，单击"创建"按钮，弹出如图 4-11 所示的对话框。在其中填写相应的信息，然后单击"保存"按钮，弹出如图 4-12 所示的对话框。

（2）如果系统检测到了无线网卡，将在图 4-12 所示的列表框中列出来。选中所列的无线网卡，单击"编辑"按钮即可弹出如图 4-11 所示的对话框。

注意：如果系统没有检测到无线网卡，可以在图 4-12 中单击添加按钮，添加一个无线连接，添加成功后，在图 4-12 中会出现一个自己添加的无线连接。选择新添加

的无线连接，再单击编辑按钮，此时会弹出如图 4-11 所示的对话框。如果选择以
太网中的"以太网连接"，单击编辑按钮会弹出如图 4-10 所示的对话框。

图 4-11　配置无线连接

图 4-12　无线连接创建成功

（3）在图 4-11 中可以指定无线网卡的工作模式，有客户端、热点和 Ad-hoc 三种模式
可以选择。一般选择默认选项，表示通过协商确定使用哪种模式。MTU 也可以选择"自动"
选项，以便与任何无线 AP 连接。

（4）无线网卡的参数设置完成后，单击"保存"按钮，将会弹出如图 4-12 所示的对话框。

4.4　小　　结

Linux 系统安装完成后，为了能为各种网络服务提供运行环境，网络的配置非常重要，
只有正确地配置了网络参数，主机才能与外界通信。本章首先介绍了 TCP/IP 网络的一些
理论知识，包括网络协议、OSI 参考模型和 TCP/IP 模型等。然后介绍了 Linux 系统中需要
设置的网络参数，如 IP 地址和子网掩码等。最后介绍了在图形环境下如何配置 Linux 的各
种网络连接。

4.5　习　　题

一、填空题

1. 网络协议是_____之间通信规则的集合。

2. OSI 七层模型分别是_____、_____、_____、_____、_____、

_____和_____。

3．TCP/IP 四层模型分别是_____、_____、_____和_____。

二、选择题

1．下面的 IP 地址中，哪个地址属于 C 类地址？（　　　）

A．10.10.10.5　　　　　　　　　　B．172.16.0.5

C．239.255.255.255　　　　　　　　D．192.168.1.10

2．子网掩码的长度是（　　　）位。

A．8　　　　　　　B．16　　　　　　　C．32　　　　　　　D．64

3．IPv4 和 IPv6 地址的长度不同。其中，IPv4 地址的长度是（　　　）位。

A．16　　　　　　　B．32　　　　　　　C．48　　　　　　　D．64

三、判断题

1．在数据链路层的数据单位称为数据包，网络层的数据单位称为帧。　　（　　　）

2．如果当前主机要访问外部网络，则需要设置正确的网关地址。　　　（　　　）

3．IPv4 和 IPv6 的主要区别是 IP 地址数量不同。　　　　　　　　　（　　　）

四、操作题

1．通过图形界面配置当前计算机的以太网地址为 192.168.1.100。

2．通过图形界面连接已有的无线网络。

第 5 章　Linux 网络管理与故障诊断

服务器能正常地为外界提供网络服务的前提是网络能正常地工作，因此在架设服务器之前，首先要掌握一些 Linux 网络管理的基础知识，这样才有可能解决服务器架设过程中出现的网络问题。本章主要介绍 Linux 网络设置、网络配置文件和网络故障诊断等内容。

5.1　Linux 网络设置命令

虽然可以通过 Linux 的图形界面完成大多数的网络设置工作，但是在解决一些网络故障时，最常见的还是采用命令方式。而且在一些无法使用图形界面的场合下，如 Telnet 远程登录等，命令方式更是不可或缺。本节介绍几个 Linux 常用的网络配置和故障诊断命令，包括 ifconfig、ping、traceroute 和 arp 等。

5.1.1　网络接口配置命令——ifconfig

在 4.3 节中，我们已经用图形界面方式配置了以太网连接。实际上，网络接口也可以使用 ifconfig 命令进行配置。ifconfig 有两个功能，一个是显示网络接口的信息，另一个是设置网络接口的参数。显示网络接口信息的命令格式如下：

```
ifconfig [-a] [-s] [interface]
```

其中，interface 表示接口的名称，如 ens160、lo 等。如果指定了接口的名称，则只列出该接口的信息；否则，列出所有活动接口的信息。-a 选项表示列出所有接口，包括活动和非活动的接口。-s 选项表示列出接口的简要信息。例如，下面的命令列出所有活动接口的信息。

```
# ifconfig
ens160: flags=4163<UP,BROADCAST,RUNNING,MULTICAST>  mtu 1500
        inet 192.168.164.140  netmask 255.255.255.0  broadcast 192.168.164.255
        inet6 fe80::20c:29ff:fe46:c5ab  prefixlen 64  scopeid 0x20<link>
        ether 00:0c:29:46:c5:ab  txqueuelen 1000  (Ethernet)
        RX packets 203  bytes 24651 (24.0 KiB)
        RX errors 0  dropped 0  overruns 0  frame 0
        TX packets 233  bytes 21854 (21.3 KiB)
        TX errors 0  dropped 0 overruns 0  carrier 0  collisions 0

lo: flags=73<UP,LOOPBACK,RUNNING>  mtu 65536
        inet 127.0.0.1  netmask 255.0.0.0
        inet6 ::1  prefixlen 128  scopeid 0x10<host>
        loop  txqueuelen 1000  (Local Loopback)
        RX packets 1745  bytes 107452 (104.9 KiB)
        RX errors 0  dropped 0  overruns 0  frame 0
```

```
        TX packets 1745  bytes 107452 (104.9 KiB)
        TX errors 0  dropped 0 overruns 0  carrier 0  collisions 0
```

通过以上显示可知，目前系统中有两个网络接口，名称分别是 ens160 和 lo。ens160 的几个关键信息如下：

- ❑ ens160: flags=4163<UP,BROADCAST,RUNNING,MULTICAST>：显示网卡设备 ens160 的相关信息。其中：UP 表示接口已启用；BROADCAST 表示主机支持广播；RUNNING 表示接口在工作中；MULTICAST 表示主机支持多播。
- ❑ mtu 1500：最大的以太数据帧是 1500 字节。
- ❑ inet 192.168.164.140：IPv4 地址是 192.168.164.140。
- ❑ netmask 255.255.255.0：子网掩码是 255.255.255.0。
- ❑ broadcast 192.168.164.255：广播地址是 192.168.164.255。
- ❑ inet6 fe80::20c:29ff:fe46:c5ab：IPv6 地址是 fe80::20c:29ff:fe46:c5ab。
- ❑ ether 00:0c:29:46:c5:ab：接口类型是以太接口，硬件地址是 00:0c:29:46:c5:ab。
- ❑ txqueuelen 1000　(Ethernet)：网卡设置的传送队列长度。
- ❑ RX packets 203　bytes 24651 (24.0 KiB)：当前接收了 24 651 字节的数据。
- ❑ RX errors 0　dropped 0　overruns 0　frame 0：接收数据时，各种异常产生的包数。其中：errors 表示产生错误的数据包数；dropped 表示丢弃的数据包数；overruns 表示由于速度过快而丢失的数据包数；frame 表示发生 frame 错误而丢失的数据包数。
- ❑ TX packets 233　bytes 21854 (21.3 KiB)：当前发送了 21 854 字节的数据。
- ❑ TX errors 0　dropped 0 overruns 0　carrier 0　collisions 0：发送数据时，各种异常产生的包数。其中：errors 表示产生错误的数据包数；dropped 表示丢弃的数据包数；overruns 表示由于速度过快而丢失的数据包数；carrier 表示发生 carrier 错误而丢失的数据包数；collisions 表示冲突信息包的数目。

ifconfig 命令设置网络接口参数的格式如下：

```
ifconfig <interface> [<option> [addr]]
```

此时，必须指定接口的名称，option 表示设置选项，有些设置选项后面必须有某一种地址，以 addr 表示。下面是一些常用的设置选项：

- ❑ [addr]：设置接口的 IP 地址为 addr。
- ❑ up：激活接口。
- ❑ down：使接口处于非激活状态。
- ❑ arp：使接口能使用 ARP。如果前面加一个 "–"，表示不使用。
- ❑ promisc：使接口处于混杂模式，如果前面加一个 "–"，表示回到一般模式。在混杂模式下，网卡会传递任何数据包给 IP 层，否则，只将 MAC 地址是本机的数据包传递给 IP 层。
- ❑ netmask <addr>：设置接口的子网掩码为 addr。
- ❑ hw <class> <addr>：设置接口的硬件地址为 addr。class 表示地址类型，以太网卡要用 ether。

下面是 ifconfig 命令的几个例子。

示例 1：

ifconfig ens160 10.10.1.250

功能：把 ens160 接口的 IP 地址设置为 10.10.1.250。

示例 2：

ifconfig ens160 10.10.1.250 netmask 255.255.255.0

功能：把 ens160 接口的 IP 地址设置为 10.10.1.250，并把子网掩码设置为 255.255.255.0。

示例 3：

ifconfig ens160 promisc

功能：使 ens160 接口处于混杂模式。

示例 4：

ifconfig ens160 **-arp**

功能：使 ens160 接口不使用 ARP 协议。

示例 5：

ifconfig ens160 **down**

功能：使 ens160 接口处于非激活状态。

以上命令执行后，都可以通过 ifconfig -a ens160 命令对设置的结果进行检验。ifconfig 命令的设置参数还有很多，可以通过 man ifconfig 命令查看它的手册页，了解所有的设置参数。

🔔注意：使用 ifconfig 命令修改网络接口参数后可以马上生效，但没有存储修改。当 Linux 重启时，参数将回到原来的状态。

5.1.2　检查网络是否通畅命令——ping

ping 可以说是网络管理中最常用的命令，各种操作系统或网络设备都支持这个命令，它的作用是检测本机与某个远程主机之间的网络是否连通。ping 命令的工作原理是向远程机发送包含一定字节数的 ICMP 数据包。如果能收到对方回复的数据包，就表明网络是相通的，而且根据两个数据包的时间差，还可以知道网络连接的速度。

需要注意的是，有些远程主机由于某种原因禁止了 ICMP 数据包的回复功能，或者并不回复所有的 ICMP 数据包，此时执行 ping 命令的主机虽然收不到对方的回复，但是实际上网络仍然可能是相通的。另外，ping 命令只是判断本机与远程主机之间的 IP 层是否相通，有时即使 IP 层不通，但网络接口层可能是相通的。ping 命令的格式如下：

```
ping [-LRUbdfnqrvVaAB] [-c count] [-i interval] [ -l preload] [-p pattern]
[-s packetsize] [-t ttl] [-w deadline] [-M hint]
    [-F flowlabel] [-I interface] [-Q tos] [-S sndbuf] [-T timestamp option]
    [-W timeout] [ hop ...] destination
```

可以看出，虽然 ping 命令的格式相当复杂，但常用的选项不多，主要有以下几项：
- ❏ destination：远程主机的 IP 地址。
- ❏ -c count：指定发送 count 个 ICMP 数据包，默认是一直发送。
- ❏ -s packetsize：指定 ICMP 数据包的大小为 packetsize 个字节，默认是 56 字节。

❑ -b：允许向广播地址发送 ICMP 数据包，即允许 ping 广播地址。

❑ -i interval：指定发送 ICMP 数据包的间隔时间，默认为 1s，只有 root 用户可以指定小于 0.2s。

❑ -q：安静模式，不显示每一个 ICMP 回复数据包的情况，只显示最后的统计结果。

❑ -t ttl：指定数据包的 TTL 值为 ttl。ttl 表示数据包转发的次数。

❑ -W timeout：指定等待响应的超时时间。

❑ -f：采用洪流模式，短时间内发送大量的 ICMP 包。在显示结果时，发一个 ICMP 数据包就显示一个 "."，收到一个回复包就显示一个空格。

❑ -n：不试图对 IP 地址进行名字解析。

下面看两个 ping 命令的例子：

```
# ping 10.10.1.2
//ICMP 回复数据包的情况
PING 10.10.1.2 (10.10.1.2) 56(84) bytes of data.
64 bytes from 10.10.1.2: icmp_seq=1 ttl=128 time=0.511 ms
64 bytes from 10.10.1.2: icmp_seq=2 ttl=128 time=0.488 ms
64 bytes from 10.10.1.2: icmp_seq=3 ttl=128 time=0.640 ms
64 bytes from 10.10.1.2: icmp_seq=4 ttl=128 time=0.963 ms
    //显示到此处时，按 Ctrl+C 组合键终止 ping 命令
--- 10.10.1.2 ping statistics ---    //下面是 ICMP 回复数据包接收情况的结果统计
4 packets transmitted, 4 received, 0% packet loss, time 3002ms
rtt min/avg/max/mdev = 0.488/0.650/0.963/0.191 ms
#
```

以上 ping 命令测试本机与远程主机 10.10.1.2 是否相通。当工作时，每收到一个 ICMP 回复数据包，就在屏幕上动态显示一行，依次输出收到的字节数、数据包序号、ttl 值及数据包来回的时间等信息。最后的统计结果主要显示丢包率和数据包发送和接收的最短时间、平均时间和最长时间。

```
# ping -s 65500 -c 3 10.10.1.2
PING 10.10.1.2 (10.10.1.2) 65500(65528) bytes of data.
65508 bytes from 10.10.1.2: icmp_seq=1 ttl=128 time=12.4 ms
65508 bytes from 10.10.1.2: icmp_seq=2 ttl=128 time=34.5 ms
65508 bytes from 10.10.1.2: icmp_seq=3 ttl=128 time=35.6 ms

--- 10.10.1.2 ping statistics ---
3 packets transmitted, 3 received, 0% packet loss, time 2000ms
rtt min/avg/max/mdev = 12.462/27.571/35.676/10.694 ms
#
```

在以上命令中，-s 65500 选项指定数据包的大小为 65 500 字节，-c 3 选项指定发送 3 个数据包。可以看到，因为数据包的字节数很大，其发送和接收时间相对前一条命令增加了很多。

注意：为了防止攻击者利用 ping 命令进行攻击，-s 选项能够指定的最大字节数是 65 507。

5.1.3　追踪数据包传输路径命令——traceroute

通过 ping 命令可以大致知道本机与远程主机之间的连接速度，但有时候还需要知道本机的数据包到达远程机的路径，即数据包在传输过程中经过了哪些 IP 地址的路由器、网关。

为了达到这个目的，需要使用 traceroute 命令。

traceroute 命令的原理是首先向远程主机发送 TTL 域是 1 的 UDP 数据包。当第一个路由器收到这个数据包时，按照协议规定，会将 TTL 值减 1。于是，这个数据包的 TTL 值就变为了 0。按照协议规定，此时路由器要丢弃 TTL 为 0 的数据包，并向发送者回复一个 ICMP 过期数据包，这个数据包包含路由器自己的 IP 地址。于是，执行 traceroute 命令的主机就知道了第一站路由器的 IP 地址及一些时间信息。

根据同样的原理，执行 traceroute 命令的主机继续向目的远程主机发送 TTL 值为 2 的 UDP 数据包，这样就可以知道第二站路由器的情况。以此类推，就可以知道路径中所有路由器的情况。最后，当数据包到达目的地时，由于目的主机一般不是路由器，因此不会回复 ICMP 过期数据包。但是，由于探测用的 UDP 数据包其目的端口号会设为一般主机都不大可能监听的大于 32 768 的端口号，所以，目的主机会回复一个 ICMP 端口不可到达的数据包，于是发送方就知道数据包已经到达目的地了。

通过以上原理可知，traceroute 得到最终结果的前提是数据包经过的每台路由器和目的主机都能够回复相应的 ICMP 数据包。但在实际情况下，有些路由器或目的主机并不回复 ICMP 数据包，或者所回复的数据包被中途的防火墙挡住了，此时，发送方将无法得知这些路由器或目的主机的情况。traceroute 命令的格式如下：

```
traceroute [-46dFITUnrAV] [-f first_ttl] [-g gate,...] [-i device] [-m
max_ttl] [-p port] [-s src_addr] [-q nqueries]
        [-N squeries] [-t tos] [-l flow_label] [-w waittime] [-z sendwait]
        host [packetlen]
```

其中的 host 表示目的主机的名称或 IP 地址。常用的几个选项解释如下：

- ❑ -I：使用 ICMP ECHO 数据包作为探测数据包，默认是 UDP 数据包。
- ❑ -T：使用 TCP SYN 数据包作为探测数据包，默认是 UDP 数据包。
- ❑ -f first_ttl：指定数据包的起始 TTL 值，默认为 1。
- ❑ -i device：指定发送探测数据包的接口，默认是按路由表进行选择。
- ❑ -m max_ttl：指定最大的 TTL 值，默认为 30。
- ❑ -n：显示时不对 IP 地址进行名称解析。
- ❑ -p port：使用 UDP 数据包探测时，指定数据包的起始端口号；使用 ICMP 数据包探测时，指定起始序列号；使用 TCP 数据包探测时，指定一个固定端口号。
- ❑ -w waittime：指定等待回复数据包的时间值，默认为 5s。
- ❑ -q nqueries：指定每一站发送的探测数据包的个数。

下面是一个 traceroute 命令的例子。

```
# traceroute -n www.sohu.com
traceroute to www.sohu.com (221.204.209.250), 30 hops max, 60 byte packets
 1  192.168.1.1  1.047 ms  0.883 ms  13.401 ms
 2  10.188.0.1  13.344 ms  13.077 ms  13.017 ms
 3  60.220.3.177  12.726 ms  12.670 ms  12.592 ms
 4  60.220.9.173  57.565 ms 60.220.9.49  28.564 ms 60.220.9.41  37.906 ms
 5  * * *
 6  221.204.201.158  15.383 ms 221.204.201.194  14.339 ms 221.204.201.146
14.238 ms
 7  221.204.190.226  14.003 ms  13.921 ms 221.204.190.238  14.281 ms
 8  221.204.227.138  13.273 ms 221.204.227.142  13.011 ms 221.204.227.94
16.120 ms
 9  * * *
```

```
10   221.204.209.250   7.553 ms   7.898 ms   10.751 ms#
```

以上结果显示了本机（IP 地址是 192.168.1.251）到 www.sohu.com 之间的路径，可以看到，需要经过 10 个路由器或网关，才能到达 IP 地址是 221.204.209.250 的目的主机。进行探测时，给每一个路由器发送 3 个数据包，每个数据包回复的时间如上所示，其中的"*"表示没有收到回复数据包。

```
# traceroute -n -f 8 -q 1 www.sohu.com
traceroute to www.sohu.com (221.204.15.118), 30 hops max, 60 byte packets
 8  *
 9  221.204.15.118  9.109 ms
#
```

在以上命令中，"-f 8"表示从第 8 个路由器开始探测，"-q 1"表示每个路由器只发送一个探测数据包。并不是所有的目的地都可以探测到路径，有时探测数据包会在中途的某个位置被挡住，无法完成探测，例如下面的命令：

```
# traceroute -n -f 5 www.baidu.com
traceroute to www.baidu.com (110.242.68.3), 30 hops max, 60 byte packets
 5  219.158.114.53  24.283 ms 219.158.105.13  21.850 ms *
 6  110.242.66.190  27.564 ms 110.242.66.174  30.162 ms 110.242.66.162
31.672 ms
 7  221.194.45.130  30.018 ms 221.194.45.134  30.122 ms 221.194.45.130
27.753 ms
 8  * * *
...
30  * * *

#
```

上面的结果显示，当探测到第 8 站时，由于某种原因不能收到回复数据包，然后默认探测到第 30 站后就结束了。需要注意的是，虽然不能用 traceroute 命令探测，但并不意味着目的地不能访问。实际上，此时的 www.baidu.com 域名在浏览器中仍然是可以访问的。

⚠注意：由于 traceroute 命令需要发送大量的数据包，会增加一定的网络流量，所以，一般在以手动方式解决故障时使用该命令，不宜在正常操作或自动脚本中使用。

5.1.4　管理系统 ARP 缓存命令——arp

ARP 也是一种网络协议，称为地址解析协议。虽然在 Internet 中，数据包是通过 IP 进行转发的，但是在以太局域网中，主机之间交换数据帧时是通过 MAC 地址进行的。因此，当以太网中的一台主机向另一 IP 地址的主机发送数据包时，它需要知道目的 IP 地址所对应的 MAC 地址，才能把这个 IP 数据包发送过去。

1．ARP的工作过程

在局域网中，得到某个 IP 地址对应的 MAC 地址的过程也称为地址解析，一般使用 ARP，其过程如下。

假设主机 A（IP 地址为 10.10.1.29）向主机 B（IP 地址为 10.10.1.1）发送一个 IP 数据包。在以太网中，主机 A 需要把这个 IP 数据包封装在以太数据帧中才能发送，此时需要知道主机 B 的 MAC 地址。如果主机 A 不知道主机 B 的 MAC 地址，它就会在网络上发送一个广播数据帧，目标 MAC 地址是广播地址"FF.FF.FF.FF.FF.FF"，数据内容相当于向同一网段内的所有主机发出询问：10.10.1.1 的 MAC 地址是什么？

同一子网的所有主机都会收到这个广播数据帧，但只有主机 B 接收到这个帧时才会向主机 A 发送回应数据帧，内容相当于做出这样的回应：10.10.1.1 的 MAC 地址是 12-34-56-78-9a-bc。于是，主机 A 就知道了主机 B 的 MAC 地址，就可以向主机 B 发送刚才的那个 IP 数据包了。

2．ARP缓存

如果主机 A 每一次发送 IP 数据包前都经过上述的 ARP 解析过程，则显然是不合适的，因为这样会在网络中产生很多的数据帧。因此，主机 A 要维持一个 ARP 缓存，里面存放着各个 IP 地址对应的 MAC 地址信息，每次发送 IP 数据包时，先在 ARP 缓存中查找是否有目的 IP 的 MAC 地址信息，只有找不到的时候才会通过 ARP 进行解析。

ARP 缓存中的条目分为静态和动态两种，静态条目由管理员指定，在使用过程中一直不变；动态条目是通过 ARP 解析时得到的，采用老化机制，即在一段时间内如果缓存表中的某一条目没有使用，将会自动删除。这样，一方面可以大大减少 ARP 缓存表的长度，加快查询速度，另一方面，如果局域网中其他机器的 IP 与 MAC 地址关系发生变化，则能及时更新。

3．ARP命令

在包括 Linux 在内的大部分操作系统中，都可以使用 arp 命令对 ARP 缓存进行管理，包括查看 ARP 缓存中的条目、添加或删除静态 ARP 条目等。下面介绍几个 arp 命令的使用例子。

示例 1：

```
# arp -n
Address               HWtype  HWaddress           Flags Mask        Iface
10.10.1.2             ether   00:11:09:AF:65:59   C                 ens160
10.10.1.1             ether   00:0B:FC:B7:D3:3C   C                 ens160
# ping 10.10.1.6
PING 10.10.1.6 (10.10.1.6) 56(84) bytes of data.
64 bytes from 10.10.1.6: icmp_seq=1 ttl=255 time=1.43 ms
...
# arp -n
Address               HWtype  HWaddress           Flags Mask        Iface
10.10.1.2             ether   00:11:09:AF:65:59   C                 ens160
10.10.1.1             ether   00:0B:FC:B7:D3:3C   C                 ens160
10.10.1.6             ether   00:03:BA:21:81:9D   C                 ens160
#
```

上面的 arp 命令列出了当前 ARP 缓存中的条目，-n 选项表示显示时不对 IP 地址进行域名解析。可以看到，开始时，ARP 缓存中只有 10.10.1.2 和 10.10.1.1 两个条目。在执行"ping 10.10.1.6"命令后，缓存中就多了一个 10.10.1.6 的条目。这是因为向 10.10.1.6 发送数据包时，会对 10.10.1.6 进行 MAC 地址解析，解析成功后会把条目添加在 ARP 缓存中。另外，如果主机在一定的时间内没有与 3 个条目对应的 IP 地址通信，则这些条目会自行消失。

示例 2：

```
# arp -s 10.10.1.254 12:34:56:78:9a:bc
```

功能：-s 选项表示添加一个静态 ARP 条目，上面的命令表示把 IP 地址 10.10.1.254 的
MAC 地址指定为 12:34:56:78:9a:bc。

示例 3：

```
# arp -an 10.10.1.254
? (10.10.1.254) at 12:34:56:78:9A:BC [ether] on ens160
```

功能：-an 选项表示查看指定 IP 地址的 ARP 条目。可以发现，刚才添加的条目已经存
在，而且这个条目一直存在，不会消失。

示例 4：

```
# arp -d 10.10.1.254
```

功能：-d 选项表示删除指定 IP 地址的 ARP 条目。

示例 5：

```
# arp -an 10.10.1.254
arp: in 1 entries no match found.
```

功能：再次查看 ARP 缓存，可以发现刚才没有找到匹配的条目。由此可以说明，ARP
条目成功删除。

示例 6：

```
# arp -f /etc/ethers
```

功能：把/etc/ethers 文件中指定的 ARP 条目导入 ARP 缓存。/etc/ethers 应该是文本文
件，每一行包含由空格隔开的 MAC 地址和 IP 地址。实际上，如果不指定文件名，默认使
用的就是/etc/ethers 文件。

说明：还有一种与 ARP 作用相反的协议，称为 RARP，即逆地址解析协议。它可以把硬
　　　件地址解析为 IP 地址，一般在无硬盘的设备中引导配置时使用。

5.1.5　域名查找命令——dig

在 Internet 中，域名需要通过 DNS 解析才能转化为 IP 地址。有些命令（如 ping 等）
在执行时也可以查到域名与 IP 地址的对应关系，如果想了解 DNS 服务器的 IP 地址、改变
DNS 服务器和把 IP 地址解析为域名等，则需要通过 dig 或 nslookup 等 DNS 客户端命令。
由于 dig 命令的功能比较强大，使用也比较方便，下面介绍 dig 命令的使用方法。最简单
的 dig 命令格式如下：

```
dig @server name type
```

其中：server 表示域名服务器的 IP 地址，如果不指明，则使用/etc/resolv.conf 文件指定
的域名服务器 IP；name 表示要解析的名称；type 表示解析的类型，如 A 表示正向域名解
析，即把域名解析为 IP 地址，PTR 表示反向域名解析，即把 IP 地址解析为域名；MX 表
示要得到邮件服务器的名称和 IP 地址。默认的解析类型是 A。下面是 dig 命令的例子。

```
# dig @192.168.1.1 www.sohu.com
; <<>> DiG 9.16.23-RH <<>> @192.168.1.1 www.sohu.com
; (1 server found)
```

```
;; global options: +cmd
;; Got answer:
;; ->>HEADER<<- opcode: QUERY, status: NOERROR, id: 20999
;; flags: qr rd ra; QUERY: 1, ANSWER: 9, AUTHORITY: 0, ADDITIONAL: 0
;; QUESTION SECTION:
;www.sohu.com.              IN  A
;; ANSWER SECTION:
www.sohu.com.            943 IN  CNAME   www.sohu.com.dsa.dnsv1.com.
www.sohu.com.dsa.dnsv1.com. 178     IN   CNAME
    best.sched.d0-dk.tdnsdp1.cn.
best.sched.d0-dk.tdnsdp1.cn. 20      IN   CNAME
    best.sched.d0-dk.tdnsdp1.cn.cjt.tyltcdn.mcidc.net.
best.sched.d0-dk.tdnsdp1.cn.cjt.tyltcdn.mcidc.net. 20 IN A 221.204.209.190
best.sched.d0-dk.tdnsdp1.cn.cjt.tyltcdn.mcidc.net. 20 IN A 221.204.15.118
best.sched.d0-dk.tdnsdp1.cn.cjt.tyltcdn.mcidc.net. 20 IN A 221.204.209.198
best.sched.d0-dk.tdnsdp1.cn.cjt.tyltcdn.mcidc.net. 20 IN A 221.204.166.210
best.sched.d0-dk.tdnsdp1.cn.cjt.tyltcdn.mcidc.net. 20 IN A 221.204.20.222
best.sched.d0-dk.tdnsdp1.cn.cjt.tyltcdn.mcidc.net. 20 IN A 221.204.209.250
;; Query time: 14 msec
;; SERVER: 192.168.1.1#53(192.168.1.1)
;; WHEN: Tue Mar 14 10:25:05 CST 2023
;; MSG SIZE  rcvd: 267
#
```

上面的 dig 命令表示从域名服务器 192.168.1.1 处查询域名 www.sohu.com 所对应的 IP 地址。从显示结果中可以看到，该域名是 www.sohu.com.dsa.dnsv1.com 的别名，域名 www.sohu.com.dsa.dnsv1.com 是 best.sched.d0-dk.tdnsdp1.cn 的别名，而 best.sched.d0-dk.tdnsdp1.cn 域名又是 best.sched.d0-dk.tdnsdp1.cn.cjt.tyltcdn.mcidc.net 的别名。然后，best.sched.d0-dk.tdnsdp1.cn.cjt.tyltcdn.mcidc.net 又对应 6 个 IP 地址。

```
# dig @61.153.177.196 sohu.com  MX
; <<>> DiG 9.16.23-RH <<>> @192.168.1.1 sohu.com MX
; (1 server found)
;; global options: +cmd
;; Got answer:
;; ->>HEADER<<- opcode: QUERY, status: NOERROR, id: 5261
;; flags: qr rd ra; QUERY: 1, ANSWER: 3, AUTHORITY: 0, ADDITIONAL: 0
;; QUESTION SECTION:
;sohu.com.              IN  MX
;; ANSWER SECTION:
sohu.com.        595 IN  MX  5 sohumx1.sohu.com.
sohu.com.        595 IN  MX  10 sohumx.h.a.sohu.com.
sohu.com.        595 IN  MX  5 sohumx2.sohu.com.
...
#
```

上面的命令表示查询域 sohu.com 中的邮件服务器。可以看到，一共有 3 台，域名分别为 sohumx1.sohu.com、sohumx.h.a.sohu.com 和 sohumx2.sohu.com。下面再看 dig 命令的其他使用例子。

示例 1：

```
dig 202.57.120.228 PTR
```

功能：从系统所设的 DNS 服务器中查找 IP 地址 202.57.120.228 对应的域名。一般情况下，这种查询都是不成功的，因为 DNS 服务器正确设置 PTR 记录的情况并不多见。

示例 2：

```
dig sohu.com. +nssearch
```

功能：查找 sohu.com 域的授权 DNS 服务器。

示例 3：

```
dig sohu.com +trace
```

功能：从根服务器开始追踪 sohu.com 域名的解析过程。

示例 4：

```
dig
```

功能：列出所有的根服务器。

📑说明：dig 命令的格式非常复杂，完全掌握它的使用需要深入理解 DNS 协议的相关知识。

5.2　网络配置文件

早期，基本上都是通过配置文件对 UNIX 操作系统进行配置的，后来为了方便用户的使用，才出现了以命令方式或图形方式对系统进行配置。实际上，有时候一系列的命令或图形界面操作最终改变的还是配置文件的内容。因此，通过修改配置文件来配置 Linux 系统是最直接的方式。下面介绍几个与 Linux 网络配置有关的配置文件。

5.2.1　网络服务配置文件

在/usr/lib/systemd/system 目录下存放着各种启动服务进程的脚本程序文件，其中，名为 NetworkManager.service 的文件就是对网络进行初始设置的脚本程序。默认情况下，NetworkManager 就是开机时要自动执行的服务。当 NetworkManager.service 文件执行时，要完成一系列的网络初始化工作。可以用以下命令停止 Linux 的网络功能。

```
systemctl stop NetworkManager.service
```

或者用以下命令启动网络功能。

```
systemctl start NetworkManager.service
```

或者用以下命令重启网络功能。

```
systemctl restart NetworkManager.service
```

NetworkManager.service 脚本的内容解释如下：

```
[Unit]
Description=Network Manager
Documentation=man:NetworkManager(8)
Wants=network.target
After=network-pre.target dbus.service
Before=network.target network.service

[Service]
Type=dbus
BusName=org.freedesktop.NetworkManager
ExecReload=/usr/bin/busctl call org.freedesktop.NetworkManager /org/
freedesktop/NetworkManager org.freedesktop.NetworkManager Reload u 0
#ExecReload=/bin/kill -HUP $MAINPID
ExecStart=/usr/sbin/NetworkManager --no-daemon
```

```
Restart=on-failure
# NM doesn't want systemd to kill its children for it
KillMode=process

# CAP_DAC_OVERRIDE: required to open /run/openvswitch/db.sock socket.
CapabilityBoundingSet=CAP_NET_ADMIN CAP_DAC_OVERRIDE CAP_NET_RAW CAP_NET_
BIND_SERVICE CAP_SETGID CAP_SETUID CAP_SYS_MODULE CAP_AUDIT_WRITE CAP_KILL
CAP_SYS_CHROOT

ProtectSystem=true
ProtectHome=read-only

# We require file descriptors for DHCP etc. When activating many interfaces,
# the default limit of 1024 is easily reached.
LimitNOFILE=65536

[Install]
WantedBy=multi-user.target
Also=NetworkManager-dispatcher.service

# We want to enable NetworkManager-wait-online.service whenever this service
# is enabled. NetworkManager-wait-online.service has
# WantedBy=network-online.target, so enabling it only has an effect if
# network-online.target itself is enabled or pulled in by some other unit.
Also=NetworkManager-wait-online.service
```

其中，前面有"#"号的行表示注释行。该服务配置文件主要包含三个部分，分别为 Unit、Service 和 Install。

说明：在图形界面中改变网络设置后，如果要马上生效，也是通过重启这个脚本程序来实现的。

5.2.2　网络设备配置文件

在网络配置工具的设备列表框中，每一个设备在/etc/sysconfig/network-scripts/目录下都会有一个以 ifcfg-ethN 命名的文件与之对应。从 RHEL 9 开始，/etc/NetworkManager/system-connections 下存储的是 key-file 格式的新的网络配置，文件名为<name>.nmconnection。例如，可以查看 ens160.nmconnection 文件的内容。

```
# cat /etc/NetworkManager/system-connections/ens160.nmconnection
[connection]
id=ens160
uuid=97c0b328-7a9f-3e92-9213-86368ee24151
type=ethernet
autoconnect-priority=-999
interface-name=ens160
timestamp=1676281109
[ethernet]
[ipv4]
method=auto
[ipv6]
addr-gen-mode=eui64
method=auto
[proxy]
```

ens160.nmconnection 文件中的内容就是以太网卡 ens160 的接口参数。在 4.3.2 小节中配置的以太网连接的网络参数进行保存时，实际上就是保存在这个文件中。

5.2.3　网络地址解析文件

由于 IP 地址难以记忆，人们就使用字符串形式的名称对主机进行命名，但最终必须将名称转换为对应的 IP 地址才能访问主机，因此需要一种将名称解析为 IP 地址的机制。在 Linux 系统中，默认情况下支持两种方法进行名称解析，一种是 Host 表，另一种是域名服务（DNS）。

说明：还有一种常用的名称解析方式是 NIS，称为网络信息服务，也可以在 Linux 系统中配置使用。

Host 表存放在一个简单的文本文件中，文件名是/etc/hosts，可以查看 RHEL 9 的 hosts 文件的默认内容。

```
# cat /etc/hosts
127.0.0.1    localhost    localhost.localdomain    localhost4
localhost4.localdomain4
::1          localhost    localhost.localdomain    localhost6
    localhost6.localdomain6
```

hosts 文件的格式是左边一个 IP 地址，右边是该 IP 地址对应的名称。例如，在以上内容中，IP 地址 127.0.0.1 对应的名称是 localhost.localdomain 或 localhost。如果在 hosts 文件中加入下面一行代码：

```
221.204.209.250 www.sohu.com
```

则以后使用 www.sohu.com 名称访问远程主机时，就会转换成对 221.204.209.250 地址的访问。

使用 Host 表进行名称解析适用于小规模和不常变化的网络。如果网络规模非常大并且变化很频繁，则维持和更新 Host 表的工作量将非常大，因此一般都使用 DNS 进行域名解析。但在大部分的操作系统中，Host 表依旧存在，并且可以和 DNS 同时使用。

当进行 DNS 解析时，需要系统指定一台 DNS 服务器，以便主机解析域名时能够向所设定的 DNS 服务器进行查询。在包括 Linux 在内的大部分 UNIX 系统中，DNS 服务器的 IP 地址都存放在/etc/resolv.conf 文件中。也就是说，在图形方式配置网络参数时，所设置的 DNS 服务器就存放在这个文件中。用户也可以通过手动方式修改这个文件内容进行 DNS 设置。resolv.conf 文件的每一行由一个关键字和随后的参数组成，常用的关键字如下：

❑ nameserver<IP 地址>：指定 DNS 服务器的 IP 地址。可以有多行，查询时按照 nameserver 行在文件中的次序，只有当前一个 DNS 服务器不能使用时，才查询后面的 DNS 服务器。

❑ domain<域名>：声明主机的域名。当用户只指定主机名而没有指定域名时，很多程序如邮件系统，会认为这个主机位于指定的域内。默认情况下，系统取 gethostname 函数的返回值，并去掉第一个“.”前面的内容作为域名。

❑ search<域名 [域名] …>：与 domain 的含义相同，但可以指定多个域名，并用空格分隔。domain 和 search 关键字不能共同使用；如果同时存在，则使用后面的关键字。

在 RHEL 9 中，resolv.conf 文件默认的内容如下：

```
[root@localhost ~]# cat /etc/resolv.conf
# 这个注释表示下面的 DNS 服务器 IP 是通过 DHCP 自动获取的
# Generated by NetworkManager
search localdomain
nameserver 192.168.164.2
```

由于 Host 表解析和 DNS 解析在 Linux 中是共存的，所以需要指定使用它们的先后次序。在 Linux 中，这个次序是由/etc/host.conf 文件决定的，该文件默认的内容如下：

```
# more /etc/host.conf
multi on
#
```

其中，multi on 表示/etc/hosts 文件允许指定多个地址。如果想要设置解析顺序，可以使用 order 关键字。例如，order hosts,bind,nis 表示先解析/etc/hosts 文件，然后是 DNS，最后是 NIS。

5.3　网络故障诊断

由于实现网络服务的层次结构非常多，所以当网络出现故障时，解决起来比较复杂。本节主要介绍 Linux 系统中可能会出现的一些网络问题，如网卡硬件问题、网络配置问题、驱动程序问题，以及网络层、传输层和应用层问题等，并介绍一些解决故障的方法。

5.3.1　诊断网卡故障

大部分的计算机都是通过以太网卡接入网络的，或者直接通过网卡与其他主机通信，或者在网卡的基础上通过 ADSL 等连接方式与其他主机通信。如果网卡出问题，计算机将无法与其他主机通信，也就无法使用网络了。

网卡故障可以分为硬件故障和软件故障两类。硬件故障指网卡上的电子元器件发生损坏，一般用户是无法对这种硬件故障进行检测的，判断方法是把该网卡插到其他计算机上，如果在多台计算机上都不能正常使用，那么可能是元器件损坏了。这种故障用户一般无法处理。

还有一类常见的硬件故障是接触不良，如网卡与主板上的总线插槽接触不牢，或者是双绞线上的水晶头与网卡的 RJ45 插口接触不牢。一般情况下，如果网卡本身没有损坏，网卡与主板是否连接正常可以通过观察 PC 自检时的提示信息进行判断。如果提示检测到了 Ethernet 之类的设备，则表明网卡与主板的连接是正常的。

网卡上一般都有一个连接指示灯，当网卡与交换机等对端设备的线路连接正常时，该指示灯会亮起来。因此，可以根据该指示灯来判断网卡的 RJ45 端口与水晶头是否存在接触不良的问题。当然，如果指示灯不亮，也有可能是对端设备如交换机等出现问题，或者是线路故障，需要排除其他故障后再进行判断。

实际上，大部分的网卡出现的故障都属于软件故障。软件故障分为两类，一类是设置故障，即由于某种原因，该网卡所使用的计算机资源与其他设备发生冲突，导致它无法工作。另一类是驱动程序故障，即网卡的驱动程序被破坏或未正确安装，导致操作系统无法与网卡进行通信。在 Linux 系统中，可以通过 dmesg 命令显示系统引导时的提示信息，其中有关于网卡的相关信息。

```
[root@localhost ~]# dmesg | grep ens
[    0.416053] ACPI: Added _OSI(3.0 _SCP Extensions)
[    5.669626] vmxnet3 0000:03:00.0 ens160: renamed from eth0
[   28.171003] vmxnet3 0000:03:00.0 ens160: intr type 3, mode 0, 5 vectors
allocated
[   28.171378] vmxnet3 0000:03:00.0 ens160: NIC Link is Up 10000 Mbps
[ 3921.031406] vmxnet3 0000:03:00.0 ens160: intr type 3, mode 0, 5 vectors
allocated
[ 3921.031869] vmxnet3 0000:03:00.0 ens160: NIC Link is Up 10000 Mbps
[ 3921.045803] IPv6: ADDRCONF(NETDEV_CHANGE): ens160: link becomes ready
```

上面的命令列出了引导信息中包含 eth 字符串的行，如果出现类似于 link becomes ready 的提示，表示 Linux 已经检测到了网卡，并处于正常工作状态。lspci 命令可以列出 Linux 系统检测到的所有 PCI 设备，如果所用的网卡是 PCI 总线，则可以看到这块网卡的信息。

```
[root@localhost ~]# lspci
...
02:00.0 USB Controller: Intel Corporation 82371AB/EB/MB PIIX4 USB
02:02.0 Multimedia audio controller: Ensoniq ES1371 [AudioPCI-97] (rev 02)
02:05.0 Ethernet controller: Advanced Micro Devices [AMD] 79c970 [PCnet32
LANCE] (rev 10)
[root@localhost ~]#
```

可以看到，lspci 命令列出了很多 PCI 设备。其中，最后一行表示以太控制卡，列出的信息包括网卡的类型。如果通过 lspci 命令能看到网卡的存在，一般表明该网卡已经被 Linux 承认，硬件方面没有什么问题了。最后，可以用 ethtool 命令查看以太网卡的链路连接是否正常。

```
# ethtool ens160
Settings for ens160:
...//省略部分内容
    Transceiver: internal
    MDI-X: Unknown
    Supports Wake-on: uag
    Wake-on: d
     Link detected: yes
#
```

如果看到 Link detected: yes 一行，则表明网卡与对方的网络线路连接是正常的。

说明：大部分网卡都有自带的检测工具软件，可以运行这个工具对网卡进行检测。

5.3.2 网卡驱动程序

网卡能够被 Linux 检测到，并不意味着它已经能够正常工作了，任何硬件能够正常工作的前提是要有相应的驱动程序。驱动程序是内核与外部硬件设备之间通信的中介，对于网卡来说，Linux 内核只提供了一个访问网卡的通用接口，是不针对任何具体的网卡的。网卡从网络收到数据后，通过网卡通用接口把数据交给内核，也要通过网卡通用接口从内核接收数据，再发送给网络。每种类型的网卡从内核接收数据到交给硬件芯片，或者数据从硬件芯片送给内核的过程都是不一样的，这个过程需要网卡制造商自己编写程序来实现，这样的程序就是网卡驱动程序。

在 Linux 系统中，网卡驱动程序是以模块的形式实现的，一些知名公司生产的或市场上常见的网卡，在 Linux 发行版中一般都已经为其提供了驱动程序模块。所有的网卡驱动程序模块都可以在/lib/modules 目录下找到，该目录包含一个与 Linux 内核版本有关的目录名称，如 5.14.0-162.6.1.el9_1.x86_64，在该目录下是 kernel/drivers/net 目录，所有的网卡驱动程序都在这个目录中，可以查看这个目录的内容。

```
# ls /lib/modules/5.14.0-162.6.1.el9_1.x86_64/kernel/drivers/net/
bareudp.ko.xz  macsec.ko.xz       ntb_netdev.ko.xz        virtio_net.ko.xz
bonding        macvlan.ko.xz      pcs                     vmxnet3
can            macvtap.ko.xz      phy                     vrf.ko.xz
dummy.ko.xz    mdio               ppp                     vsockmon.ko.xz
ethernet       mdio.ko.xz         slip                    vxlan.ko.xz
fjes           mhi_net.ko.xz      tap.ko.xz               wan
geneve.ko.xz   mii.ko.xz          team                    wireguard
hyperv         netconsole.ko.xz   thunderbolt-net.ko.xz   wireless
ieee802154     netdevsim          tun.ko.xz               wwan
ifb.ko.xz      net_failover.ko.xz usb                     xen-netfront.ko.xz
ipvlan         nlmon.ko.xz        veth.ko.xz
```

其中，所有以.ko.xz 结尾的文件都是驱动模块，还有一些子目录中包含更多的驱动模块。如果 Linux 内核不支持某种网卡，需要从其他途径得到该网卡的驱动模块文件，并把它复制到该目录下。为了查看系统当前使用的网卡驱动模块，可以使用 ethtool 命令实现。例如，查看以太网接口 ens160 对应的驱动模块，执行命令如下：

```
# ethtool -i ens160
driver: vmxnet3                             # 驱动名
version: 1.7.0.0-k-NAPI                     # 版本
firmware-version:                           # 硬件版本
expansion-rom-version:
bus-info: 0000:03:00.0
supports-statistics: yes
supports-test: no
supports-eeprom-access: no
supports-register-dump: yes
supports-priv-flags: no
```

通过以上信息可以看到，以太网接口 ens160 对应的模块是 vmxnet3。此时，肯定可以在前面的模块目录下找到 vmxnet3.ko.xz 文件。可以用以下命令查看在当前系统装载的模块中是否有 vmxnet3 模块。

```
[root@localhost net]# lsmod | grep vmxnet3
vmxnet3                69632  0
```

可以发现，vmxnet3 模块已经安装。如果网卡已经被 Linux 检测到，但执行 ifconfig -a 命令时却看不到 ens160 接口，可以按以上方法找到网卡的驱动程序模块，再看这个模块是否已经装载。如果在系统中找不到驱动模块，可能是 Linux 内核不支持所安装的网卡类型，需要手动安装，或者是由于某种原因，当系统启动时没有自动装载网卡驱动模块。下面再介绍系统自动装载网卡驱动模块的过程，首先用以下命令查看 vmxnet3.ko.xz 模块的信息。

```
# modinfo /lib/modules/5.14.0-162.6.1.el9_1.x86_64/kernel/drivers/net/
vmxnet3/vmxnet3.ko.xz
filename:
    /lib/modules/5.14.0-162.6.1.el9_1.x86_64/kernel/drivers/net/vmxnet3/
vmxnet3.ko.xz
```

```
version:          1.7.0.0-k
license:          GPL v2
description:      VMware vmxnet3 virtual NIC driver
author:           VMware, Inc.
rhelversion:      9.1
srcversion:       740524059E3C0C42288E7F6
alias:            pci:v000015ADd000007B0sv*sd*bc*sc*i*
depends:
retpoline:        Y
intree:           Y
name:             vmxnet3
vermagic:         5.14.0-162.6.1.el9_1.x86_64 SMP preempt mod_unload modversions
sig_id:           PKCS#7
signer:           Red Hat Enterprise Linux kernel signing key
sig_key:          74:8C:23:2E:EF:4B:0B:1A:63:0E:EF:B3:9E:39:22:1E:AA:2B:75:06
sig_hashalgo:     sha256
signature:        65:E4:49:53:C0:02:4E:84:F1:2F:A9:38:4D:13:F2:FB:56:68:C3:C1:
         BC:24:01:06:25:21:23:78:3C:D1:23:54:31:CE:70:09:C2:87:1F:98:
         A5:CE:9B:66:82:0E:7C:74:7A:77:80:B9:C6:6A:A4:7C:BE:B8:3C:6B:
...//省略部分内容
```

其中，alias 参数指明该网卡驱动模块对应的厂商 ID、设备 ID 及其他一些信息。例如，在上面的信息中，第一个 alias 参数的值是 "pci:v000015ADd000007B0sv*sd*bc*sc*i*"，表示厂商 ID 是 000015AD，设备 ID 是 000007B0，其他信息是设备的子型号，"*"代表所有字符。这些表示方法是和 PCI 规范相关的。此外，再看/usr/lib/modules/5.14.0-162.6.1.el9_1.x86_64/modules.alias 文件的内容。

```
# more /lib/modules/5.14.0-162.6.1.el9_1.x86_64/modules.alias | grep
vmxnet3
alias pci:v000015ADd000007B0sv*sd*bc*sc*i* vmxnet3
#
```

modules.alias 文件的内容定义了系统检测到的 PCI 设备使用哪些模块。在上面的显示信息中，第一行表示当 Linux 检测到 "pci:v000015ADd000007B0sv*sd*bc*sc*i*" 这样的设备时，将装入并使用 vmxnet3 模块，这和前面看到的 vmxnet3.ko.xz 模块的信息是对应的。

注意：相对于 Windows 系统，Linux 系统支持的网卡类型要少得多，因此为 Linux 系统配备网卡时，需要确定 Linux 发行版是否支持该网卡，或者网卡是否提供了支持 Linux 的驱动程序。

5.3.3　诊断网络层问题

网卡驱动模块装载后，只要网络设置正确，网卡接口一般就能被激活，网络接口层就能正常工作了，接下来是诊断网络层是否有问题。判断网络层工作是否正常，最常用的工具是 ping。如果 ping 外网的某一个域名或 IP 能正常连通，则说明网络层没有问题。如果 ping 不通，则需要确定是否对方有问题或对方的网络设置不对 ping 进行响应，此时可以 ping 多个 IP，或者 ping 平常能通的 IP。如果还不通，可能是自己的计算机有问题。

注意：为了避免 DNS 解析故障对 ping 造成的影响，执行 ping 命令时尽量使用远程主机的 IP 地址，不要使用域名。

引起 ping 不通的原因很多，可能是网络线路、网络设置、路由和 ARP 等问题。为了找到故障原因，可以先 ping 一下网关，看是否能通。因为网关肯定是位于本地子网的，本机与网关是直接通信，不需要路由转发。如果与网关能通，就表明网络线路、自己机子的网络设置和 ARP 都没有问题。在 Linux 中，可以通过 route 命令显示路由表，然后得到网关的地址，格式如下：

```
# route -n
Kernel IP routing table
Destination   Gateway     Genmask         Flags  Metric  Ref  Use  Iface
10.10.1.0     0.0.0.0     255.255.255.0   U      0       0    0    ens160
169.254.0.0   0.0.0.0     255.255.0.0     U      0       0    0    ens160
0.0.0.0       10.10.1.1   0.0.0.0         UG     0       0    0    ens160
#
```

在以上路由表中，最后一行是默认路由，所有与前面路由不匹配的数据包都通过这条路由转发到默认网关，网关地址是 10.10.1.1。如果路由表显示还有其他路由的话，也可以 ping 一下该路由的网关看是否能通。如果在路由表中没有设置默认网关，则表明是路由设置有问题，此时需要通过 route 命令或在图形界面中设置默认网关。

如果路由设置没有问题，而 ping 默认网关却不通，在排除了网络线路故障后，需要检查本机的网络设置是否正确，特别是 IP 地址。如果网络接口设置成自动获取 IP 地址，则需要确认 IP 和掩码是否已经正常获取，方法是通过 ifconfig 命令查看各个接口当前的 IP 地址和掩码。如果 IP 是静态设置的，则需要跟管理员确认地址的设置是否正确。

与网关 ping 不通还有一种可能是 ARP 问题。有时，局域网内存在 ARP 攻击或其他原因，导致本机 ARP 缓存中的网关 IP 的 MAC 地址是错误的，这也会造成与网关 ping 不通。此时，可以使用"arp -d <网关 IP>"命令删除网关的 ARP 条目，或者在知道网关 MAC 地址的条件下，通过"arp -a <网关 IP> <网关 MAC>"的形式设置静态 ARP 条目。

5.3.4　诊断传输层和应用层问题

如果网络层是正常的，但网络服务却不能访问，如不能打开其他主机的网站，或者自己的计算机配置了 Web 服务，而其他计算机却不能访问，此时应该是传输层或应用层出现了问题。引起传输层或应用层出现问题的原因有很多，跟网络服务软件是否工作正常、网络服务本身的配置和操作系统配置等都有关系，要根据具体的网络服务类型来诊断。

与操作系统有关的一种可能的故障原因是防火墙配置不当。在 Linux 中，默认情况下，系统启动时会启用 Firewalld 防火墙，而且只放行少数几个端口。如果在本机上配置了某种服务，而这种服务需要通过 TCP 或 UDP 的某个端口才能访问，则要求防火墙要开放相应的端口，否则，其他主机将不能访问本机的这种服务。

如果怀疑本机的防火墙配置有问题，可以通过 systemctl stop firewalld.service 命令停止防火墙的运行。当然，如果是网络中的其他防火墙挡住了访问本机某种服务的数据包，则需要求助于网络管理员。

另外，Linux 系统提供的 netstat 命令可以查看端口的状态。如果本机提供了某种网络服务，则相应的端口应该处于监听状态，以便能够通过这个端口为外界提供服务。例如，本机启动了 Apache 服务，而且使用的是默认端口，执行以下命令时：

```
[root@localhost ~]# netstat -anp|grep :80
```

应该能看到类似下面的一行命令：

```
tcp        0        0 :::80               :::*              LISTEN        3938/httpd
```

表示 TCP 80 号端口由 httpd 进程在监听。如果没有这一行命令，则表明进程还没启动，或者进程工作不正常。

　　诊断传输层或应用层故障最有效的一种手段是使用抓包工具抓取数据包进行分析。Linux 系统默认提供了 tcpdump 工具，利用它可以抓取所有访问本机或从本机出去的数据包，并且可以通过规则只抓取感兴趣的数据包。例如，下面的命令抓取所有通过 TCP 与本机 10.10.1.29 接口的 80 号端口进行交互的数据包。

```
tcpdump host 10.10.1.29 and tcp port 80
```

　　如果本机启动 Apache 服务，执行上述命令，当其他计算机访问本机时，可以看到类似下面的数据包交互过程：

```
[root@localhost ~]# tcpdump -nn host 10.10.1.29 and tcp port 80
dropped privs to tcpdump
tcpdump: verbose output suppressed, use -v[v]... for full protocol decode
listening on ens160, link-type EN10MB (Ethernet), snapshot length 262144
bytes
15:11:37.481996 IP 192.168.1.146.2339 > 10.10.1.29.80: S 1011600904:
1011600904(0) win 65535 <mss 1360,nop,nop,sackOK>
15:11:37.484963 IP 10.10.1.29.80 > 192.168.1.146.2339: S 357693526:
357693526(0) ack 1011600905 win 5840 <mss 1460,nop,nop,sackOK>
15:11:37.498892 IP 192.168.1.146.2339 > 10.10.1.29.80: . ack 1 win 65535
15:11:37.505524 IP 192.168.1.146.2339 > 10.10.1.29.80: P 1:211(210) ack 1
win 65535
15:11:37.505564 IP 10.10.1.29.80 > 192.168.1.146.2339: . ack 211 win 6432
...
15:11:37.740360 IP 10.10.1.29.80 > 192.168.1.146.2340: F 147:147(0) ack 347
win 6432
15:11:37.801992 IP 192.168.1.146.2340 > 10.10.1.29.80: F 347:347(0) ack 147
win 65389
15:11:37.802023 IP 10.10.1.29.80 > 192.168.1.146.2340: . ack 348 win 6432
15:11:37.804074 IP 192.168.1.146.2340 > 10.10.1.29.80: . ack 148 win 65389
```

　　通过控制 tcpdump 命令的输出，还可以得到更详细的数据包信息。从这些数据包的交互过程中可能会发现网络故障的蛛丝马迹。

　　说明：抓包工具也可以解决网络层和网络接口层的故障，只要网卡能收到数据帧，都可以使用抓包工具进行网络故障诊断。

5.4　小　　结

　　本章主要介绍了 Linux 网络管理方面的命令和配置文件，以及 Linux 常见的网络故障的诊断及解决方法。Linux 系统的网络功能非常强大，结构非常复杂，需要在实践中不断地积累经验，这样在碰到网络故障时才能很快地找到原因并予以解决。

5.5　习　　题

一、填空题

1．ifconfig 命令有两种功能，分别是_____和_____。

2．ARP 是一种网络协议，称为_____。

3．Host 表存放在一个简单的文本文件中，文件名是_____。

二、选择题

1．如果需要判断自己的网络是否通畅，应该使用哪个命令？（　　　）

A．ifconfig　　　　　　B．ping　　　　　　　　C．arp　　　　　　　　D．traceroute

2．在 Linux 系统中，可以使用的域名解析方法有（　　　）。

A．Host 表　　　　　　B．DNS　　　　　　　　C．NIS　　　　　　　　D．hosts

3．当用户诊断网卡问题时，可以使用的命令是（　　　）。

A．dmesg　　　　　　　B．ethtool　　　　　　　C．ifconfig　　　　　　D．dmesg

三、判断题

1．在 Linux 系统中，网卡只要被检测到，就可以正常工作了。　　　　　　（　　　）

2．诊断传输层或应用层故障最有效的一种手段是，使用抓包工具抓取数据包进行分析。　　　　　　　　　　　　　　　　　　　　　　　　　　　　　　　（　　　）

3．ARP 缓存中的条目分为静态和动态两种。其中，静态条目在使用过程中一直不变，动态条目如果在一段时间内没有使用，则将自动删除。　　　　　　　　　　（　　　）

四、操作题

1．使用 ifconfig 命令查看当前主机以太网的 IP 地址。

2．使用 ping 命令，测试是否可以访问"百度"网站。

第 2 篇
Linux 主机与网络安全

第 6 章　Linux 主机安全

随着 Internet 的普及，安全问题越来越突出，每一个使用计算机的人都要有保护自己的信息的意识。为了保护计算机不受各种病毒和木马的攻击，可以在网络设备上采取措施，对某些数据包进行阻挡、过滤，但更重要的是用户要在自己的主机上采取措施，保护主机的安全。本章主要介绍 Linux 主机安全的相关知识，包括网络端口管理、系统自动升级更新和计算机系统漏洞检测等内容。

6.1　网　络　端　口

端口是计算机网络中的一个重要概念，各种应用服务器通过网络端口才能为网络中的其他计算机提供服务，客户机通过端口才能使用服务器提供的服务。下面介绍主机端口的相关知识，包括端口的概念、在 Linux 中如何查看端口的状态、端口的启用和关闭，以及端口扫描工具的使用。

6.1.1　什么是端口

人们在使用网络时，端口是经常听到的一个名词，端口的英语单词是 port，可以认为是计算机与外界通信交流的出入口。其中，硬件领域的端口有 USB 端口、串行端口和并行端口等，它们也是计算机与其他设备连接时的插口，需要使用硬件线路进行连接。但网络端口不属于硬件端口，它是一种抽象的数据结构和 I/O 缓冲区。

网络端口可以认为是传输层协议 TCP 或 UDP 与各种应用层协议进行通信时的一种通道。由于传输层要同时为很多的应用层程序提供服务，它们从网络层收到数据包后，需要根据数据包中的端口号来判断这个数据包属于哪一个应用程序。

📖说明：TCP 和 UDP 的数据报文头部都用一个 16 位的域来存放目的端口号和源端口号，因此，最大的端口号是 65535。

每一个端口都有两种使用方法。一种是由某个应用程序监听某个端口，等待客户机发送数据包到这个端口，一旦有数据包到达，应用程序将会做出反应；另一种使用方法是通过某个端口主动发送数据包给其他计算机。初始状态下，一台计算机上的某个应用程序如果想发送数据包给其他计算机，需要挑选一个空闲端口作为数据包中的源端口值，目的是当对方回复时，可以把数据包发送到这个端口上，再由传输层把回复数据包交给刚才的那个应用程序。

6.1.2　端口的分类

在 UNIX 系统中，0～1023 号端口也称为保留端口，它们一般是用于监听的。默认情况下，只有 root 用户才能使用这些保留端口。保留端口中的大部分端口都分配给了一些知名的应用服务，也就是说，每一种应用服务默认情况下监听的端口号是固定的。例如，80号端口分配给使用 HTTP 的 Web 服务器，而 110 号端口则分配给 POP3 邮件服务器。

当然，并不是说 Web 服务器运行时必须要监听 80 号端口，这只是一种约定，目的是方便客户端访问。因为不做这种约定的话，每台 Web 服务器都可以监听不同的端口，此时，客户端将无所适从，不知道要访问服务器的哪一个端口才是 Web 服务。

📑说明：在 UNIX 系统中，可以通过查看/etc/services 文件内容了解每个端口对应哪一种服务。

1024 号以上的端口一般在主动发送数据时使用，而且所有的用户都可以使用。但是，1024 号以上的端口也可以被监听。某些服务如 NFS 服务和 Squid 代理服务等，默认监听的就是大于 1024 的端口。

6.1.3　查看本机端口的状态

在网络和主机管理过程中，通过查看网络端口的状态，可以了解计算机的很多信息。例如，本机为外界提供了哪些服务；哪些客户机正在使用本机的服务；当前状态下，计算机与哪些计算机存在着网络连接等。在 UNIX 系统中，可以用 netstat 命令了解网络端口的状态，命令格式如下：

```
netstat [-选项1] [-选项2] ...
```

相关协议类的选项如下：

❑　-A <地址类型>：只列出指定地址类型的端口状态，可以是 inet、unix 和 ipx 等。

❑　-t：只显示与 TCP 有关的连接和端口监听状态。

❑　-u：只显示与 UDP 有关的端口监听状态。

❑　-w：只显示原始套接口状态。

如果不加以上选项，表示所有地址类型和协议的连接和端口状态都要列出。一般情况下，Linux 系统中存在着许多 UNIX 套接字，它们用于 UNIX 进程之间的通信。如果只关心 TCP/IP 的网络状态，在执行 netstat 命令时可以加上-tu 选项，表示只列出与 TCP 和 UDP 有关的状态；或者加上-A inet 选项，表示只列出 INET 地址类的网络状态。当执行 netstat 命令时默认情况下只列出活动的 TCP 连接。下面两个选项可以改变默认状态：

❑　-l：显示正在监听的 TCP 和 UDP 端口。

❑　-a：显示所有活动的 TCP 连接，以及正在监听的 TCP 和 UDP 端口。

还有几个常用的 netstat 命令选项如下：

❑　-n：以数字形式表示地址和端口号，不试图去解析其名称。

❑　-s：显示所有协议的统计信息。

- ❑ -r：显示 IP 路由表的内容。
- ❑ -p：显示每个活动连接或端口的监听是由哪个进程发动的。
- ❑ -i：显示网络接口的统计信息。

TCP 连接处于不同阶段时会有不同的状态值，所有的状态值如下：

- ❑ CLOSE_WAIT：远端已经关闭套接口，等待本机发送确认信息。
- ❑ CLOSED：套接口已经关闭，不再有效。
- ❑ ESTABLISHED：套接口之间已经建立连接。
- ❑ FIN_WAIT_1：套接口已经关闭，正在中止连接。
- ❑ FIN_WAIT_2：套接口已经关闭，正在等远端中止连接。
- ❑ LAST_ACK：远端套接口已关闭，正在等待确认。
- ❑ LISTEN：套接口正在等待连接的到来。
- ❑ SYN_RECEIVED：已经从网络收到一个连接请求。
- ❑ SYN_SEND：套接口正尝试建立一个连接。
- ❑ TIMED_WAIT：套接口已关闭，等待处理还在网络中传输的包。

下面看几个 netstat 命令的具体例子。

```
# netstat -i                        //列出所有接口的统计信息
Kernel Interface table
Iface MTU    Met RX-OK RX-ERR RX-DRP RX-OVR TX-OK   TX-ERR TX-DRP TX-OVR Flg
ens160 1500  0   5622270     0      0      0      228952  0      0      0     BMRU
lo    16436  0   4811     0      0      0      4811    0      0      0     LRU
#
```

在上面显示的各列信息中，MTU 和 Met 字段表示接口的 MTU 和度量值；RX-OK 和 TX-OK 两列表示正确收发的数据包数；RX-ERR 和 TX-ERR 表示收发的错误数据包数；RX-DRP 和 TX-DRP 表示收发时丢弃的数据包数；RX-OVR 和 TX-OVR 表示收发时遗失的数据包数；Flg 列表示为这个接口设置的标记，其中，B 表示广播地址、R 表示接口激活、M 表示混杂模式、L 表示环回接口等。

```
# netstat -tn
Active Internet connections (w/o servers)
Proto Recv-Q Send-Q Local Address     Foreign Address          State
tcp   0      256    ::ffff:10.10.1.29:22::ffff:192.168.1.147:1143 ESTABLISHED
tcp   0      0      ::ffff:10.10.1.29:80::ffff:10.10.91.252:1226  TIME_WAIT
tcp   0      0      ::ffff:10.10.1.29:80::ffff:10.10.91.252:1219  TIME_WAIT
tcp   0      0      10.10.1.29:5901          10.10.91.252:2122    ESTABLISHED
tcp   0      0      ::ffff:10.10.1.29:22::ffff:10.10.91.252:3592  ESTABLISHED
tcp   0      0      ::ffff:10.10.1.29:22::ffff:10.10.91.252:3591  ESTABLISHED
tcp   0      0      127.0.0.1:46961          127.0.0.1:389        ESTABLISHED
```

上面的命令列出了所有 TCP 的连接状态，各列表示的含义如下：

- ❑ Recv-Q：还没有从套接口复制给进程的字节数。
- ❑ Send-Q：还没有被对方确认的字节数。
- ❑ Local Address：参与连接的本机网络接口的 IP 地址和端口号，代表本机的一个套接口。
- ❑ Foreign Address：参与连接的远程主机网络接口的 IP 地址和端口号，代表远程机的一个套接口。
- ❑ State：连接的状态。

```
# netstat   -tuln
Active Internet connections (only servers)
Proto Recv-Q Send-Q Local Address         Foreign Address       State
tcp   0      0      0.0.0.0:1006          0.0.0.0:*             LISTEN
:

tcp   0      0      127.0.0.1:2207        0.0.0.0:*             LISTEN
tcp   0      0      :::80                 :::*                  LISTEN
udp   0      0      0.0.0.0:32768         0.0.0.0:*
:

udp   0      0      0.0.0.0:631           0.0.0.0:*
```

上面的命令列出了所有 inet 地址类的端口监听状态，Local Address 表示正在监听的本机网络接口和端口，0.0.0.0 表示所有的网络接口。Foreign Address 表示允许哪些远程 IP 地址和端口与监听的端口进行连接，0.0.0.0 表示所有的网络接口，"*"表示所有的端口。

6.1.4　端口的关闭与启用

6.1.3 小节介绍了通过 netstat 命令可以了解端口的状态，下面介绍如何对端口的状态进行干预，即某个开放的端口如何关闭，如何对某个端口进行监听，如何中断某个连接等。在 netstat 命令中提供了一个-p 选项，它可以列出与端口监听或连接的相关进程。如果想关闭某个端口或者中断某个连接，只要中止对应的进程即可。例如，以下命令列出关于 22 号端口的监听和连接情况。

```
# netstat -anp|grep :22
tcp 0 0:::22       :::*               LISTEN    2761/sshd
tcp 0 48::ffff:10.10.1.29:22::ffff:192.168.1.147:1143 ESTABLISHED 20566/2
tcp 0 0::ffff:10.10.1.29:22::ffff:10.10.91.252:3592ESTABLISHED 3669/sshd:
root@not
tcp 0 0::ffff:10.10.1.29:22::ffff:10.10.91.252:3591ESTABLISHED 3637/1
#
```

可以看到，22 号端口由进程号为 2761 的 sshd 进程监听，而且本机 IP 为 10.10.1.29 的网络接口的 22 号端口与外界建立了 3 个 TCP 连接，一个连接的对端是 IP 为 192.168.1.147 的计算机的 1143 号端口，还有两个连接的对端是 IP 为 10.10.91.252 的计算机的 3592 和 3591 端口。为了中断后面两个连接，可以中止相应进程，命令如下：

```
[root@localhost ~]# kill 3669
[root@localhost ~]# kill 3637
[root@localhost ~]# netstat -anp|grep :22
tcp 0 0:::22       :::*               LISTEN    2761/sshd
tcp 0 48::ffff:10.10.1.29:22::ffff:192.168.1.147:1143 ESTABLISHED 20566/2
tcp 0 0::ffff:10.10.1.29:22::ffff:10.10.91.252:3592 FIN_WAIT2-
tcp 0 0::ffff:10.10.1.29:22::ffff:10.10.91.252:3591 FIN_WAIT2 -
```

终止进程号为 3669 和 3637 的进程后，再用同样的命令马上查看端口状态，可以发现，与 10.10.91.252 连接的两个连接状态变为 FIN_WAIT2，表示套接口已经关闭，正等待对方端口确认中断连接。等若干秒后再执行同样的 netstat 命令时，可以发现这两行代码已经消失。同样的道理，如果终止了 2761 进程号的 sshd 进程，则 TCP 22 号端口不再处于监听状态。

刚才中断的两个连接是由其他计算机主动发起，连接到本机的 22 号端口。如果本机主动发起，连接到远程计算机的某一个端口，同样可以用上述方法中断连接。例如，在 IP

为 10.10.1.29 的主机上，用下面的 ssh 命令连接到 IP 为 10.10.1.253 的计算机。

```
# ssh 10.10.1.253
root@10.10.1.253's password:
Last login: Wed Feb 15 21:38:59 2023 from mail.wzvtc.edu.cn
[root@radius root]# netstat -anp|grep :22
tcp    0    0 0.0.0.0:22          0.0.0.0:*    LISTEN       1748/sshd
tcp    0    0 10.10.1.253:22      10.10.1.29:35037  ESTABLISHED 10892/sshd
#
```

上面的 netstat 命令是在 10.10.1.253 计算机上执行的，查看的是 10.10.1.253 计算机上关于 22 号端口的连接情况。可以看到，10.10.1.29 的 35037 端口与 10.10.1.253 计算机的 22 号端口建立了连接。为了查看 10.10.1.29 计算机上的连接情况，需要进入另一台与 10.10.1.253 计算机连接的终端，然后执行下面的命令：

```
# netstat -anp|grep :22
tcp    0    0 10.10.1.29:35037   10.10.1.253:22   ESTABLISHED 21060/ssh
tcp    0    0 :::22              :::*             LISTEN      2761/sshd
...
#
```

同样可以看到这个连接，但与 10.10.1.253 上看到的同一个连接的 Local Address 与 Foreign Address 列的内容次序换了一下。为了终止这个连接，可以终止相应的进程，命令如下：

```
# kill 21060
# netstat -anp|grep :22
tcp    0    0 10.10.1.29:35037   10.10.1.253:22   TIME_WAIT
...
#
```

由于中止的连接是由本机主动发起的，所以，查看连接时可以看到此时的连接状态是 TIME_WAIT，表示套接口已关闭，等待处理还在网络中传输的数据包。

为了监听某一个端口，需要启动相应的网络进程。例如，计算机上安装了 Apache 服务器软件，而 Apache 服务器运行时默认要监听 80 号端口，因此，当启动 Apache 进程时，80 号端口将处于监听状态，如下所示。

```
# netstat -anp|grep :80
# apachectl start
# netstat -anp|grep :80
tcp    0    0 :::80            :::*        LISTEN      21117/httpd
#
```

apachectl start 是启动 Apache 服务器进程 httpd 的脚本命令，执行前，用 netstat 命令查看，没有看到 80 号端口处于监听状态，执行后，再用 netstat 命令查看，就可以看到 80 号端口已经处于监听状态。监听的端口号可以通过配置文件由用户指定，当其他计算机连接这个端口时，Apache 服务器将通过这个端口与其他计算机建立连接。

注意：如果自己的计算机主动与其他计算机建立连接，端口号一般是不指定的，由系统依次挑选一个空闲的端口。

6.1.5　端口扫描工具 Nmap

前面介绍的 netstat 命令可以查看本机的网络端口状态，只要具有 root 权限，就可以查看所有感兴趣的信息。如果想通过网络了解其他计算机端口的状态，而且不知道那台计算机的账号时，问题就没这么简单了。此时需要借助端口扫描工具来完成，但这是一种不可靠的办法，经常会被对方的防火墙挡住，或者了解到的是虚假信息。端口扫描工具有很多种类，Linux 平台常用的是 Nmap 工具。

　　Nmap 是一个开放源代码的自由软件，可以从 http://nmap.org/download.html 上下载。RHEL 9 发行版也提供了 Nmap 端口扫描工具的 RPM 包，默认已经安装。如果没有安装，可以从安装镜像文件中找到 nmap-7.91-10.el9.x86_64.rpm 文件，再用以下命令进行安装。

```
[root@localhost ~]# rpm -ivh nmap-7.91-10.el9.x86_64.rpm
```

　　安装完成后，主要产生的是/usr/bin/nmap 文件，它是 Nmap 工具的命令文件，其余的文件都是帮助说明文件。Nmap 命令的格式如下：

```
nmap [扫描类型] [扫描选项] <目标>
```

　　其中，扫描类型有以下几种：
- ❑ -sT：TCP connect 扫描，是最基本的 TCP 扫描方式，在执行时不需要 root 权限。
- ❑ -sS：TCP SYN 扫描，通过向目标的某一个端口发送 TCP SYN 包，然后根据对方不同的回应来判断该端口是否处于监听状态。
- ❑ -sA：TCP ACK 扫描，只用来确定防火墙的规则集，本身并不扫描目标主机的端口。
- ❑ -sW：滑动窗口扫描，类似于 ACK 扫描，但是它可以检测到处于打开状态的端口。
- ❑ -sF：TCP FIN 扫描，向目标发送 TCP FIN 包，再根据目标的响应进行判断。
- ❑ -sX：TCP NULL 扫描，向目标发送 TCP NULL 包，再根据目标的响应进行判断。
- ❑ -sN：TCP Xmas 扫描，向目标发送设置了 FIN、PSH 和 URG 标志的包，再根据目标的响应进行判断。
- ❑ -sP：ping 扫描，向目标发送一个 ICMP echo 请求包和一个 TCPACK 包。如果有响应，则表明目标处于活动状态。
- ❑ -sU：UDP 扫描，确定哪些 UDP 端口是开放的。
- ❑ -sR：RPC 扫描，与其他扫描方法结合使用，用于确定是否 RPC 端口。

　　目标可以是某个主机的 IP 地址，也可以是 IP 范围或者整个子网。为了达到不同的目的，Nmap 还提供了很多选项。下面通过例子来了解相关的内容。

```
# nmap 10.10.1.253                      //以默认的方式扫描10.10.1.253主机
Starting Nmap 7.91 ( https://nmap.org ) at 2023-02-15 09:55 CST
Nmap scan report for localhost(10.10.1.253)
Host is up (0.00035s latency).
Not shown: 993 filtered ports
PORT        STATE SERVICE             //下面列出了扫描到的开放端口及服务名称
21/tcp      open  ftp
22/tcp      open  ssh
23/tcp      open  telnet
111/tcp     open  rpcbind
3306/tcp    open  mysql
6000/tcp    open  X11
32773/tcp open  sometimes-rpc9
//目标的MAC地址，本机与目标在同一网段才能得到
MAC Address: 00:00:E8:95:4B:5C (Accton Technology)

Nmap done: 1 IP address (1 host up) scanned in 0.256 seconds
#
```

　　默认情况下，Nmap 使用的是 TCP connect 扫描方式，它以正常的方式与目标的某个端口建立 TCP 连接。如果能建立，就说明端口是开放的。这种方式不需要本机的 root 权限，但很容易被目标主机检测到。另外，默认情况下，Nmap 只扫描 TCP 端口，如果要扫描 UDP 端口，需要加上-sU 选项。

　　由于 TCP connect 扫描很容易被目标主机检测到，为了使用更隐蔽的方式进行扫描，可以采用 SYN 扫描、滑动窗口扫描和 TCP FIN 扫描等方式，但这些方式的可靠程度要差一些。为了确定某个子网上有哪些主机处于活动状态，可以使用下面的命令。

```
[root@localhost ~]# nmap -sP 192.168.1.0/24
Starting Nmap 7.93 ( https://nmap.org ) at 2023-02-15 10:02 CST
Nmap scan report for localhost (192.168.1.1)
Host is up (0.0034s latency).
MAC Address: AC:8D:34:02:40:C2 (Huawei Technologies)
Nmap scan report for localhost (192.168.1.2)
Host is up (0.00013s latency).
MAC Address: 1C:6F:65:C8:4C:89 (Giga-byte Technology)
Nmap scan report for localhost (192.168.1.3)
Host is up (0.00052s latency).
MAC Address: 14:E6:E4:84:23:7B (Tp-link Technologies)
Nmap scan report for localhost (192.168.1.245)
Host is up (0.11s latency).
Nmap done: 256 IP addresses (4 hosts up) scanned in 2.25 seconds
```

　　根据上面的结果显示，这个子网共有 4 台计算机处于活动状态。如果有些主机开启了防火墙，可能会过滤掉扫描时发送的 ICMP echo 请求包和 TCP ACK 包，使扫描结果并不一定准确。例如，接着用以下命令对该网段的某些主机进行扫描，如果也能得到扫描结果，表明该主机也是活动的。

```
[root@localhost ~]# nmap -P0 -p 4500-5000,5500-6000, 192.168.1.1-254
Starting Nmap 7.93 ( https://nmap.org ) at 2023-02-15 10:04 CST
Nmap scan report for localhost (192.168.1.1)
Host is up (0.0045s latency).
All 1002 scanned ports on localhost (192.168.1.1) are in ignored states.
Not shown: 1002 closed tcp ports (reset)
MAC Address: AC:8D:34:02:40:C2 (Huawei Technologies)

Nmap scan report for localhost (192.168.1.2)
Host is up (0.00050s latency).
All 1002 scanned ports on localhost (192.168.1.2) are in ignored states.
Not shown: 1002 filtered tcp ports (no-response)
MAC Address: 1C:6F:65:C8:4C:89 (Giga-byte Technology)

Nmap scan report for localhost (192.168.1.3)
Host is up (0.00052s latency).
All 1002 scanned ports on localhost (192.168.1.3) are in ignored states.
Not shown: 1002 filtered tcp ports (no-response)
MAC Address: 14:E6:E4:84:23:7B (Tp-link Technologies)

Nmap scan report for localhost (192.168.1.241)
Host is up (0.000010s latency).
Not shown: 1001 closed tcp ports (reset)
PORT     STATE SERVICE
5900/tcp open  vnc

Nmap done: 254 IP addresses (4 hosts up) scanned in 8.46 seconds
```

　　其中，192.168.1.1-254 表示地址的范围，-p 选项指定了端口范围。-P0 选项此时非常重要，它表示不管目标主机是否处于活动状态，都要坚持进行扫描。默认情况下，Nmap 如果判断目标主机不处于活动状态，将不进行扫描。但由于种种原因，目标主机的活动状态判断并不可靠，因此可能会忽略对某些实际上是活动主机的扫描，-P0 选项可以避免这种情况。从以上结果中可以看出，虽然 192.168.1.241 在前一条命令的结果中认为是不活动的，但是这条命令的结果却显示 5900 端口是开放的，因此肯定是活动的计算机。

　　Nmap 还有一个很实用的功能，就是能根据扫描到的某些线索猜测目标主机的操作系统类型，而且相当准确。可以通过-O 选项使用这项功能，它可以和一种端口扫描选项结合使用，但不能和 Ping 扫描结合使用。下面是判断目标主机操作系统类型的例子。

```
# nmap -O 192.168.1.241
...
Running: Linux 2.6.X               //目标主机的操作系统类型是 Linux
OS CPE: cpe:/o:linux:linux_kernel:2.6.32 //操作系统可用时打印通用平台枚举(CPE)
OS details: Linux 2.6.32           //具体的 Linux 内核版本号
Network Distance: 0 hops           //网络距离
# nmap -P0 -O 192.168.1.1
...
Running: Linux 3.X
OS CPE: cpe:/o:linux:linux_kernel:3.5
OS details: Linux 3.5
Network Distance: 1 hop


# nmap -O 192.168.1.2
...
Running (JUST GUESSING): Microsoft Windows XP (85%)     # 可能的操作系统类型
OS CPE: cpe:/o:microsoft:windows_xp::sp3
Aggressive OS guesses: Microsoft Windows XP SP3 (85%) # 猜测可能的操作系统类型
No exact OS matches for host (test conditions non-ideal).
Network Distance: 1 hop
...
#
```

以上 3 个命令的猜测结果与实际情况基本相符，第 3 个命令是对目标系统类型的猜测，其可能性达 85%。

说明：Nmap 也是一种常用的网络安全工具，攻击者在进行网络攻击前，一般要使用这类工具搜索攻击目标和目标主机的端口信息，然后进一步采用其他手段进行攻击。网络安全管理员也要使用这类工具对网络的安全性能进行检测，以防范黑客攻击。

　　以上介绍的是 Nmap 命令的主要功能。在实际应用中，Nmap 工具有很多的使用技巧，功能非常丰富。

6.2　Linux 自动更新

　　为了防范来自网络的攻击，除了架设防火墙外，还有一项重要的工作就是及时修补操作系统的漏洞。大部分的 Linux 发行版都会提供自动更新软件的机制，可以让系统管理员非常方便地对系统漏洞进行修补。本节主要介绍 RHEL 9 操作系统软件更新的方法及相关知识。

6.2.1　自动更新的意义

所有的计算机程序，包括操作系统，都是由人设计的。由于种种原因，这些程序编写时不可避免地都会存在错误。各种错误造成的后果也是不一样的，有些错误只是浪费了计算机资源，有些错误会影响最终的结果，还有一些错误会造成计算机死机。其中，系统漏洞也是程序错误的一种，它对计算机的安全造成了很大的威胁。

所谓系统漏洞，是指应用软件或操作系统软件在逻辑设计上存在缺陷，或在代码编写时存在错误，而这些缺陷或错误可以被不法分子或攻击者利用，他们通过植入木马、注入病毒等方式来攻击或控制整个系统，从而窃取计算机中的重要资料和信息，甚至破坏整个系统。

当攻击者通过网络攻击计算机时，一般先通过端口扫描等工具收集攻击目标的各种信息，了解目标主机的哪些端口是开放的，这些端口上运行着什么服务，以及服务器软件的类型及版本。如果发现某种服务器软件存在系统漏洞，通过向这些端口发送特定的数据包，就可以对目标主机进行攻击，最严重的情况甚至可以完全控制攻击目标。

一般情况下，当某个操作系统或应用软件被发现存在漏洞时，软件的发行者都会在网络上发布公告，说明系统漏洞的原因、可能造成的后果等，以提醒用户注意。此外，软件发行者还会提供补丁程序，供用户及时更新程序。例如，下面就是关于 Linux 系统漏洞公告的部分内容。

```
受影响系统：RedHat PXE Server 0.1
描述：BUGTRAQ ID: 5596
CVE(CAN) ID: CVE-2002-0835
Red Hat Linux 是一款开放源代码的 Linux 操作系统,包含 Preboot eXecution Environment
(PXE)服务程序,PXE 用于从远程磁盘映象中启动 Linux 系统。
Preboot eXecution Environment (PXE)服务程序对未预料到的 DHCP 包处理不正确,远程
攻击者可以利用这个漏洞进行拒绝服务攻击。
PXE 服务程序对来自 VOIP 电话系统的 DHCP 包请求处理不正确,远程攻击者可以构建 VOIP 电话
系统的 DHCP 请求包而导致 PXE 服务程序崩溃。
```

为了防止攻击者利用系统漏洞侵入计算机，系统管理员需要及时修补计算机漏洞，包括安装系统补丁程序，尽可能地使用最新版本的软件和操作系统等。当然，并不是所有的系统漏洞都会被攻击者利用，但漏洞的存在肯定会对计算机的运行造成不良的影响，因此应该及时修补。

如果采用手动的方式修补漏洞，系统管理员的负担将非常沉重。一个实际的计算机系统除了操作系统外，肯定还运行着很多的应用软件，特别是一些有网络功能的软件。如果每天都要检查这些软件是否存在系统漏洞或者补丁程序，将会花费很多的时间。为了减轻系统管理员的负担，很多操作系统和应用软件都提供了自动更新机制。也就是说，一旦发现系统漏洞，软件的发行者会在第一时间通知管理员，并分发补丁程序，由管理员决定是否直接安装。

```
...//省略部分内容
Definition oval:ssg-accounts_logon_fail_delay:def:1: false
Definition oval:ssg-accounts_have_homedir_login_defs:def:1: true
Definition oval:ssg-accounts_authorized_local_users:def:1: error
Definition oval:ssg-account_unique_name:def:1: true
Definition oval:ssg-account_unique_id:def:1: true
Definition oval:ssg-account_disable_post_pw_expiration:def:1: false
Evaluation done.
```

看到 Evaluation done 提示，表示评估完成。此时，在当前目录中将会看到生成的报告文件 vulnerability.html。打开该报告，结果如图 6-1 所示。

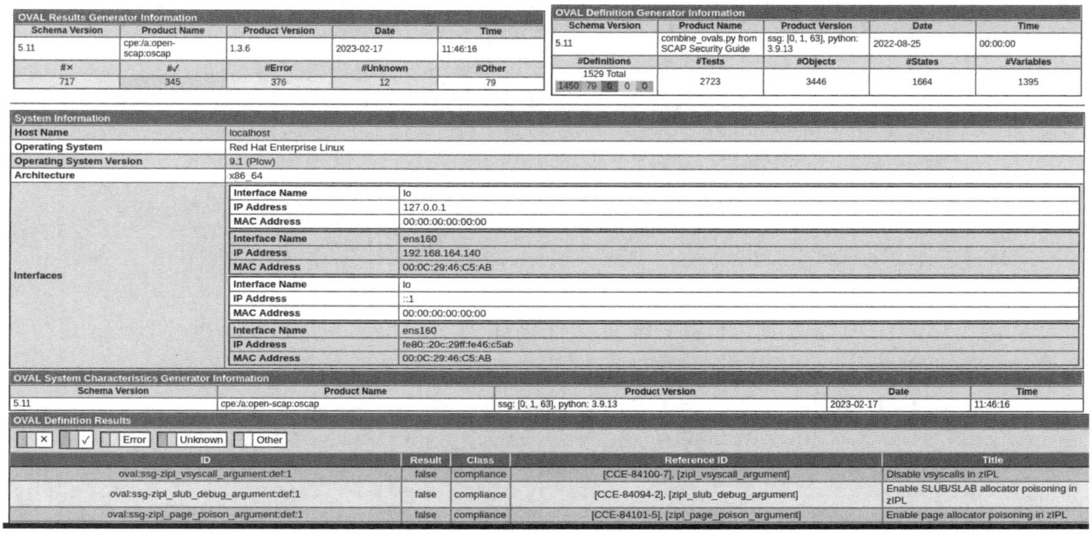

图 6-1　漏洞扫描报告

漏洞扫描报告包括 5 个部分。其中：OVAL Results Generator Information 部分显示系统的运行情况并对结果进行汇总；OVAL Definition Generator Information 部分汇总了用于检查的定义；System Information 部分显示的是系统信息，如果扫描的主机比较多，可以根据系统信息与被扫描的主机正确对应；OVAL System Characteristics Generator Information 部分是 OVAL 系统特性生成器信息；OVAL Definition Results 部分是检查结果。

6.3.3　OSPP 和 PCI DSS 合规性扫描

在互联网上有几种用于合规性的安全配置文件，最常见的是操作系统保护配置文件（OSPP）和 PCI DSS。OSPP 标准大量用于公共领域，服务于通用系统，也可作为其他限制性更强的环境的安全基线；PCI DSS 是金融领域使用最广泛的标准之一，适用于提供在线支付功能的行业。下面分别介绍这两种扫描方式。

1. OSPP合规性扫描

ssg-rhel9-ds.xml 配置文件包括 RHEL 9 的 OSPP 和 PCI DSS 配置文件，因此可以使用该基线库实施 OSPP 和 PCI DSS 扫描。在实施 OSPP 合规性扫描之前，可以使用--profile

选项查看 OSPP 概要文件的信息。

```
# oscap info --profile ospp ssg-rhel9-ds.xml
Document type: Source Data Stream
Imported: 2022-08-26T00:55:07
Stream: scap_org.open-scap_datastream_from_xccdf_ssg-rhel9-xccdf-1.2.xml
Generated: (null)
Version: 1.3
WARNING: Datastream component 'scap_org.open-scap_cref_security-data-
oval-com.redhat.rhsa-RHEL9.xml.bz2' points out to the remote 'https://
access.redhat.com/security/data/oval/com.redhat.rhsa-RHEL9.xml.bz2'. Use
'--fetch-remote-resources' option to download it.
WARNING: Skipping 'https://access.redhat.com/security/data/oval/com.redhat.
rhsa-RHEL9.xml.bz2' file which is referenced from datastream
Profile
    Title: Protection Profile for General Purpose Operating Systems
    Id: xccdf_org.ssgproject.content_profile_ospp

    Description: This profile is part of Red Hat Enterprise Linux 9 Common
Criteria Guidance documentation for Target of Evaluation based on Protection
Profile for General Purpose Operating Systems (OSPP) version 4.2.1 and
Functional Package for SSH version 1.0.  Where appropriate, CNSSI 1253 or
DoD-specific values are used for configuration, based on Configuration Annex
to the OSPP.
```

从输出信息中可以看到，OSPP 配置文件描述为 XCCDF。接下来，执行 oscap 命令，将 OSPP 概要文件与 xcddf 选项一起使用，并且使用 eval 操作对系统进行评估。

```
# oscap xccdf eval --report ospp-report.html --profile ospp ssg-rhel9-ds.xml
WARNING: Datastream component 'scap_org.open-scap_cref_security-data-oval
-com.redhat.rhsa-RHEL9.xml.bz2' points out to the remote 'https://access.
redhat.com/security/data/oval/com.redhat.rhsa-RHEL9.xml.bz2'. Use '—fetch
-remote-resources' option to download it.
WARNING: Skipping 'https://access.redhat.com/security/data/oval/com.redhat.
rhsa-RHEL9.xml.bz2' file which is referenced from datastream
WARNING: Skipping ./security-data-oval-com.redhat.rhsa-RHEL9.xml.bz2 file
which is referenced from XCCDF content
--- Starting Evaluation ---                         # 开始评估

Title   Enable Dracut FIPS Module
Rule    xccdf_org.ssgproject.content_rule_enable_dracut_fips_module
Ident   CCE-86547-7
Result  fail

Title   Enable FIPS Mode
Rule    xccdf_org.ssgproject.content_rule_enable_fips_mode
Ident   CCE-88742-2
Result  fail

Title   Install crypto-policies package
Rule    xccdf_org.ssgproject.content_rule_package_crypto-policies_installed
Ident   CCE-83442-4
Result  pass
...//省略部分内容
Title   Log USBGuard daemon audit events using Linux Audit
Rule    xccdf_org.ssgproject.content_rule_configure_usbguard_auditbackend
Ident   CCE-84206-2
Result  notapplicable

Title   Authorize Human Interface Devices and USB hubs in USBGuard daemon
Rule    xccdf_org.ssgproject.content_rule_usbguard_allow_hid_and_hub
```

```
Ident     CCE-84210-4
Result    fail
```

执行以上命令后，评估结果将保存在 ospp-report.html 文件中，默认保存在当前目录下。此时，使用浏览器打开该文件，即可查看 OSPP 规则的完整报告。由于该报告的内容较多，这里用两张图来展示，如图 6-2 和图 6-3 所示。

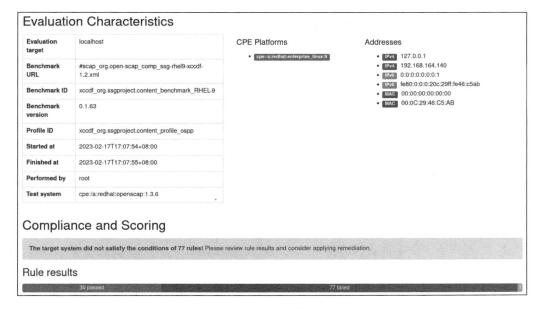

图 6-2　OSPP 扫描报告 1

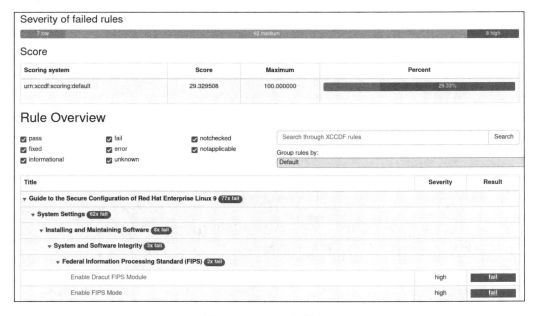

图 6-3　OSPP 扫描报告 2

扫描报告共包括 8 个部分，每部分的含义如下：

❑ Evaluation Characteristics（评估特性）：显示评估的相关信息，如评估的目标主机名、基准 URL、ID、基准、配置文件 ID、扫描起始和结束时间等。
- ❑ CPE Platforms（通用枚举平台）：扫描的主机操作系统类型。
- ❑ Address：扫描主机的 IP 和 MAC 地址。
- ❑ Compliance and Scoring（合规性和评分）：显示目标系统不满足条件的规则数。本例中不满足条件的规则数为 77。
- ❑ Rule results（规则结果）：显示通过和失败的规则结果数。其中，通过的规则数为 30，失败的规则数为 77。
- ❑ Severity of failed rules（失败规则的安全级别）：显示每种级别对应的规则数。其中，7 个为低级别，62 个为中等级别，8 个为高级别。
- ❑ Score（评分）：显示扫描系统的评分及所占百分比。
- ❑ Rule Overview（规则概述）：显示匹配规则条件的所有信息。默认显示所有规则。为了快速分析扫描结果，可以进行过滤、搜索或按照规则组显示。如果不希望显示某个规则条目，取消对应规则复选框的勾选即可。单击失败的规则条目，可以查看其详细信息，如图 6-4 所示。

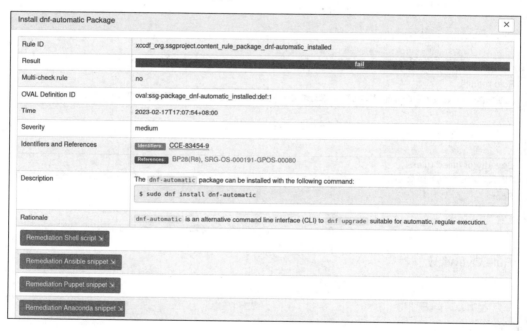

图 6-4　失败规则详情

图 6-4 显示了失败规则的 ID、结果、OVAL 定义 ID、时间、安全级别、描述及修正意见。用户根据给出的意见，可以修复其漏洞。

2. PCI DSS 合规性扫描

这里同样使用默认的基线库文件 ssg-rhel9-ds.xml 实施 PCI DSS 合规性扫描。首先，使用 --profile 选项查看关于 PCI DSS 配置文件的信息。

```
# oscap info --profile pci-dss ssg-rhel9-ds.xml
Document type: Source Data Stream
```

```
Imported: 2022-08-26T00:55:07

Stream: scap_org.open-scap_datastream_from_xccdf_ssg-rhel9-xccdf-1.2.xml
Generated: (null)
Version: 1.3
WARNING: Datastream component 'scap_org.open-scap_cref_security-data-oval
-com.redhat.rhsa-RHEL9.xml.bz2' points out to the remote 'https://access.
redhat.com/security/data/oval/com.redhat.rhsa-RHEL9.xml.bz2'. Use '—fetch
-remote-resources' option to download it.
WARNING: Skipping 'https://access.redhat.com/security/data/oval/com.redhat.
rhsa-RHEL9.xml.bz2' file which is referenced from datastream
Profile
    Title: PCI-DSS v3.2.1 Control Baseline for Red Hat Enterprise Linux 9
    Id: xccdf_org.ssgproject.content_profile_pci-dss

    Description: Ensures PCI-DSS v3.2.1 security configuration settings are
applied.
```

从显示结果中可以看到，PCI DSS 配置文件描述为 XCCDF。接下来使用 pci-dss 选项指定为概要文件并生成 PCI DSS 报告，然后保存到 pci-dss-report.html 中。

```
# oscap xccdf eval --report pci-dss-report.html --profile pci-dss ssg-
rhel9-ds.xml
WARNING: Datastream component 'scap_org.open-scap_cref_security-data-
oval-com.redhat.rhsa-RHEL9.xml.bz2' points out to the remote 'https://
access.redhat.com/security/data/oval/com.redhat.rhsa-RHEL9.xml.bz2'. Use
'--fetch-remote-resources' option to download it.
WARNING: Skipping 'https://access.redhat.com/security/data/oval/com.redhat.
rhsa-RHEL9.xml.bz2' file which is referenced from datastream
WARNING: Skipping ./security-data-oval-com.redhat.rhsa-RHEL9.xml.bz2 file
which is referenced from XCCDF content
--- Starting Evaluation ---                             # 开始评估

Title   Verify File Hashes with RPM
Rule    xccdf_org.ssgproject.content_rule_rpm_verify_hashes
Ident   CCE-90841-8

...//省略部分内容
Title   A remote time server for Chrony is configured
Rule    xccdf_org.ssgproject.content_rule_chronyd_specify_remote_server
Ident   CCE-84218-7
Result  pass

Title   Distribute the SSH Server configuration to multiple files in a config
directory.
Rule    xccdf_org.ssgproject.content_rule_sshd_use_directory_configuration
Ident   CCE-87681-3
Result  pass

Title   Enable Smartcards in SSSD
Rule    xccdf_org.ssgproject.content_rule_sssd_enable_smartcards
Ident   CCE-89155-6
Result  fail
```

成功执行以上命令后，评估结果将保存到 pci-dss-report.html 文件中。接下来使用浏览器查看报告文件，效果如图 6-5 所示。关于报告的每部分含义，和前面的 OSPP 扫描报告一样，这里不再赘述。

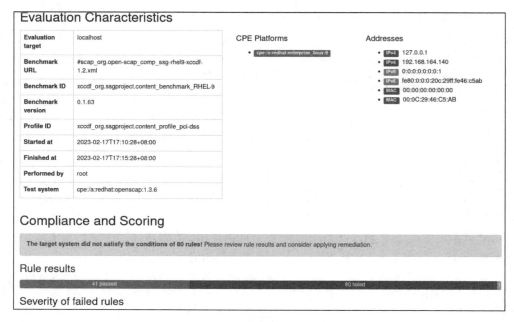

图 6-5　PCI DSS 扫描报告

6.4　SELinux 简介

SELinux（Security-Enhanced Linux，安全增强的 Linux）是美国国家安全局（The National Security Agency）和 SCC（Secure Computing Corporation）共同开发的一个增强 Linux 安全性能的访问控制模块，是一种称为 Fluke 的安全构架在 Linux 内核中的实现，于 2000 年以 GNU　GPL 的形式发布。下面介绍 SELinux 的基本知识，包括 SELinux 的工作流程、配置方法，然后举一个简单的应用例子。

6.4.1　SELinux 的工作流程

SELinux 是采用 LSM（Linux Security Modules）方式集成到 Linux 2.6.x 内核的安全构架，为 Linux 系统提供了 MAC，它是一种柔性的强制访问控制方式。传统的 Linux 使用的是一种随意的访问控制方式——DAC，在这种方式下，用户运行的应用或进程拥有该用户的所有权限，可以访问这个用户能访问的文件、套接口等对象。而采用 MAC 的内核可以保护系统免受一些错误或恶意的应用程序对系统的破坏。

SELinux 为系统中的每个用户、应用、进程和文件定义了访问权限，然后把这些实体之间的交互定义成安全策略，再用安全策略来控制各种操作是否被允许。初始时，这些策略是根据 RHEL 9 安装时的选项来确定的。

如图 6-6 所示，当进程等访问者向系统提出对文件等访问对象的访问请求时，位于内核的策略增强服务器收到这个请求后，就到访问向量缓存 AVC（Access Vector Cache）中查找是否有关于该请求的策略。如果有，就按照该策略来决定是否允许访问者访问；如果没有，就继续要求安全增强服务器到访问策略矩阵中查找是否有关于该请求的策略。如果有允许访问的策略，就允许访问，否则将禁止访问，并把 avc denied 类型的日志写到 /var/log/messages 文件中。

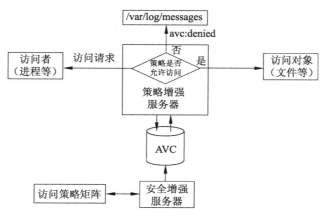

图 6-6　SELinux 的工作流程

如图 6-6 为强制启用 SELinux 后的工作流程。实际上，在 RHEL 9 中，关于是否使用 SELinux 有 3 种选择。第一种是强制使用，此时违反访问许可的访问将被禁止；第二种是随意方式（Permissive），此时 SELinux 还是起作用的，即使违反访问许可，还是可以继续访问的，只是会留下日志，这种模式在开发阶段比较有用；第三种是禁用，此时 SELinux 将不起作用。

SELinux 为系统管理提供了加强系统安全的手段，利用它可以细化 Linux 的安全设置，并且根据需要可以选择使用严格或宽松的安全策略。

📖说明：普通用户可能感觉不到 SELinux 的存在，因为普通用户使用具有安全增强功能的 Linux 时，与使用普通的 Linux 没有区别。

6.4.2　SELinux 的配置

在 RHEL 9 中，有一个与/proc 类似的/sys/fs/selinux/目录，它也是一个伪文件系统，里面包含 SELinux 工作时的各种信息。一般情况下，管理员和一般用户都不能对该目录中的文件进行写入等操作，但可以查看该目录和其中的文件内容。

```
[root@localhost selinux]# ls
access          commit_pending_bools    enforce              null     relabel
avc             context                 initial_contexts     policy   ss
booleans        create      load        policy_capabilities           status
checkreqprot    deny_unknown    member          policyvers           user
class           disable     mls         reject_unknown                validatetrans
```

上面列出的文件可以提供有关 SELinux 的信息。例如，如果用 cat 命令查看 enforce 文件的内容，如果是 1，表示此时 SELinux 是强制使用的，如果是 0，则表示随意方式。

在 RHEL 9 中，可以有两种方式配置 SELinux。一种是使用配置文件，在/etc/sysconfig 目录下有一个 selinux 文件，它实际上是一个到/etc/selinux/config 的链接文件，而/etc/selinux 目录包含所有关于 SELinux 的配置文件。/etc/selinux/config 文件的初始内容如下：

```
[root@localhost selinux]# more config
# This file controls the state of SELinux on the system.
# SELINUX= can take one of these three values:
#      enforcing - SELinux security policy is enforced.
#      permissive - SELinux prints warnings instead of enforcing.
#      disabled - SELinux is fully disabled.
# See also:
https://docs.fedoraproject.org/en-US/quick-docs/getting-started-with-
selinux/#getting-started-with-selinux-selinux-states-and-modes
#
# NOTE: In earlier Fedora kernel builds, SELINUX=disabled would also
# fully disable SELinux during boot. If you need a system with SELinux
# fully disabled instead of SELinux running with no policy loaded, you
# need to pass selinux=0 to the kernel command line. You can use grubby
# to persistently set the bootloader to boot with selinux=0:
#
#    grubby --update-kernel ALL --args selinux=0        # 完全禁用 SELinux
#
# To revert back to SELinux enabled:
#
#    grubby --update-kernel ALL --remove-args selinux  # 启用 SELinux
#
SELINUX=permissive
# SELINUXTYPE= type of policy in use. Possible values are:
#      targeted - Only targeted network daemons are protected.
#      strict - Full SELinux protection.
SELINUXTYPE=targeted
[root@localhost selinux]#
```

/etc/selinux/config 文件实际上只包含两项设置，一项是 SELINUX 选项的值，可以是 enforcing、permissive 和 disabled 3 个值，分别表示强制、随意和禁用 SELinux 3 种选择。另一项是 SELINUXTYPE 选项的值，它可以是 targeted 和 strict 两个值。targeted 表示只针对特定的守护进程进行保护，默认包括 dhcpd、httpd 在内的 9 个守护进程，用户也可以自己选择进程；strict 表示针对所有的守护进程进行保护。

🔍注意：在/etc/selinux/config 配置文件中提到，在早期的 Fedora 内核构建中，使用 SELINUX=disabled 可以完全禁用 SELinux。但是，在新的 Linux 内核构建中，如果要完全禁用 SELinux，则需要使用 grubby 命令。执行命令如下：

```
grubby --update-kernel ALL --args selinux=0
```

另一种配置 SELinux 的方法是使用图形界面方式。在 RHEL 桌面环境下，选择"应用程序"|"工具"|"终端"命令，将弹出一个终端窗口，然后在终端中输入 system-config-selinux 命令，弹出如图 6-7 所示的窗口，此时可以在其中进行大部分 SELinux 的配置。

此外，还可以使用 setenforce 命令选择是否使用 SELinux，用 getsebool 和 setsebool 命令分别查看和设置 SELinux 中的布尔变量等。

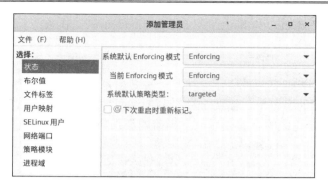

图 6-7　SELinux 的配置窗口

6.4.3　SELinux 应用实例

在 SELinux 中，可以使用 MLS 和 MCS 两种 MAC，MLS 也称为多级安全模式，它可以对系统中的信息进行分级管理，使不同安全级别的信息可以严格地隔离。MCS 也称为类别安全模式，它允许用户对文件等对象做上标签，以便能对它们进行分类管理。下面介绍 MCS 的相关内容。

1．建立用户关联

SELinux 有自己的一套用户标识，与 Linux 系统的用户标识是分离的。在 RHEL 9 默认的 targeted 策略中，只存在 8 个 SELinux 用户，可以用以下命令列出 SELinux 用户。

```
[root@mysql2 桌面]# semanage user -l

                  标记中    MLS/        MLS/
SELinux 用户      前缀      MCS 级别    MCS 范围              SELinux 角色
guest_u          user      s0          s0                   guest_r
root             user      s0          s0-s0:c0.c1023       staff_r sysadm_r system_r
                                                            unconfined_r
staff_u          user      s0          s0-s0:c0.c1023       staff_r sysadm_r system_r
                                                            unconfined_r
sysadm_u         user      s0          s0-s0:c0.c1023       sysadm_r
system_u         user      s0          s0-s0:c0.c1023       system_r unconfined_r
unconfined_u     user      s0          s0-s0:c0.c1023       system_r unconfined_r
user_u           user      s0          s0                   user_r
xguest_u         user      s0          s0                   xguest_r
```

为了使 Linux 的普通用户与 SELinux 的 unconfined_u 用户建立联系，执行以下命令：

```
# semanage login -a -s unconfined_u zhangs
# semanage login -a -s unconfined_u lisi
```

zhangs 和 lisi 是 Linux 系统的普通用户，执行上述命令后，以后登录时将会与 SELinux 的 unconfined_u 用户产生联系，可以用以下命令查看结果。

```
# semanage login -l
登录名                 SELinux 用户           MLS/MCS 范围              服务
__default__           unconfined_u           SystemLow-SystemHigh      *
lisi                  unconfined_u           SystemLow-SystemHigh      *
root                  unconfined_u           SystemLow-SystemHigh      *
zhangs                unconfined_u           SystemLow-SystemHigh      *
```

可以发现，用户 zhangs 和 lisi 已经与 unconfined_u 建立联系。

2．配置类别

在 SELinux 中，类别有两种表示方法，一种是由系统识别的，使用的是一些代号；另一种是可以供人阅读的字符串。需要一种机制把这两种表示方法联系起来，这个任务是由配置文件 setrans.conf 完成的。首先看一下当前的类别情况：

```
[root@mysql2 ~]# chcat -L
s0                            SystemLow
s0-s0:c0.c1023                SystemLow-SystemHigh
s0:c0.c1023                   SystemHigh
[root@localhost selinux]#
```

可以看到，目前有 3 种类别，左边列出的是类别代号，右边是对应的类别名称。这些内容实际上是在/etc/selinux/targeted/setrans.conf 文件中指定的，在该文件中加入以下内容，表示要添加 Marketing 和 Personnel 两个类别，代号分别是 s0:c1 和 s0:c2。

```
s0:c1=Marketing
s0:c2=Personnel
```

然后执行 chcat -L 命令：

```
# chcat -L
s0                            SystemLow
s0-s0:c0.c1023                SystemLow-SystemHigh
s0:c0.c1023                   SystemHigh
s0:c1                         Marketing
s0:c2                         Personnel
```

可以发现，Marketing 和 Personnel 两种类别已经添加进去了。为了使添加的类别在系统中生效，需要执行以下命令：

```
# systemctl restart mcstrans.service
```

上面的命令表示重启 mcstrans 服务。

☎提示：mcstrans 服务默认没有安装。这里使用 dnf 命令安装 mcstrans 软件包即可安装。

3．把类别分配给用户

类别创建完成后，就可以把类别分配给与 SELinux 用户建立联系的 Linux 用户了。假设用户 zhangs 在市场部，用户 lisi 在人力资源部，执行以下命令，把上面的两个类别分别分配给这两个用户。

```
[root@localhost selinux]# chcat -l -- +Marketing zhangs
[root@localhost selinux]# chcat -l -- +Personnel lisi
```

可以用以下命令列出 zhangs 和 lisi 用户所分到的类别。

```
[root@localhost selinux]# chcat -L -l zhangs lisi
zhangs: s0:c0.c1023,c1
lisi: s0:c0.c1023,c2
[root@localhost selinux]#
```

当然，如果在 Linux 中还有一个用户如 wang，已经与 unconfined_u 用户建立了联系，可以使用以下命令同时把 Marketing 和 Personnel 两个类别分配给 wang。

```
[root@localhost selinux]# chcat -l -- +Marketing,+Personnel  wang
```

需要注意的是，当类别分配给用户时，该用户只有在下一次登录时才能生效。

4．把类别分配给文件

除了可以把类别分配给用户外，还可以把类别分配给文件，使这些文件只能给分到同一种类别的用户使用。假设 zhangs 用户在自己的主目录中执行以下命令创建了一个名为 abc.txt 的文件。

```
[zhangs@localhost ~]$ echo "Beijing Olympic 2008" > abc.txt
```

然后用 ls -lZ 命令查看该文件初始的安全上下文。

```
[zhangs@localhost ~]$ ls -lZ
总用量 4
-rwxrwxrwx. 1 zhangs zhangs unconfined_u:object_r:user_home_t:SystemLow 22
2 月 22 09:49 abc.txt
```

从输出信息中可以看到，abc.txt 默认被分配到 SystemLow 类别。例如，这里使用以下命令把 Personnel 类别分配给 abc.txt 文件。

```
[zhangs@localhost ~]$ chcat -- +Personnel abc.txt
```

🔔注意：zhangs 自己不属于 Personnel 类别。

然后查看 abc.txt 文件的安全上下文：

```
[zhangs@localhost ~]$ ls -lZ
总用量 4
-rwxrwxrwx. 1 zhangs zhangs unconfined_u:object_r:user_home_t:Personnel 22
2 月 22 09:49 abc.txt
```

可以发现，abc.txt 已经得到了 Personnel 类别。

6.5　小　　结

保证主机安全是 Linux 服务器能正常提供网络服务的基础，如果不能保证主机的安全，则无论服务器配置得如何完善，都可能会因为受到攻击等原因影响工作。本章首先介绍了与主机安全密切相关的网络端口知识，包括端口的概念、端口状态的查看、端口的关闭和启用及端口的扫描等，然后介绍了 RHEL 的更新机制及使用 YUM 更新系统与应用软件的方法，最后介绍了 Linux 系统中的漏洞检测知识及 SELinux。

6.6　习　　题

一、填空题

1．网络端口是_____与各种应用层协议进行通信的一种通道。

2．YUM 是一个_____工具，能够从指定的服务器上自动下载_____包并进行安装。

3．OpenSCAP 由_____和_____组成。

二、选择题

1．使用 netstat 命令查看监听端口时，哪个选项用来查看监听的 TCP 端口？（　　）
A．-u   B．-t   C．-l   D．-p

2．使用 Nmap 实施端口扫描时，哪个选项用来探测目标主机的操作系统类型？（　　）
A．-O   B．-sY   C．-sT   D．-sA

3．使用 dnf 命令管理软件包时，哪个选项用来安装软件包？（　　）
A．install   B．clean   C．update   D．remove

三、判断题

1．每种应用服务默认都有监听的端口，而且该端口不可以修改。　　　　　　（　　）

2．SELinux 提供了三种模式。如果希望启用 SELinux，但是不实施安全性政策，只发出警告及记录行动，应该设置为 Permissive 模式。　　　　　　　　　　　（　　）

四、操作题

1．使用 Nmap 扫描当前主机开放的端口。

2．配置本地 YUM 源并安装软件包 httpd。

第7章 Linux 系统日志

日志记录的是系统每天发生的各种各样的事件，它对解决计算机系统故障和保证系统的安全来说非常重要。用户可以通过日志来了解系统运行的状态，检查各种错误发生的原因，或者寻找攻击者留下的痕迹。下面介绍 Linux 操作系统中日志的相关知识，包括日志类型、日志管理、日志监测和分析等内容。

7.1 Linux 系统日志基础知识

Linux 系统包含很多与日志有关的软件包。通过这些软件包可以对日志进行记录、管理、分析和监测等操作。其中，最基本的系统日志功能是由 rsyslog 软件包实现的，它记录了内核和 Linux 系统最关键的日志。下面介绍有关 rsyslog 的运行、配置和日志的查看等内容。

7.1.1 Linux 系统日志进程的运行

日志是保障 Linux 系统安全的重要手段。通过审计和监测系统日志可以及时发现系统故障，检测和追踪入侵，并为系统出错时能恢复正常工作提供重要帮助。RHEL 9 提供了一种日志功能 rsyslog，用于记录常规的日志。默认情况下，这个软件包已经安装，可以用以下命令查看。

```
# rpm -qa | grep rsyslog
rsyslog-logrotate-8.2102.0-105.el9.x86_64
rsyslog-8.2102.0-105.el9.x86_64
rsyslog-relp-8.2102.0-105.el9.x86_64
pcp-pmda-rsyslog-5.3.7-7.el9.x86_64
rsyslog-gnutls-8.2102.0-105.el9.x86_64
rsyslog-gssapi-8.2102.0-105.el9.x86_64
# ps -eaf | grep rsyslog
root        1089      1  0 09:23 ?        00:00:00 /usr/sbin/rsyslogd -n
root        5464    5367  0 09:28 pts/0    00:00:00 grep --color=auto rsyslog
```

可以看出，rsyslog 软件包已经安装，而且 rsyslog 进程都在运行。可以利用 /usr/lib/systemd/system/ 目录下的脚本文件 rsyslog.service 启动、停止或重启 rsyslog 进程，命令格式如下：

```
systemctl [start|stop|restart] rsyslog.service
```

日志对系统来说至关重要，开机时应该自动运行，而且中途不应该停止。

7.1.2　Linux 系统日志的配置

日志进程 rsyslog 的配置文件是/etc/rsyslog.conf，它的内容决定了系统日志记录哪些内容、采取什么动作等。rsyslog.conf 是典型的 UNIX 配置格式，每行包含一项配置内容，"#"是注释符，其后的字符将被忽略，空行和空格也被忽略。每一行的格式如下：

```
[设备名.级别][;设备名.级别]...[位置]
```

可以有多个"设备名.级别"，它们之间用";"分隔，"设备名.级别"和"位置"之间必须用 Tab 键分隔。另外，设备名还可以是多个，它们之间用","分隔。设备名是指产生日志的设备或程序名称，常见的日志设备名称如表 7-1 所示。"级别"是指日志的紧急程度。例如，有些日志只是一般的信息提示，有些可能要马上处理，它们之间需要通过级别进行区分。常见的日志级别如表 7-2 所示。

表 7-1　常见的日志设备名称

日志设备名称	用　　途
authpriv	认证用户时，如login或su等命令执行时产生的日志
cron	系统定期执行任务时产生的日志
daemon	某些守护程序，如in.ftpd，通过rsyslog发送的日志
kern	内核活动进程产生的日志信息
lpr	关于打印机活动的日志信息
mail	处理邮件的守护进程发出的日志信息
mark	定时发送消息时程序产生的日志信息
news	新闻组守护进程发送的日志信息
user	本地用户的应用程序产生的日志信息
uucp	uucp子系统产生的日志信息
local0～local7	由自定义程序使用

表 7-2　常见的日志级别

日　志　级　别	说　　明
emerg	最高的一种日志级别，表示出现紧急情况，需要马上处理
alert	出现紧急状况
crit	问题比较严重，到了临界状态
err	出现错误信息
warning	给出一些警告，如果继续运行可能会出错
notice	出现不正常现象，可能需要检查
info	一般性的提示信息
debug	系统处于调试状态时发出的信息

在表 7-2 中，所列日志级别的紧急程度依次下降，在具体使用时，要遵循向上匹配的原则。例如，在配置文件中，mail.err 表示发送到 mail 日志设备的级别等于或高于 err 的日志。如果级别为 debug，则意味着所有级别的日志都要记录。另外，可以使用"="表示只

记录某一种级别的日志，而不是向上匹配。例如，kern.=alert 表示向 kern 日志设备发送级别等于 alert 的日志。

还有，可以用通配符"*"表示所有的日志设备和日志级别，也可以用 none 表示忽略全部。例如，daemon.*表示把所有级别的日志发送给 daemon 设备，*.emerg 表示把 emerg 级别的日志发送给所有设备，而 kern.none 表示忽略所有的内核日志。

rsyslog.conf 配置行中的"位置"表示当符合条件的日志产生时，将把这些日志发送到什么地方。例如，可以把这些日志发送给用户终端，也可以记录到某一个特定的文件中，或者把日志信息传输给网络中的另一台主机等，具体的位置名称如表 7-3 所示。

表 7-3　常用的日志位置

日 志 位 置	说　　明
文件名	把日志信息保存到本地的文件中，文件必须给出绝对路径
*	把日志信息发送给所有当前有用户登录的终端
用户列表	把日志信息发送给某些用户，用户名之间用","分隔
/dev/console	把日志信息发送给控制台
@主机名或IP地址	把日志信息发送给远程主机，由远程主机的syslogd进程接收
|<程序名>	把日志信息通过管道发送给另一个程序

以上是关于系统日志配置文件 rsyslog.conf 配置格式的解释。默认情况下，rsyslog 软件包安装时提供了/etc/rsyslog.conf 文件的初始内容，下面对这些初始内容进行简单解释。

```
# 把所有关于内核的日志输出到控制台
#kern.*                                          /dev/console

# 除了 mail、authpriv 和 cron 设备外，其他设备的 info 或更高的日志都记录在/var/log/
# messages 文件中
*.info;mail.none;authpriv.none;cron.none         /var/log/messages

# 用户认证的相关日志记录在/var/log/secure 文件中，这个文件应做严格的访问限制，以保证
# 安全
authpriv.*                                       /var/log/secure

# 把所有发送给 mail 设备的日志存放在/var/log/maillog 文件中
mail.*                                           -/var/log/maillo

# 把所有发送给 cron 设备的日志存放在/var/log/cron 文件中
cron.*                                           /var/log/cron

# 把所有设备的 emerg 级别的日志发送给当前登录的用户
*.emerg                                          *

# 把 uucp 和 news 设备的 crit 及以上级别的日志记录在/var/log/spooler 文件中
uucp,news.crit                                   /var/log/spooler

# local7 设备记录了一些引导信息，记录在/var/log/boot.log 文件中
local7.*                                         /var/log/boot.log
```

说明：在以上配置中，把各种设备和级别的日志分类记录在不同的位置，主要是为了管理方便。例如，有些日志是给权限较高的管理员看的，而有些日志是所有用户都可以看的，只有把它们存放在不同的文件中，才能进行访问控制管理。

7.1.3　查看 Linux 系统日志

从初始的系统日志配置中可以看到，默认情况下，Linux 的日志文件都存放在/var/log目录下，这些日志文件的主用户基本上是 root，而且大部分日志其他用户是不能查看的。Linux 还为其他用户创建了一些日志目录，以供他们以后写入日志用。例如，squid 用户在该目录中拥有一个子目录，其目录名也是 squid，在安装 Squid 代理服务器后，运行 squid进程的 squid 用户就可以向这个目录写入日志了。一个典型的系统日志文件如 cron 文件的内容如下：

```
# more /var/log/cron
...
Dec 28 07:01:01 localhost crond[27912]: (root) CMD (run-parts /etc/
cron.hourly)
...
#
```

可以看到，系统日志一共记录了 4 项内容，第 1 列是时间戳，第 2 列是主机名称或 IP地址，第 3 列是写入日志信息的进程名称及进程号，第 4 列是日志内容，是由第 3 列的进程提供的。除了直接通过文件内容显示命令查看日志外，还可以通过 Cockpit 工具的图形界面查看。成功访问 Cockpit 的 Web 界面后，在左侧列表中单击"日志"，将显示日志列表信息，如图 7-1 所示。

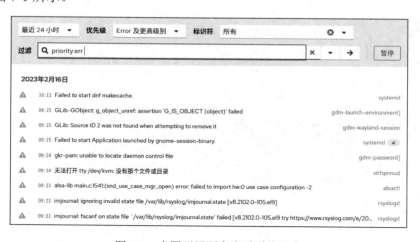

图 7-1　在图形界面中查看系统日志

通过 Cockpit 日志界面，可以非常方便地查看系统日志，而且还可以按照时间、优先级或标识符对日志进行过滤。

7.2　Linux 系统日志高级专题

7.1 节介绍了记录系统日志的方法，为了更有效地对这些日志进行管理，还需要一些工具。为了防止日志文件占用过多的硬盘空间，需要定时对其进行删除，这可以由日志的转储功能来实现。此外，有些日志的内容不是文本格式，需要通过特定的命令才能显示出来；通过记录某些日志信息，还可以实现对用户和进程进行记账的功能。

7.2.1　日志的转储

随着系统运行时间的增加，系统日志将不断积累，日志文件也会越来越大。如果系统管理员不及时处理，将会耗尽硬盘空间。为了减轻系统管理员的负担，Linux 系统提供了一种日志转储功能。假设一个日志文件的名字是 log，利用日志转储功能，可以在某一时刻自动将 log 文件改名为 log.1，而原来的 log 文件清空后继续使用。到了某一时刻，log.1 将命名为 log.2，log 命名为 log.1，log 再清空后继续使用，以此类推，最终结果是把日志分到按顺序排列的文件中。

在 Linux 系统中，日志转储功能是由 logrotate 命令实现的，它可以设置成按日、按周或按月进行转储，也能在文件太大时立即处理。

📖说明：除了日志转储功能，logrotate 命令还提供压缩、删除和备份日志文件的功能。

logrotate 命令是由 logrotate 软件包提供的，默认情况下，RHEL 9 已经安装了该软件包，可以通过以下命令查看。

```
# rpm -qa|grep logrotate
logrotate-3.18.0-7.el9.x86_64
#
```

logrotate 软件包包含以下文件。

❑ /usr/sbin/logrotate：命令文件。
❑ /etc/logrotate.conf：主配置文件。
❑ /etc/cron.daily/logrotate：执行 logrotate 命令的脚本，每天执行一次。
❑ /etc/logrotate.d：是一个目录，里面包含管理各种日志文件的配置。

logrotate 命令的配置相对简单，下面只对配置文件/etc/logrotate.conf 的初始内容做一下解释。

```
# 下面指定了每个日志文件的默认配置
weekly                          # 指定所有日志文件每周转储一次
rotate 4                        # 指定转储文件保留 4 份
create                          # 创建被转储的日志文件，内容为空
dateext                         # 切割后的日志文件以当前日期为格式结尾
#compress                       # 对转储后的日志文件进行压缩存储

# 把/etc/logrotate.d 目录中所有的文件内容包含进来。该目录里的文件是针对某一日志文件
# 的配置
include /etc/logrotate.d

# 针对/var/log/wtmp 文件的转储配置，这些配置将覆盖上面的默认配置
/var/log/wtmp {
 monthly                        # 每月转储一次
 # 创建被转储的日志文件，内容为空。权限值为 664，文件属主为 root，所属用户为 utmp
 create 0664 root utmp
 rotate 1                       # 指定转储文件保留 1 份
}
```

在/etc/logrotate.d 目录中，每个文件的配置内容都指定了某个或某些日志文件的转储配置，其形式与针对/var/log/wtmp 日志文件的配置类似，但具体配置内容各不一样。

7.2.2　登录日志

Linux 系统还使用一种特殊的日志保留用户的登录信息，这些日志信息存放在/var/log 目录的 wtmp 和 lastlog 文件及/var/run 目录的 utmp 文件中，它们是由多个进程写入的。当前登录用户的相关信息记录在文件 utmp 中。wtmp 文件主要存放用户的登录和退出信息，此外还存放关机和重启等信息。最后一次登录的信息存放在 lastlog 文件中。

在拥有大量用户的系统中，由于用户频繁进出，wtmp 文件的字节数会增加很快。为了节省硬盘空间，一般会定期执行 logrotate 命令进行转储，以便只保留特定时间的日志，其余日志将会删除或备份到其他设备中。

每当有用户登录时，login 程序都要在 lastlog 文件中搜索要登录用户的 UID。如果找到了，则把该用户上次登录、退出时间和主机名等内容输出到终端，然后 login 程序在 lastlog 文件中记录这次登录的新时间。此外，用户登录成功后，login 程序还要在 utmp 文件中插入该用户的登录信息，并且该信息一直保留到用户退出时为止。最后，login 程序还要把登录信息写入 wtmp 文件。

wtmp、utmp 和 lastlog 都是二进制文件，不能像其他日志文件那样使用 tail 和 more 等命令进行查看，需要使用 Linux 提供的命令才能查看。这些命令包括 who、w、lastlog 和 last 等，它们执行时需要从这几个日志文件中读取信息。下面简单介绍这些命令的用法。

使用 lastlog 命令查看系统中每个用户最后的登录时间，其执行结果如下：

```
# lastlog
Username         Port          From                    Latest
root             web cons      ::ffff:127.0.0.1        四 2 月 16 10:16:27 +0800 2023
bin                                                    **从未登录过**
daemon                                                 **从未登录过**
gdm              tty1                                  四 2 月 16 09:24:16 +0800 2023
test             pts/0                                 三 2 月 15 15:26:56 +0800 2023
zhangs           pts/0                                 三 2 月 15 17:29:45 +0800 2023
```

who 命令用于列出当前在线的用户。显示时，第一列是用户名，第二列是终端名，第三列是登录时间，括号里的内容表示是从哪台主机登录，具体如下：

```
$ who
root     tty2            2023-02-16 09:24 (tty2)
root     web console     2023-02-16 10:16 (::ffff:127.0.0.1)
$
```

w 命令用于查询 utmp 文件并显示当前系统中每个用户和它所运行的进程，以及这些进程占用 CPU 的时间信息，执行结果如下：

```
# w
10:58:16 up  1:34,  2 users,  load average: 0.04, 0.06, 0.07
USER     TTY           LOGIN@  IDLE    JCPU    PCPU WHAT
root     tty2          09:24   1:34m   0.05s   0.05s
    /usr/libexec/gnome-session-binary
root     web cons      10:16   0.00s   0.00s   0.03s
    /usr/libexec/cockpit-session localhost
```

3．启用记账功能后，查看对应的日志信息的命令是（　　　　）。

A．accton
B．lastcomm
C．lastlog
D．logrotate

三、操作题

1．查看系统中的每个用户最后的登录时间。

2．使用 SwatchDog 日志分析工具分析/var/log/messages 中的日志。

第 8 章　Linux 路由配置

Linux 系统具有完整的路由转发功能，除了根据路由发送自己产生的 IP 数据包外，还可以在多个网络接口之间转发外界的数据包。此外，Linux 系统还具有更加灵活的策略路由功能。本章主要介绍路由的基本概念、路由表、Linux 路由配置和策略路由等内容。

8.1　路由的基本概念

路由是 IP 层最重要的功能之一。当数据包传递到 IP 层时，路由模块要根据数据包的目的 IP 地址或源 IP 地址决定该数据包将往哪个方向传输。本节将介绍路由的基本概念，包括路由原理、路由表和路由协议等内容。

8.1.1　路由的原理

局域网内的一台主机发送 IP 数据包给同一局域网内的另一台主机时，它只需要将 IP 数据包通过网络接口直接发送到网络上，对方就能收到，此时不需要路由。如果目的主机与发送 IP 数据包的主机不在同一个局域网，那么这个 IP 数据包需要发送给和主机位于同一局域网的路由器，再由路由器负责把该 IP 数据包发送到目的地。

🖢说明：如果局域网中存在多个路由器，则发送 IP 数据包的主机需要根据目的 IP 地址选
　　　择一台合适的路由器。

局域网上的路由器收到 IP 数据包后，要根据 IP 数据包的目的地址，决定选择哪一个接口把 IP 数据包发送出去。如果路由器的某一接口与 IP 数据包的目的主机位于同一局域网，则可以直接通过该接口把 IP 数据包传送给目的主机。如果没有这样的接口，则路由器也要像发送 IP 数据包的源主机一样，根据目的 IP 选择另一台合适的路由器，再从合适的接口上把 IP 数据包发送过去。

一般情况下，不管主机还是路由器，都存在一个默认的下一站路由。当不知道如何转发 IP 数据包时，会把 IP 数据包转发给这个默认的路由器。通过这样一站站的传送，IP 数据包最终将到达目的地，由于某种原因不能到达目的地的数据包将会在某一站被丢弃。

寻径和转发是路由的两项基本内容。寻径即判定到达目的地的最佳路径，由路由选择算法来实现。为了判定最佳路径，主机或路由器必须维护一张包含路由信息的路由表，主机或路由器上的进程可以与附近其他主机或路由器交换路由信息，再根据某种路由算法把这些路由信息填入路由表中。主机和路由器都要根据路由表来决定 IP 数据包的下一站位置。

转发即沿着所选的最佳路径传送数据包。当下一站位置确定时，路由器需要通过合适的网络接口把 IP 数据包发送出去。路由转发和路由寻径是密切相关的，前者使用后者根据路由算法产生的路由表，而后者要利用前者提供的功能来交换路由信息。

8.1.2　路由表

路由表是路由转发的基础，不管主机还是路由器，只要与外界交换 IP 数据包，平时都要维持一张路由表。当发送 IP 数据包时，要根据其目的地址和路由表来决定如何发送。图 8-1 是一个例子网络，其中的 Linux 主机拥有 ens160 和 ens224 两个网络接口，IP 地址是 10.10.18.1 和 10.10.10.1，它们分别连接在两个子网中。

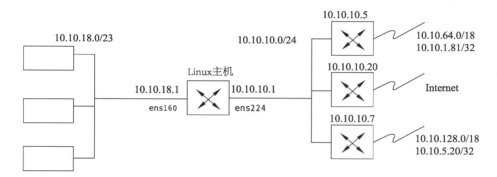

图 8-1　例子网络结构

Linux 主机承担着路由转发的功能，它把 10.10.18.0/23 子网与 10.10.10.0/24 子网互连起来。为了查看 Linux 主机当前的路由表，可以使用 route 命令，假设结果显示如下：

```
# route -n
Kernel IP routing table
Destination   Gateway       Genmark         Flags  Metric  Ref  Use     Iface
10.10.5.20    10.10.10.7    255.255.255.255 UGH    1       0    180     ens224
10.10.1.81    10.10.10.5    255.255.255.255 UGH    1       0    187     ens224
10.10.10.0    0.0.0.0       255.255.255.0   U      0       0    63311   ens224
10.10.18.0    0.0.0.0       255.255.254.0   U      0       0    753430  ens160
10.10.64.0    10.10.10.5    255.255.192.0   UG     1       0    47543   ens224
10.10.128.0   10.10.10.7    255.255.192.0   UG     1       0    89011   ens224
127.0.0.0     0.0.0.0       255.0.0.0       U      0       0    564     lo
0.0.0.0       10.10.10.20   0.0.0.0         UG     1       0    183436  ens224
#
```

route 是一个路由的相关命令，-n 选项表示不对列表中的 IP 地址进行名称解析，上面的 route 命令用于显示当前的路由表。从上面的显示结果中可知，当前 Linux 系统中总共有 8 条路由信息，其中每一列的含义如下：

❑ Destination：目的网络的子网地址，也可以是一台主机。
❑ Gateway：网关地址或者下一站的路由器地址，0.0.0.0 表示目的地在本地子网。
❑ Genmask：目的网络的掩码。
❑ Flags：标志。
❑ Metric：主机与路由器的距离，以一跳为 1 个单位。
❑ Ref：对该路由的索引值，Linux 未使用该值。

❏ Use：路由的使用次数。

❏ Iface：使用该路由时，数据包要通过哪个接口发送。

常见的路由标志如下：

❏ U：路由可以使用。

❏ H：路由目的地是到一台主机，当没有该标志时，表示目的地是到一个网络。

❏ G：路由是到一个网关或另一台路由器，当没有该标志时，表示目的地是直接相连的网络。

❏ D：路由是动态创建的，当没有该标志时，表示静态路由。

❏ M：路由已被动态修改。

❏ C：缓存路由。

上面的结果显示：第 1 个和第 2 个路由因为有 H 标志，以及子网掩码都是 255，所以是主机路由，它们的目的地是一台主机。另外，主机到这两个路由的网关距离都是 1 跳，两个网关都在 10.10.10.0/24 子网中，而接口 ens224 的 IP 地址也在这个子网，因此它们对应的接口都是 ens224。

第 3 个路由是一个本地网络路由，因为主机的 ens224 接口也在 10.10.10.0/24 子网内，从网关地址是 0.0.0.0 及没有 G 标志也可以看出这一点。第 4 个路由与第 3 个相似，也是一个本地路由，只不过它使用的是 ens160 网络接口，并且是 10.10.18.0/23 子网。

第 5 和第 6 个路由相似，目的地是要通过其他网关转发的远程网络，这一点也可以通过标志位 G 看出来。所有目的 IP 地址落在这两个子网内的数据包都会发送给 10.10.10.5 或 10.10.10.7 网关进行转发，与第 1 个和第 2 个路由一样，因为 ens224 的 IP 地址与这两个网关位于同一个子网，因此它们对应的接口都是 ens224。

第 7 个路由是一个环回地址路由，其特征是发送接口是 lo，目的地址是 127.0.0.0/8，网关是 0.0.0.0。第 8 个路由是默认路由，也就是说，所有与其他路由不能匹配的数据包都将通过这个路由发送出去，其特征是目的地址和掩码都是 0.0.0.0。

一般情况下，每一个网络接口都有一个对应的到该网络接口所在子网的路由条目，而所有的网关都是位于本地网络中的。只有这样，主机才能按照硬件地址把 IP 数据包发送给网关。另外，路由表中都会存在一条默认路由，当 IP 数据包不能与其他路由匹配时，总能和默认路由匹配。

路由条目是有次序的，IP 栈根据数据包的目的地址与路由表中的条目依次进行比较。如果能匹配，则把数据包发给路由条目指定的网关，并且不再与后面的条目比较。如果都不能匹配，则丢失该数据包。掩码位数越多的条目，排列时越靠前，因此，主机路由总是在前面。

📃说明：如果两个条目的目的地址和掩码都相同，则 Metric 值较小的排在前面。如果 Metric 值还是一样，则后加的条目排在前面。

8.1.3　静态路由和动态路由

有两种方法配置路由表。一种方法称为静态路由，它是由管理员手工或通过脚本执行 route 命令对路由表进行配置。还有一种是动态路由，它是由主机上的某个进程通过与其他主机或路由器交换路由信息后再对路由表进行配置。

静态路由是在主机或路由器中设置的固定的路由表。只有在网络管理员进行干预时，静态路由才会发生变化。由于在网络结构发生变化时，静态路由必须由人工进行修改，所以静态路由一般用于网络规模不大、网络拓扑结构相对固定的网络。静态路由的优点是简单、高效和可靠。

📑说明：在路由表的所有路由条目中，静态路由的优先级高于动态路由。当 IP 数据包的目的地址同时匹配静态路由与动态路由条目时，以静态路由为准。

动态路由是指网络中的路由器之间相互通信，交换路由信息，每一台路由器再利用收到的路由信息更新自己的路由表的过程。当网络结构发生变化时，附近的路由器能及时发现这种变化，它们除了更新自己的路由表外，还会把这种变化信息传递给其他路由器，引起各个路由器重新启动路由进程，按一定的算法重新计算路由，并更新各自的路由表，以动态地反映网络拓扑的变化情况。由此可见，动态路由能实时地适应网络结构的变化，适用于网络规模大、网络拓扑复杂的网络。当然，由于要不断地通过网络交换路由信息，所以会不同程度地占用网络带宽。另外，路由进程运行时还要消耗一定的 CPU 资源。

静态路由和动态路由各有特点和适用范围。一般情况下，把动态路由作为静态路由的补充。具体做法是，当一个数据包在路由器中进行寻径时，路由器首先将数据包与静态路由条目匹配，如果能匹配其中一的一个，则按照该静态路由条目转发数据包。如果都不能匹配，则再使用动态路由条目。

8.2　Linux 静态路由配置

在一般的路由器和主机中，都要使用静态路由。Linux 系统除了需要在主机中配置路由外，还可以配置成路由器，以便能为其他主机提供路由服务。下面介绍使用 route 命令对 Linux 进行路由配置的方法。

8.2.1　route 命令格式

route 命令用来对路由表中的条目进行管理，在路由表中添加路由条目的命令格式如下：

```
route [-v] add [-net|-host] target [netmask Nm] [gw Gw] [metric N] [[dev] If]
```

在路由表中删除路由条目的命令格式如下：

```
route [-v] del [-net|-host] target [gw Gw] [netmask Nm] [metric N] [[dev] If]
```

在以上格式中，target 表示目的地，可以是网络，也可以是主机。如果是网络，则前面的选项是-net，默认是代表主机的选项-host。如果目的地是网络，则需要用 netmask 选项指定网络掩码。gw 选项指定网关的地址，dev 选项指定网络接口，当添加路由条目时，这两个选项必须指定一个，当删除路由条目时，指定目的地址和掩码即可。metric 选项用于指定跳跃数，-v 选项用于指定输出详细提示信息。下面是一些 route 命令的例子。

```
route add -net 127.0.0.0 netmask 255.0.0.0 dev lo
```

功能：添加一个路由条目，指定目的地是 127.0.0.0/8 子网的数据包由 lo 接口发送出去。

route add -net 192.56.76.0 netmask 255.255.255.0 gw 192.56.1.1

功能：添加一个路由条目，指定目的地是 192.56.76.0/24 子网的数据包发往 192.56.1.1 主机。

route add 192.56.1.1 ens160

功能：添加一个路由条目，指定目的地是 192.56.1.1 主机的数据包从 ens160 接口发送出去。

route add default gw 10.1.1.1

功能：添加一个默认路由，所有不能与其他路由条目匹配的数据包都发往 10.1.1.1。

route add -net 172.16.0.0 netmask 255.255.0.0 reject

功能：所有发往 172.16.0.0/16 子网的数据包都予以拒绝，即不允许通过。reject 选项表示拒绝数据包。

route del -net 127.0.0.0 netmask 255.0.0.0

功能：删除所有目的网络地址是 127.0.0.0/8 子网的路由条目。

8.2.2　普通客户机的路由设置

对于一台只有一个网络接口的 Linux 主机来说，路由的配置非常简单。一般只需要两条路由，一条是到本地子网的路由，还有一条是默认路由，即所有不是发往本地子网的数据包都发往这条默认路由指定的网关地址。此外，还可能有一个到环回子网 127.0.0.0/8 的路由如下：

```
[root@localhost /]# route -n
Kernel IP routing table
Destination Gateway        Genmask         Flags Metric Ref    Use Iface
10.10.1.0   0.0.0.0        255.255.255.0   U     0      0        0 ens160
127.0.0.0   0.0.0.0        255.0.0.0       U     0      0        0 lo
0.0.0.0     10.10.1.1      0.0.0.0         UG    0      0        0 ens160
```

执行以上命令的主机只有一块网卡，名为 ens160，其 IP 地址是 10.10.1.29，掩码是 255.255.255.0。从以上结果中可以看出，第一个是到本地子网 10.10.1.0/24 的路由，网关地址是 0.0.0.0，因此是直接通信的，不需要其他网关转发。第二个是到环回子网的路由，数据包从环回接口 lo 发送出去，实际上又被本机接收。第三个是默认路由，通过网关 10.10.1.1 转发。

如果此时主机通过拨号等方式创建了一个点对点的虚拟接口，一般情况下，自动会添加与这个虚拟接口有关的两个路由。一个是通过虚拟接口到对端网关的路由，另一个也是默认路由，但使用的是通过拨号获得的网关，原来的那个默认路由将消失，具体如下：

```
[root@localhost ~]# route
Kernel IP routing table
Destination     Gateway       Genmask         Flags Metric Ref    Use Iface
61.174.191.41   *             255.255.255.255 UH    0      0        0 ppp0
169.254.0.0     *             255.255.0.0     U     0      0        0 ens160
10.0.0.0        *             255.0.0.0       U     0      0        0 ens160
default         *             0.0.0.0         U     0      0        0 ppp0
[root@localhost ~]#
```

以上是拨号成功后看到的路由表，第 1 个路由是主机路由，表示到 61.174.191.41 的数据包通过 ppp0 接口发送出去。通过 ppp0 接口建立的是一种点对点的连接，对方地址就是 61.174.191.41。第 4 个路由就是自动添加的默认路由，表示所有的数据包都通过 ppp0 接口发送给 IP 为 61.174.191.41 的主机，它就是默认网关。

8.2.3　路由器配置实例

对于专门承担路由器功能的 Linux 主机来说，其网络接口一般有多个，而且要连接到不同的子网中，此时情况要复杂得多。为了使 Linux 承担路由器的角色，首先要确保 Linux 能够在各个网络接口之间转发数据包。方法是输入以下命令，使 ip_forward 文件的内容为 1：

```
echo "1">/proc/sys/net/ipv4/ip_forward
```

上述命令的结果在系统重启后失效。为了使系统在每次开机后能自动激活 IP 数据包的转发功能，需要编辑配置文件/etc/sysctl.conf，它是 RHEL 9 的内核参数配置文件，其中包含 ip_forward 参数的配置。具体方法是确保在/etc/sysctl.conf 文件中有以下一行代码：

```
net.ipv4.ip_forward = 1
```

即原来的值如果是 0，现把它改为 1。然后执行以下命令使之生效：

```
# sysctl -p
```

上述命令的功能是实时修改内核运行时的参数。IP 数据包转发功能激活后，就可以配置路由器了。下面以图 8-2 所示的网络结构为例，介绍多接口 Linux 主机的路由设置。

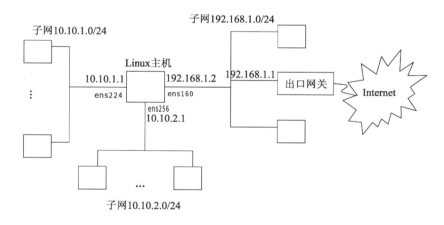

图 8-2　网络结构示例

在图 8-2 中，Linux 主机承担着为内网和外网转发数据包的路由器角色。它的 ens160 接口与外网连接，ens224 和 ens256 分别连接着一个内部子网，每个接口的 IP 地址如图 8-2 所示。假设开始时 Linux 主机的路由表是空的，为了能够访问外网，需要用以下命令添加一条默认路由。

```
route add -net 0.0.0.0 netmask 0.0.0.0 gw 192.168.1.1 dev ens160
```

以上命令表示目的 IP 与其他路由条目不匹配的数据包都将通过 ens160 发送给作为出口网关的 192.168.1.1 主机。有了这个路由后，内网发送给 Linux 主机的访问外网的数据包都能够发送出去了。为了使外网返回的数据包能顺利地到达内网的计算机中，还需要添加以下两个路由。

```
route add -net 10.10.1.0 netmask 255.255.255.0 dev ens224
route add -net 10.10.2.0 netmask 255.255.255.0 dev ens256
```

在以上命令中，由于 ens224 和 ens256 是直接与子网 10.10.1.0/24 和 10.10.2.0/24 相连的，因此不需要指定网关地址，只需要指定网络接口即可。以上路由设好以后，对于子网 10.10.1.0/24 和 10.10.2.0/24 中的主机来说，只需要用以下命令把默认网关设为 10.10.1.1 或 10.10.2.1 即可访问外网。

```
route add -net 0.0.0.0 netmask 0.0.0.0 gw 10.10.1.1
route add -net 0.0.0.0 netmask 0.0.0.0 gw 10.10.2.1
```

此时，这两个子网也能相互通信。当然，为了使外网返回的数据包能够回到内网，需要在出口网关 192.168.1.1 上用以下命令添加路由。

```
route add -net 10.10.1.0 netmask 255.255.255.0 gw 192.168.1.2
route add -net 10.10.2.0 netmask 255.255.255.0 gw 192.168.1.2
```

📖说明：如果规划中的内部子网其 IP 地址的第一位都是 10，则上面的两条命令可以用以下命令代替。

```
route add -net 10.0.0.0 netmask 255.0.0.0 gw 192.168.1.2
```

如果 192.168.1.0/24 子网中的主机默认网关也设为 192.168.1.1，则也可以与外网及另两个内部子网通信，但发给内网的数据包要先到出口网关，再到 Linux 主机，然后才到内网。如果在主机上用以下命令添加路由，则发给内网的数据包不需要经过出口网关。

```
route add -net 10.0.0.0 netmask 255.0.0.0 gw 192.168.1.2
```

以上是图 8-2 中各种主机的路由设置方法。如果内网存在多条连接外网的路径，例如，子网 10.10.1.0/24 中还有一台计算机与外网有连接，并且也具有路由转发功能，此时的路由设置将变得复杂，因为此时网络中的计算机有两个出口路由可以选择。

8.3　Linux 的策略路由

传统的路由是根据数据包的目的 IP 地址为其选择路径，在某些场合下，可能会对数据包的路由提更多的要求。例如，要求所有来自 A 网的数据包都路由到 X 路径，所有 TOS 为 5 的数据包选择路径 X，其他数据包选择路径 Y 等。这些要求需要通过策略路由来达到。本节主要介绍在 Linux 系统中实现策略路由的方法。

8.3.1　策略路由的概念

策略路由技术是一种比传统的基于目的 IP 地址路由更灵活的路由技术。它不仅可以根据 IP 数据包的目的地址以及路径代价的估计进行路由选择，而且能够根据实际应用需求制定不同的路由策略，将路由选择的条件扩大到 IP 数据包的源地址、上层协议类型甚至线路负载场景，大大提高了网络的效率和灵活性。

策略路由是通过使用多张路由表来实现的。传统的路由算法一般只使用一张路由表，但是在某些情况下这往往是不够的，需要使用多张路由表。例如，一个内网的路由器与外界有两条线路相连，这两条线路的容量是有限的。如果希望保证某些特殊用户的上网速度，可以让内网大部分的用户都从某一条线路走，而让特殊用户从另一条线路走。此时，在路由器上需要使用两张路由表，它们的默认网关分别存在于不同的线路上，然后根据数据包的源地址来决定使用哪张路由表。

在 Linux 系统中，最多可以支持 255 张路由表，其中有 3 张表是内置的。编号为 255 的表也称为本地路由表（Local table），本地接口地址、广播地址，以及第 9 章将要介绍的 NAT 地址都放在这个表中。该路由表由系统自动维护，管理员不能直接修改。

编号为 254 的表也称为主路由表（Main table），如果添加路由时没有指明路由所属的表，则该路由将默认添加到这个表中。例如，route 命令所添加的路由都会加到这个表中，一般是基于目的 IP 的普通路由。编号为 253 的表也称为默认路由表（Default table），一般情况下，推荐把默认的路由放在这张表中，当然，该表也可以放其他路由。

🔔注意：编号为 0 的路由表不允许使用，给系统保留。

使用多张路由表后，还需要一种机制，用于确定什么样的数据包使用哪一张路由表。在 Linux 系统中，路由表是通过设置规则来实现的，规则是策略路由的关键，它包含以下 3 部分：

❑　使用本规则的是什么样的数据包；
❑　对符合本规则的数据包采取什么动作，如使用哪个表；
❑　本规则的优先级别。

每一条规则都有一个优先级别值，数值越小则优先级别越高，数据包优先与级别高的规则匹配。例如，某一条规则可以这样描述："所有来自 192.16.1.0 的 IP 数据包，使用路由表 10，规则的优先级别是 1500"。

8.3.2　路由表管理

在 Linux 中，实现策略路由需要名为 iproute 的软件包的支持。当安装 RHEL 9 时，会默认安装该软件包，可以通过以下命令查看。

```
# rpm -qa|grep iproute
iproute-5.18.0-1.el9.x86_64
#
```

iproute-5.18.0-1.el9.x86_64 软件包提供了关于策略路由的 ip 命令，同时还提供了基于 CBQ（Class Based Queuing，基于分类的队列）的流量管理技术，可以更加有效地管理 Internet 访问。ip 命令提供了对路由、设备、策略路由和隧道的管理，格式相当复杂，其中关于路由表管理功能的格式如下：

```
ip route <del | add | replace> ROUTE
```

其中，del、add、replace 分别表示删除、增加、置换路由等操作。ROUTE 表示一条路由，由一个子网地址和一些参数组成，此处的子网地址是指数据包的目的 IP 地址，是路由表中的传统路由。ip route 命令和 route 有些相似，但它有更多的选项。下面通过例子来解释 ip route 命令的用法。

示例 1：

```
ip route add 192.168.1.0/24 via 192.168.0.3 table 1
```

功能：向路由表 1 添加一个路由，到子网 192.168.1.0/24 的网关是 192.168.0.3。

示例 2：

```
ip route add default via 192.168.0.4 table main
```

功能：向主路由表（编号为 254）添加一个路由，路由的内容是设置 192.168.0.4 为默认网关。

示例 3：

```
ip route add 192.168.1.0/24 dev ens160 table 10
```

功能：向路由表 10 添加一个路由，所有到 192.168.1.0/24 子网的数据包都通过 ens160 接口发送出去。

示例 4：

```
ip route delete 192.168.1.0/24 dev ens160 table 10
```

功能：从路由表 10 中删除匹配 "192.168.1.0/24 dev ens160" 的路由。

示例 5：

```
# ip route show
192.168.99.0/24 dev ens160  scope link
127.0.0.0/8 dev lo  scope link
default via 192.168.99.254 dev ens160
```

功能：列出主路由表中的路由，scope link 表示直接的单播路由，其显示的结果含义与下面的 route -n 命令相同。

```
# route -n
Kernel IP routing table
Destination     Gateway         Genmask         Flags Metric Ref    Use Iface
192.168.99.0    0.0.0.0         255.255.255.0   U     0      0        0 ens160
127.0.0.0       0.0.0.0         255.0.0.0       U     0      0        0 lo
0.0.0.0         192.168.99.254  0.0.0.0         UG    0      0        0 ens160
```

示例 6：

除了可以用 0～255 之间的数字表示路由表以外，还可以用一个字符串表示一个路由表，但需要把数字和字符串的对应关系放在/etc/iproute2/rt_tables 文件中。例如：

```
# ip route show table special
Error: argument "special" is wrong: table id value is invalid
```

上面的命令中使用了 special 字符串作为路由表名称。但/etc/iproute2/rt_tables 文件中还没有 special 字符串对应的数字，因此出错。可以用以下命令把 "7 special" 添加到/etc/iproute2/rt_tables 文件中，使数字 7 与 special 对应。

```
# echo 7 special >> /etc/iproute2/rt_tables
```

然后在执行下列命令时，就可以使用 special 来表示数字 7 了。

```
# ip route add default via 192.168.99.254 table special
# ip route show table 7
default via 192.168.99.254 dev ens160
```

在上面两个命令中，第一个命令是在 special 路由表中添加一个路由，第二个命令的作用是显示路由表 7 中的路由条目。由于 special 实际上就代表路由表 7，所以执行第二个命令时可以看到第一个命令所添加的路由。

🔔说明：在存在多个路由表的情况下，所有关于路由的操作如往路由表中添加路由，在路由表中寻找特定的路由等，都需要指明要操作的路由表。如果不指明，则默认操作的是主路由表。这与传统的只有一个路由表的情况不同，在这种情况下，路由的操作是不需要指明路由表的。

8.3.3　路由策略管理

由于存在着多个路由表，因此需要确定数据包路由时具体选择哪个路由表，这个任务是通过路由策略完成的。管理路由策略的命令是 ip rule，利用该命令可以进行添加、删除、显示规则等操作，其命令格式如下：

```
ip rule <add | delete>   [匹配项目] [动作]     # 添加或删除规则
ip rule flush                                  # 清空所有的规则
ip rule show                                   # 列出规则
```

其中，"匹配项目"的选项如下：
- ❏ from <IP 地址>：指定匹配的源 IP 地址。
- ❏ to <IP 地址>：指定匹配的目的 IP 地址。
- ❏ iif <网络接口>：指定数据包从哪个网络接口进来。
- ❏ tos <TOS 值>：指定匹配的 IP 包头 TOS 域的值。
- ❏ fwmark <标志>：指定匹配的防火墙设定的参数标志值。
- ❏ priority <优先级>：指定该规则的优先级。

"动作"的选项如下：
- ❏ table <路由表>：按指定的路由表进行路由。
- ❏ nat <IP 地址>：为数据包设定 NAT 地址。
- ❏ prohibit：丢弃该包并回复 ICMP prohibited 信息。
- ❏ reject：单纯丢弃该包，不发送 ICMP 信息。
- ❏ unreachable：丢弃该包并回复 ICMP net unreachable 信息。

下面通过例子来理解 ip rule 命令的使用方法。

```
# ip rule show
0: from all lookup local
32766: from all lookup main
32767: from all lookup default
```

以上命令列出了当前所有的规则，默认情况下，系统中有编号为 0、32766 和 32767 这 3 条规则。规则 0 是不能被更改和删除的，它是优先级别最高的规则。从其规则内容中可以看出，该规则规定，所有的数据包都必须使用 local 路由表进行路由。也就是说，如果数据包和 local 路由表中的某个路由条目匹配，则直接路由出去，不再和其他规则匹配。规则 32766 和 32767 分别规定数据包使用 main 和 default 路由表进行路由，它们的内容是可以进行更改和删除的。

在默认情况下对数据包进行路由时，首先根据规则 0 在本地路由表里寻找路由。如果目的地址是本网络或广播地址，就可以在 local 路由表中找到合适的路由。如果路由失败，则会匹配下一个不空的规则，默认是 32766 规则，它规定在 main 路由表里寻找匹配的路由。如果也失败，则会匹配 32767 规则，即在 default 路由表中寻找匹配的路由。如果还是失败，则路由将最终失败。

> 说明：从以上过程可以看出，策略路由是往前兼容的。

下面的命令在规则链中添加一条优先级为 1234 的规则，规定所有来自 10.10.1.0/24 子网的数据包使用编号为 10 的路由表。

```
# ip rule add from 10.10.1.0/24 priority 1234 table 10
```

下面的命令在规则链中添加一条优先级为 4321 的规则，丢弃所有来自 192.168.3.112/32 子网，TOS 值为 10 的数据包，并向发送数据包的主机回复 ICMP 出错信息。

```
# ip rule add from 192.168.3.112/32 tos 0x10 pref 4321 prohibit
```

以上两个命令执行后，可以再次查看一下规则链。

```
# ip rule show
0:      from all lookup 255
1234:   from 10.10.1.0/24 lookup 10
4321:   from 192.168.3.112 tos lowdelay lookup main prohibit
32766: from all lookup main
32767: from all lookup default
#
```

可以看出，规则链中已经依次增加了刚才添加的规则。

8.3.4　策略路由应用实例

在实际网络应用中，一个内网往往不止一个出口，经常会希望为特定的子网选择不同的出口线路。采用传统的路由无法达到这个目的，因为同一子网的数据包其特征是源地址的网络号相同，而传统的路由是根据目的地址进行的，跟数据包的源 IP 地址没有关系，因此无法根据源地址进行路由。此时，使用策略路由就可以解决这个问题。

如图 8-3 是一个网络结构例子，承担路由器功能的 Linux 主机有 3 个接口，一个与内网连接，一个与 Cernet 网络连接，还有一个与 ChinaNet 网络连接，其接口名称与网关 IP 地址如图 8-3 所示。要求在 Linux 主机上配置策略路由，使内网中源 IP 地址的网络号是 192.168 的数据包路由到 Cernet 网络，而源 IP 地址的网络号是 172.16 的数据包都从 ChinaNet 走。

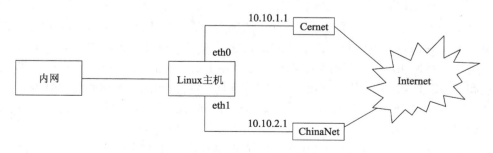

图 8-3　用于策略路由配置的网络结构

为了达到上述目的，需要在 Linux 主机中定义两个路由表，然后在这两个路由表中分别设置到 Cernet 和 ChinaNet 的默认路由。接着还要定义路由策略，根据数据包的源 IP 地址分别选择不同的路由表。为了使路由命令更加形象，首先为路由表定义一个名称，命令如下：

```
echo 1 cernet >> /etc/iproute2/rt_tables
echo 2 chinanet >> /etc/iproute2/rt_tables
```

上述命令在/etc/iproute2/rt_tables 文件的最后加入两行，为路由表 1 和 2 分别定义一个名称，可以通过以下命令查看此时/etc/iproute2/rt_tables 文件的内容。

```
# more /etc/iproute2/rt_tables
#
# reserved values
#
255     local
254     main
253     default
0       unspec
#
# local
#
#1      inr.ruhep
1 cernet
2 chinanet
```

可以看到，除了默认定义的 local、main 和 default 路由表名称及其对应的编号外，最后两行还为路由表 1 和 2 定义了 cernet 和 chinanet 名称，以后在 ip 命令中，cernet 和 chinanet 将代表路由表 1 和 2。确定路由表以后，接下来可以在这两个路由表中分别加入以下路由条目。

```
ip route add default via 10.10.1.1 dev ens160 table cernet
ip route add default via 10.10.2.1 dev ens224 table chinanet
```

以上两个命令分别在 cernet 和 chinanet 路由表中加入默认网关。根据图 8-3，在 cernet 表中，所有的数据包都通过接口 ens160 发往网关 10.10.1.1，而在 chinanet 表中，所有的数据包都通过接口 ens224 发往网关 10.10.2.1。下面再继续定义路由策略：

```
ip rule add from 192.168.0.0/16 table cernet
ip rule add from 172.16.0.0/12 table chinanet
```

以上两个命令定义了两条规则，规定所有来自 192.168.0.0/16 子网的数据包使用 cernet 路由表，所有来自 172.16.0.0/12 子网的数据包使用 chinanet 路由表。如果还需要为更多的子网选择线路，可以继续添加类似的规则。当然，也可以定义规则，为某些主机选择不同的线路。

以上命令完成后，就达到了让内部两个子网分别通过不同线路访问 Internet 的目的。对于其他子网来说，它们的数据包与上述两条规则都不匹配，它们将使用 main 路由表，通过 main 路由表上设置的路由条目进行路由。如果 main 路由表不设置到 Internet 的默认网关，其他子网将不能访问 Internet。

8.4　小　　结

路由是网络层最基本的功能之一，只有通过正确的路由设置，数据包才能顺利地到达目的主机。本章首先介绍了路由的基本概念，包括路由的原理、路由表、静态路由和动态路由等；然后介绍了使用 route 命令进行路由配置的方法；最后介绍了关于策略路由的知识及策略路由的配置方法。

8.5　习　　题

一、填空题

1．路由转发是以_____为基础的。
2．配置路由表有两种方法，分别是_____和_____。
3．策略路由技术是_____路由更灵活的路由技术。

二、选择题

1．使用 route 命令管理路由条目时，用来添加主机路由的选项是（　　　）。
A．-net　　　　　　　　B．-host　　　　　　　　C．gw　　　　　　　　D．default
2．在 Linux 系统中，最多可以支持（　　　）张路由表。
A．1　　　　　　　　　B．253　　　　　　　　　C．254　　　　　　　　D．255
3．下面用来管理策略路由的命令是。（　　　）
A．ip route　　　　　　B．route　　　　　　　　C．ip rule　　　　　　　D．rule

三、判断题

1．在路由表的所有路由条目中，动态路由的优先级高于静态路由。　　　　（　　　）
2．编号为 0 的路由表不允许使用，保留给系统。　　　　　　　　　　　（　　　）

四、操作题

1．使用 route 命令查看当前系统的路由表。
2．使用 ip route 命令查看路由表中的路由。

第 9 章　Linux 防火墙配置

随着 Internet 规模的迅速扩大，安全问题也越来越重要，而构建防火墙是保护系统免受侵害的最基本的一种手段。虽然防火墙并不能保证系统绝对安全，但是它简单易行、工作可靠、适应性强，还是得到了广泛的应用。本章主要介绍与 Linux 系统紧密集成的 Fireallwalld 防火墙的工作原理、命令格式，以及一些应用实例。

9.1　Firewalld 防火墙简介

Firewalld 防火墙是 RHEL 9 系统默认的防火墙工具，取代了之前的 iptables 防火墙。它工作在网络层，属于包过滤防火墙。相较于传统的防火墙管理配置工具，Firewalld 支持动态更新技术，并加入了区域的概念。简单来说，区域就是 Firewalld 预先准备了几套防火墙策略集合（策略模板）。用户根据工作场景不同，可以选择合适的策略集合，从而实现防火墙策略之间的快速切换。

Firewalld 中的常用区域名称及相应的策略规则如表 9-1 所示。

表 9-1　Firewalld中的常用区域名称及其策略规则

区　　域	默认策略规则
trusted	接收所有网络连接
home	用于家庭网络，仅接收选定的传入连接
internal	用于内部网络，网络上的其他系统通常是可信任的。仅接收选定的传入连接
work	用于工作区域，同一网络上的其他计算机大多受信任。仅接收选定的传入连接
public（默认区域）	用于公共区域，仅接收选定的传入连接
external	用于在系统中充当路由器时，启用NAT伪装的外部网络。只允许选定的传入连接
dmz	用于DMZ区域的计算机。这些计算机可公开访问，但对内部网络的访问受到限制，仅接收选定的传入连接
block	对于IPv4，任何传入连接都会被拒绝，并返回icmp-host-prohibited消息。对于IPv6，则返回icmp6-adm-prohibited消息
drop	任何传入连接都将在没有任何通知的情况下被丢弃，只允许传出连接

9.2　启用 Firewalld

如果要使用 Firewalld 防火墙，则需要启动 Firewalld 防火墙服务。在 RHEL 9 中，默认已经启动了 Firewalld 防火墙。下面介绍启动、停止及重新启动 Firewalld 服务的方法。

【**实例 9-1**】管理 Firewalld 服务，操作步骤如下：

（1）为了确定 Firewalld 服务是否成功启动，可以先检查其状态。执行命令如下：

```
# systemctl status firewalld.service
● firewalld.service - firewalld - dynamic firewall daemon
    Loaded: loaded (/usr/lib/systemd/system/firewalld.service; enabled;
vendor preset: enabled)
    Active: active (running) since Fri 2023-04-07 16:02:03 CST; 1min 17s
ago
      Docs: man:firewalld(1)
  Main PID: 986 (firewalld)
     Tasks: 2 (limit: 24454)
    Memory: 41.9M
       CPU: 936ms
    CGroup: /system.slice/firewalld.service
            └─986 /usr/bin/python3 -s /usr/sbin/firewalld --nofork --nopid
```

从输出信息中可以看到，Firewalld 服务的当前状态为 active (running)。由此可以说明，该服务已经启动。如果没有启动，显示结果如下：

```
# systemctl status firewalld.service
○ firewalld.service - firewalld - dynamic firewall daemon
    Loaded: loaded (/usr/lib/systemd/system/firewalld.service; enabled;
vendor preset: enabled)
    Active: inactive (dead) since Fri 2023-04-07 16:04:06 CST; 1s ago
  Duration: 2min 2.989s
      Docs: man:firewalld(1)
   Process: 986 ExecStart=/usr/sbin/firewalld --nofork --nopid $FIREWALLD_
ARGS (code=exited, s>
  Main PID: 986 (code=exited, status=0/SUCCESS)
       CPU: 1.045s
```

从以上信息中可以看到，Firewalld 服务的当前状态为 inactive (dead)，说明该服务没有启动。接下来需要启动该服务。

（2）启动 Firewalld 服务。执行命令如下：

```
# systemctl start firewalld.service
```

如果需要重新启动 Firewalld 服务，执行如下命令：

```
# systemctl restart firewalld.service
```

9.3　管理服务与端口

当 Firewalld 服务启动后，就可以使用该防火墙管理工具了。Firewalld 支持两种管理方式，分别是命令行界面接图形界面。本节分别介绍如何使用这两种方式管理服务及端口。

9.3.1　Firewalld 命令行管理工具

firewall-cmd 是 Firewalld 防火墙配置管理工具的命令行界面（CLI）版本，它的参数一般都是以"长格式"来提供的。firewall-cmd 命令中的常用参数及其作用如表 9-2 所示。

表 9-2　firewall-cmd 命令中的常用参数及其作用

参　　数	作　　用
--get-default-zone	查询默认的区域名称
--set-default-zone=<区域名称>	设置默认的区域，使其永久生效
--get-zones	显示可用的区域
--get-services	显示预先定义的服务
--get-active-zones	显示当前正在使用的区域与网卡名称
--add-source=	将源自此IP或子网的流量导向指定的区域
--remove-source=	不再将源自此IP或子网的流量导向某个指定区域
--add-interface=<网卡名称>	将源自该网卡的所有流量都导向某个指定区域
--change-interface=<网卡名称>	将某个网卡与区域进行关联
--list-all	显示当前区域的网卡配置参数、资源、端口及服务等信息
--list-all-zones	显示所有区域的网卡配置参数、资源、端口及服务等信息
--add-service=<服务名>	设置默认区域允许该服务的流量
--add-port=<端口号/协议>	设置默认区域允许该端口的流量
--remove-service=<服务名>	设置默认区域不再允许该服务的流量
--remove-port=<端口号/协议>	设置默认区域不再允许该端口的流量
--reload	让"永久生效"的配置规则立即生效，并覆盖当前的配置规则
--panic-on	开启应急状况模式
--panic-off	关闭应急状况模式

☎提示：firewall-cmd 的参数比较长，可能有些读者看到就头大，不过不用担心，可以使用 Tab 键自动补全。

使用 Firewalld 配置的防火墙策略默认为运行时（Runtime）模式，又称为当前生效模式，而且会随着系统的重启而失效。如果想让配置一直存在，就需要使用永久（Permanent）模式了。实现方法就是在用 firewall-cmd 命令正常设置防火墙策略时添加 --permanent 参数，这样配置的防火墙策略就可以永久生效了。永久生效模式有一个特点，就是使用它配置的策略只有在系统重启之后才能自动生效。如果想让配置的策略立即生效，需要手动执行 firewall-cmd --reload 命令。下面列举一些 firewall-cmd 命令管理服务及端口的常用方法。

【实例 9-2】查看当前有哪些域。

```
# firewall-cmd --get-zones
block dmz drop external home internal nm-shared public trusted work
```

【实例 9-3】查看 Firewalld 服务当前使用的区域。

```
# firewall-cmd --get-default-zone
public
```

【实例 9-4】将 ens160 网卡的默认区域修改为 external，并在系统重启后生效。

```
# firewall-cmd --permanent --zone=external --change-interface=ens160
The interface is under control of NetworkManager, setting zone to 'external'.
success
```

【实例 9-5】 设置 Firewalld 服务当前默认区域为 public。

```
# firewall-cmd --set-default-zone=public          # 设置默认区域
success
# firewall-cmd --get-default-zone                 # 查看默认区域
public
```

【实例 9-6】 分别启动/关闭 Firewalld 防火墙服务的应急状况模式，阻断一切网络连接。

```
# firewall-cmd --panic-on                         # 启动应急状况模式
success
# firewall-cmd --panic-off                        # 关闭应急状况模式
success
```

【实例 9-7】 查询 SSH 和 HTTPS 的流量是否允许放行。

```
# firewall-cmd --zone=public --query-service=ssh
yes
# firewall-cmd --zone=public --query-service=https
no
```

【实例 9-8】 把 HTTPS 的流量设置为永久允许放行并立即生效。

```
# firewall-cmd --zone=public --add-service=https  # 设置 HTTPS 流量放行
success
# 设置 HTTPS 流量永久放行
# firewall-cmd --zone=public --add-service=https -permanent
success
# firewall-cmd --reload                           # 使配置生效
success
```

【实例 9-9】 把 HTTPS 的流量设置为永久拒绝并立即生效。

```
# firewall-cmd --zone=public --remove-service=https --permanent
success
# firewall-cmd --reload
success
```

【实例 9-10】 设置从 internal 区域将 TCP 的 80 端口移除并立即生效。

```
# firewall-cmd --zone=internal --remove-port80/tcp --permanent
success
# firewall-cmd --reload
success
```

【实例 9-11】 把访问 8080 和 8081 端口的流量策略设置为允许并立即生效。

```
# firewall-cmd --zone=public --add-port=8080-8085/tcp
success
# firewall-cmd --zone=public --list-ports
8080-8085/tcp
# firewall-cmd --reload
success
```

【实例 9-12】 把原本访问本机 8080 端口的流量转发到 22 端口并永久生效。其中，流量转发命令格式如下：

```
firewall-cmd --zone=<区域> --add-forward-port=port=<源端口号>:proto=<协议>:toport=<目标端口号>:toaddr=<目标 IP 地址>
```

下面设置端口转发，执行命令如下：

```
# firewall-cmd --permanent --zone=public --add-forward-port=port=888:proto=tcp:toport=22:toaddr=192.168.10.10
```

```
success                                                    # 设置端口转发
# firewall-cmd --reload                                    # 使配置生效
success
# firewall-cmd --zone=public --list-forward-ports          # 查看端口转发列表
port=888:proto=tcp:toport=22:toaddr=192.168.10.10
```

Firewalld 支持两种高级配置，分别是使用富规则（复杂规则）和使用直接接口。富规则表示更细致和更详细的防火墙策略配置，可以针对系统服务、端口号、源地址和目标地址等诸多信息进行更有针对性的策略配置。它的优先级在所有防火墙策略中也是最高的。例如，下面在 Firewalld 服务中配置一条富规则，使其拒绝 192.168.1.0/24 网段的所有用户访问本机的 SSH 服务。

```
# firewall-cmd --permanent --zone=public --add-rich-rule="rule family=
"ipv4" source address="192.168.1.0/24" service name="ssh" reject"
success
# firewall-cmd --reload
success
# firewall-cmd --zone=public --list-rich-rules
rule family="ipv4" source address="192.168.1.0/24" service name="ssh" reject
```

使用直接接口方式就是在 firewall-cmd 命令中，使用--direct 选项来实现。在--direct 选项后可以直接使用 iptables、ip6tables 和 ebtables 的命令语法。

【实例 9-13】在 nat 表中添加一条 POSTROUTING 规则链，允许 192.168.88.0/24 网段的数据包的源地址转发到地址 192.168.9.37。

```
# firewall-cmd --direct --passthrough ipv4 -t nat -A POSTROUTING -s
192.168.88.0/24 -o ens32 -j SNAT --to-source 192.168.9.37
```

☎提示：使用 firewall-cmd 配置防火墙规则时，direct 规则优先于富规则执行，二者不建议混用。另外，使用--direct 配置的规则将会写入单独的配置文件/etc/firewalld/direct.xml。

9.3.2　Firewalld 图形管理工具

firewall-config 是 Firewalld 防火墙配置管理工具的图形用户界面（GUI）版本。默认情况下系统并没有提供 firewall-config 命令，需要用户使用 dnf 命令进行安装。使用 firewall-config 工具配置完防火墙策略之后，无须进行二次确认。因为只要有修改内容，它就会自动进行保存。

【实例 9-14】使用 firewall-config 工具管理防火墙。操作步骤如下：

（1）安装 firewall-config 工具。执行命令如下：

```
# dnf install firewall-config
```

（2）启动 firewall-config 工具。执行命令如下：

```
# firewall-config
```

执行以上命令后，将弹出"防火墙配置"对话框，如图 9-1 所示。此时，用户即可通过图形界面配置防火墙。在右侧区域可以配置各种策略，包括服务、端口、协议、源端口、伪装、ICMP 过滤、富规则、网卡和来源。

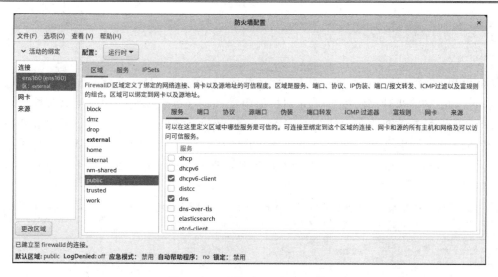

图 9-1　"防火墙配置"对话框

（3）允许 public 区域中的 http 流量且当前生效。在 public 区域的"服务"列表中勾选 http 服务，则配置立即生效，如图 9-2 所示。

图 9-2　放行请求 HTTP 服务的流量

（4）再添加一条防火墙策略规则，使其放行访问 8080～8088 端口（TCP/IP）的流量，并将其设置为永久生效，以达到系统重启后防火墙策略依然生效的目的。首先，单击"配置"下拉列表框，选择"永久"。然后在 public 区域选择"端口"选项卡，单击"添加"按钮，弹出"端口和协议"对话框。在"端口或端口范围"文本框中输入放行的端口，如图 9-3 所示。

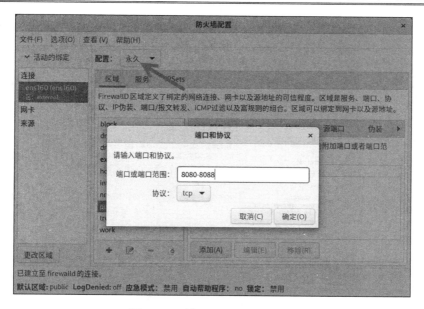

图 9-3　"端口和协议"对话框

（5）单击"确定"按钮，端口设置完成。最后，选择"选项"|"重载防火墙"命令，让配置的防火墙策略规则立即生效，如图 9-4 所示。

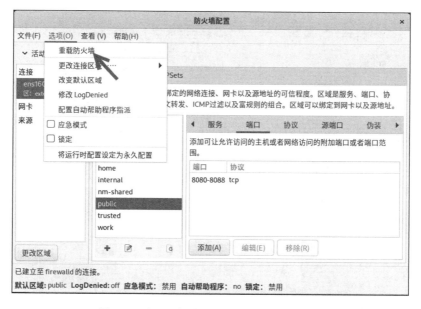

图 9-4　让配置的防火墙策略规则立即生效

（6）如果需要 SNAT 技术，需要先开启 SNAT 技术，再配置端口转发规则。在"伪装"选项卡中，勾选"伪装区域"复选框，开启 SNAT 技术，如图 9-5 所示。例如，下面将本机 888 端口的流量转发到 22 端口且要求当前有效并长期均有效。

图 9-5　开启防火墙的 SNAT 技术

（7）在"端口转发"选项卡中，单击"添加"按钮，弹出"端口转发"对话框，如图 9-6 所示。

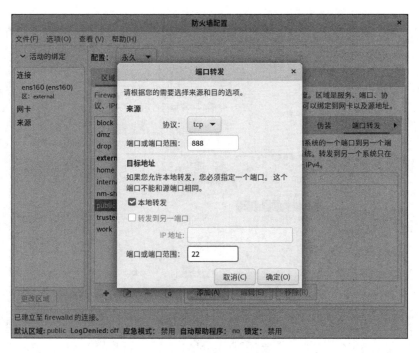

图 9-6　配置本地的端口转发

（8）配置完本地端口转发后，单击"确定"按钮。然后，依次选择"选项"|"重载防火墙"命令，使防火墙配置立即生效。使用 firewall-config 配置富规则也非常方便。例如，设置让 192.168.10.20 主机访问本机的 1234 端口号。在 public 区域的"富规则"选项卡中

单击"添加"按钮,弹出"富规则"对话框,如图 9-7 所示。

图 9-7　配置防火墙的富规则策略

(9)如果工作环境中的服务器有多块网卡同时在提供服务,则对内网和外网提供服务的网卡要选择的防火墙策略区域是不一样的。也就是说,用户可以把网卡与防火墙策略区域进行绑定,这样就可以使用不同的防火墙区域策略,对源自不同网卡的流量进行针对性地监控,这样效果会更好。设置网卡与防火墙区域绑定,效果如图 9-8 所示。

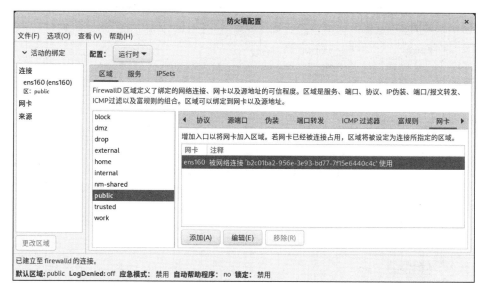

图 9-8　把网卡与防火墙策略区域进行绑定

9.4　使用 Web 接口配置 Firewalld

在 RHEL 9 中，使用 Cockpit 服务可以通过 Web 接口的方式来配置 Firewalld。下面通过 Web 接口方式配置 Firewalld，将 DNS 服务添加到 Public 区域。

（1）在 Cockpit 的左侧菜单栏中选择"网络"，弹出"网络管理"对话框。然后在其中选择"防火墙"，单击"编辑规则和区域"按钮，弹出"防火墙配置"对话框，如图 9-9 所示。

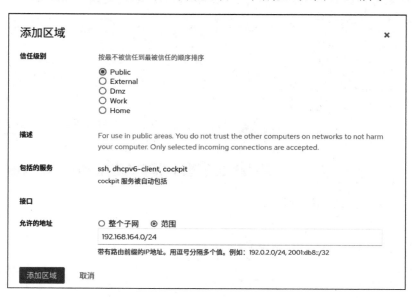

图 9-9　"防火墙配置"对话框

（2）可以看到，只有一个活动区域 Internal。可以手动添加其他区域，如添加 Public 区域。单击"添加新区"按钮，弹出"添加区域"对话框，如图 9-10 所示。

图 9-10　"添加区域"对话框

（3）在"信任级别"部分，选择 Public 单选按钮，在"允许的地址"中选择"范围"单选按钮并输入 IP 地址范围。然后，单击"添加区域"按钮，即可成功添加 Public 区域，如图 9-11 所示。

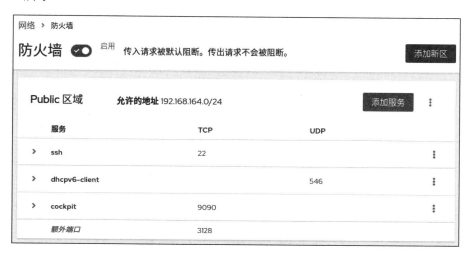

图 9-11　成功添加 Public 区域

（4）在"Public 区域"部分，单击"添加服务"按钮，弹出"将服务添加到 Public 区"对话框，如图 9-12 所示。

图 9-12　"将服务添加到 Public 区"对话框

（5）在"过滤服务"文本框中输入 dns，获取匹配的服务列表。然后在搜索列表中选择"TCP:53　UDP:53"，单击"添加服务"按钮，即可成功将 dns 服务添加到 Public 区域，效果如图 9-13 所示。如果不需要某区域或服务，单击三个点按钮 ⋮，再单击"删除"按钮即可。

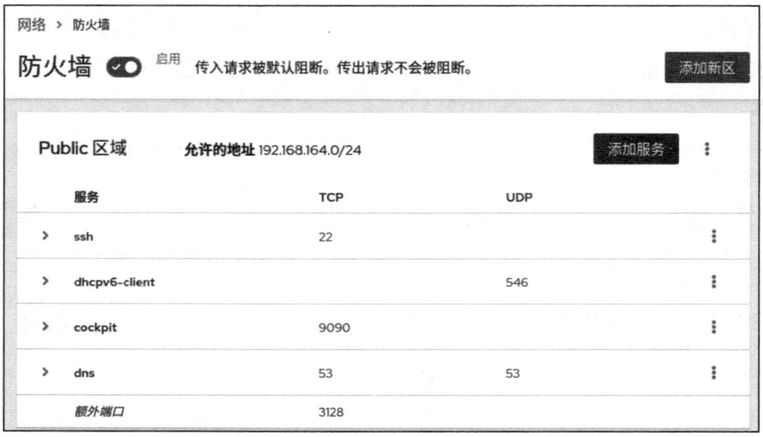

网络 > 防火墙
防火墙
启用
传入请求被默认阻断。传出请求不会被阻断。
添加新区
Public 区域
允许的地址 192.168.164.0/24
添加服务
服务
TCP
UDP
ssh
22
dhcpv6-client
546
cockpit
9090
dns
53
53
额外端口
3128

图 9-13　成功将 dns 服务添加到 Public 区域

9.5　使用 Firewalld 防火墙配置 NAT

NAT（Network Address Translation，网络地址转换）是一项非常重要的 Internet 技术。它可以让内网众多的计算机访问 Internet 时共用一个公网地址，从而解决 Internet 地址不足的问题，并对公网隐藏了内网的计算机，提高了安全性能。本节主要介绍利用 Firewalld 防火墙实现 NAT 的方法。

9.5.1　NAT 简介

NAT 并不是一种网络协议而是一种过程，它将一组 IP 地址映射到另一组 IP 地址，而且对用户来说是透明的。NAT 通常用于将内部私有的 IP 地址翻译成合法的公网 IP 地址，从而可以使内网中的计算机共享公网 IP，节省了 IP 地址资源。可以这样说，正是由于 NAT 技术的出现，才使得 IPv4 的地址至今还足够使用。因此，在 IPv6 广泛使用之前，NAT 技术还会广泛地应用。

1. NAT的工作原理

NAT 的工作原理如图 9-14 所示。

10.10.1.10
10.10.1.1
ens224
NAT
服务器
218.75.26.35
ens160
Internet
子网10.10.1.0/24

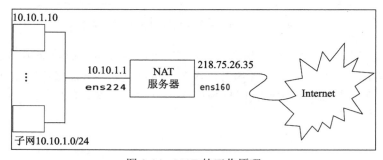

图 9-14　NAT 的工作原理

　　内网中 IP 为 10.10.1.10 的计算机发送的数据包其源 IP 地址是 10.10.1.10，但这个地址是 Internet 的保留地址，不允许在 Internet 上使用，Internet 上的路由器是不会转发这样的数据包的。为了使这个数据包能在 Internet 上传输，需要把源 IP 地址 10.10.1.10 转换成一个能在 Internet 上使用的合法 IP 地址，如 218.75.26.35，这样才能顺利地到达目的地。

　　这种 IP 地址转换的任务由 NAT 服务器完成，运行 NAT 服务的主机一般位于内网的出口处，至少需要两个网络接口。一个设置为内网 IP，另一个设置为外网合法 IP。NAT 服务器改变出去的数据包的源 IP 地址后，需要在内部保存的 NAT 地址映射表中登记相应的条目，以便回复的数据包能返回给正确的内网计算机。

　　当然，从 Internet 回复的数据包并不是直接发送给内网，而是发给了 NAT 服务器中具有合法 IP 地址的那个网络接口。NAT 服务器收到回复的数据包后，根据内部保存的 NAT 地址映射表，找到该数据包属于哪个内网 IP，然后把数据包的目的 IP 转换回来，还原成原来的那个内网地址，最后通过内网接口路由出去。

　　以上地址转换过程对用户来说是透明的，计算机 10.10.1.10 并不知道自己发送出去的数据包在传输过程中被修改过，它认为自己发送出去的数据包能得到正确的响应数据包，与正常情况没有什么区别。

　　通过 NAT 转换还可以保护内网中的计算机不受到来自 Internet 的攻击。因为外网的计算机不能直接给使用保留地址的内网计算机发送数据包，只能发给 NAT 服务器的外网接口。在内网计算机没有主动与外网计算机联系的情况下，在 NAT 服务器的 NAT 地址映射表中是无法找到相应条目的，因此也就无法把该数据包的目的 IP 转换成内网 IP。

　　说明：在有些情况下，数据包还可能会经过多次的地址转换。

2．动态NAT

　　上面介绍的 NAT 也称为源 NAT，即改变数据包的源 IP 地址，通常也称为静态 NAT，它让内网的计算机共用公网 IP 上网。还有一种 NAT 是目的 NAT，改变的是数据包的目的 IP 地址，通常也称为动态 NAT，它用于把某一个公网 IP 映射为某个内网 IP，使两者建立固定的联系。当 Internet 上的计算机访问公网 IP 时，NAT 服务器会把这些数据包的目的地址转换为对应的内网 IP，再路由给内网计算机。

3．端口NAT

　　还有一种 NAT 称为端口 NAT，它可以使公网 IP 的某个端口与内网 IP 的某个端口建立映射关系。当来自 Internet 的数据包访问的是这个公网 IP 的指定端口时，NAT 服务器不仅会把数据包的目的公网 IP 地址转换为对应的内网 IP，而且会把数据包的目的端口号也根据映射关系进行转换。

　　除了存在单独的 NAT 设备外，NAT 功能还通常被集成到路由器、防火墙等设备或软件中。iptables 防火墙也集成了 NAT 功能，可以利用 NAT 表中的规则链对数据包的源或目的 IP 地址进行转换。

9.5.2　配置 IP 地址伪装

下面讲解如何在系统中启用 IP 伪装。IP 伪装可以在访问互联网时隐藏网关后面的独立机器。

（1）修改当前网卡区域为 external。执行命令如下：

```
# firewall-cmd --zone=external --change-interface=ens160 --permanent
```

（2）检查当前系统是否启用了 IP 伪装。执行命令如下：

```
# firewall-cmd --zone=external --query-masquerade
yes
```

输出结果为 yes，表示启用了 IP 伪装。如果没有启用，输出结果为 no。

（3）如果当前系统没有启用 IP 伪装，执行如下命令可以启用 IP 伪装：

```
# firewall-cmd --zone=external --add-masquerade
```

上面的命令表示该策略仅当前生效。如果要设置为永久生效，则添加--permanent 选项即可。如果要禁用 IP 伪装，执行命令如下：

```
# firewall-cmd --zone=external --remove-masquerade
```

如果想要此设置永久生效，则添加--permanent 选项即可。

（4）将源 IP 为 10.0.3.0/24 网段来的数据包伪装成外部接口的地址。执行命令如下：

```
# firewall-cmd --zone=external --permanent --add-rich-rule='rule family=
"ipv4" source address="10.0.3.0/24" masquerade'
```

（5）将访问本机的 80 端口流量转发给 192.168.1.10。执行命令如下：

```
# firewall-cmd --zone=external --permanent --add-forward-port=port=80:
proto=tcp:toaddr=192.168.1.10
```

9.5.3　配置源 NAT 和目的 NAT

使用 Firewalld 可以分别设置源 NAT 和目的 NAT 规则。下面分别设置 SNAT 和 DNAT 规则。

（1）设置 SNAT 规则。例如，设置所有来自 10.0.3.0/24 网络数据包的源 IP 地址为 169.254.17.244。执行命令如下：

```
# firewall-cmd --permanent --direct --passthrough ipv4 -t nat -I POSTROUTING
-o ens160 -j SNAT -s 10.0.3.0/24 --to-source 169.254.17.244
```

（2）设置 DNAT 规则。例如，将所有 IP 地址为 169.254.17.20 的数据包中的目的地址更改为 10.0.3.1。执行命令如下：

```
# firewall-cmd --permanent --direct --passthrough ipv4 -t nat -I PREROUTING
-d 169.254.17.20 -i ens224 -j DNAT --to-destination 10.0.3.1
```

9.6　小　　结

防火墙是保护主机和网络安全的一种重要设施，Linux 自带的 Firewalld 防火墙功能非常丰富，是 Linux 系统构建防火墙的首选。本章首先介绍了 Firewalld 防水墙的概念及启动方法，然后介绍了通过命令行、图形界面管理方式及 Web 接口方式配置 Firewalld 的方法，最后介绍了用 Firewalld 防火墙实现动态地址转换（NAT）的配置方法。

9.7　习　　题

一、填空题

1．Firewalld 工作在_____层，属于_____防火墙。

2．Firewalld 中常见的区域包括_____、_____、_____、_____、_____、_____、_____和_____。

3．Firewalld 支持命令行和图形界面两种管理方式。其中，命令行管理工具是_____，图形界面管理工具是_____。

二、选择题

1．firewall-cmd 用来启用 IP 伪装的是（　　　）。

A.--add-masquerade B.--query-masquerade

C.--remove-masquerade D.--remove-forward-port

2．firewall-cmd 用来设置端口转发的选项是（　　　）。

A.--list-ports B.--add-forward-port

C.--remove-forward-port D.--query-masquerade

三、操作题

1．使用 Firewalld 的命令行方式设置允许访问 80 端口并使其永久生效。

2．使用 Firewalld 的图形界面管理方式设置允许访问 SSH 服务并使其永久生效。

第 10 章　Snort 入侵检测系统

入侵检测系统已经成为安全市场上新的热点，不仅越来越多地受到人们的关注，而且已经开始在不同的环境中发挥着关键的作用。本章将介绍入侵检测的基本概念、Snort 的安装与使用、Snort 的配置及 Snort 规则的编写等内容。

10.1　入侵检测简介

传统上，企业网络一般采用防火墙作为安全的第一道防线。但随着攻击工具与手法的日趋复杂多样，单纯的防火墙策略已经无法满足对网络安全的进一步需要，网络的防卫必须采用一种纵深的、多样化的手段。入侵检测系统是继防火墙之后，保护网络安全的第二道防线。它可以在网络受到攻击时，发出警报或者采取一定的干预措施，以保证网络的安全。本节主要介绍网络安全的基础知识、网络攻击的类型、入侵检测系统的组成与工作原理等内容。

10.1.1　网络安全简介

网络安全是指提供网络服务的整个系统的硬件、软件及要受到保护的数据，这三者不会因为偶尔或恶意的原因而遭到破坏、更改、泄露或者中断服务，确保系统能连续、可靠、正常地运行。网络安全是一门涉及计算机科学、应用数学、信息论、密码技术、网络技术、通信技术和信息安全技术等多种学科的综合性学科。在不同的应用和环境下，网络安全会被赋予不同的内容。

网络安全可以指系统运行的安全。它侧重于保证系统正常运行，避免因为系统崩溃和损坏而对系统存储、处理和传输的信息造成破坏和损失。例如，对计算机硬件系统所在机房的保护，计算硬件系统结构设计上的安全考虑，计算机操作系统、应用软件、数据库系统设计时的安全考虑，电磁信息泄露的防护等，这些措施都是为了保证系统安全、可靠地运行。

网络安全可以指网络上系统信息的安全，即有关系统安全的信息不被泄露、修改或删除。这些系统信息包括用户密码、用户访问控制权限、系统日志等，可以采取安全审计、计算机病毒防治、入侵检测及数据加密等安全保障措施。

网络安全还指如何控制网络上不良信息的传播，防止因这些不良信息的传播而影响现实世界的安全。它侧重于防止和控制非法、有害的信息传播后所产生的不良后果，本质上是维护道德、法律或国家利益，采用的技术包括不良信息过滤和反垃圾邮件技术等。

网络安全可以指网络上信息内容的安全，即"信息安全"。它侧重于保护信息的私密性、真实性和完整性，避免攻击者通过各种攻击手段进行窃听、冒充和诈骗等有损于合法用户的行为，本质上是保护用户的利益和隐私。

网络安全涉及的内容既有技术方面，也有管理方面，两个方面相互补充，缺一不可。技术方面主要侧重于防范外部非法用户的攻击，管理方面则侧重于内部人为因素的管理。在新的形势下，如何更加有效地提高计算机网络系统的安全性能、保护重要的数据资源，已经成为所有计算机网络应用系统必须考虑和解决的一个重要问题。

10.1.2　常见的网络攻击类型

防范网络攻击是保证网络安全的一项重要内容。攻击者攻击网络的手法虽然五花八门，但是也有一定的规律。一般来说，攻击者攻击网络前，要先通过各种手段收集网络设备及主机信息，以便能找出系统的漏洞，然后再采用有效的方法对系统实施攻击。具体来说，攻击者常用的攻击手法有以下 5 种类型。

1．漏洞扫描

漏洞是指计算机软件存在的某些缺陷，这些缺陷如果被攻击者利用，可能会对计算机或网络安全造成威胁。漏洞扫描是指对计算机系统进行检查，以发现其中已知或未知的漏洞。安全管理员可以通过漏洞扫描发现系统中存在的漏洞，以便及时安装补丁程序，修补漏洞。攻击者也可以通过漏洞扫描发现系统中存在的漏洞，以便实施攻击。

漏洞扫描可以是基于主机或基于网络进行的。基于主机的漏洞扫描需要在主机上进行，虽然可以发现更多的漏洞，但是需要主机管理员的权限，而攻击者是不具备这样的条件的，因此一般由系统管理员来执行这项工作，以便能发现并修补漏洞。

攻击者主要使用基于网络的方法进行漏洞扫描。它控制某台主机，并通过网络对其他计算机进行扫描。一般的做法是根据不同漏洞的特点，构造特定的网络数据包并发送给一台或多台目标主机，再根据目标主机回复的数据包判断某个漏洞是否存在。一般来说，基于网络的漏洞扫描工具包括以下几部分：

- ❏ 漏洞数据库模块：漏洞数据库包含各种操作系统、数据库系统及网络应用软件的各种漏洞信息，以及对漏洞进行检测时所需的指令。由于新的安全漏洞会不断地出现，该数据库需要经常进行更新，以便能够检测到最新发现的漏洞。
- ❏ 扫描引擎模块：扫描引擎是漏洞扫描工具的主要组成部分。它根据用户的要求，构造出扫描某个漏洞所需的网络数据包并发送给目标系统。然后对目标系统回复的应答数据包进行分析，提取其中的特征信息，再与漏洞数据库中的漏洞特征进行比较，于是就能判断出所扫描的目标系统中是否存在该漏洞。
- ❏ 用户接口模块：用户接口模块使用户可以通过一定的形式设置扫描参数，包括目标系统位置和扫描范围等。
- ❏ 报告生成工具：根据扫描引擎模块的扫描结果，生成用户可读的扫描报告，告知在哪些目标系统上发现了哪些漏洞。

📑说明：漏洞扫描一般是攻击者攻击计算机系统时首先要做的事情，如果某个目标系统被攻击者发现存在严重的安全漏洞，则该目标系统一般会轻而易举地被攻破。

2．密码破解

密码是保证系统安全的最基本的措施。如果攻击者得到了系统管理员账号的密码，则意味着系统已经被完全攻破，攻击者可以在系统上做任何事情了，这一般也是攻击者进行攻击的最终目标。正是由于密码对保护系统安全是如此的重要，所以密码在系统中存放时一般都会加密，并且进行非常严格的安全访问控制。但不管怎样，攻击者有时还是能通过某种方法，如利用系统漏洞得到存放密码的文件。

如果攻击者得到的是密码的密文，就需要通过一定的手段试图对密码进行破解，以便能得到密码的明文。破解密码的难易程度取决于加密的算法，有些简单的加密算法，如算法是可逆的，可以被轻而易举地破解。但大多数的加密算法不会这么简单，而且是不可逆的，需要通过特定的方法进行破解，而且不保证能成功。

由于不可逆的加密算法无法通过密文直接得到明文，所以需要对明文进行猜测，然后把猜测的明文加密后再与密文进行比较。如果相符，则证明猜测是正确的。由于目前已知的加密算法只有有限的几种，而且大多数系统所采用的加密算法是公开的，因此通过猜测进行密码破解是可行的，而且实践证明成功的概率也是相当高的。

一种最简单的猜测方法是对所有可以用于密码的字符进行组合，然后把加密后的密文与得到的密文进行比较，这种猜测方法也称为强力破解。由于可以用于密码的字符非常多，它们排列组合后产生的合法字符串是一个天文数字，而且一般加密计算时需要耗费较多的时间，所以想在有限的时间内把所有的字符组合都试一遍是不可能的。在实际情况中，很多人设置密码所使用的字符没有那么复杂，如只使用数字或者字符数很少，被猜中的可能性将会大大增加。

除了强力破解外，还有一种有效的破解方法是字典破解，它使用字典上的单词或单词组合进行有限的猜测。因为大多数的人设置密码时为了方便记忆，一般会使用某些特定的单词或单词组合作为密码。虽然各种单词的组合非常复杂，可能性也非常多，但是与强力猜测相比，所需的猜测次数已经大大降低。

除了使用真实字典上的单词外，还有一种更有效的方法是搜集各种已经被人使用过的密码，组成一个密码字典。在实际应用中，使用密码的场合非常多，大多数人不会为每个系统都设置不同的密码，而是在所有的系统中使用有限的几个密码。如果一个人在某个不重要的系统中设置的密码被人搜集过去并加入了密码字典，那么他在其他系统中设置同样密码时将会很容易地被破解。

例如，目前 Internet 需要注册的系统非常多，用户为了使用某个网站的资源，需要在该网站上注册一个账号，指定一个用户名和密码。为了记忆方便，在指定密码时，经常使用在其他系统中使用的密码，如某个银行卡的密码。此时，如果在该网站中指定的密码被加入密码字典，则会为攻击者破解该用户的银行卡密码提供方便。

以上情况发生的可能性很大，因为很多网站的安全性并不高，密码很容易会被人盗走，或者网站的管理员本身也是一名攻击者。这些密码的盗窃者通过 Internet 进行交流，把各自搜集到的密码贡献出来，可以组成一个非常大的密码字典。可能用户觉得某些系统中的密码被盗也无所谓，但实际上这会对其他系统中使用同样密码的账号造成潜在的威胁。

📑说明：使用密码字典进行密码破解的有效性还可以通过以下方法进行计算。全世界目前的人口达到 80 亿，假设每人使用 5 个密码，所有密码总数是 400 亿个。按照目前计算机的运算速度，测试这个数字的密码很快就可以完成。

3. DoS和DDoS攻击

DoS（Denial of Service，拒绝服务）是一种通过合法的请求占用过量的服务器资源，从而使其他用户无法得到服务的攻击方式。DoS 攻击的直接目的并不是为了获取目标主机的系统权限或窃取系统资源，而是通过消耗资源使目标主机处于瘫痪状态甚至崩溃。这里所指的资源可以是服务器的内存、网络带宽、CPU 及磁盘空间等。

在 DoS 攻击中，攻击者要精心构造某种形式的网络数据包，然后不断地向目标主机发送。其中，用得最多的数据包形式是 SYN 数据包。在 TCP 中，建立一个 TCP 连接需要经过 3 次握手，即作为连接发起方的客户端首先向对方发送一个 SYN 标志位为 1 的数据包，然后进入 SYN_SEND 状态，等待服务端确认。服务端收到该 SYN 数据包后，要回复一个 SYN 和 ACK 都为 1 的数据包，然后进入 SYN_RECV 状态。正常情况下，客户端要再发送一个 ACK 数据包，以完成 TCP 连接的建立过程。

如果此时客户端不发送 ACK 数据包，则服务端将会在 SYN_RECV 状态等待一定的时间，此时也称为半连接状态。在半连接状态关闭前，是需要占用一定的服务端资源的。

如果半连接情况是少量出现的，那么不会有什么问题，如果客户端有意地向服务端发送 SYN 数据包而不发送随后的 ACK 数据包，则服务端会出现大量的半连接，此时会消耗大量的资源，严重时将不能为外界提供服务。这种攻击形式也称为 SYN-Flood 攻击。

由于大部分的操作系统或网络应用软件都有防范 DoS 攻击的措施，因此目前由一台主机发起的 DoS 攻击造成的影响并不大，更多的是采用 DDoS，即分布式的拒绝服务攻击。DDoS 与 DoS 最大的区别是在 DDoS 中，攻击发起者不是一台主机，而是大量受攻击者控制的傀儡机。在这种情况下，被攻击者是很难防范的。

📑说明：如果攻击者发起 DoS 或 DDoS 攻击时利用了服务器的某些漏洞，则攻击产生的危害会非常大，此时，少量的数据包就可能使服务器处于瘫痪状态。

4. 缓冲区溢出

利用缓冲区溢出进行攻击是一种很有效的攻击方法，在各种操作系统和应用软件中广泛存在着缓冲区溢出漏洞。一般情况下，大部分的程序都需要接受用户的输入，程序在处理这些输入前，一般是将其先放到缓冲区。正常情况下，缓冲区的大小足够存放用户输入的这些数据。如果攻击者有意地输入一些超长的数据，而接受这些数据的程序不做输入检查，则存放这些超长数据时有可能会溢出缓冲区，从而覆盖其他程序代码，出现不可预料的后果。

更为严重的是，如果这些数据是经过精心构造的，比如从缓冲区溢出的数据是一段程序代码，而且会通过某种方式被执行，那么将会造成严重的后果。如果此时这段代码执行者的身份是管理员用户，就等于攻击者拥有了主机的管理员权限，可以在主机上做任何事情。例如，下面的一段 C 语言程序就存在缓冲区溢出漏洞。

```
void function(char *str)
{
  char buffer[16];
  strcpy(buffer,str);
}
void main()
{
  char input[1024];
  scanf("%s",input);
  function(input);
  printf("Hello World!");
}
```

以上程序中，main()函数要求用户输入一个字符串，然后以输入的字符串作为参数调用 function()函数。如果用户输入的字符串小于 15 个字符，就不会有什么问题。如果用户输入的字符多于 15 个，如输入 100 个字符 A，则 function()函数中的字符数组 buffer 将会发生溢出，把正常的程序代码覆盖。

通过进一步分析可以发现，程序代码在内存中存放时，buffer 数组后面的某个位置可能存放的是调用 function()函数后的返回地址。如果这个返回地址被字符 A 覆盖，则执行完 function()函数后，程序会返回到内存地址 0x41414141 处执行（41 是字符 A 的十六进制 ASCII 代码值），此时将会出现不可预料的后果。

如果攻击者事先知道内存的某个位置有一段可利用的程序代码，或者其通过缓冲区溢出或其他方式在内存的某个位置放了一段代码，则可以用这段代码的地址值覆盖 function()函数的返回地址。于是，这段代码就有机会被执行，攻击者可以通过这段代码的执行控制计算机的运行。

由于历史原因，缓冲区溢出漏洞在各种软件中广泛存在，而且在最新的软件中也不断地发现存在缓冲区溢出漏洞。因此，利用缓冲区溢出漏洞进行攻击是攻击者常用的一种手法，在远程网络攻击中占很大的比重。

5．系统后门与木马程序

攻击者在成功获得系统的管理员权限后，需要采取一定的措施保留这个权限，以便系统管理员即使修补了系统漏洞，仍然可以轻松地进入系统。为了达到这个目的，一般的做法是修改系统配置，或者在系统中安装一个程序，以便设置一个后门，方便下次进入。设置后门的程序也称为特洛伊木马程序，简称木马程序。

除了利用系统漏洞安装木马程序外，木马也可以通过正常方式安装到用户的系统中。例如，通过让用户打开带木马的电子邮件附件、把木马程序捆绑在其他软件中等方式，都可以让木马程序潜入用户的系统中。此时，攻击者无须采用其他攻击手段，就可以轻易地控制用户的系统。

木马程序的原理实际上与常用的远程控制软件差不多，只不过它的功能比较少，而且是隐藏在用户的系统中，一般情况下很难发现。木马程序一般也包含服务端和客户端，留在用户系统中的是服务端，攻击者在自己的计算机里运行客户端就可以控制目标主机。

10.1.3　入侵检测系统

为了保证网络安全，防范网络攻击，除了及时修补系统漏洞、使用防火墙隔离内外网、控制计算机病毒的传播、加强用户的安全教育和采用安全的通信协议等措施外，还有一种有效的安全措施是在主机或网络中构建入侵检测系统。

入侵是指对计算机系统的非授权访问或者未经许可在计算机系统中进行的操作，入侵者可能是通过非法手段获取到系统的账号，然后进行非授权的访问，或者其本身是合法的系统用户，但超越了合法的权限，在系统中进行了非法操作。

入侵检测是对企图入侵、正在进行的入侵或者已经发生的入侵行为进行识别的过程。它通过对计算机系统的运行状态进行监视，发现各种攻击企图、攻击行为或者攻击结果，包括检测外部的非法入侵者的恶意攻击或试探，以及内部合法用户的超越使用权限的非法行为。

IDS（Intrusion Detection System，入侵检测系统）是指执行入侵检测任务或具有入侵检测功能的系统，可以是软件系统或者软硬件结合的系统。入侵检测系统通过对计算机网络或主机系统中的若干关键点收集信息并对其进行分析，从中发现网络或主机中是否有违反安全策略的行为和被攻击的迹象。入侵检测系统通常包括以下几个功能：

- ❏ 监控、分析用户和系统的活动情况；
- ❏ 检查系统的配置是否存在漏洞；
- ❏ 评估关键系统和数据文件的安全性；
- ❏ 识别攻击的活动模式并报警；
- ❏ 通过统计分析发现异常活动；
- ❏ 对操作系统进行审计跟踪，识别违反安全策略的用户活动。

入侵检测系统可以分为基于网络、基于主机及分布式 IDS 3 类。基于网络的入侵检测系统主要监视网络中流经的数据包，以便发现入侵或者攻击的蛛丝马迹。基于主机的入侵检测系统主要监视针对主机的活动日志（用户的命令、登录/退出过程，使用的数据等），以此来判断入侵企图。分布式 IDS 通过分布于网络中各个节点的传感器或者代理对整个网络和主机环境进行监视，收集到的数据再由中心监视平台进行处理，从而发现入侵或攻击企图。如图 10-1 是典型的入侵检测系统的结构模型。

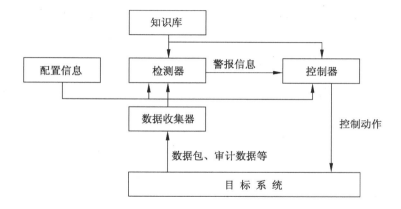

图 10-1　典型的入侵检测系统模型

在图 10-1 中，各种组件的功能如下：

- ❏ 数据收集器（又称为探测器）：主要负责收集任何可能包含入侵行为线索的系统数据，包括网络数据包、日志文件和系统调用记录等。探测器将这些数据收集起来，再送给检测器进行处理。
- ❏ 检测器（又称分析引擎）：通过分析探测器送来的数据，再结合知识库中的内容，分析和发现入侵行为，并发出警报信号。
- ❏ 知识库：存放入侵行为的模式、用户历史活动档案或者检测规则集合等内容。
- ❏ 控制器：根据警报信号，由系统管理员人工发出控制动作或者自动做出反应。

大部分的入侵检测系统还提供良好的用户界面，以及运行状态的监控界面和接口。入侵检测系统使用的检测方法可以分为两类：基于特征码的检测方法和异常检测。使用基于特征码检测方法的系统主要从所搜集的数据中发现已知的攻击特征。例如，某些 URL 中包含的一些怪异的 Unicode 编码字符就是针对 IIS Unicode 缺陷的攻击特征，通过各种模式匹配技术的应用，可以进一步提高基于特征码检测方法的精确性。

使用异常检测系统能够把获得的数据与一个基准数据进行比较，以检测这些数据是否异常。例如，某个用户的工作时间是上午 9 点到下午 5 点，但是在某个晚上他却登录了公司的某台服务器，这就属于一个异常事件，需要进一步深入分析。目前，有大量的统计学方法可以用于检测数据是否异常。

10.2　Snort 的安装与使用

Snort 是 Linux 平台上常用的遵循 GNU GPL 的入侵检测系统，同时它还是一个非常优秀的数据包抓取工具。本节将介绍 Snort 的功能特点，Snort 软件的获取、安装与运行，snort 的命令格式以及 Snort 作为抓包工具时的使用方法等内容。

10.2.1　Snort 简介

Snort 是一种开放源代码、免费、跨平台的网络入侵保护和检测系统。它使用一种规则驱动的语言，支持各种形式的插件、扩充和定制，具有实时数据流量分析、对 IP 网络数据包进行日志记录，以及对入侵进行探测的功能。具体来说，Snort 具有以下特点：

- ❏ 实时通信分析和网络数据包记录。
- ❏ 检查包装的有效载荷。
- ❏ 对数据包的协议进行分析，并对内容进行查询匹配。
- ❏ 可以检测端口扫描、缓冲区溢出、CGI 攻击和 SMB 探测等许多入侵尝试。
- ❏ 报警的方式可以是系统日志、指定文件、UNIX socket 或通过 Samba 到其他操作系统平台。

虽然 Snort 的功能非常强大，但是其代码非常简洁，可移植性非常好。迄今为止数百万的下载量使得 Snort 成为使用最广泛的入侵保护和检测系统，并且成为事实上的行业标准。

目前 Snort 官网提供了两个版本，分别为 Snort 2 和 Snort 3。这两个版本的主要区别如下：

- 架构和设计：Snort 2 是基于单线程架构设计的，而 Snort 3 是基于多线程架构设计的。这意味着 Snort 3 可以更好地利用多核处理器的性能，从而提高检测速度和效率。此外，Snort 3 还引入了一些新的设计概念，如组件化和插件化架构，使其更加灵活和可扩展。

- 规则语言：Snort 2 和 Snort 3 使用的规则语言有所不同。Snort 2 使用的是基于正则表达式的规则语言，而 Snort 3 使用的是基于 Lua 脚本的规则语言。这使得 Snort 3 的规则更加灵活，可读性更强，同时也使得规则的编写和维护更加容易。

- 插件和功能：Snort 3 相对于 Snort 2 引入了更多的插件和功能，如 HTTP 检测插件、SSL 检测插件和文件检测插件等。这些插件和功能可以帮助 Snort 3 更好地检测和防御网络中的各种攻击和威胁。

- 性能和效率：Snort 3 采用了多线程架构，相对于 Snort 2，它能够更好地利用多核处理器的性能，提高检测速度和效率。此外，Snort 3 还引入了一些新的技术，如基于 DPDK 的高性能数据包处理，使得其性能和效率更加出色。

总之，Snort 3 相对于 Snort 2 性能和效率更好，更加灵活和可扩展，支持更多的插件和功能，并且更容易编写和维护。因此，如果条件允许，建议用户使用 Snort 3 进行网络入侵检测和防御。下面介绍 Snort 3 的安装及使用。

10.2.2　Snort 3 的安装与运行

Snort 是一种开放源代码的软件，可以从其主页 http://www.snort.org 中下载源代码进行编译和安装，目前最新的开发版本是 3.1.58，文件名是 snort3-3.1.58.0.tar.gz。下面介绍安装 Snort 的方法。在安装 Snort 之前，需要先安装一些依赖包。由于该软件依赖的软件包比较多，这里将分解安装。

1.　安装基础工具包

为了安装 libDAQ，需要先安装一些依赖包。下面安装基础工具包及依赖包。

```
[root@localhost ~]# dnf install flex bison git gcc gcc-c++ make cmake automake
autoconf libtool
[root@localhost ~]# dnf install libpcap-devel libdnet-devel hwloc-devel
openssl-devel zlib-devel luajit-devel pkgconf-pkg-config libmnl-devel
[root@localhost ~]# dnf install libnfnetlink-devel libnetfilter_queue-
devel
```

以上软件包大部分在软件源中都是自带的。如果缺少某个 RPM 软件包，可以到 https://rpmfind.net/网站上进行下载，再使用 rpm 命令安装即可。以上命令必须在安装 libDAQ 之前执行。

2.　安装libDAQ（数据采集库）

libDAQ 用于网络流量采集。用户可以从 Snort 官网获取其安装包，安装包名为 libdaq-3.0.11.tar.gz。

```
[root@localhost ~]# tar zxvf libdaq-3.0.11.tar.gz        # 解压软件包
[root@localhost ~]# cd libdaq-3.0.11/                    # 进入解压目录
[root@localhost libdaq-3.0.11]# ./bootstrap              # 生成配置文件
```

```
[root@localhost libdaq-3.0.11]# ./configure              # 配置 libDAQ
[root@localhost libdaq-3.0.11]# make &&make install      # 编译并安装 libDAQ
```

3. 安装 Hyperscan

Snort 3 使用 Hyperscan 快速模式匹配需要的软件。Hyperscan 需要 Ragel 和 Boost 头文件，因此用户不能直接安装 Hyperscan。为了一次性安装 Hyperscan，分为下面 10 个步骤。

（1）安装 LZMA 和 UUID。其中，LZMA 用于 SWF 和 PDF 文件的解压缩，UUID 是通用唯一识别码，用于标记或标识网络中的对象。

```
[root@localhost ~]# dnf install xz-devel libuuid-devel
```

（2）安装 Python 和 SQLite，执行命令如下：

```
[root@localhost ~]# dnf install python3 sqlite-devel
```

（3）安装 PCRE，从官网 http://www.pcre.org/ 获取源码安装包进行安装。PCRE 使 Snort 支持正则表达式，以便捕获数据包。

```
[root@localhost]# tar zxvf pcre-8.45.tar.gz              # 解压软件包
[root@localhost]# cd pcre-8.45/                          # 进入解压目录
[root@localhost pcre-8.45]# ./configure                  # 配置软件包
[root@localhost pcre-8.45]# make && make install         # 编译并安装软件包
```

（4）安装 Colm，从 http://rpmfind.net/ 网站获取 RPM 安装包，然后使用 rpm 命令安装。

```
[root@localhost ~]# rpm -ivh colm-0.13.0.7-6.el9.x86_64.rpm colm-devel-
0.13.0.7-6.el9.x86_64.rpm
警告：colm-0.13.0.7-6.el9.x86_64.rpm: 头 V4 RSA/SHA256 Signature, 密钥 ID
3228467c: NOKEY
Verifying...                        ################################# [100%]
准备中...                           ################################# [100%]
正在升级/安装...
   1:colm-0.13.0.7-6.el9             ################################# [ 50%]
   2:colm-devel-0.13.0.7-6.el9       #################################[100%]
```

（5）安装 Ragel，从 http://rpmfind.net/ 网站获取 RPM 安装包，然后使用 rpm 命令安装。如果 Ragel 包安装不正确，会直接导致 Hyperscan 无法编译。

```
[root@localhost ~]# rpm -ivh ragel-7.0.0.12-7.el9.x86_64.rpm ragel-devel-
7.0.0.12-7.el9.x86_64.rpm
警告：ragel-7.0.0.12-7.el9.x86_64.rpm: 头 V4 RSA/SHA256 Signature, 密钥 ID
3228467c: NOKEY
Verifying...                        ############################## [100%]
准备中...                           ############################## [100%]
正在升级/安装...
   1:ragel-7.0.0.12-7.el9            ############################## [ 50%]
   2:ragel-devel-7.0.0.12-7.el9 ############################## [100%]
```

（6）安装 Boost。由于 Hyperscan 需要 Boost C++ Libraries，所以安装 Hyperscan 还需要 Boost 库。Boost 包可以从官网 https://www.boost.org/ 上获取。Boost 包不需要安装，只要解压缩就可以了。

```
[root@localhost ~]# tar zxvf boost_1_82_0.tar.gz
```

（7）安装 Hyperscan，从 GitHub 托管网站获取 Hyperscan 的源码安装包。

```
[root@localhost ~]# unzip hyperscan-master.zip           # 解压软件包
[root@localhost ~]# cd hyperscan-master/                 # 进入解压目录
```

```
[root@localhost hyperscan-master]# mkdir hs-build          # 创建 hs-build 目录
[root@localhost hyperscan-master]# cd hs-build/
[root@localhost hs-build]# ln -s ~/boost_1_82_0/boost ~/hyperscan-master/
include/boost                                              # 创建软链接文件
[root@localhost hs-build]# cmake -DCMAKE_BUILD_TYPE=Release -DCMAKE_
INSTALL_PREFIX=/usr/local/ ../../hyperscan-master
[root@localhost hs-build]# make -j$(nproc)                 # 编译软件包
[root@localhost hs-build]# make -j$(nproc) install         # 安装软件包
```

Hyperscan 安装完成后，会在 bin 目录下产生 6 个文件。

```
[root@localhost hs-build]# cd bin/
[root@localhost bin]# ls
hsbench  hscheck  patbench  pcapscan  simplegrep  unit-hyperscan
```

☎提示：make -j$(nproc)命令中的 nproc 表示读取 CPU 的核心数量，即多核编译软件包。
直接执行 make 命令，表示单核编译。多核编译速度比单核编译速度快很多，但
是多核编译可能存在以下问题：

❏ 内存不足：使用多核编译会加快编译速度，但也会增加内存的使用量。如果
系统内存不足，可能会导致编译失败或系统崩溃。

❏ 编译顺序问题：使用多核编译可能会使编译顺序混乱，从而导致编译失败。
这通常是由于源文件之间存在依赖关系，而多核编译会同时编译多个文件，
无法按正确顺序完全编译。

❏ 并发冲突：使用多核编译时，多个线程可能会同时访问同一个文件或资源，
这可能会导致并发冲突问题，如死锁、竞争条件等。

❏ 稳定性：多核编译可能会影响系统的稳定性，尤其是在使用高于 CPU 实际核
数的线程数时，可能会导致系统崩溃或出现其他异常情况。

因此，使用多核编译需要谨慎，要根据实际情况进行调整，以确保编译的稳定性
和正确性。例如，笔者在 RHEL 9 的虚拟机中安装 Snort 3，使用多核编译软件包
后，导致无法进入图形界面。执行命令出现段错误（核心已转储）。如果用户系
统性能不太高的话，建议使用单核编译和安装。

（8）安装 FlatBuffers。从 GitHub 托管网站获取 FlatBuffers 的源码包并进行安装。
FlatBuffers 是一个用于内存受限应用程序的跨平台序列化库，它允许用户直接访问序列化
数据，无须对其进行解包或解析。

```
[root@localhost ~]# unzip flatbuffers-master.zip
[root@localhost ~]# cd flatbuffers-master/
[root@localhost flatbuffers-master]# mkdir fb-build
[root@localhost flatbuffers-master]# cd fb-build/
[root@localhost fb-build]# cmake ../../flatbuffers-master
[root@localhost fb-build]# make -j$(nproc)
[root@localhost fb-build]# make -j$(nproc) install
```

（9）安装 Safec，从 https://rpmfind.net/网站上获取 RPM 安装包进行安装。Safec 用于
对某些遗留 C 库调用进行运行时边界检查。

```
[root@localhost ~]# rpm -ivh libsafec-3.3-5.el8.x86_64.rpm libsafec-devel-
3.3-5.el8.x86_64.rpm
警告: libsafec-3.3-5.el8.x86_64.rpm: 头 V3 RSA/SHA256 Signature, 密钥 ID
2f86d6a1: NOKEY
Verifying...                     ############################### [100%]
```

```
准备中...                      ################################## [100%]
正在升级/安装...
   1:libsafec-3.3-5.el8          ################################## [ 50%]
   2:libsafec-devel-3.3-5.el8     ################################## [100%]
```

成功安装 Safec 软件包后，创建一个软链接文件。

```
[root@localhost ~]# ln -s /usr/lib64/pkgconfig/safec-3.3.pc /usr/local/
lib64/pkgconfig/libsafec.pc
```

以上命令必须在 Hyperscan 正确安装完成之后才能执行。

（10）安装 Tcmalloc。Tcmalloc 是由 Google（PerfTools）创建的一个库，用于改进线程中的内存处理。Tcmalloc 库对应的软件包名为 Gperftools，使用该库可以提高性能并减少对内存的使用。Gperftools 软件可以从 GitHub 托管网站上获取并进行安装。另外，在安装 Gperftools 之前，需要先安装依赖包 libunwind。

```
[root@localhost ~]# rpm -ivh libunwind-1.6.2-1.el9.x86_64.rpm libunwind-
devel-1.6.2-1.el9.x86_64.rpm
警告: libunwind-1.6.2-1.el9.x86_64.rpm: 头 V4 RSA/SHA256 Signature, 密钥 ID
3228467c: NOKEY
Verifying...                   ################################## [100%]
准备中...                      ################################## [100%]
正在升级/安装...
   1:libunwind-1.6.2-1.el9        ################################## [ 50%]
   2:libunwind-devel-1.6.2-1.el9   ##################################[100%]
```

接下来安装 Gperftools。

```
[root@localhost ~]# tar zxvf gperftools-2.10.tar.gz
[root@localhost ~]# cd gperftools-2.10/
[root@localhost gperftools-2.10]# ./configure
[root@localhost gperftools-2.10]# make && make install
```

4．安装Snort 3

通过以上操作，Snort 3 的所有依赖包就安装好了。接下来安装 Snort 3 软件包。操作步骤如下：

（1）解压 Snort 3 软件包并进入解压目录。

```
[root@localhost]# tar zxvf snort3-3.1.58.0.tar.gz
[root@localhost ~]# cd snort3-3.1.58.0/
```

（2）Snort 3 需要配置几个环境变量才能正确运行。这里设置环境变量如下：

```
[root@localhost snort3-3.1.58.0]# export PKG_CONFIG_PATH=/usr/local/lib/
pkgconfig:$PKG_CONFIG_PATH
[root@localhost snort3-3.1.58.0]# export PKG_CONFIG_PATH=/usr/local/lib64/
pkgconfig:$PKG_CONFIG_PATH
```

（3）配置 Snort 3 软件包，指定安装位置为/usr/local/snort。

```
[root@localhost snort3-3.1.58.0]# ./configure_cmake.sh --prefix=/usr/
local/snort --enable-tcmalloc
```

（4）进入 build 目录，编译 Snort 3 软件包。

```
[root@localhost snort3-3.1.58.0]# cd build/
[root@localhost build]# make -j$(nproc)
```

（5）安装 Snort 3 软件包。

```
[root@localhost build]# make -j$(nproc) install
```

成功执行以上命令后，Snort 就安装成功了。

（6）启动 Snort 3。在启动 Snort 3 之前，需要更新动态链接库。因为通过源码包安装的软件包，其库文件可能保存在/usr/local/lib 或/usr/local/lib64 目录下，所以需要将这两个目录添加到/etc/ld.so.conf 文件中。该文件的默认内容如下：

```
include ld.so.conf.d/*.conf
```

include ld.so.conf.d/*.conf 表示/etc/ld.so.conf.d/目录下所有的.conf 文件都会被包含，文件中的所有路径都会被搜索到。为了避免破坏系统原文件，在/etc/ld.so.conf.d/目录下创建一个名为 local.conf 文件并写入搜索的库文件路径。

```
[root@localhost ]# vi /etc/ld.so.conf.d/local.conf
/usr/local/lib
/usr/local/lib64
```

然后保存并退出文件。执行 ldconfig 命令使配置生效。接下来运行 snort 命令会出现小猪图案。

```
[root@localhost ~]# /usr/local/snort/bin/snort -V
   ,,_      -*> Snort++ <*-
  o" )~    Version 3.1.58.0
  ''''    By Martin Roesch & The Snort Team
          http://snort.org/contact#team
          Copyright (C) 2014-2023 Cisco and/or its affiliates. All rights
reserved.
          Copyright (C) 1998-2013 Sourcefire, Inc., et al.
          Using DAQ version 3.0.11
          Using LuaJIT version 2.1.0-beta3
          Using OpenSSL 3.0.1 14 Dec 2021
          Using libpcap version 1.10.0 (with TPACKET_V3)
          Using PCRE version 8.45 2021-06-15
          Using ZLIB version 1.2.11
          Using Hyperscan version 5.4.2 2023-04-21
          Using LZMA version 5.2.5
```

5. 安装Snort 3 Extra

Snort 3 Extra 是一组 C++或 Lua 插件，用于扩展 Snort 3 的网络流量解码、数据检查、后续操作和日志记录方面的功能。Snort 3 Extra 安装包可以从 Snort 官网上获取。安装步骤如下：

（1）解压软件包并进入解压目录。

```
[root@localhost ~]# tar zxvf snort3_extra-3.1.58.0.tar.gz
[root@localhost ~]# cd snort3_extra-3.1.58.0/
```

（2）在构建额外的插件之前，必须设置环境变量 PKG_CONFIG_PATH。该变量路径可以验证 Snort 的安装路径。

```
[root@localhost snort3_extra-3.1.58.0]# export PKG_CONFIG_PATH=/usr/local/
snort/lib64/pkgconfig:$PKG_CONFIG_PATH
```

（3）配置 Snort 3 Extra 软件包，并指定安装位置为/usr/local/snort/extra.

```
[root@localhost snort3_extra-3.1.58.0]# ./configure_cmake.sh --prefix=
/usr/local/snort/extra
...//省略部分内容
-- Configuring done
-- Generating done
```

```
-- Build files have been written to: /root/snort3_extra-3.1.58.0/build
```

看到以上输出信息，表示配置成功。

（4）切换到 build 目录，编译并安装 Snort 3 Extra 软件包。

```
[root@localhost snort3_extra-3.1.58.0]# cd build/
[root@localhost build]# make
[root@localhost build]# make install
```

10.2.3　Snort 命令格式

Snort 有 3 种工作模式：嗅探器、数据包记录器和网络入侵检测系统。在嗅探器模式下 Snort 相当于一个抓包软件，仅从网络上读取数据包并连续不断地显示在终端上。在数据包记录器模式下，Snort 把数据包记录到硬盘中。网络入侵检测模式是最复杂的，用户可以通过配置让 Snort 分析网络数据包，并与用户定义的一些规则进行匹配，然后根据检测结果采取一定的动作。Snort 命令的格式如下：

```
snort [-options]
```

options 是 Snort 命令执行时的选项，其主要有以下选项：

- ❑ -A <警报模式>：设置警报模式，警报模式可以是 none、cmg 或 alert_*。alert_full 模式以完整的格式把警报记录到警报文件中；alert_fast 模式只记录时间戳、消息、IP 地址、端口到警报文件中；cmg 表示生成"cmg 样式"警报；none 模式是关闭报警。
- ❑ -c <文件>：指定使用的配置文件。
- ❑ -C：以 ASCII 码显示数据报文，不使用十六进制。
- ❑ -d：捕获应用层数据并显示。
- ❑ -D：以守护进程的形式运行 Snort。
- ❑ -e：显示或记录数据链路层头部的数据。
- ❑ f：写入二进制日志后关闭 fflush() 调用。
- ❑ -g <用户组>：Snort 初始化完成后以指定的用户组身份运行，主要是出于安全考虑。
- ❑ -H：使用哈希表。
- ❑ -i <网络接口>：在指定的网络接口上监听。
- ❑ -k <mode>：设置校验模式，默认是 all。其中，可以使用的值有 all、noip、notcp、noudp、noicmp 和 none。
- ❑ -l <目录名>：指定日志信息的存放目录。
- ❑ -L <mode>：指定记录模式，可设置的值有 none、dump、pcap 或 log_*。
- ❑ -M：将消息记录到系统日志中。
- ❑ -n <n>：指定处理 n 个数据包后退出。
- ❑ -O：混淆记录的 IP 地址。
- ❑ -Q：启用联机操作模式。
- ❑ -q：安静模式。
- ❑ -R <rules>：指定使用的规则文件。
- ❑ -r <pcap>：读取 pcap 文件。

- ❑ -T：进入自检模式，Snort 将检查所有的命令行和规则文件是否正确。
- ❑ -u <用户>：Snort 初始化完成后以指定的用户身份运行，主要是出于安全考虑。
- ❑ -v：工作于冗余模式，把数据包打印到屏幕上，这样会使处理速度变慢。
- ❑ -X：从链路层开始捕获原始数据包中的数据。
- ❑ -?：显示 Snort 简要的使用说明并退出。
- ❑ --pcap-file <file>：读取包含 pcap 列表的文件。
- ❑ --pcap-list <list>：从列表中读取 pcap 文件。多个 pcap 文件之间，使用空格分隔。
- ❑ --pcap-dir <dir>：从指定的目录中读取 pcap 文件。
- ❑ --pcap-filter <filter>：使用过滤器方式读取 pcap 文件。

10.2.4　用 Snort 抓取数据包

除了使用 Snort 作为入侵检测工具外，Snort 还具有强大的数据包抓取功能，可以作为数据包分析工具使用。在 Snort 命令格式中，如果不使用-c 选项指定规则文件，则 Snort 将简单地从网络中抓取数据包，并在屏幕上显示或保存到文件中。下面介绍使用 Snort 命令抓取数据包的方法。

【实例 10-1】使用 dump 记录模式捕获接口 ens160 的数据包。如果想要捕获到局域网中的所有数据包，可以设置网卡为混杂模式。

```
[root@localhost ~]# ip link set dev ens160 promisc on
```

接下来捕获数据包。

```
[root@localhost ~]# /usr/local/snort/bin/snort -i ens160 -L dump -d
```

命令执行后，将显示 Snort 的版本信息，然后就处于停顿状态，等待数据包的到来。

```
---------------------------------------------------
o")~   Snort++ 3.1.58.0
---------------------------------------------------
---------------------------------------------------
pcap DAQ configured to passive.
Commencing packet processing
++ [0] ens160
```

如果此时某一网络接口到达或发送了一个数据包，则数据包的内容将会显示出来。捕获到的包有两部分，分别为包信息和包统计信息。下面是一个 ICMP 请求和一个 ICMP 响应数据包的例子显示内容。其中，包信息如下：

```
pkt:1
eth(DLT):  00:50:56:C0:00:08 -> 00:0C:29:CA:73:78  type:0x0800
ipv4(0x0800):  192.168.164.1 -> 192.168.164.145
Next:0x01 TTL:64 TOS:0x0 ID:40821 IpLen:20 DgmLen:60
icmp4(0x01):  Type:8  Code:0
ID:1   Seq:5  ECHO                               #ICMP 请求
snort.raw[32]:
- - - - - - - - - - - - - - - - - - - - - - - - - - - - - - - - -
61 62 63 64 65 66 67 68  69 6A 6B 6C 6D 6E 6F 70  abcdefgh ijklmnop
71 72 73 74 75 76 77 61  62 63 64 65 66 67 68 69  qrstuvwa bcdefghi
- - - - - - - - - - - - - - - - - - - - - - - - - - - - - - - - -
pkt:2
eth(DLT):  00:0C:29:CA:73:78 -> 00:50:56:C0:00:08  type:0x0800
ipv4(0x0800):  192.168.164.145 -> 192.168.164.1
```

```
Next:0x01 TTL:64 TOS:0x0 ID:23749 IpLen:20 DgmLen:60
icmp4(0x01): Type:0  Code:0
ID:1  Seq:5  ECHO REPLY                              # ICMP 响应

snort.raw[32]:
- - - - - - - - - - - - - - - - - - - - - - - - - - - - - - - - - - - -
61 62 63 64 65 66 67 68  69 6A 6B 6C 6D 6E 6F 70  abcdefgh ijklmnop
71 72 73 74 75 76 77 61  62 63 64 65 66 67 68 69  qrstuvwa bcdefghi
- - - - - - - - - - - - - - - - - - - - - - - - - - - - - - - - - - - -
```

其中：每个数据包的第一行为数据包编号；第二行和第三行分别为以太网层和 IP 层的源和目标地址（MAC 地址和 IP 地址）；第四行为 ICMP 协议数据包信息；snort.raw 部分为数据包的原始格式。当不需要捕获数据包时，按 Ctrl+C 键可以停止捕获，并显示包的统计信息。

```
-- [0] ens160
--------------------------------------------------
Packet Statistics                                 # 包统计信息
--------------------------------------------------
daq
          received: 66                            # 接收的包数
          analyzed: 66                            # 分析的包数
             allow: 66
          rx_bytes: 7315                          # 接收的包大小
--------------------------------------------------
codec
             total: 66        (100.000%)          # 总包数
          discards: 18        ( 27.273%)
               arp: 8         ( 12.121%)          # ARP 包数
               eth: 66        (100.000%)          # 以太网协议包数
             icmp4: 16        ( 24.242%)          # ICMP 包数
              ipv4: 58        ( 87.879%)          # IPv4 协议包数
               tcp: 17        ( 25.758%)          # TCP 包数
               udp: 25        ( 37.879%)          # UDP 包数
--------------------------------------------------
Module Statistics                                 # 模块统计
--------------------------------------------------
detection                                         # 探测结果
          analyzed: 66                            # 分析的包数
            logged: 66                            # 记录的包数
--------------------------------------------------
stream_tcp                                        # TCP 流
      zero_len_tcp_opt: 2
--------------------------------------------------
tcp
      bad_tcp4_checksum: 9                        # TCP 校验失败的包
--------------------------------------------------
udp
      bad_udp4_checksum: 9                        # UDP 校验失败的包
--------------------------------------------------
Summary Statistics                                # 摘要统计
--------------------------------------------------
process
           signals: 1
--------------------------------------------------
timing                                            # 时间信息
           runtime: 00:01:57
```

```
              seconds: 117.866886
              pkts/sec: 1
o")~    Snort exiting
```

在上面的例子中，Snort 实际上是工作在嗅探器方式，是在屏幕上显示数据包。Snort 还有一种记录数据包的方法是把数据包保存到硬盘文件中，供以后分析时使用。为了明确数据包存放在哪个位置，需要用-l 选项指定一个目录位置。

【实例 10-2】下面使用 Snort 以 pcap 格式捕获数据包，并将其保存到/var/log/snort 目录下。

```
# mkdir /var/log/snort                                    # 创建目录
# /usr/local/snort/bin/snort -i ens160 -L pcap -l /var/log/snort/ -d -e
                                                          # 捕获数据包
```

在上面的命令中，-l 选项指定存放数据包的目录是/var/log/snort，文件名由 Snort 自己命名。当捕获完数据包时，可以用以下命令查看一下/var/log/snort 目录中的文件。

```
# ls /var/log/snort
log.pcap.1682167225        log.pcap.1682166517
```

上面列出的这些文件都存放了 Snort 抓到的数据包，文件名是由 Snort 决定的。这些数据还可以供其他数据包分析工具（如 Wireshark）使用，也可以使用 Snort 规则检测这些数据包是否包含入侵模式。以上是 Snort 作为抓包工具的使用方法，相对来说比较简单。10.3 节将介绍 Snort 的主要的入侵检测功能。

10.3　配置 Snort 3

Snort 的主要功能是对入侵进行检测，其工作方式是对抓取的数据包进行分析后，与特定的规则模式进行匹配。如果能匹配，则认为发生了入侵事件。此时，执行 Snort 命令时需要用-c 选项指定入侵检测时所使用的配置文件。在默认安装 Snort 时，已经在/etc/snort 目录下提供了一个例子配置文件，其文件名是 snort.lua。本节将介绍 Snort 3 的配置方法。

10.3.1　Snort 3 配置文件

Snort 3 包括两个主要的配置文件，分别为/usr/local/snort/etc/snort/snort_defaults.lua 和 /usr/local/snort/etc/snort/snort.lua。其中，snort_defaults.lua 是 Snort 3 的默认配置文件，包含一些常用的配置选项，如预处理器、输出插件和规则路径等；snort.lua 是 Snort 3 的主配置文件，用于配置 Snort 3 的各种选项，如预处理器、检测引擎和输出插件等。这两个配置文件相关的配置内容如表 10-1 所示。

表 10-1　Snort配置文件相关的配置内容

配 置 内 容	配 置 文 件
配置规则、预处理器和AppID路径	snort_defaults.lua
配置HOME_NET和EXTERNAL_NET	snort.lua
配置IPS模块	snort.lua

续表

配 置 内 容	配 置 文 件
启动和配置reputation处理器	snort.lua
配置file_id和file_log处理器	snort.lua
配置data_log处理器	snort.lua
配置输出	snort.lua

☎提示：在 snort_defaults.lua 和 snort.lua 配置文件中，"--" 开头的行表示注释行。

10.3.2　配置 Snort 规则文件

Snort 判断是否发生入侵检测事件的主要依据是数据包中是否包含与规则相匹配的模式，因此规则是 Snort 实现入侵检测功能的基础。已知的网络入侵种类成千上万，这些入侵的特征需要转化成 Snort 规则，才能让 Snort 使用。因此，只有规则的数量足够多并且及时进行更新，Snort 工作时才能得到有意义的结果。

Snort 软件包本身并不提供规则。如果用户需要，可以从 Snort 的主页上下载。Snort 网站为 3 种不同的用户提供了不同的规则更新服务。付费用户可以得到最新的 Snort 规则，一旦有新的规则出现，将会得到实时更新。注册用户比付费用户迟 30 天得到最新规则，即新规则出来后，可以过 30 天之后才提供给注册用户下载。非注册用户只能在 Snort 版本更新时才能得到新的规则。

为了获取 Snort 规则，可以在 http://www.snort.org 网站上注册一个用户账号，然后在主页上选择 Rules，再在页面中间找到为注册用户提供的 Snort 3.0 版最新的规则集进行下载。下载后的文件大小为 14.6MB，文件名是 snortrules-snapshot-31470.tar.gz。

上述文件解压后，将解压出四个目录，分别为 builtins、etc、rules 和 so_rules。其中，rules 目录包含最新的 Snort 规则，这些规则根据类型被存放在不同的文件中。例如，snort3-protocol-ftp.rules 文件中包含有关 FTP 的规则。为了使用 Snort 规则，还需要进行简单的配置。

（1）在 Snort 安装目录下新建 4 个规则目录。

```
# mkdir -p /usr/local/snort/{builtin_rules,rules,appid,intel}
```

（2）解压规则文件包 snortrules-snapshot-31470.tar.gz，然后将 rules 目录下的所有规则文件复制到/usr/local/snort/rules 规则目录下；将 builtins/builtins.rules 规则文件复制到/usr/local/snort/builtin_rues 目录下；将 etc/file_magic.lua 文件复制到/usr/local/snort/etc/snort 目录下。

```
# cp rules/*.rules /usr/local/snort/rules/
# cp builtins/builtins.rules /usr/local/snort/builtin_rules/
# cp etc/file_magic.lua /usr/local/snort/etc/snort/
```

（3）下载 OpenAppID，用于识别应用。该软件包与 Snort 规则包在同一个下载页面中，其包名为 snort-openappid.tar.gz。然后解压该软件包。

```
[root@localhost]# tar zxvf snort-openappid.tar.gz
```

解压后，所有文件都被解压到 odp 目录中。

（4）将 odp 目录移动到/usr/local/snort/appid 目录下。

```
# mv odp/ /usr/local/snort/appid/
```

（5）创建黑白名单和名单。

```
# curl -Lo ip-blocklist https://www.talosintelligence.com/documents/
ip-blacklist                                      # 下载黑名单文件
# mv ip-blocklist /usr/local/snort/intel/         # 复制下载的黑名单到 Snort 目录
# touch /usr/local/snort/intel/ip-allowlist       # 创建白名单
```

（6）编辑 snort_defaults.lua 文件，修改规则文件路径。原始文件如下：

```
# vi /usr/local/snort/etc/snort/snort_defaults.lua
-- Path to your rules files (this can be a relative path)
RULE_PATH = '../rules'
BUILTIN_RULE_PATH = '../builtin_rules'
PLUGIN_RULE_PATH = '../so_rules'

-- If you are using reputation preprocessor set these
WHITE_LIST_PATH = '../lists'
BLACK_LIST_PATH = '../lists'
```

修改后的文件如下：

```
-- Path to your rules files (this can be a relative path)
RULE_PATH = '../../rules/'
BUILTIN_RULE_PATH = '../../builtin_rules/'
PLUGIN_RULE_PATH = '../../so_rules'

-- If you are using reputation preprocessor set these
WHITE_LIST_PATH = '../../intel/'
BLACK_LIST_PATH = '../../intel/'
--Path to AppID ODP - Optional
APPID_PATH = '/usr/local/snort/appid'
```

上面主要修改了规则文件的路径，最后添加了 AppID 目录。检测该文件时，如果报错提示找不到 rules，可能就是上面的路径问题。为了避免出现环境设置问题，可以全部使用绝对路径来配置。这里在/etc/profile 文件中添加如下环境变量：

```
export RULE_PATH='/usr/local/snort/rules/'
export BUILTIN_RULE_PATH='/usr/local/snort/builtin_rules/'
export PLUGIN_RULE_PATH='/usr/local/snort/so_rules/'
```

然后执行如下命令使配置生效。

```
# source /etc/profile
```

10.3.3　配置 snort.lua 文件

编辑 snort_defaults.lua 文件后，还需要在 snort.lua 文件中进行一些配置才可以实施入侵检测。下面介绍如何配置 snort.lua 文件。

1．编辑IPS规则

在 IPS 部分设置规则文件，使 Snort 工具启动时自动读取。原始配置如下：

```
ips =
{
    -- use this to enable decoder and inspector alerts
```

```
    -- enable_builtin_rules = true,
    -- use include for rules files; be sure to set your path
    -- note that rules files can include other rules files
    -- (see also related path vars at the top of snort_defaults.lua)
    variables = default_variables
}
```

修改后的内容如下:

```
ips =
{
    -- use this to enable decoder and inspector alerts
    -- enable_builtin_rules = true,
    -- use include for rules files; be sure to set your path
    -- note that rules files can include other rules files
    -- (see also related path vars at the top of snort_defaults.lua)
    variables = default_variables,
rules = [[
include $RULE_PATH/snort3-app-detect.rules
        include $RULE_PATH/snort3-browser-chrome.rules
        include $RULE_PATH/snort3-browser-firefox.rules
        include $RULE_PATH/snort3-browser-ie.rules
        include $RULE_PATH/snort3-browser-other.rules
        include $RULE_PATH/snort3-browser-plugins.rules
        include $RULE_PATH/snort3-browser-webkit.rules
        include $RULE_PATH/snort3-content-replace.rules
        include $RULE_PATH/snort3-exploit-kit.rules
        include $RULE_PATH/snort3-file-executable.rules
        include $RULE_PATH/snort3-file-flash.rules
...//省略部分内容
]]
}
```

在上面的配置中,首先在"variables = default_variables"后面添加一个英文逗号。然后,使用"rules = [[ ]]"添加规则文件路径。

以上只是简单列举了几个规则文件,用户可以将 rules 目录中的所有规则添加到配置文件中。

2. 添加调用

在 snort.lua 文件的上部添加一条指令,指定调用 file_magic.lua 文件。

```
-- 1. configure defaults
-----------------------------------------------------------------------
----

-- HOME_NET and EXTERNAL_NET must be set now
-- setup the network addresses you are protecting
HOME_NET = 'any'

-- set up the external network addresses.
-- (leave as "any" in most situations)
EXTERNAL_NET = 'any'

include 'snort_defaults.lua'
include 'file_magic.lua'
```

3. 启用APPID

由于前面已安装了 APPID,所以这里修改其配置。APPID 的默认配置如下:

```
appid =

{
-- appid requires this to use appids in rules
-- app_detector_dir = 'directory to load appid detectors from'
}
```

修改后的效果如下：

```
appid =
{
-- appid requires this to use appids in rules
app_detector_dir = APPID_PATH,
}
```

注意：在入侵检测系统模式下，黑名单功能不可用。

4．配置日志

Snort 3 提供了几种日志记录机制，如配置 Logger 模块、file_log 检测、data_log 检测、alert_syslog 记录或 alert_json 记录。这里只需要启用需要的记录器模块，不需要的无须配置。下面配置使用 alert_fast 模式保存日志。

提示：使用 alert_fast 模式保存日志，日志默认保存在运行命令的当前目录下，文件名为 alert_fast.txt，而且在屏幕上不会输出。如果不想使用默认目录保存文件，可以使用-l 参数指定保存位置。

在 snort.lua 文件中的默认配置如下：

```
-- alert_fast = { }
```

修改如下：

```
alert_fast =
{
        file = true
}
```

以上所有配置完成后，保存并退出 snort.lua 文件。为了确定该文件的配置都正确，可以使用-c 选项进行检测。

```
# /usr/local/snort/bin/snort -c /usr/local/snort/etc/snort/snort.lua
--------------------------------------------------
o")~   Snort++ 3.1.58.0
--------------------------------------------------
Loading /usr/local/snort/etc/snort/snort.lua:
Loading snort_defaults.lua:
Finished snort_defaults.lua:
Loading file_magic.lua:
Finished file_magic.lua:
    ftp_server
    http_inspect
    file_policy
    trace
    alert_fast
    ips
...
Finished /usr/local/snort/etc/snort/snort.lua:
Loading file_id.rules_file:
Loading file_magic.rules:
```

```
Finished file_magic.rules:
Finished file_id.rules_file:
Loading ips.rules:
Loading ../../rules/snort3-app-detect.rules:
Finished ../../rules/snort3-app-detect.rules:
Loading ../../rules/snort3-browser-chrome.rules:
Finished ../../rules/snort3-browser-chrome.rules:
Loading ../../rules/snort3-browser-firefox.rules:
Finished ../../rules/snort3-browser-firefox.rules:
Loading ../../rules/snort3-browser-ie.rules:
Finished ../../rules/snort3-browser-ie.rules:
Finished ips.rules:
-----------------------------------------------------
ips policies rule stats
            id  loaded  shared enabled    file
             0   44847    0    44847    /usr/local/snort/etc/snort/snort.lua
-----------------------------------------------------
rule counts
        total rules loaded: 44847
               text rules: 44847
             option chains: 44847
             chain headers: 1527
                  flowbits: 704
      flowbits not checked: 68
-----------------------------------------------------
port rule counts
            tcp       udp       icmp      ip
      any   1811      388       468       295
      src   1351      169       0         0
      dst   5345      1018      0         0
      both  109       54        0         0
      total 8616      1629      468       295
-----------------------------------------------------
service rule counts               to-srv  to-cli
                  bgp:               5       1
                dcerpc:            431     334
                  dhcp:             32       9
...//省略部分内容
-----------------------------------------------------
pcap DAQ configured to passive.
Snort successfully validated the configuration (with 0 warnings).
o")~  Snort exiting
```

看到最后输出 Snort successfully validated the configuration (with 0 warnings).信息，表示 snort.lua 配置成功。

☎提示：使用 snort 命令进行入侵检测时，如果不使用-A 参数，则会按配置文件设置的方式记录日志。如果使用 "-A alert_full（指定 full 模式）"，则不按配置文件设置的方式执行，此时捕获的包将会进行标准输出。

经过以上操作，Snort 3 就配置好了。下面创建一个测试规则文件，使用 Snort 验证效果。

【实例 10-3】创建一个测试规则文件 local.rules，并使用 Snort 验证效果。

（1）关闭网卡中的 LRO（Large Receive Offload）和 GRO（Generic Receive Offload）。Snort 官方提到这个功能可能会把较长的数据包截断，使得 Snort 无法对其进行匹配操作。使用 ethtool 工具关闭 LRO 和 GRO。首先，查看当前网卡上的 LRO 和 GRO 是否为关闭状态。

```
[root@localhost ~]# ethtool -k ens160 | grep receive-offload
generic-receive-offload: on
large-receive-offload: on
```

从输出信息中可以看到，当前网络 LRO 和 GRO 都为启动状态。接下来关闭 LRO 和 GRO。

```
[root@localhost ~]# ethtool -K ens160 gro off
[root@localhost ~]# ethtool -K ens160 lro off
```

（2）创建一个本地规则文件目录/usr/local/etc/snort/rules，并在该目录下创建一个简单的规则。关于 Snort 规则的编写，将在 10.4 节讲解。

```
[root@localhost ~]# mkdir -p /usr/local/etc/snort/rules
[root@localhost ~]# vi /usr/local/etc/snort/rules/local.rules
alert icmp any any -> $HOME_NET any (msg:"[警告]检测到 ICMP connection 请及
时处理"; sid:1000001; rev:1;)
```

（3）启动 Snort，并使用-R 选项指定使用的规则文件 local.rules。

```
[root@localhost ~]# /usr/local/snort/bin/snort -c /usr/local/snort/etc/
snort/snort.lua -R /usr/local/etc/snort/rules/local.rules -i ens160 -A
alert_full -s 65535 -k none
```

当检测的主机存在 ICMP 通信时，Snort 将给出警告。为了能够监听到数据包，可以在当前主机中执行 ping 命令，以产生 ICMP 流量。

```
# ping baidu.com
```

执行以上命令后，Snort 将输出警告信息。

```
[**] [1:366:11] "PROTOCOL-ICMP PING Unix" [**]
[Classification: Misc activity] [Priority: 3]
[AppID: ICMP]
04/22-23:48:03.466224 192.168.164.145 -> 110.242.68.66
ICMP TTL:64 TOS:0x0 ID:59578 IpLen:20 DgmLen:84 DF
Type:8  Code:0  ID:19   Seq:1  ECHO

[**] [1:1000001:1] "[警告]检测到 ICMP connection 请及时处理" [**]
[Priority: 0]
[AppID: ICMP]
04/22-23:48:03.466224 192.168.164.145 -> 110.242.68.66
ICMP TTL:64 TOS:0x0 ID:59578 IpLen:20 DgmLen:84 DF
Type:8  Code:0  ID:19   Seq:1  ECHO

[**] [1:29456:3] "PROTOCOL-ICMP Unusual PING detected" [**]
[Classification: Information Leak] [Priority: 2]
[AppID: ICMP]
04/22-23:48:03.466224 192.168.164.145 -> 110.242.68.66
ICMP TTL:64 TOS:0x0 ID:59578 IpLen:20 DgmLen:84 DF
Type:8  Code:0  ID:19   Seq:1  ECHO

[**] [1:1000001:1] "[警告]检测到 ICMP connection 请及时处理" [**]
[Priority: 0]
[AppID: ICMP]
04/22-23:48:03.497719 110.242.68.66 -> 192.168.164.145
ICMP TTL:128 TOS:0x0 ID:47860 IpLen:20 DgmLen:84
Type:0  Code:0  ID:19  Seq:1  ECHO REPLY

[**] [1:408:8] "PROTOCOL-ICMP Echo Reply" [**]
[Classification: Misc activity] [Priority: 3]
[AppID: ICMP]
```

```
04/22-23:48:03.497719 110.242.68.66 -> 192.168.164.145
ICMP TTL:128 TOS:0x0 ID:47860 IpLen:20 DgmLen:84
Type:0 Code:0  ID:19  Seq:1  ECHO REPLY
```

看到以上输出信息，说明 Snort 配置成功。按 **Ctrl+C** 键可以停止监听。

10.3.4　设置 Snort 开机自启动

为了方便管理 Snort 服务，可以创建单元文件，使用 Systemctl 命令进行管理。下面设置 Snort 开机自启动。

【**实例 10-4**】设置 Snort 开机自启动。

（1）创建一个普通用户和组 snort，用来运行 Snort 程序。

```
# groupadd snort
# useradd snort -r -M -g snort -s /sbin/nologin -c SNORT_SERVICE_ACCOUNT
```

（2）设置日志存放的位置。

```
# mkdir /var/log/snort
# chmod -R 5700 /var/log/snort
# chown -R snort:snort /var/log/snort
```

（3）新建启动文件/etc/systemd/system/snort.service。

```
# vi /etc/systemd/system/snort.service
```

添加以下内容。注意查看自己的网络接口并进行修改。

```
[Unit]
Description=Snort 3 Intrusion Detection and Prevention service
After=syslog.target network.target

[Service]
Type=simple
ExecStart=/usr/local/snort/bin/snort -c /usr/local/snort/etc/snort/snort.
lua --plugin-path /usr/local/snort/extra -i ens160 -l /var/log/snort -D
 -u snort -g snort --create-pidfile -k none
ExecReload=/bin/kill -SIGHUP $MAINPID
User=snort
Group=snort
Restart=on-failure
RestartSec=5s
CapabilityBoundingSet=CAP_NET_ADMIN CAP_NET_RAW CAP_IPC_LOCK
AmbientCapabilities=CAP_NET_ADMIN CAP_NET_RAW CAP_IPC_LOCK

[Install]
WantedBy=multi-user.target
```

（4）加载启动文件并设置 Snort 开机自启动。

```
# systemctl daemon-reload
# systemctl enable snort.service
```

（5）启动 Snort 服务并查看其状态。

```
# systemctl start snort.service
# systemctl status snort.service
● snort.service - Snort 3 Intrusion Detection and Prevention service
   Loaded: loaded (/etc/systemd/system/snort.service; enabled; vendor
```

```
preset: disabled)
   Active: active (running) since Sat 2023-04-22 23:30:13 CST; 3s ago
 Main PID: 103957 (snort)
    Tasks: 1 (limit: 76754)
   Memory: 224.5M
      CPU: 3.773s
   CGroup: /system.slice/snort.service
           └─103957 /usr/local/snort/bin/snort -c /usr/local/snort/etc/
snort/snort.lua --plugin-path /usr/local/snort/extra -i >
```

从输出结果中可以看到，成功启动 Snort 服务，而且开机时会自动启动该服务。

10.4　编写 Snort 规则

前面介绍了 Snort 规则的获得、配置与使用方法，这些规则是由各种组织或厂商提供的。有时用户希望能够自己编写 Snort 规则，以便能对最新的入侵行为给出反应。下面介绍有关 Snort 规则的编写方法。

10.4.1　Snort 规则基础

Snort 使用一种简单、轻量级的规则描述语言，这种语言灵活而强大。一条 Snort 规则包含两个逻辑部分：规则头和规则选项。规则头包含规则的动作、协议、源和目的 IP 地址与网络掩码以及源和目的端口信息。规则选项部分包含警报消息和匹配模式，Snort 要对部分数据包进行检查，看该数据包是否与模式匹配。如果匹配，将采取规则头中指定的动作。

当书写 Snort 规则时，所有的内容都应该在一个单行上。如果需要分成多行书写，要在行尾加上分隔符"\"。另外，snort.lua 文件中定义的变量都可以在规则中使用。常用的变量是 HOME_NET 和 EXTERNAL_NET，分别表示本地子网和其他网段。下面是一个 Snort 规则的例子：

```
alert icmp $EXTERNAL_NET any -> $HOME_NET any (msg:"ICMP Source Quench";
icode:0; itype:4; \
classtype:bad-unknown; sid:477; rev:3;)
```

其中，左括号前面的部分是规则头，alert 是警报动作。如果数据包与指定的模式匹配，则会发出警报。icmp 是协议，即该规则只与 ICMP 的数据包进行匹配。$EXTERNAL_NET 表示数据包的源 IP 地址范围，后面的 any 表示任何源端口号。"->"是数据包的方向示意。$HOME_NET 表示数据包的目的 IP 地址范围，后面的 any 表示任何目的端口号。

括号内的部分是规则选项，由"选项:值"组成。它们之间用";"分隔。"选项:值"之间可以认为是逻辑"与"的关系，即只有数据包与所有选项指定的值匹配时，才认为是与该规则匹配的。同时，Snort 规则库中的所有规则可以认为是逻辑"或"关系。

10.4.2　Snort 规则头

规则头定义了一个数据包的 who、where 和 what 信息，以及当数据包满足规则定义的所有选项的值时，将对数据包采取什么动作。其格式如下：

```
Action Protocol Networks Ports Direction Operator Networks Ports
```

在 Snort 3 中，选项 Protocol、Networks、Ports、Direction 和 Operator 是可选的，可以省略，表示任意匹配。规则头的第一项定义了规则动作的名称，在 Snort 中，有以下 5 种内置的规则动作：

- alert：以指定方式发送警报，然后记录数据包。警报模式可以由命令行参数-A 指定。
- log：记录数据包到指定的位置。
- pass：忽略数据包，不采取任何动作。
- activate：执行 alert 动作，并激活另一个 dynamic 动作类型的规则。
- dynamic：保持空闲直到被一个 activate 动作激活，被激活后将作为一个 log 动作的规则来执行。

如果 Snort 被 iptables 等工具调用，工作在内嵌方式时，还可以使用以下 3 种动作：

- drop：使 iptables 丢弃数据包并记录到日志中。
- reject：使 iptables 丢弃数据包并记录到日志中，然后发送 TCP 复位或 ICMP 不可到达数据包。
- sdrop：使 iptables 丢弃数据包而且不记录到日志中。

除了上述 Snort 内置的动作外，还可以自定义动作的 Lua 脚本。例如，定义一个名为 myaction.lua 的脚本，首先定义一个名为 myaction 的函数。

```
function myaction(data)
    -- 自定义动作逻辑
end
```

然后在 Snort 3 的配置文件中添加自定义动作的引用和配置。

```
lua = {
    ...
    myaction = "myaction.lua",
    ...
}
config = {
    ...
    custom_actions = {
        {
            type = "myaction",
            options = {
                -- 自定义动作选项
            }
        }
    },
    ...
}
```

这里使用 lua 设置 Lua 脚本的目录和名称，使用 custom_actions 配置选项添加自定义动作。其中，type 指定自定义动作的类型为 myaction，options 可以设置自定义动作的选项。例如，在自定义规则中使用如下自定义动作。

```
alert tcp any any -> any 80 (msg:"HTTP traffic detected"; sid:10001;
myaction;)
```

以上语法表示使用 myaction 关键字调用自定义动作。

在规则头中，紧跟着规则动作的下一个域是协议类型。Snort 当前可以分析的协议类型有 5 种，即 TCP、UDP、ICMP、IP 和 HTTP，这已经包括 Internet 的主要协议，将来可能会支持更多的协议，如 ARP、IGRP、GRE、OSPF、RIP 和 IPX 等。

接下来的域是 IP 地址。除了单个 IP 地址外，还可以使用以 IP 地址和 CIDR 块组成的 IP 地址段，如 192.168.1.0/24。此外，还可以用方括号表示 IP 地址列表，用"!"表示取反，用 any 表示任意的 IP 地址。下一个域是端口号，除了定义单个端口号外，还可以以":"表示端口范围，也可以以 any 表示任何端口，"!"表示取反。

方向操作符"->"表示规则要求的数据包的方向。"->"左边的 IP 地址和端口号被认为是数据包的源主机，右边的 IP 地址和端口号是目标主机。也可以使用双向操作符"<>"，它告诉 Snort 把任一边的 IP 地址和端口号既作为源，又作为目标来考虑，这为记录或分析双向会话提供了方便。例如，下面的规则头可以用来表示 Telnet 会话双向数据包。

```
log !192.168.1.0/24 any <> 192.168.1.0/24 23
```

以上是关于 Snort 规则头的介绍。括号内的部分是规则选项，将在下面介绍。

10.4.3　Snort 规则选项

Snort 的规则选项是入侵检测引擎的核心。所有的入侵行为都可以通过 Snort 规则选项将其表达出来，使用起来非常灵活。所有的 Snort 规则选项和选项值之间用":"分隔，而规则选项本身由";"进行分隔。规则选项主要有 4 类：

❑ General；
❑ payload；
❑ non-payload；
❑ post-detection。

General 类选项提供了关于 Snort 规则的一些信息，但对检测没有任何影响，具体选项及其功能如表 10-2 所示。

表 10-2　Snort规则中的General类选项

选 项 名 称	功　　能
msg	和数据包一起，在报警或日志中打印一个字符串消息
reference	允许Snort参考一个外部的攻击鉴别系统
sid	指定Snort规则的唯一标号，用1 000 000以内的整数表示，小于100的整数保留
rev	指定Snort规则的版本号
classtype	指定Snort规则的类别标识
priority	指定Snort规则的优先级标识号
metadata	提供Snort规则的一些额外信息

payload 类选项用于指定在数据包的负载数据中进行搜索的内容，具体选项及其功能如表 10-3 所示。

表 10-3　Snort规则中的payload类选项

选 项 名 称	功　　能
content	在包的负载数据中搜索指定的内容并根据内容触发响应
nocase	content选项的修饰符，表示content指定的字符串大小写不敏感
rawbytes	content选项的修饰符，表示直接在二进制流中搜索，忽略解码数据
depth	content选项的修饰符，设定搜索的最大深度
offset	content选项的修饰符，设定开始搜索的位置
distance	content选项的修饰符，设定搜索的最大广度
within	content选项的修饰符，把匹配模式的搜索限制在一定的范围内
http_client_body	content选项的修饰符，把匹配模式的搜索限制在客户端的HTTP请求的实体数据中
http_uri	content选项的修饰符，把匹配模式的搜索限制在HTTP请求的头域中
isdataat	content选项的修饰符，表示模式匹配后，其后面还跟随指定个数的非换行字符
pcre	允许使用Perl兼容的正则表达式书写Snort规则
byte_test	对数据包中的某些字节进行值比较，可以用字符串及操作符表示字节值
byte_jump	把数据包中的某些字节转换成数值并进行相应的偏移量调整
ftpbounce	用于检测FTP跳跃攻击
asn1	由ASN.1插件使用，解码全部或部分数据包，再搜索各种恶意代码

non-payload 类选项用于指定在数据包的报文头域中进行搜索的内容，具体选项及其功能如表 10-4 所示。

表 10-4　Snort规则中的non-payload类选项

选 项 名 称	功　　能
fragoffset	检查IP头的分段偏移位
ttl	检查IP头的ttl的值
tos	检查IP头中TOS字段的值
id	检查IP头的分片ID值
ipopts	查看IP选项字段的特定编码
fragbits	检查IP头的分段位
dsize	检查数据包载荷的大小
flags	检查是否有特定的TCP标志存在
flow	检查特定TCP数据流向的数据包
flowbits	用于Flow预处理模块，跟踪会话状态
seq	检查tcp序列号的值
ack	检查tcp应答（ACK）的值
window	检查TCP特定的窗口域值
itype	检查icmp type的值
icode	检查icmp code的值
icmp_id	检查icmp ID的值
icmp_seq	检查icmp seq的值

选 项 名 称	功　　能
rpc	检查RPC请求的应用、版本号和过程号
ip_proto	检查IP头的上层协议值
sameip	检查数据包的源IP和目的IP是否相等

post-detection 类选项用于指定当某个数据包与规则匹配时，试图触发的动作，所包含的具体选项及功能如表 10-5 所示。

表 10-5　Snort规则中的post-detection类选项

选 项 名 称	功　　能
logto	把触发该规则的所有包记录到一个指定的输出日志文件中
session	用于从TCP会话中抽取用户数据
resp	当一个数据包触发警报时，试图关闭会话
react	使用户能对与规则匹配的数据包流作出反应，如阻止该流
tag	对触发规则的数据包做上标签，以便在日志中记录相关数据

以上是有关 Snort 规则选项的解释，下面看具体的例子。

```
alert tcp $HOME_NET any -> $EXTERNAL_NET $HTTP_PORTS (msg:"WEB-CLIENT
Microsoft wmf metafile \
access"; flow:from_client,established;flowbits:set, wmf.download;
metadata:service http; \
classtype:attempted-user; sid:2436; rev:9;)
```

以上规则选项表示检查数据包是否来自客户端并具有 TCP 已连接标志。如果有，除了报警外，还要做上 wmf.download 状态标志。这条规则属于 attempted-user 类，标识号为 2436，版本号为 9。同时，规则头还指定了数据包应该从本地网络计算机的任何端口发往外界网络计算机的 HTTP 端口。

```
alert tcp $EXTERNAL_NET any -> $SQL_SERVERS 139 (msg:"SQL shellcode attempt"; \
flow:to_server,established; content:"9 |D0 00 92 01 C2 00|R|00|U|00|9 |EC
00|"; \
classtype:shellcode-detect; sid:692; rev:7;)
```

以上规则选项表示检查数据包是否具有 TCP 已连接标志并且负载数据中是否包含 "9 |D0 00 92 01 C2 00|R|00|U|00|9|EC 00|"。其中，由 "|" 包围的内容是一个二进制序列。这条规则属于 shellcode-detect 类，标识号为 692，版本号为 7。同时，规则头还指定了数据包应该从外界网络计算机的任何端口发往本地网络计算机的 139 号端口。

10.5　小　　结

入侵检测系统是对网络攻击进行主动防范的一种手段，是保证网络安全的一种重要措施。本章首先介绍了入侵检测的基础知识，包括网络安全的定义、网络攻击的类型及入侵检测系统的定义等。然后介绍了最知名的开源入侵检测系统——Snort，包括 Snort 的 3 种运行方式，配置方法，Snort 规则的使用和编写等。

10.6　习　　题

一、填空题

1．网络安全是指提供网络服务的整个系统的_____、_____及_____都要受到保护。

2．常见的网络攻击类型有 5 种，分别为_____、_____、_____、_____和_____。

3．入侵检测系统可以分为 3 类，分别是_____、_____和_____。

4．Snort 有 3 种工作模式，分别为_____、_____和_____。

二、选择题

1．Snort 命令用来设置警报模式的选项是（　　　）。

A．-A　　　　　　　　B．-c　　　　　　　　C．-D　　　　　　　　D．-e

2．当用户配置完 snort.lua 文件时，可以用 Snort 命令检查文件的配置是否正确的选项，这个选项是（　　　）。

A．-A　　　　　　　　B．-d　　　　　　　　C．-c　　　　　　　　D．-R

3．当 Snort 工作在数据包记录器模式下时，使用 Snort 命令指定数据包的保存位置的选项是（　　　）。

A．-c　　　　　　　　B．-A　　　　　　　　C．-c　　　　　　　　D．-l

4．在 Lua 配置文件中，表示注释行的符号是（　　　）。

A．#　　　　　　　　B．;　　　　　　　　C．--　　　　　　　　D．//

三、操作题

1．安装 Snort 3 入侵检测系统。

2．使用 Snort 命令捕获数据包，并指定保存位置为/var/log/snort。

第 3 篇
Linux 常见服务器架设

第 11 章　远程管理 Linux

在实际情况中，各种服务器主机都是摆放在标准机房内的，管理人员对服务器进行各种操作时，并不需要直接在控制台上进行，完全可以通过远程管理技术进行远程操作。下面介绍几种在 Linux 系统中架设远程管理服务器的方法，包括提供安全连接的 SSH 服务器，以及提供图形界面的 VNC 服务器。

11.1　架设 SSH 服务器

由于 Telnet 等远程管理工具采用明文传送密码和数据，存在着严重的安全隐患，所以在实际应用中并不推荐使用，而是使用经过加密后才传输数据的安全的终端。本节介绍 SSH 服务器的安装、运行和配置方法，以及如何使用 SSH 客户端在不安全的网络环境中通过加密机制来保证数据传输的安全。

11.1.1　SSH 概述

SSH（Secure Shell）是由芬兰的一家公司在 1995 年开发的，它是一种建立在 TCP 上的网络协议，允许通信双方通过一种安全的通道交换数据，保证数据的安全。但是受版权和加密算法的限制，后来很多系统都采用了 OpenSSH。OpenSSH 完全实现了 SSH 协议，而且开放代码，移植性好，因此很快流行起来，自 2005 年以来一直是 SSH 领域的主流软件。

1．SSH的特点

Telnet 和 Rlogin 等传统的网络服务程序在本质上都是不安全的。因为它们在网络上采用明文传送密码和数据，攻击者通过网络监听等方法很容易地就可以截获这些密码和数据。而且，这些服务程序的安全验证方式也存在着漏洞，很容易受到"中间人"（Man in the middle）这种方式的攻击。

📖说明：所谓中间人攻击，就是客户端和服务器之间传送的数据在中途被某个中间人截获，于是中间人就冒充真正的服务器接收客户端传给服务器的数据，再冒充客户端把数据传给真正的服务器。服务器传给客户端的数据也同样经过中间人的转手。因此，数据在传送过程中很容易被中间人"做手脚"，但服务器和客户端却一无所知，形成了很严重的安全问题。

SSH 不仅可以防止类似中间人的攻击方式、防止 DNS 和 IP 欺骗，而且还可以加快数据传输的速度。因为通过 SSH 传输的数据是经过压缩的。除此之外，SSH 还有很多功能，它完全可以代替 Telnet，而且还可以为 FTP、POP 甚至 PPP 等协议提供一个安全的"通道"。

2. SSH的版本

SSH 有两个不兼容的版本，分别是 SSH 1 和 SSH 2。SSH 2 的客户程序不能连接到 SSH 1 的服务器上。SSH 1 采用 DES、3DES、Blowfish 和 RC4 等对称加密算法保护数据安全传输，而对称加密算法的密钥是通过非对称加密算法（RSA）来完成交换的。SSH 1 使用循环冗余校验码（CRC）来保证数据的完整性，但是后来发现这种方法有缺陷。SSH 2 避免了 RSA 的专利问题，并修补了 CRC 的缺陷，它采用数字签名算法（DSA）和 Diffie-Hellman（DH）算法代替 RSA 完成对称密钥的交换，用消息证实代码（HMAC）来代替 CRC。同时，SSH 2 增加了 AES 和 Twofish 等对称加密算法。OpenSSH 2.x 同时支持 SSH 1.x 和 2.x。

3. SSH的安全验证

从客户端来看，SSH 提供了两种级别的安全验证。第一种级别也称为基于口令的安全验证，只要知道用户名和密码，就可以登录到远程主机。所有传输的数据都会被加密，但是不能保证客户端正在连接的服务器就是它想要连接的那台服务器。可能会有其他计算机冒充真正的服务器，也就是说，这种方式还是有可能会受到中间人的攻击。

第二种级别也称为基于密匙的安全验证，也就是客户机必须创建一对密匙，并把公用密匙放在需要访问的服务器上。当客户端与 SSH 服务器连接时，客户端会向服务器发出请求，要求用密匙进行安全验证。服务器收到请求后，就要到登录的用户的个人目录下寻找对应的公用密匙，然后把它和客户端发送过来的公用密匙进行比较。如果两个密匙一致，服务器就用公用密匙加密"凭据"（Challenge）并把它发送给客户端。客户端软件收到凭据之后，就可以用私人密匙解密再把它发送给服务器，从而完成安全验证。

采用第二种方式进行安全验证时，用户必须知道自己密匙的密码，但远程操作系统上的用户密码无须输入，因此也就不需要在网络上传送密码了。另外，由于其他计算机没有私人密匙，也就不可能实施中间人攻击了。

11.1.2　OpenSSH 服务器的安装和运行

在 RHEL 9 中安装 OpenSSH 服务器有两种方式，一种是通过源代码方式安装，另一种是通过 RPM 软件包方式安装。源代码可以从 http://www.openssh.com/portable.html 下载，目前最新的版本是 9.2.pl 版，文件名是 openssh-9.2p1.tar.gz。RHEL 9 自带的 OpenSSH 版本是 8.7p1 版，文件名是 openssh-server-8.7p1-24.el9_1.x86_64。

如果采用源代码方式安装，下载 openssh-9.2p1.tar.gz 文件到当前目录后，使用以下命令进行安装。

```
# tar zxvf openssh-9.2p1.tar.gz        //解压源代码文件包到 openssh-9.2p1 目录下
# cd  openssh-9.2p1
# ./configure                          //产生 Makefile 文件
# make                                 //编译链接
# make install                         //把各种文件复制到相应的系统目录下
```

下面介绍 RPM 安装方式。一般情况下，在安装 RHEL 9 系统时，默认会安装所有的 OpenSSH 包。如果由于某种原因没有安装，或者这些包丢失了，可以重新安装。此时，需要从安装文件中把下列包复制到当前目录下。

- ❑ openssh-server-8.7p1-24.el9_1.x86_64；
- ❑ openssh-askpass-8.7p1-24.el9_1.x86_64；
- ❑ openssh-8.7p1-24.el9_1.x86_64；
- ❑ openssh-clients-8.7p1-24.el9_1.x86_64。

根据名称可以知道，第 1 个包是服务器 SSH 软件，第 2 个包是有关密码对话框的库，第 3 个是基础包，第 4 个包是客户端 SSH 软件。下面对这些包进行安装。

```
# rpm -ivh   openssh-server-8.7p1-24.el9_1.x86_64.rpm
# rpm -ivh   openssh-askpass-8.7p1-24.el9_1.x86_64.rpm
# rpm -ivh   openssh-8.7p1-24.el9_1.x86_64.rpm
# rpm -ivh   openssh-clients-8.7p1-24.el9_1.x86_64.rpm
```

实际上，在安装这些包时还需要 OpenSSL 等 RPM 包的支持，如果这些包还没有安装，也需要事先安装。安装成功后，关于 SSH 服务器软件的几个重要文件分布如下：

- ❑ /etc/pam.d/sshd：sshd 的 PAM 认证配置文件。
- ❑ /usr/lib/systemd/system/sshd.service：sshd 的开机自动运行脚本。
- ❑ /etc/ssh/sshd_config：sshd 的主配置文件。
- ❑ /usr/libexec/openssh/sftp-server：实现 SFTP 的服务端程序。
- ❑ /usr/sbin/sshd：sshd 的命令文件。
- ❑ /usr/share/man/man5/sshd_config.5.gz：sshd_config 的帮助手册页。
- ❑ /usr/share/man/man8/sshd.8.gz：sshd 的帮助手册页。

下面以 RPM 包安装为例介绍 OpenSSH 的运行与配置。RPM 安装完成后，其初始的主配置文件/etc/ssh/sshd_config 可以使 sshd 进程运行并能正常提供服务。在 root 用户状态下，可以输入以下命令运行 sshd 进程。

```
# systemctl start sshd.service
```

以上命令要调用/usr/lib/systemd/system/sshd.service 脚本运行 sshd 进程。第一次运行时，会在/etc/ssh 目录下创建 3 对主机密钥文件。当客户端连接进来时，如果要登录的用户没有自己的密钥，则服务器会使用这里的密钥与客户端进行通信。

📖注意：初次运行时，如果使用/usr/sbin/sshd 命令直接运行，不会创建主机密钥，则进程不能运行。

下面看这些密钥文件。

```
# ls ssh_host*
ssh_host_ecdsa_key       ssh_host_ed25519_key       ssh_host_rsa_key
ssh_host_ecdsa_key.pub   ssh_host_ed25519_key.pub   ssh_host_rsa_key.pub
```

如果想开机时能自动运行 sshd 进程，使用 systemctl enable sshd.service 命令即可实现。用以下命令可以查看 sshd 进程是否已经启动。

```
[root@localhost ssh]# ps -eaf | grep sshd
root      1326      1  0 2月28 ?        00:00:00 sshd: /usr/sbin/sshd -D
[listener] 0 of 10-100 startups
root    146992  27721  0 10:44 pts/1    00:00:00 grep --color=auto sshd
```

可以看到，名为/usr/sbin/sshd 的进程已经启动，并且以 root 用户的身份运行。再看 SSH 默认的端口是否已经处于监听状态，输入以下命令：

```
# netstat -an|grep :22
tcp      0      0 0.0.0.0:22                0.0.0.0:*              LISTEN
tcp6     0      0 :::22                     :::*                   LISTEN
```

如果看到以上信息，说明 TCP 的 22 号端口已经处于监听状态，它就是 sshd 监听的端口。为了确保客户端能够访问 SSH 服务器，如果防火墙未开放 22 号端口，可以输入以下命令开放 22 号端口。

```
# firewall-cmd --zone=public --add-port=22/tcp -permanent    # 设置防火墙规则
success
# firewall-cmd --reload                                       # 使配置生效
```

上述过程完成后，就可以通过客户端连接 SSH 服务器了。

11.1.3　SSH 客户端的使用

SSH 服务器安装完成后，需要 SSH 客户端软件与之进行连接，然后客户端就可以对 SSH 服务器所在的主机进行远程管理了。在 RHEL 9 中安装 SSH 客户端，其 RPM 包的名称为 openssh-clients-8.7p1-24.el9_1.x86_64.rpm，可以用以下命令查看该包所包含的文件。

```
[root@localhost ssh]# rpm -ql openssh-clients
/etc/ssh/ssh_config                      //SSH 的配置文件
/usr/bin/scp                             //代替 RCP 的安全命令
/usr/bin/sftp                            //SFTP 客户端
/usr/bin/slogin                          //代替 Rlogin 的安全命令
/usr/bin/ssh                             //SSH 客户端命令文件
...
/usr/share/man/man1/...                  //帮助手册页文件
```

其中，/usr/bin/ssh 是 OpenSSH 客户端的命令文件，/etc/ssh/ssh_config 是它的主配置文件。与 Telnet 客户端不一样，使用 SSH 客户端命令时，需要事先指定在远程机上登录的用户名，可以通过-l 选项指定，也可以通过"<用户名>@<主机名>"的形式指定。

🔔注意：如果不指定用户名，则默认以本机的当前用户名登录远程机。

下面是具体的例子。

```
[abc@localhost ~]$ ssh -l bob 192.168.127.130
The authenticity of host '192.168.127.130 (192.168.127.130)' can't be
established.
ED25519 key fingerprint is SHA256:KqGXkbPftzHqhZOYRodQZFeJe9PMcdYmOudodE6Sf34.
This key is not known by any other names
Are you sure you want to continue connecting (yes/no[fingerprint])? yes
//要输入 yes 确认
Warning: Permanently added '192.168.127.130' (ED25519) to the list of known
hosts.
bob@192.168.127.130's password:                     //输入 bob 用户的密码
Activate the web console with: systemctl enable --now cockpit.socket
Register this system with Red Hat Insights: insights-client --register
Create an account or view all your systems at https://red.ht/insights-
dashboard
Last failed login: Thu Mar  2 10:54:19 CST 2023 from 192.168.127.130 on
```

```
ssh:notty
There were 2 failed login attempts since the last successful login.
Last login: Wed Feb 22 11:08:30 2023
[bob@localhost ~]$                      //现在的位置是在 192.168.127.130 上
```

上述命令是在 IP 地址为 192.168.127.130 的计算机上，以 abc 用户的身份运行的，使用 bob 用户名安全登录到 192.168.127.130 的计算机上。初始登录时，通信双方都没有对方的公共密钥。因此，服务器会提示客户端连接可能是假冒的，需要用户确认。用户确认后，会在本机用户的个人目录下的.ssh 目录下创建一个名为 known_hosts 的文件，里面包含对方主机的名称及发过来的公共密钥。可以在 192.168.127.130 计算机上输入以下命令查看这个文件的内容。

```
$ cat /home/abc/.ssh/known_hosts
192.168.127.130 ssh-ed25519 AAAAC3NzaC1lZDI1NTE5AAAAIMy+8uBFZiX1b7E+
uNHISLL5DR+3Yu98Baf+/jxEPoj2
192.168.127.130 ssh-rsa AAAAB3NzaC1yc2EAAAABIwAAAQEAnE+3xsHN9rzm5hL68D7
UVHXFQpSCimRXanBLgpG8QoTazqTfeG7m/KkKS/MuSFeQMGH4OSxQ6XO+D5K/0qMzd5veqS
2V2mPPIFsjxdn22v0/1uscVH5qtWh4Zen1KlSu2dpafKfdYx2pIN5XCGIIboSrn7z7GnLFj
sU8h/SXIjBfeLe4Kd3lbUZn2SVgaMa0QR6mJOEcDVUdcZY//3CwygNhAY4g1+pX/xm+dotC
gkJotfW1IywAna2Clk6E7hmnofHSar3gr6amJ0b02FOUJoEZFwZilzryh3ebOHwd1ouxQ+
VpVOt/zuhJC1Mr1pFQCi18or2ryXQkeKwsHfR3Qw==
```

其中，192.168.127.130 表示对方主机的地址，ssh-rsa 指公共密钥的算法，随后是公共密钥内容。有了这些内容，abc 用户以后将信任对方，下次与 192.168.127.130 的计算机连接时不会出现警告提示。

🔊注意：如果 192.168.127.130 计算机的 SSH 换了一对密钥，那么 abc 用户与对方的连接将会失败。

上述登录实际上是 SSH 登录的第一种方式。也就是说，公共密钥是由服务器提供给客户端的，在客户端上登录时，还需要输入要登录用户的密码。还可以采用第二种方式登录，此时，公共密钥由客户端提供给服务器，而私人密钥则是由客户端的某个用户保留。因此，需要先在客户端上创建密钥对。在 RHEL 9 中，可以用以下步骤创建密钥对。

```
[test@localhost ~]$ ssh-keygen -t rsa
Generating public/private rsa key pair.
Enter file in which to save the key (/home/test/.ssh/id_rsa):
                                    //确定密钥对的存储位置，按 Enter 键
Created directory '/home/test/.ssh'.
Enter passphrase (empty for no passphrase):        //设定私钥的密码
Enter same passphrase again:                       //再次确认密码
Your identification has been saved in /home/test/.ssh/id_rsa.
Your public key has been saved in /home/test/.ssh/id_rsa.pub.
The key fingerprint is:
SHA256:3PNqwa/L10F0UNPpc2HFtGrSFKbZH9Y4rYyWTqBQDH8 test@localhost
The key's randomart image is:
+---[RSA 3072]--- -+
|      .o.    o.*B  |
|       o.  = o*B   |
|      . . Eo +==+  |
|     o + .o+==o    |
|      S.o.==o.o    |
|       o*o .       |
|        oo. .      |
|        ...o .     |
```

```
|          .=+          |
+----[SHA256]-----+
[test@localhost ~]$
```

通过以上命令产生密钥时，采用的加密算法是 RSA。如果希望采用 DSA 算法产生密钥，可以用 ssh-keygen-tdsa 命令。以上步骤完成后，会在/home/test/.ssh 目录下出现 id_rsa 和 id_rsa.pub 两个文件，分别是产生的私钥和公钥。此外，这里所设的密码是私钥密码，可以为空。命令执行后，可以查看所产生的文件。

```
[test@localhost ~]$ ls -l /home/test/.ssh/
总用量 12
-rw-------. 1 test test 1766 9月  21 12:45 id_rsa
-rw-r--r--. 1 test test  395 9月  21 12:45 id_rsa.pub
 [abc@localhost ~]$
```

为了使用基于私钥的安全验证，需要把产生的公钥传给 192.168.127.130（服务器）主机上的 abc 用户，可以通过 FTP 办法上传，也可以采用其他方法。下面的步骤由 192.168.127.130（服务器）主机上的 abc 用户完成。首先查看个人目录中的文件，应该可以看到由客户端传过来的 id_rsa.pub。

```
[abc@localhost ~]$ ls -l /home/abc/.ssh/
总用量 12
-rw-r--r--. 1 abc abc  395 9月  21 12:45 id_rsa.pub
...
```

然后在个人目录下创建一个.ssh 目录，并把权限值改为 700（如果 abc 用户作为客户端与其他 SSH 服务器连接过，自动会有该目录，此时无须创建），然后把两个公钥文件移进去。

```
[abc@localhost ~]$ mkdir .ssh
[abc@localhost ~]$ chmod 700 .ssh
[abc@localhost ~]$ mv id_rsa.pub ./.ssh
[abc@localhost ~]$ cd .ssh
[abc@localhost .ssh]$ ls
id_rsa.pub
```

sshd 服务默认的用户个人公钥文件名是 authorized_keys。因此，需要把公钥 id_rsa.pub 的内容放到该文件中，并把它的权限值改为 644。

```
[abc@localhost .ssh]$ cat id_rsa.pub >> authorized_keys
[abc@localhost .ssh]$ chmod 644 authorized_keys  //必须要改权限,否则不能工作
```

至此，服务器端的工作已经全部完成。下面再回到客户端进行操作。

```
[test@localhost ~]$ ssh -l abc 192.168.127.130
Enter passphrase for key '/home/oracle/.ssh/id_rsa':  //输入私钥密码
Activate the web console with: systemctl enable --now cockpit.socket
Register this system with Red Hat Insights: insights-client --register
Create an account or view all your systems at https://red.ht/insights-
dashboard
Last login: Mon Mar  6 16:16:23 2023 from 192.168.127.130
[test@localhost ~]$
```

可以看到，客户端不需要输入 abc 用户的密码即可登录。以上步骤中所输的密码是私钥密码，如果前面用 ssh-keygen 命令创建私钥时没有设置密码，则此处也不需要密码，直接就以用户 abc 的身份登录 192.168.127.130 主机。

下面总结 SSH 客户端登录的过程。当客户端与 sshd 服务器建立连接时，需要事先提

供用户名,于是 sshd 就到该用户个人目录下的.ssh 目录下查找是否有 authorized_keys 文件,里面包含的是一个公钥。如果找到了,就通过该公钥加密一个凭据发送给客户端。客户端接收到凭据后,根据算法查找当前用户个人目录下的.ssh 目录中是否有 id_rsa(或 id_dsa)文件,里面包含私钥。如果找到了,就用该私钥解密凭据,再发送给服务器。服务器比较收到的凭据是否和刚才发送的一样,如果一样,就认为是合法的用户,直接让他登录。

如果 sshd 在要登录用户的个人目录下找不到 authorized_keys 文件,就向客户端发送一个自己的公钥,这个公钥位于/etc/ssh 目录下。客户端如果是第一次登录,就把该公钥加入个人目录下.ssh 目录的 known_hosts 文件中,再通过该公钥与服务器进行通信。此时,要提供密码。

11.1.4　配置 OpenSSH 客户端

11.1.3 小节讲述了 OpenSSH 客户端的使用方法,当时的 SSH 是在初始配置下运行的。如果希望 SSH 工作在特定的状态下,则需要改变 SSH 的初始配置。SSH 的配置文件在/etc/ssh 目录下,文件名为 ssh_config,初始配置文件里包含大部分常见的配置指令。下面对这些配置指令进行解释。在 ssh_config 文件中,每行都以“关键词　值”的形式存在,关键词是忽略大小写的,每行“#”后面的字符是注释。

```
[root@localhost ssh]# more ssh_config

#  Host 指令指出一个计算机范围,随后的配置指令只对这个范围内的计算机有效,直到碰到下一
#  个 Host 指令为止
#  “*”表示所有的计算机
#  Host *

#  设置与认证代理的连接是否转发给远程计算机
#  ForwardAgent no

#  使用 Xwindow 的用户是否想自动把 X11 会话通过安全通道和 DISPLAY 设置重定向到远程主机上
#  对于不使用图形界面的计算机应该设为 no
#  ForwardX11 no

#  设置是否应该使用基于密码的认证
#  PasswordAuthentication yes

#  设置是否使用经过公钥认证的 rhosts
#  HostbasedAuthentication no

#  确定是否允许使用基于 GSSAPI 的用户认证,仅用于 SSH 2
#  GSSAPIAuthentication no

#  设置是否将凭据转发到服务器上
#  GSSAPIDelegateCredentials no

#  设置是否使用基于 GSSAPI 的密钥交换
#  GSSAPIKeyExchange no

#  设置是否信任 DNS。如果为 yes,表示使用安全服务应用接口(GSSAPI)访问正在连接的主机。
#  如果为 no,表示不使用 GSSAPI
#  GSSAPITrustDNS no
```

```
#  设置是否交互式输入用户名和密码，no 表示使用交互式输入。在用脚本自动登录时，应该设为 yes
#  BatchMode no

#  设置是否对主机 IP 地址进行额外检查以防止 DNS 欺骗
#  CheckHostIP yes

#  设置使用 Ipv4 还是 Ipv6
#  AddressFamily any

#  设置与服务器连接时的超时值
#  ConnectTimeout 0

#  设置是否把新连接的主机加到./.ssh/known_hosts 文件中，ask 表示让用户选择
#  StrictHostKeyChecking ask

#  设置从哪个文件读取用户的 RSA 安全验证标识，可以设置多个
#  IdentityFile ~/.ssh/id_rsa
#  IdentityFile ~/.ssh/id_dsa
#  IdentityFile ~/.ssh/id_ecdsa
#  IdentityFile ~/.ssh/id_ed25519

#  确定连接到远程主机的哪一个端口号
#  Port 22

#  指定使用的加密算法
#  Ciphers aes128-ctr、aes192-ctr、aes256-ctr、aes128-cbc、3des-cbc
#  MACs hmac-md5、hmac-sha1 和 umac-64@openssh.com


#  使用哪个字符作为 Esc 键
#  EscapeChar ~

#  是否使用隧道设备。no 表示不使用
#  Tunnel no

#  强制使用某个隧道设备。any:any 表示任何可用的设备
#  TunnelDevice any:any

#  是否允许在 SSH 中执行本地命令
#  PermitLocalCommand no

#  登录服务器时，显示指纹字符串和未知主机密钥
#  VisualHostKey no

#  设置接受的命令
#  ProxyCommand ssh -q -W %h:%p gateway.example.com

#  指定在重新协商会话之前可以传输的最大数据量
#  RekeyLimit 1G 1h

#  指定用于用户主机密钥数据库的一个或多个文件
#  UserKnownHostsFile ~/.ssh/known_hosts.d/%k

# This system is following system-wide crypto policy.
# To modify the crypto properties (Ciphers, MACs, ...), create a  *.conf
# file under  /etc/ssh/ssh_config.d/  which will be automatically
# included below. For more information, see manual page for
```

```
# update-crypto-policies(8) and ssh_config(5).
Include /etc/ssh/ssh_config.d/*.conf
```

以上是 SSH 工作时初始配置文件内容的解释。其中大部分配置指令是被注释掉的，可以根据需要予以启用。另外，还有很多配置指令在初始配置文件中没有出现，可以通过 man ssh_config 命令查看手册页进行了解。

说明：有些配置指令的功能可以通过 SSH 的命令行参数实现，具体可以查看 SSH 的手册页。

11.1.5　OpenSSH 的端口转发功能

在实际应用中，有很多网络程序要通过 TCP/IP 进行数据传输。例如 Telnet、FTP 和 POP3 等，受到协议本身的限制，这些数据传输往往是不安全的。利用 SSH 的端口转发功能，可以对这些网络程序在各种 TCP 端口上建立的 TCP/IP 数据传输进行加密和解密，而且这个过程的绝大多数操作对用户来说都是透明的，功能非常强大。也就是说，只要将其连接通过 SSH 转发，就可以使一些基于 TCP 的不安全的协议变得安全、可靠。

说明：端口转发有时也称为隧道传输。

下面看如何使 Telnet 通过 SSH 转发访问远程主机的例子。

假设有两台计算机，一台是运行 Telnet 服务器的主机，IP 地址为 192.168.164.140；另一台是使用 Telnet 服务的客户机，IP 地址是 192.168.164.138。两台计算机的防火墙都处于关闭状态。在 192.168.164.138 上使用 Telnet 命令可以远程登录到 192.168.164.140，如图 11-1 所示。

图 11-1　客户机按一般方法登录 Telnet 服务器

图 11-1 中是使用一般方法登录，数据在网络中传输时是没经过加密的。现在希望通过 SSH 转发登录到 192.168.164.140 服务器，一种方法是在客户机也就是 192.168.164.138 上执行以下命令：

```
[root@localhost ~]# ssh -L 2323:192.168.164.140:23 root@192.168.164.138
```

以上命令的作用是通过 SSH 以 root 用户身份登录 192.168.164.140 主机。-L 表示本地转发，2323:192.168.164.140: 23 表示将到本地 2323 号端口的连接转发到服务器 192.168.164.140 的 23 号端口，23 号端口是 Telnet 的默认端口。在退出 SSH 之前，SSH 端口转发功能一直有效。为了测试结果，需要通过另一个终端进行，因为图 11-1 所示的终端此时是登录在 192.168.164.140 上的。

到了 192.168.164.138 的另外一个终端后，可以先输入以下命令，查看 2323 号端口是否已处于监听状态。

```
[root@radius os]# netstat -an | grep :2323
tcp        0      0 127.0.0.1:2323              0.0.0.0:*         LISTEN
tcp6       0      0 ::1:2323                    :::*             LISTEN
```

然后通过如图 11-2 所示的方法进行测试。

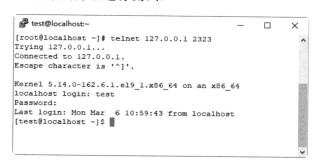

图 11-2　客户机通过 SSH 转发登录到 Telnet 服务器上

在图 11-2 中，客户机输入的命令是"telnet 127.0.0.1 2323"，也就是跟本机的 2323 号端口进行连接。虽然本机的 23 号端口没有提供 Telnet 服务，但是前面已经设置了 SSH 转发，连接到本机 2323 号端口的连接都要转发到 192.168.164.140 上，而且是经过加密的通道。因此，当执行上述命令时，实际上是跟 192.168.164.140 的 23 号端口进行连接，因此能够成功地连上，并以 test 的用户名登录。

📖 **说明**：第一种端口转发的命令也可以在配置文件 ssh_config 中加入"LocalForward　2323 192.168.164.140:23"配置指令进行设置。与 SSH 端口转发功能有关的还有一个-g 选项，它表示允许除本机以外的其他计算机使用转发功能。出于安全考虑，应该禁止这个功能。-g 选项的功能也可以通过 GatewayPorts　yes|no 配置指令进行设置。

以上例子讲述的实际上是本地转发，还可以通过远程转发实现同样的功能。关键的区别是当进行远程转发时，SSH 转发命令应该在服务器上进行，也就是说，要在 192.168.164.1401 上执行以下命令。

```
# ssh  -R 2323:192.168.164.140:23  root@192.168.164.138
```

其中，-R 表示进行远程转发，也就是把到远程机（现在是 192.168.164.138）2323 号端口的连接转发到本机（现在是 192.168.164.140）的 23 号端口上。此时，在 192.168.164.138 上通过 telnet 127.0.0.1 2323 进行测试，可以得到同样的效果。

除了端口转发以外，OpenSSH 还可以提供 X11 转发功能，即让 X11 协议数据通过隧道转发。如果客户端是在图形界面下工作的，就可以通过 SSH 连接到远程系统，在 SSH 提示符后面输入一条 X11 命令，OpenSSH 就会创建一条新的安全通道来承载 X11 数据。此时，虽然 X11 程序是在服务器上运行的，但是它会图形化输出到客户机屏幕上，效果就像是在本地运行一样。

11.1.6　基于 Windows 系统的 SSH 客户端

除了 Linux 系统的 SSH 命令以外，在 Windows 平台上也有很多 SSH 客户端软件，如

Secure CRT、SSH Shell、PuTTY 等，都以图形界面的形式实现了 SSH 1 和 SSH 2 协议，同时还附加了一些其他功能。下面以 PuTTY 为例介绍这类软件的使用。与其他同类软件相比，PuTTY 具有以下特点：

- ❑ 完全免费，还同时支持 Telnet。
- ❑ 全面支持 SSH 1 和 SSH 2。
- ❑ 绿色软件，无须安装，直接运行即可。
- ❑ 容量很小仅几百 KB。
- ❑ 操作简单，所有的操作都在一个控制面板中实现。

从 http://www.chiark.greenend.org.uk/~sgtatham/putty/download.html 处下载 putty.exe 文件后，直接双击运行，将弹出如图 11-3 所示的 PuTTY 主界面。

然后，可以输入主机的名称或 IP 地址进行登录。如果是初次与这台主机连接，将弹出如图 11-4 所示的对话框，警告所连接的主机不能保证是真正要连的对象。

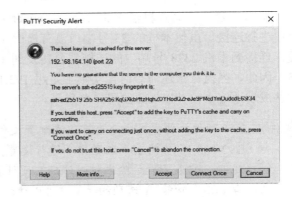

图 11-3　PuTTY 主界面　　　　　图 11-4　PuTTY 与一台主机初次连接时弹出的警告对话框

此时，单击 Accept 按钮，这台主机会加到已知主机列表中，以后再连接时不会再出现这个对话框。然后会弹出一个登录窗口，可以使用用户账号进行登录，如图 11-5 所示。此时，就可以输入命令对所登录的主机进行远程管理了。

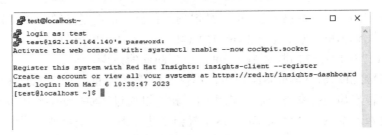

图 11-5　PuTTY 登录成功后的界面

以上介绍的是密码登录方式，即客户端使用服务器提供的公钥进行登录。下面再看一下密钥登录方式，即客户端使用私钥，不需要输入密码就能登录，具体步骤如下。

（1）从 http://www.chiark.greenend.org.uk/~sgtatham/putty/download.html 处下载 puttygen.exe 程序文件，这个程序的作用是产生一对密钥。运行后，会弹出如图 11-6 所示的对话框。

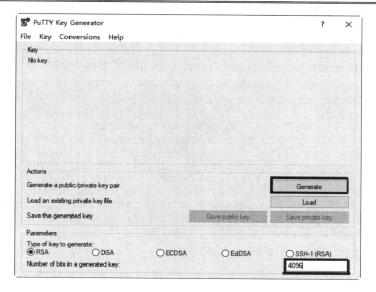

图 11-6　PuTTY 密钥产生器界面

（2）为了增强加密效果，把右下角的位数 2048 改为 4096，再单击 Generate 按钮，稍等片刻，会弹出如图 11-7 所示的对话框。

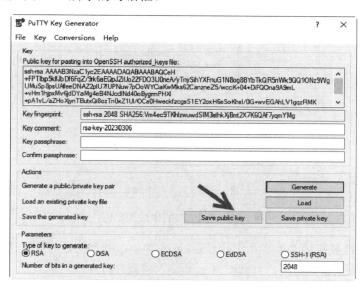

图 11-7　PuTTY 密钥产生后的界面

注意：单击 Generate 按钮后，鼠标光标要在 Key 框内的空白处移动，以产生算法使用的随机数。

（3）单击 Save public key 和 Save private key 按钮，分别把公钥和私钥保存到硬盘中，再关闭对话框。

（4）把保存好的公钥文件上传到 SSH 服务器上，登录用户个人目录下的.ssh 目录，并把公钥文件改名为 authorized_keys，并用 Chmod 命令把权限值改为 644。

（5）由于 PuTTY 中产生的公钥文件格式与 OpenSSH 不一样，需要进行修改，可以把 authorized_keys 改成类似下面的代码，或者直接将生成的公钥复制到 authorized_keys 文件（Public key for pasting into OpenSSH authorized_keys file 文本框中的内容）中。

```
[abc@localhost .ssh]$ more authorized_keys
ssh-rsa AAAAB3NzaC1yc2EAAAADAQABAAACAQDAr3mjwcJX8FPfP7nXxD5dJPDO2ZBFXU0
36ti/KSO8yfT9vqNCiGtZxKLRBp5fBT02cOgrRAB0jCfriu7Ohq404s+p8FPzP4ndZ5gzgJ
A0vHkfUWsVtngam4CoVP0t6mfgID5XBfXa0Tot6qjRBxCdbJLsjN90wU+kR+uONbIXf6UQV
eDWW5rn/mC4XSPXOyKH7WX6bY9b6rd3C3FKdY9h3FrtClv8JcAv85ZefIHXuTyy9e6MOFDL
0J5RXJH2KJq9ros54EP7uVDNO+K/GSQpboXjIvAXIbnbVcU0hngNjdHjmMqiHo758Wn9Sid
mACaaWJc5wvnM6QONa3Nmj+nx75LDyw17pByfISZXEj+P3y7RlRC6jPiBbwb1st+5+4n82B
LuMTxeYlhbCdnCxp2ersYR03XxS1srwBEf4aTWQ3YvF0rA4q3/McZp/9rBv45+kH8DSVF8z
zEIiyuU22/0QiKa8e21bmVPOcFOIKCPbfqOUbQ69ZFIQhiilRBF2Jyt06YqC8eRBnYLmiCt
7o3mFKvfjbBr52/wF44CpFCmIKMWrcbtG49L9zgJTBBMxWp2daVqmLYozFr1ZyjQhBRCFqs
ioD9sBtLO7lqtJpcNKBHZMpDfWNqlqzCjuareiSyp1DXSLeRjO/w+wXdbg2JSI/iLo/c/xa
aSz3GydIwQ9w== rsa-key-20230306
```

（6）运行 PuTTY，弹出如图 11-3 所示的主界面，在左边的菜单列表中选择 Connetion | SSH | Auth | Credentials 节点，再单击 Browse 按钮把前面产生的私钥载入，如图 11-8 所示。

图 11-8　在 PuTTY 中载入私钥

（7）选择图 11-8 左边菜单栏目中的 Session 主菜单，回到初始界面再进行登录。如果登录用户名是刚才接受公钥的用户，此时则无须输入密码，直接就可以登录，如图 11-9 所示。

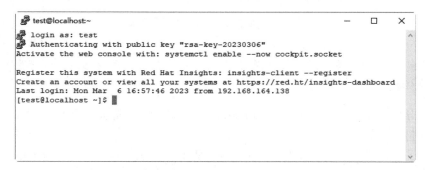

图 11-9　有了私钥后，用户无须输入密码即可登录

📖说明：为了把每次登录的设置保留起来，可以单击主界面中的 Save 按钮把当前会话设置保存起来。下次再登录时，可以单击 Load 按钮载入。

11.1.7　配置 OpenSSH 服务器

前面用较多的篇幅介绍了 SSH 客户端的配置和使用，下面再看一下关于 SSH 服务器的配置。OpenSSH 服务器的配置文件在/etc/ssh/sshd_config，openssh-server-8.7p1-24.el9_1.x86_64 包安装完成后会自动产生，初始内容包含常见的配置指令，下面对这些配置指令进行解释。

配置 1：

```
#Port 22
```

功能：指定 sshd 进程监听的端口号，默认为 22。可以使用多条指令监听多个端口。默认将在本机的所有网络接口上监听。

配置 2：

```
#AddressFamily any
```

功能：设置应当使用哪种地址族。取值范围是 any（默认）、inet（仅 IPv4）和 inet6（仅 IPv6）。

配置 3：

```
#ListenAddress 0.0.0.0
#ListenAddress ::
```

功能：指定 sshd 监听的本机网络接口地址，默认监听所有接口地址。可以使用多个 ListenAddress 指令监听多个地址。

配置 4：

```
#HostKey /etc/ssh/ssh_host_rsa_key          # 只用于 SSH 2
#HostKey /etc/ssh/ssh_host_ecdsa_key        # 只用于 SSH 2
#HostKey /etc/ssh/ssh_host_ed25519_key      # 只用于 SSH 2
```

功能：主机私钥文件的位置。如果不存在或权限不对，sshd 会拒绝启动。一台主机可以拥有多个不同的私钥。

配置 5：

```
#RekeyLimit default none
```

功能：指定在重新协商会话之前可以传输的最大数据量。此选项仅适用于 SSH 2。

配置 6：

```
#SyslogFacility AUTH
SyslogFacility AUTHPRIV
```

功能：指定 sshd 将日志消息通过哪个日志设备（Facility）发送，有效值是 DAEMON、USER、AUTH（默认）、AUTHPRIV 和 LOCAL0-LOCAL7。

配置 7：

```
#LogLevel INFO
```

功能：指定 sshd 的日志等级（即详细程度），可用值有：QUIET、FATAL、ERROR、INFO（默认）、VERBOSE、DEBUG、DEBUG1、DEBUG2 和 DEBUG3。

配置 8：

```
#LoginGraceTime 2m
```

功能：限制用户必须在指定的时限内认证成功，0 表示无限制，默认值是 120s。

配置 9：

```
#PermitRootLogin prohibit-password
```

功能：是否允许 root 登录。prohibit-password（默认）表示禁止使用密码登录，yes 表示允许，no 表示禁止。

配置 10：

```
#StrictModes yes
```

功能：指定是否要求 sshd 在接受连接请求前对用户主目录和相关的配置文件进行宿主和权限检查，默认为 yes。

配置 11：

```
#MaxAuthTries 6
```

功能：指定每个连接允许的最多认证次数，默认值是 6。

配置 12：

```
#MaxSessions 10
```

功能：指定每个连接可以并行开启多少个会话，默认值是 10。

配置 13：

```
#PubkeyAuthentication yes
```

功能：是否允许公钥认证，仅可以用于 SSH 2，默认为 yes。

配置 14：

```
#AuthorizedKeysFile     .ssh/authorized_keys
```

功能：存放用户使用 RSA/DSA 私钥登录时所对应的公钥文件。

配置 15：

```
#HostbasedAuthentication no
```

功能：是否使用强可信主机认证，仅可以用于 SSH 2。

配置 16：

```
#IgnoreUserKnownHosts no
```

功能：在 HostbasedAuthentication 时是否忽略用户的~/.ssh/known_hosts 文件。

配置 17：

```
#IgnoreRhosts yes
```

功能：在 HostbasedAuthentication 时是否忽略.rhosts 和.shosts 文件。

配置 18：

```
#PermitEmptyPasswords no
```

功能：是否允许密码为空的用户远程登录，默认为 no。

配置 19：

```
PasswordAuthentication yes
```

功能：是否允许使用基于密码的认证，默认为 yes。

配置 20：

```
#KerberosAuthentication no
```

功能：是否要求用户为 PasswordAuthentication 提供的密码必须通过 Kerberos KDC 认证。

配置 21：

```
#KerberosOrLocalPasswd yes
```

功能：如果 Kerberos 密码认证失败，那么该密码是否还要通过其他的认证机制（如 /etc/passwd）。

配置 22：

```
#KerberosTicketCleanup yes
```

功能：是否在用户退出登录后自动销毁用户的 ticket，默认为 yes。

配置 23：

```
#KerberosGetAFSToken no
```

功能：如果使用 AFS 并且该用户有一个 Kerberos 5 TGT，那么开启该指令后，将会在访问用户的个人目录前尝试获取一个 AFS token，默认为 no。

配置 24：

```
GSSAPIAuthentication yes
```

功能：是否允许使用基于 GSSAPI 的用户认证，默认为 no，仅用于 SSH 2。

配置 25：

```
GSSAPICleanupCredentials yes
```

功能：使用基于 GSSAPI 的用户认证时，是否在用户退出登录后自动销毁用户凭证缓存，默认为 yes，仅用于 SSH 2。

配置 26：

```
UsePAM yes
```

功能：是否使用 PAM 认证。设为 yes 时只有 root 用户才能运行 sshd。

配置 27：

```
AcceptEnv LANG LC_CTYPE LC_NUMERIC LC_TIME LC_COLLATE LC_MONETARY LC_
MESSAGES
AcceptEnv LC_PAPER LC_NAME LC_ADDRESS LC_TELEPHONE LC_MEASUREMENT
AcceptEnv LC_IDENTIFICATION LC_ALL
```

功能：指定客户端发送的哪些环境变量会被传递到会话环境中。只有 SSH 2 协议支持环境变量的传递。

配置 28：

```
#AllowTcpForwarding yes
```

功能：是否允许 TCP 转发，默认为 yes。

配置 29：

```
#GatewayPorts no
```

功能：是否允许远程主机连接本地的转发端口，默认为 no。

配置 30：

```
X11Forwarding yes
```

功能：是否允许进行 X11 转发，默认为 no。

配置 31：

```
X11DisplayOffset 10
```

功能：指定 sshd X11 转发的第一个可用显示区（Display）的数字，默认值是 10。

配置 32：

```
#X11UseLocalhost yes
```

功能：是否应当将 X11 转发服务器绑定到本地的 loopback 地址，默认为 yes。

配置 33：

```
#PrintMotd yes
```

功能：设置是否在每次交互式登录时打印/etc/motd 文件的内容，默认为 yes。

配置 34：

```
#PrintLastLog yes
```

功能：设置是否在每次交互式登录时打印上一次用户的登录时间，默认为 yes。

配置 35：

```
#TCPKeepAlive yes
```

功能：指定系统是否向客户端发送 TCP keepalive 消息。这种消息可以检测到死连接、连接不当关闭，以及客户端崩溃等异常，默认为 yes。

配置 36：

```
#PermitUserEnvironment no
```

功能：指定是否允许 sshd 处理~/.ssh/environment 及~/.ssh/authorized_keys 中的 environment=选项，默认为 no。

配置 37：

```
#Compression delayed
```

功能：是否对通信数据进行加密，还是延迟到认证成功之后再对通信数据加密。delayed 表示延迟。

配置 38：

```
#ClientAliveInterval 0
```

功能：设置一个以秒为单位的时间，如果超过这么长时间没有收到客户端的任何数据，sshd 将通过安全通道向客户端发送一个 alive 消息并等候应答。默认值为 0，表示不发送 alive 消息。这个选项仅对 SSH 2 有效。

配置 39：

```
#ClientAliveCountMax 3
```

功能：sshd 在未收到任何客户端回应前最多允许发送多少个 alive 消息，默认值是 3。

配置 40：

```
#UseDNS yes
```

功能：设置是否应该对远程主机名进行反向解析，以检查此主机名是否与其 IP 地址真实对应，默认为 yes。

配置 41：

```
#PidFile /var/run/sshd.pid
```

功能：指定在哪个文件中存放 SSH 守护进程的进程号，默认为/var/run/sshd.pid 文件。

配置 42：

```
#MaxStartups 10:30:100
```

功能：最大允许保持多少个未认证的连接，默认值是 10。

配置 43：

```
#PermitTunnel no
```

功能：设置是否允许 Tunnel 设备转发。

配置 44：

```
#Banner /some/path
```

功能：将这个指令指定的文件内容在用户进行认证前显示给远程用户，仅用于 SSH 2。

配置 45：

```
Subsystem       sftp    /usr/libexec/openssh/sftp-server
```

功能：配置一个外部子系统，仅用于 SSH 2 协议。

以上是对 sshd 进程运行时初始配置文件内容的解释，已经包含大部分的配置指令，其中大部分配置指令是被注释掉的，可以根据需要予以启用。全部的配置指令可以通过 man sshd_config 命令查看帮助手册页。有些配置指令的功能可以通过 sshd 的命令行参数实现，具体可以查看 sshd 的手册页。由于 sshd 的配置指令比较简单，而且在注释中已经做了详细的解释，所以这里不再列举更多的例子，只是对最后一行的 Subsystem 配置指令做一个说明。

作为 openssh-server-8.7p1-24.el9_1.x86_64 包的一部分，OpenSSH 提供了/usr/libexec/openssh/sftp-server 作为实现 SFTP 协议的服务端程序。SFTP 是一种安全性更高的 FTP 替代品，在功能上等同于 FTP，它将 FTP 命令映射成 OpenSSH 命令。当在 sshd 的主配置文件中加入以下配置指令时，SFTP 客户端可以通过 SSH 的 22 号端口与 sftp-server 服务器进行连接，完成与 FTP 相似的功能。

```
Subsystem       sftp    /usr/libexec/openssh/sftp-server
```

SFTP 客户端包含在 openssh-clients-8.7p1-24.el9_1.x86_64 包中，以下是 SFTP 的使用方法。

```
[root@localhost ]# sftp bob@192.168.127.130
bob@192.168.127.130's password:
Connected to 192.168.127.130.
sftp> ls
.
..
.bash_history
.bash_logout
.bash_profile
.bashrc
.lesshst
.ssh
public_html
sftp>
```

说明：可以通过在 sftp>后输入 "?" 查看 SFTP 支持的命令，这些命令的功能和使用方法与字符型的 FTP 客户端类似。

11.2　使用 VNC 实现远程管理

前面介绍了远程管理工具 OpenSSH，它是基于字符界面的。对于桌面用户来说，可能使用起来不太方便。本节介绍一种基于图形界面的远程管理工具，它与 Windows 平台的远程桌面连接及著名的远程控制工具 PcAnywhere 等具有类似的功能。

11.2.1　VNC 简介

VNC（Virtual Network Computing，虚拟网络计算）是一种图形桌面共享系统，它使用 RFB 协议远程控制另外一台计算机。VNC 通过网络把控制端的键盘和鼠标事件传输给被控端，并把被控端的屏幕显示回传给控制端，使在控制端的操作者感觉在被控端计算机上操作一样。

VNC 具有平台无关的特性，在任何操作系统上的客户端（VNC Viewer）都可以连接到操作系统上安装的服务器（VNC Server），VNC 支持几乎所有的图形界面操作系统，并且支持 Java。多个 VNC 客户端可以同时连接服务器，流行的应用包括远程技术支持、相互传输两台计算机中的文件等。

VNC 由 Olivetti & Oracle Research Lab 开发，AT&T 在 1999 年获得了这个实验机构，并在 2002 年将其关闭。此后，VNC 开发成员中的一部分构建了 RealVNC 这个开源项目，同时致力于商业化推广。目前使用最广泛的 VNC 就是 RealVNC。

VNC 由客户端、服务器和通信协议 RFB 这 3 部分组成。RFB（Remote Frame Buffer，远程帧缓存）是一个远程图形用户的简单协议，它工作在帧缓存级别上，因此它可以应用于所有的窗口系统，如 X11、Windows 和 Mac 等系统。远程终端用户使用的机器（如显示器、键盘、鼠标）叫作客户端，提供帧缓存变化的机器称为服务器。

11.2.2　VNC 服务器的安装与运行

RHEL 9 的软件源中默认提供了 TigerVNC 安装包。如果在安装系统时选择了 TigerVNC 软件包，那么 TigerVNC 默认将会安装到系统中。可以使用下面的命令检查系统是否已经安装了 VNC 服务器。

```
rpm -qa | grep tigervnc
tigervnc-license-1.12.0-4.el9.noarch
tigervnc-icons-1.12.0-4.el9.noarch
tigervnc-1.12.0-4.el9.x86_64
```

以上结果显示在 RHEL 9 中已经安装了 TigerVNC 服务的基础包。这里没有看到 tigervnc-server 包，可以直接使用 dnf 命令通过软件源安装。

```
# dnf install tigervnc-server
```

安装成功后，关于 VNC 服务器软件的几个重要文件分布如下：

❑ /usr/lib/systemd/system/vncserver@.service：VNC 服务器的启动脚本。

❑ /usr/bin/vncconfig：vnc-server 进程的管理工具。

❑ /usr/bin/vncpasswd：VNC 连接密码设置与改变工具。

❑ /usr/bin/vncserver：VNC 服务器进程命令文件。

❑ /usr/sbin/vncsession：启动 VNC 远程桌面。

❑ /usr/share/doc/tigervnc/HOWTO.md：VNC 服务配置说明文档。

❑ /usr/share/man/man1/…：VNC 帮助手册页。

RPM 包安装完成后，即可启动 vncserver 进程。操作步骤如下：

（1）编辑/etc/tigervnc/vncserver.users 文件，添加用户映射。

```
# vi /etc/tigervnc/vncserver.users
:1=root
```

":1=root" 表示使用 root 用户启动 VNC 服务，监听的端口号为 5901。如果添加第二个用户映射：

```
:2=test
```

此时，表示使用 test 用户启动 VNC 服务，监听的端口为 5902。

（2）设置默认配置，编辑文件 vncserver-config-defaults。

```
# vi /etc/tigervnc/vncserver-config-defaults
securitytypes=vncauth,tlsvnc
desktop=sandbox
geometry=2000x1200
session=gnome
alwaysshared
```

如果不希望外部访问，则可以添加一行 localhost。

（3）设置 VNC 密码用于客户端连接。这里使用 root 用户启动 VNC 服务，因此在该用户环境下创建密码。

```
# vncpasswd
Password:
Verify:
Would you like to enter a view-only password (y/n)? n
A view-only password is not used
```

如果使用 test 用户启动 VNC 服务，则需要切换到 test 用户，执行 vncpasswd 命令创建对应的密码。

（4）在 TigerVNC 新版本中，服务启动配置文件需要放在/etc/systemd/system 目录下。这里将默认提供的启动脚本复制到/etc/systemd/system 目录下并重命名为 vncserver@:1.service。

```
# cp /usr/lib/systemd/system/vncserver@.service /etc/systemd/system/
vncserver@:1.service
```

vncserver@:1.service 中的 1 对应前面的用户 ":1=root"。如果使用 test 用户的话，则将该脚本名称设置为 vncserver@:2.service。

（5）重新加载服务配置并设置 VNC 服务开机启动。

```
# systemctl daemon-reload                    # 重新加载服务配置文件
# systemctl enable vncserver@:1.service      # 设置开机启动 VNC 服务
```

接下来就可以使用 systemctl 命令控制 VNC 服务，实现服务的启动、停止和重启操作。启动 VNC 服务，执行命令如下：

```
# systemctl start vncserver@:1.service          # 启动 VNC 服务
```

成功启动 VNC 服务后，可以使用如下命令查看启动的进程。

```
# ps -eaf | grep vnc
root       1181      1  0 10:31 ?        00:00:00 /usr/sbin/vncsession
root :1
root       1276   1181  0 10:31 ?        00:00:00 xinit /etc/X11/xinit/
Xsession gnome-session -- /usr/bin/Xvnc :1 -alwaysshared -desktop sandbox
-geometry 2000x1200 -securitytypes vncauth,tlsvnc -auth /root/.Xauthority
-fp catalogue:/etc/X11/fontpath.d -pn -rfbauth /root/.vnc/passwd -rfbport
5901
root       1299   1276  1 10:31 ?        00:00:01 /usr/bin/Xvnc :1
-alwaysshared -desktop sandbox -geometry 2000x1200 -securitytypes
vncauth,tlsvnc -auth /root/.Xauthority -fp catalogue:/etc/X11/fontpath.d
-pn -rfbauth /root/.vnc/passwd -rfbport 5901
root       2573   2525  0 10:32 tty3     00:00:00 grep --color=auto vnc
```

从输出信息中可以看到启动了两个进程，其用户名为 root。VNC 服务第一个桌面默认监听端口为 TCP 5901，其余桌面依次增加。下面可以使用 netstat 命令查看端口是否已经处于监听状态。

```
# netstat -an | grep :590
tcp        0      0 0.0.0.0:5901            0.0.0.0:*               LISTEN
tcp6       0      0 :::5901                 :::*                    LISTEN
```

从输出信息中可以看到，成功监听到了端口 5901。为了确保客户端能够访问 VNC 服务器，如果防火墙未开放该端口，可以输入以下命令开放该端口。

```
# firewall-cmd --zone=public --add-port=5901/tcp --permanent
```

或者直接关闭防火墙服务。

```
# systemctl stop firewalld.service
```

上述过程完成后，就可以通过客户端连接 VNC 服务器了，具体方法见 11.2.3 小节。

☎提示：在 RHEL 9 中，笔者在测试过程中发现 VNC 服务启动后虽然没有报错，但是该服务无法正常运行。必须设置 VNC 服务开机自启动，然后重新启动系统，该服务就会自动运行。启动后如果无法正常显示桌面，可以通过虚拟终端进行操作。如果想要恢复正常，取消 VNC 服务开机自启动即可。

11.2.3　VNC 客户端

为了体现 VNC 跨平台的特性，下面以 Windows 下的 RealVNC 客户端为例，讲述 VNC 客户端的使用方法。RealVNC 可以从 http://www.realvnc.com 处下载，有自由版、个人版和企业版 3 种版本，其中，自由版是免费的，其余两种版本有 30 天的试用期。本节介绍的是企业版的安装和使用方法，3 种版本的安装和使用方法基本上是一样的。

下载 VNC-Viewer-7.0.1-Windows.exe 到本机后，双击"安装"，弹出如图 11-10 所示的对话框。后面使用默认设置，直接单击 Next 按钮，即可成功安装 VNC Viewer。安装完成后，运行 VNC Viewer，将弹出如图 11-11 所示的对话框。

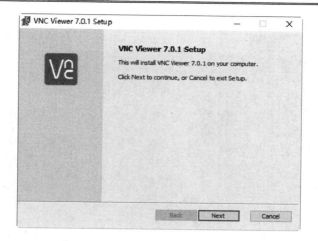

图 11-10　安装 VNC Viewer

图 11-11　VNC Viewer 初始对话框

　　此时，在 VNC Connect 文本框中输入 192.168.164.138:2，表示要连接到 192.168.164.138 服务器的第二个桌面，按 Enter 键后，将弹出一个警告对话框，如图 11-12 所示。该对话框提示当前连接未被加密，可能不安全。单击 Continue 按钮，弹出认证对话框，如图 11-13 所示。

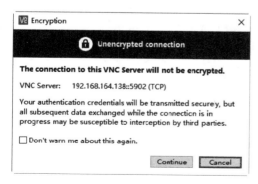

图 11-12　警告对话框

图 11-13　认证对话框

　　输入在 192.168.164.138 主机上运行 VNC Server 时所设的连接密码，即可连接到远程桌面，如图 11-14 所示。

图 11-14 在 VNC Viewer 中看到的 Gnome 远程桌面系统

通过 VNC Viewer 提供的选项菜单还可以改变 VNC Viewer 的工作状态，如图像颜色、是否加密传输等，也可以实现在服务器和客户端之间传输文件等功能，具体请参见 VNC Viewer 使用手册。

11.2.4 VNC 服务器配置

VNC 服务配置文件可以分别通过/etc/tigervnc/vncserver-config-defaults（默认配置）、/etc/tigervnc/vncserver-config-mandatory（全局配置）和$HOME/.vnc/config 这 3 个配置文件进行修改。其中，这 3 个文件的优先级为 vncserver-config-defaults→$HOME/.vnc/config→vncserver-config-mandatory。如果配置了 vncserver-config-mandatory 文件，则会覆盖vncserver-config-defaults 文件中的配置。

VNC 服务提供了一个名为 vncconfig 的工具，可以在运行过程中改变默认的设置。vncconfig 命令的格式如下：

```
vncconfig [parameters]
vncconfig [parameters] -connect <host>[:<port>]
vncconfig [parameters] -disconnect
vncconfig [parameters] [-set] <Xvnc-param>=<value> ...
vncconfig [parameters] -list
vncconfig [parameters] -get <param>
vncconfig [parameters] -desc <param>
```

如果只有 parameters，没有其他内容，vncconfig 将运行成为一个帮助器。parameters 包括以下几项：

❑ -display <桌面号>：确定对哪一个桌面号进行控制，必须要确定。

❑ -nowin：不要在窗口中运行帮助器。

❑ -iconic：运行帮助器，窗口最小化为图标。

其余的选项解释如下：

选项 1：

```
-connect host[:port]
```

功能：告诉 Xvnc 服务器与正在侦听的 VNC 客户端进行"反向"连接。一般情况下，远程控制都是由客户端发起连接的，利用这个选项可以让 VNC 服务器主动与客户端连接。前提是客户机上已经运行了监听模式的 VNC Viewer，它默认的监听端口是 TCP5500 号。

选项 2：

```
-disconnect
```

功能：断开与某个客户端的连接（但服务器相应的进程并未中止）。

选项 3：

```
[-set]  <Xvnc 参数=值>
```

功能：设置 Xvnc 参数值。某些参数值只在配置文件中读入时有效，中途改变并不会生效。

选项 4：

```
-list
```

功能：列出所有 Xvnc 支持的参数。

选项 5：

```
-get  <Xvnc 参数>
```

功能：输出 Xvnc 参数的当前值。

选项 6：

```
-desc  <Xvnc 参数>
```

功能：输出 Xvnc 参数的简短解释。

另外，从进程列表中可以看出，vncserver 命令只是一个包裹器，真正运行的进程是 Xvnc。当 Xvnc 运行时，要从配置文件中读入所有参数的值。如果在配置文件中没有设置或没有配置文件，则采用默认值，而且在运行过程中，可以通过 vncconfig 工具进行修改。重要的 Xvnc 参数名称及其功能说明如表 11-1 所示。

表 11-1　Xvnc参数表

参 数 名 称	值	功　　能
desktop	desktop-name	设置一个在VNC Viewer中显示的桌面名称，默认为x11
rfbport	port	设定监听的TCP端口号，默认为5900加上桌面编号
rfbwait	time	Xvnc被VNC Viewer阻塞时等待的时间，单位为毫秒
httpd	directory	以directory为主目录，运行一个微型的HTTP服务器，用于为Java VNC Viewer服务
httpPort	port	设置内置HTTP服务器的端口号
rfbauth	passwd-file	设定认证VNC Viewer的密码文件
deferUpdate	time	设置推迟更新的时间，很多情况下可以提高性能
SendCutText	on或off	设定是否发送剪贴板的内容给客户端
AcceptCutText	on或off	设定是否接受客户端的剪贴板更新
AcceptPointerEvents	on或off	设定是否接受客户端的鼠标单击和释放事件
AcceptKeyEvents	on或off	设定是否接受客户端的按键和松键事件
DisconnectClients	on或off	如果一个客户端已经连上一个桌面，另一个非共享的客户端同样也要连接这个桌面，此时，如果将该参数设为on，则会断开已连的客户端；如果将该参数设为off，则拒绝新的客户端

续表

参 数 名 称	值	功　　能
NeverShared	on或off	当将该参数设为on时，将禁止共享桌面，即使客户端设为共享连接，默认为on
AlwaysShared	on或off	当将该参数设为on时，据据客户端的设置决定是否共享一个桌面，默认为off
Protocol3.3	on或off	总是使用协议版本3.3，以便向后兼容，默认为off
CompareFB	on或off	设置是否进行像素比较，默认为on
SecurityTypes	sec-types	确定采用哪一种安全认证模式，目前只能用None或VncAuth，默认为VncAuth，表示使用VNC所设的连接密码
IdleTimeout	Seconds	设置空闲多长时间后客户端将被断开，默认为3600s
QueryConnect	on或off	当有客户端连接时，在桌面提示用户是接受还是拒绝
localhost	on或off	只允许本机的客户端进行连接
log	name:dest:level	确定日志的各种属性
RemapKeys	mapping	设置字符编码重新映射，RemapKeys=0x22<>0x40表示编码0x22映射为0x40

下面再看一个 vncconfig 命令的例子。注意，命令中用到的桌面号应该是已经在运行的桌面。

```
# vncconfig -display :1 -list          //列出第 1 个桌面所有的 Xvnc 参数
localhost
desktop
...
MaxCutText
# vncconfig -display :2 -get rfbport   //查询第 2 个桌面 Xvnc 参数 rfbport 的值
5902
//列出第 2 个桌面 Xvnc 参数 localhost 的值
# vncconfig -display :2 -get localhost
0
//把第 2 个桌面 Xvnc 参数 localhost 的值设为 1
# vncconfig -display :2 -set localhost=1
# vncconfig -display :2 -get localhost //再看一下 localhost 的值
1
#
```

如上面所示，把第二个桌面的 localhost 设为 1，即 on 后，其他计算机的 VNC Viewer 将不能与本机 VNC 服务器的第二个桌面连接，但本机可以连接。

📋说明：获取桌面 Xvnc 参数值在使用 SSH 端口转发时非常有用，可以很方便地阻止其他非加密的连接。

11.3　小　　结

远程登录是系统管理员管理服务器的常用方式，在实际工作中，除了操作系统的安装外，大部分系统和服务器管理工作都是通过远程方式进行的。本章介绍了两种远程管理服务器的架设方法，分别是安全连接 SSH 服务器和客户端使用图形界面的 VNC 服务器，包括它们的工作原理、协议、服务器的安装、运行与配置方法等。

11.4　习　　题

一、填空题

1．SSH 的英文全称是_____。它是一种建立在_____的网络协议，允许通信双方通过一种安全的通道交换数据，保证数据的安全。

2．SSH 服务提供了两种级别的安全验证，分别是_____和_____的安全验证。

3．VNC 是一种_____共享系统，它使用 RFB 协议远程控制另外一台计算机。

二、选择题

1．SSH 服务默认监听的端口为（　　）。

A．21　　　　　　　B．22　　　　　　　C．23　　　　　　　D．20

2．使用 ssh 命令远程连接 SSH 服务时，使用（　　）选项指定登录的用户名。

A．–l　　　　　　　B．–h　　　　　　　C．–u　　　　　　　D．–p

三、判断题

1．SSH 服务是通过密文方式传输数据，所以是一种比较安全的数据传输协议。

（　　　）

2．SSH 服务提供了 SSH 1 和 SSH 2 两个版本，而且这两个版本完全兼容。

（　　　）

四、操作题

1．使用 RPM 包架设 OpenSSH 服务，并分别验证通过密码和密钥两种方式来访问服务器。

2．搭建 VNC 服务器并使用 VNC Viewer 客户端远程连接桌面。

第 12 章　DHCP 服务

DHCP（Dynamic Host Configuration Protocol，动态主机配置协议）用于为计算机自动提供 IP 地址、子网掩码和路由网关等网络配置信息。DHCP 技术是通过网络内的一台服务器提供相应的 DHCP 服务实现的，减少了网络客户机 IP 地址配置的复杂度和管理开销。本章将详细介绍 DHCP 服务器的工作原理、安装、配置、运行和使用方法。

12.1　DHCP 服务概述

DHCP 的前身是 BOOTP。它工作在 OSI 的应用层，是一种帮助计算机从指定的 DHCP 服务器获取网络配置信息的自举协议。下面介绍 DHCP 的基本知识，包括 DHCP 的功能、工作过程、报文格式及其与 BOOTP 的关系等内容。

12.1.1　DHCP 的功能

在基于 Internet 的企业网络中，每一台计算机都必须正确地配置 TCP/IP。这些配置内容包括 IP 地址、子网掩码、默认网关地址、DNS 服务器地址等。如果工作站的数量众多，完成这些配置工作对网络安装和维护人员来说将是一项非常大的工程，并且要避免不出差错是很困难的。如果同一个 IP 地址被使用两次，则会引起 IP 地址冲突，可能使整个网络不能正常工作。采用动态地址分配可以解决这个问题。此时，客户机事先无须做任何网络参数配置，只需要在开机工作前通过网络和 DHCP 服务器取得联系，然后从 DHCP 服务器获取网络配置参数，这样大大减轻了网络管理员的工作负担。

另外，DHCP 也给移动客户机带来了很大的方便。因为某个子网为客户机设定的参数往往只有在这个子网中才能使用。如果移动到另一个子网中，那么这些网络参数往往需要重新设置。在某些场合下这是不可能的。采用动态地址分配则可以解决这个问题。因为客户机事先是不设网络参数的，到了哪个子网，就可以从哪个子网的 DHCP 服务器中得到能正常工作的网络参数设置。

此外，采用 DHCP 还可以节省 IP 地址资源。在很多网络中，并不是连网的计算机都会同时工作，如果为每台计算机分配一个固定 IP，不可避免地会引起 IP 地址资源的浪费。如果采用动态地址分配，那么只需要分配最大同时工作客户机的 IP 数就够了。

📖说明：例如，一个网络总共有 1000 个客户，但同时工作的计算机最多只有 800 台。此时 DHCP 服务器只需要准备 800 个 IP 地址就足够了。与固定 IP 相比，这种方式就节省了 200 个 IP 地址。

　　总的来说，网络管理员可以通过 DHCP 服务器集中指派和指定全局的或子网特有的 TCP/IP 参数，以供整个网络使用。客户机不需要手动配置 TCP/IP，并且在租约到期后，旧的 IP 地址会被释放以便重新使用。也就是说，DHCP 服务器接管了对工作站的 TCP/IP 进行适当配置的责任，这有助于大幅度降低网络维护和管理的耗费。具体来说，DHCP 具有以下特点：

- □ 允许本地系统管理员控制配置参数，本地系统管理员能够对希望管理的资源进行有效的管理。
- □ 客户端不需要手工配置，能够在不参与的情况下发现适合本地机的配置参数，并利用这些参数加以配置。
- □ 不需要为单个客户端配置网络。在通常情况下，网络管理员没有必要输入任何预先设计好的用户配置参数。
- □ DHCP 服务器不需要在每个子网上都配置一台，它可以和路由器或 BOOTP 转发代理一起工作。
- □ 出于网络稳定与安全因素考虑，有时需要在网络中添加多台 DHCP 服务器。DHCP 客户端能够对多个 DHCP 服务器提供的服务做出响应。
- □ DHCP 必须静态配置，而且必须用现存的网络协议实现。
- □ DHCP 必须为现有的 BOOTP 客户端提供服务。
- □ 不会为多个客户端分配置同一个网络地址。
- □ 如果可能，客户端重新启动后，将被指定为与原来相同的配置参数。
- □ DHCP 服务器重新启动后，仍然能够保留客户端的配置参数。
- □ 能够为新加入的客户端自动提供配置参数。
- □ 支持对特定客户端永久固定分配网络地址。

12.1.2　DHCP 的工作过程

　　DHCP 是工作在 UDP 基础上的一种应用层协议，采用的是客户端/服务器模式。提供信息的计算机叫作 DHCP 服务器，而请求配置信息的计算机叫作 DHCP 客户端。其中，DHCP 服务器使用的是 67 号端口，而客户机使用的是 68 号端口。下面介绍 DHCP 客户机如何获得 IP 地址，这个过程也称为 DHCP 租借过程。

1．发现阶段

　　发现阶段即 DHCP 客户机寻找 DHCP 服务器的阶段。由于 DHCP 服务器的 IP 地址对于客户机来说是未知的，所以 DHCP 客户机必须以广播方式发送 DHCP Discover 消息来寻找 DHCP 服务器，即向 IP 地址 255.255.255.255 发送该消息。网络上每台安装了 TCP/IP 的主机都会接收到这种广播信息，但只有 DHCP 服务器才会做出响应。

2．提供阶段

　　提供阶段即 DHCP 服务器提供 IP 地址的阶段。每台从网络中接收到 DHCP Discover 消息的 DHCP 服务器都会做出响应，从尚未出租的 IP 地址池中挑选一个 IP 地址，再加上其他一些配置信息，通过 DHCP Offer 消息发送给 DHCP 客户机。由于此时客户机还没有

IP 地址，所以服务器用的也是广播方式。

3．选择阶段

选择阶段即 DHCP 客户机选择哪一台 DHCP 服务器提供的 IP 地址的阶段。如果 DHCP 客户机收到了多台 DHCP 服务器发来的 DHCP Offer 消息，则 DHCP 客户机只接收第一个收到的 DHCP Offer 消息。然后它就以广播方式回答一个 DHCP Request 消息，该消息中包含向所选的 DHCP 服务器请求 IP 地址的内容。

📖 说明：之所以要以广播方式回答，是为了通知所有的 DHCP 服务器，它选择由哪一台 DHCP 服务器提供 IP 地址。

4．确认阶段

确认阶段即 DHCP 服务器确认所提供的 IP 地址的阶段。当被选中的 DHCP 服务器收到 DHCP 客户机回答的 DHCP Request 消息之后，它便向 DHCP 客户机发送一个包含它所提供的 IP 地址和其他设置的 DHCP Ack 消息，告诉 DHCP 客户机现在可以使用它所提供的 IP 地址了，于是 DHCP 客户机便采用了服务器所提供的网络设置。另外，除 DHCP 客户机选中的那台服务器外，其他的 DHCP 服务器都将收回曾经提供的 IP 地址。

5．重新申请

DHCP 客户机之后在每次重新连上网络时，就不需要再发送 DHCP Discover 消息了，而是直接发送包含前一次所分配的 IP 地址的 DHCP Request 消息。当 DHCP 服务器收到这个信息时，它会尝试让 DHCP 客户机继续使用原来的 IP 地址，回答一个 DHCP Ack 消息。如果此 IP 地址已无法再继续分配给原来的 DHCP 客户机使用（如该 IP 地址已分配给其他 DHCP 客户机使用），DHCP 服务器则给 DHCP 客户机回答一个 DHCP NACK 消息。原来的 DHCP 客户机收到这个 DHCP NACK 消息后，它就会重新发送 DHCP Discover 消息来请求新的 IP 地址。

6．更新租约

DHCP 服务器向 DHCP 客户机出租的 IP 地址一般都有一个租借期限，期满后 DHCP 服务器便会收回出租的 IP 地址。如果 DHCP 客户机要延长其 IP 租约，则必须在到期前更新其 IP 租约。一般情况下，当 DHCP 客户机启动时以及 IP 租约期限过一半时，DHCP 客户机都会自动向 DHCP 服务器发送 DHCP Request 消息，进行 IP 地址租约的更新。如果客户端可以继续使用此 IP 地址，则 DHCP 服务器回应 DHCP Ack 报文，通知客户端已经获得新 IP 租约。如果此 IP 地址不可以再分配给客户端，服务器则回应 DHCP Nack 消息，通知客户端不能获得新租约。

正常情况下，如图 12-1 为 DHCP 客户端获得 IP 地址及网络配置参数的 4 个阶段。除了以上租借过程所对应的 DHCP 消息外，还有两种 DHCP 消息。一种是 DHCP Decline 消息，它是在客户端判定 DHCP 服务器所提供的配置参数是无效时，向服务器发送的，然后，DHCP 客户端需要重新开始租借过程。还有一种是 DHCP Release 消息，它是在客户端不再使用服务器所提供的 IP 地址时发送的，通知服务器取消剩下的所有租约。

图 12-1　DHCP 协议的四个阶段

12.1.3　DHCP 的报文格式

在 DHCP 获取 IP 地址及其他网络配置参数的过程中，DHCP 客户端和服务器之间要交换很多消息报文，这些 DHCP 报文总共有 8 种类型。每种报文的格式相同，只是某些字段的取值不同。如图 12-2 是 DHCP 报文的格式，每一个字段名的含义如下：

op(1)	htype(1)	hlen(1)	hops(1)
xid(4)			
secs(2)		flags(2)	
ciaddr(4)			
yiaddr(4)			
siaddr(4)			
giaddr(4)			
chaddr(16)			
sname(64)			
file(128)			
options(variable)			

图 12-2　DHCP 报文格式

- ❑　op：报文的操作类型分为请求报文和响应报文，1 为请求报文，2 为响应报文。具体的报文类型在 option 字段中标识。
- ❑　htype：DHCP 客户端的硬件地址类型。1 表示 ethernet 地址。
- ❑　hlen：DHCP 客户端的硬件地址长度。ethernet 地址为 6。
- ❑　hops：DHCP 报文经过的 DHCP 中继的数目。初始为 0，报文每经过一个 DHCP 中继，该字段就会增加 1。
- ❑　xid：客户端发起一次请求时选择的随机数，用来标识一次地址请求过程。
- ❑　secs：DHCP 客户端开始 DHCP 请求后所经过的时间。目前尚未使用，固定取 0。
- ❑　flags：DHCP 服务器响应报文是采用单播还是广播方式发送。只使用第 0 比特位，0 表示采用单播方式，1 表示采用广播方式，其余比特保留不用。
- ❑　ciaddr：DHCP 客户端的 IP 地址。
- ❑　yiaddr：DHCP 服务器分配给客户端的 IP 地址。

- □　siaddr：DHCP 客户端获取 IP 地址等信息的服务器 IP 地址。
- □　giaddr：DHCP 客户端发出请求报文后经过的第一个 DHCP 中继的 IP 地址。
- □　chaddr：DHCP 客户端的硬件地址。
- □　sname：DHCP 客户端获取 IP 地址等信息的服务器名称。
- □　file：DHCP 服务器为 DHCP 客户端指定的启动配置文件名称及路径信息。
- □　option：可选变长选项字段，包含报文的类型、有效租期、DNS 服务器的 IP 地址、WINS 服务器的 IP 地址等配置信息。

在图 12-2 所示的 DHCP 报文格式中，每个字段后面的数字表示该字段在报文中占用的字节数。

🔔注意：options 字段的长度要根据服务器提供的参数多少而定，是可变的。

12.1.4　DHCP 与 BOOTP

BOOTP（Bootstrap Protocol，引导程序协议）是先于 DHCP（Dynamic Host Configuration Protocol，动态主机配置协议）开发的主机配置协议。它主要用于无盘工作站网络中，用来配置只有有限引导能力的无盘工作站。DHCP 在 BOOTP 的基础上进行了改进，并消除了 BOOTP 作为主机配置服务所具有的特殊限制。DHCP 用来配置经常移动的网络计算机，这些计算机有本地硬盘驱动器和完全引导能力。BOOTP 和 DHCP 的共同处如下：

- □　BOOTP 和 DHCP 使用的消息报文格式几乎相同。
- □　BOOTP 和 DHCP 消息报文都使用用户数据报协议（UDP）封装。
- □　BOOTP 和 DHCP 均使用相同的 23 号端口在服务器和客户端之间发送和接收消息。
- □　BOOTP 和 DHCP 都在启动期间将 IP 地址分配给客户端，而且可以带有其他网络配置参数。
- □　提供 DHCP 服务的服务器一般均能同时提供 BOOTP 服务。
- □　BOOTP 和 DHCP 的中继代理程序通常将 BOOTP 和 DHCP 消息视为相同的消息类型，而且不做区分。

虽然 BOOTP 和 DHCP 非常相似，但是 DHCP 是通过改进 BOOTP 而产生的，而且两者的目的也不一样，因此二者的区别很明显，具体表现在以下几个方面：

- □　BOOTP 消息报文的最后一个字段限制为 64 个字节，称为"特定供应商区域"。而 DHCP 消息报文的最后一个字段最多可有 312 字节，称为"选项"字段。
- □　BOOTP 通常为每台客户机提供单个 IP 地址的固定分配，在 BOOTP 服务器数据库中永久保留该地址。DHCP 通常提供可用 IP 地址的动态、租用分配，在 DHCP 服务器数据库中暂时保留每台 DHCP 客户台地址。
- □　BOOTP 引导配置需要两个阶段，客户机首先连接到 BOOTP 服务器进行地址决定和引导文件名的选择，再连接到 TFTP 服务器进行引导映像文件的文件传输。DHCP 只需要一个阶段引导配置过程，DHCP 客户机和 DHCP 服务器协商决定 IP 地址并获得其他网络配置参数。
- □　除非系统重启，否则 BOOTP 客户机不会通过 BOOTP 服务器重绑定或更新配置。而 DHCP 客户机无须系统重启就能在设置的时间段内向服务器提出更新租约请求，与 DHCP 服务器重绑定或更新配置。这个过程无须用户干预。

12.2　安装与运行 DHCP 服务器

ISC DHCP 是一个开源的软件项目。它实现了 RFC 文档所定义的 DHCP，可以在高容量和高可靠性的场合应用。RHEL 9 就采纳了 ISC DHCP 软件作为发行版的 DHCP 服务器软件，下面介绍 ISC DHCP 服务器的安装、运行和使用。

12.2.1　安装 DHCP 服务器

在 RedHat Enterprise Linux 9 中安装 DHCP 服务器有两种方式，一种是以源代码方式安装，另一种是以 RPM 软件包方式安装。源代码可以从 https://ftp.isc.org/isc/dhcp/处下载，目前正式使用的最新版本是 4.4.3-P1 版，文件名是 dhcp-4.4.3-P1.tar.gz。RHEL 9 自带的 DHCP 服务器版本是 4.4.5 版，dhcp-server-4.4.2-17.b1.el9.x86_64.rpm 是它的文件名。

先看一下 RPM 安装方式。如果安装 RHEL 9 系统的时候没有选择安装 DHCP 服务软件包，可以使用 dnf 通过本地软件源安装。执行命令如下：

```
# dnf install dhcp-server dhcp-relay dhcp-client dhcp-common
```

安装成功后，几个重要的文件分布如下：

- /etc/dhcp/dhcpd.conf：DHCP 服务器主配置文件。
- /usr/lib/systemd/system/dhcpd.service：开机自动运行 DHCP Server 的执行脚本。
- /usr/lib/systemd/system/dhcrelay.service：开机自动运行 DHCP 中继的执行脚本。
- /usr/bin/omshell：ISC DHCP 服务器控制工具。
- /usr/sbin/dhcpd：DHCP 服务器的执行命令文件。
- /usr/sbin/dhcrelay：DHCP 中继的执行命令文件。
- /usr/share/doc/dhcp-server：DHCP 帮助和说明文件。
- /var/lib/dhcpd/dhcpd.leases：已分配的 IP 地址存放在该文件中。

如果采用源代码方式安装，则下载 dhcp-4.4.3-P1.tar.gz 文件到当前目录后，使用以下命令进行安装。

```
# tar -zxvf dhcp-4.4.3-P1.tar.gz    //解压源代码文件包到dhcp-4.4.3-P1目录中
# cd  dhcp-4.4.3-P1
# ./configure                       //产生 Makefile 文件
# make                              //由于文件较多，需要较长时间
# make install                      //把各种文件复制到相应的系统目录下
```

⚠️注意：如果已经安装了 dhcp-server-4.4.2-17.b1.el9.x86_64 包，则先要用 dnf remove dhcp-server 命令拆除，以免引起冲突。

12.2.2　运行 DHCP 服务器

下面以 RHEL 9 自带 DHCP RPM 包为例，介绍 DHCP 服务器的运行过程。dhcp-server-4.4.2-17.b1.el9.x86_64 安装完成后，将会出现文件/etc/dhcp/dhcpd.conf，它是 dhcpd 进程的

主配置文件。此时该文件里除注释外是没有配置内容的。为了方便，可以把/usr/share/doc/dhcp-server 目录下的例子配置文件 dhcpd.conf.example 复制为/etc/dhcp/dhcpd.conf，再查看该文件的内容。

```
# more /etc/dhcp/dhcpd.conf
# 支持动态 DNS，DHCP 服务器对 DNS 服务器的更新方式为 interim
ddns-update-style interim;
subnet 10.152.187.0 netmask 255.255.255.0{
}
# This is a very basic subnet declaration.

subnet 10.254.239.0 netmask 255.255.255.224 {
  range 10.254.239.10 10.254.239.20;
  option routers rtr-239-0-1.example.org, rtr-239-0-2.example.org;
}
# A slightly different configuration for an internal subnet.
subnet 10.5.5.0 netmask 255.255.255.224 {
  range 10.5.5.26 10.5.5.30;
  option domain-name-servers ns1.internal.example.org;
  option domain-name "internal.example.org";
  option routers 10.5.5.1;
  option broadcast-address 10.5.5.31;
  default-lease-time 600;
  max-lease-time 7200;
}


     host passacaglia {
  hardware ethernet 0:0:c0:5d:bd:95;
  filename "vmunix.passacaglia";
  server-name "toccata.fugue.com";
}
# other clients get addresses on the 10.0.29/24 subnet.

class "foo" {
  match if substring (option vendor-class-identifier, 0, 4) = "SUNW";
}

shared-network 224-29 {
  subnet 10.17.224.0 netmask 255.255.255.0 {
    option routers rtr-224.example.org;
  }
  subnet 10.0.29.0 netmask 255.255.255.0 {
    option routers rtr-29.example.org;
  }
  pool {
    allow members of "foo";
    range 10.17.224.10 10.17.224.250;
  }
  pool {
    deny members of "foo";
    range 10.0.29.10 10.0.29.230;
  }
}
}
```

　　在 DHCP 配置文件中，每个语句以 ";" 结束，某些语句可以由花括号包围，构成一个语句区。为了更容易阅读，DHCP 配置文件里可以包含额外的空格、空行和 Tab 符号，关键字是区别大小写的，每一行的 "#" 后面的符号被认为是注释。

注意：在语句区外面放置的配置参数可以影响整个语句区，当语句区内出现同样的配置
　　　参数时，将覆盖放在外面的配置参数。

在例子配置文件中，dhcpd 进程很可能还不能运行，因为 dhcpd 进程要求必须要为本
地网卡所在的子网配置一个 subnet 语句。在例子配置文件中配置的 subnet 是 10.5.5.0，但
主机唯一的网卡其子网是 192.168.127.0/24，如果此时运行 dhcpd 进程，则会有出错提示并
且会退出 DHCP 服务器。

为了使 DHCP 能够运行，需要改变例子配置文件的内容。根据主机网络接口 IP 地址
（例子中的主机使用的 IP 地址是 192.168.127.0）的情况，可以把 "subnet 10.5.5.0 netmask
255.255.255.224" 和 "range 10.5.5.26 10.5.5.30" 中的 10.5.5 改为 192.168.127，这样，在输
入以下命令后，就可以使 dhcpd 运行起来。当然，此时其他的配置参数对 10.5.5.0 网段肯
定是不合适的，也要根据实际情况进行修改。

```
/usr/sbin/dhcpd
```

可以用以下命令查看 dhcpd 进程是否已启动。

```
# ps -eaf|grep dhcp
root     7176    1    0 23:24 ?          00:00:00 /usr/sbin/dhcpd
root     7178  3300   0 23:24 pts/0      00:00:00 grep --color=auto
dhcp
```

可以看到，dhcpd 进程已经运行了，并且以 root 用户的身份运行。再输入以下命令查
看 UDP 的 67 号端口是否已在监听。

```
# netstat -an|grep :67
udp    0    0 0.0.0.0:67                 0.0.0.0:*           LISTEN
#
```

UDP 的 67 号端口是 DHCP 服务器默认要监听的端口，客户端发给服务器的 DHCP 消
息要通过这个端口发送给 dhcpd，而 dhcpd 默认要通过 68 号端口给客户端回复 DHCP 消息。
另外，为了确保客户端能够访问 DHCP 服务器，如果防火墙未开放 UDP 的 67 号端口，可
以输入以下命令打开：

```
# firewall-cmd --zone=public --add-port=67/udp --permanent
# firewall-cmd --reload
```

或者关闭防火墙。

```
# systemctl stop firewall-cmd.service
```

上述设置完成后，DHCP 客户端已经可以从服务器得到网络配置参数了，由于例子配
置中的其他配置还未根据实际情况进行修改，所以，这些网络配置参数还不能使客户端正
常地工作。下面介绍 DHCP 服务器的配置。

12.2.3　DHCP 客户端

为了能使用 DHCP 服务器提供的服务，客户机需要进行合适的设置。在 Linux 操作系
统中安装好网络接口后，可以通过修改/etc/NetworkManager/system-connections/目录下的接
口配置文件进行配置。如果主机有一块以太网卡已启用，则在该目录下将会有一个名为
ens160.nmconnection 的文件，里面包含第一块以太网卡的配置。如果要求该网卡在主机启
动时使用 DHCP 获得网络配置参数，则网卡配置文件中需要包含以下配置内容：

```
# more ens160.nmconnection
[connection]
id=ens160
uuid=97c0b328-7a9f-3e92-9213-86368ee24151
type=ethernet
autoconnect-priority=-999
interface-name=ens160
timestamp=1676281109

[ethernet]

[ipv4]
method=auto

[ipv6]
addr-gen-mode=eui64
method=auto

[proxy]
```

其中，method=auto 表示该网卡启动时利用 DHCP 自动获得地址。另外，在 RHEL 9 操作系统中，DHCP 客户端的功能是由 dhcp-client-4.4.2-17.b1.el9.x86_64 包实现的，通过配置 dhclient.conf，可以实现非常丰富的 DHCP 客户端功能，如动态 DNS 和别名等。

在 RHEL 9 图形界面中，可以通过以下步骤设置 DHCP 客户端。

（1）在终端执行 nm-connection-editor 命令，弹出如图 12-3 所示的"网络连接"对话框，其中列出了设备名为 ens160 的以太网卡设备。

（2）在 ens160 设备上双击，或者单击编辑按钮 ✿，弹出如图 12-4 所示的对话框。在对话框中选择"IPv4 设置"选项卡。

图 12-3　"网络连接"对话框　　　　　图 12-4　配置以太网设备

（3）在"IPv4 设置"选项卡的"方法"下拉列表框中选择"自动（DHCP）"选项。

（4）单击"保存"按钮，在弹出的对话框中确认保存并重启网络。

📣注意：以上操作实际上是改变了/etc/NetworkManager/system-connections/ens160.nmconnection
　　　　文件的内容。

在 Windows 系统中，使用 DHCP 客户端获取 IP 地址的设置可以在网络设置中进行，步骤如下。

（1）双击"控制面板"中的"网络和共享中心"，然后单击"更改适配器设置"选项，可以在弹出的窗口中看到各个网络接口。

（2）在某个网络接口上右击，在弹出的快捷菜单中选择"属性"命令，弹出如图 12-5 所示的对话框。

（3）双击"Internet 协议版本 4（TCP/IP）"选项，或选中"Internet 协议版本 4（TCP/IP）"选项后单击"属性"按钮，弹出如图 12-6 所示的对话框。

（4）选择"自动获取 IP 地址"和"自动获取 DNS 服务器地址"两个单选按钮，再单击"确定"按钮。

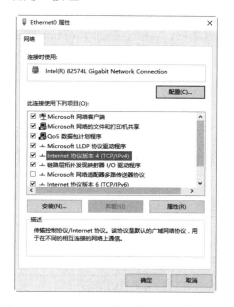 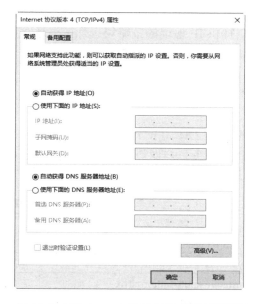

图 12-5　Windows 中的网络接口属性对话框　　图 12-6　Windows 中的 TCP/IP 属性对话框

另外，在 Windows 系统中还可以使用 ipconfig /all 命令列出 DHCP 客户端获取的网络配置参数，如图 12-7 所示。

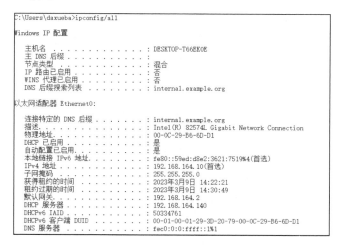

图 12-7　列出 Windows 客户端获取的网络配置参数

除了 IP 地址、子网掩码、默认网关和 DNS 服务器以外，从图 12-7 中还可以看出，DHCP 客户端功能是启用的，DHCP 服务器的 IP 地址是 192.168.164.140，获得 IP 地址的时间是 "2023 年 3 月 9 日　14:22:21"，该 IP 地址将在"2023 年 3 月 9 日　14:30:49"到期。

12.3　配置 DHCP 服务器

DHCP 服务器的配置比较简单，所有的配置集中在一个配置文件中，其位置是 /etc/dhcp/dhcpd.conf。所有的配置语句可以分为 3 类：第一类是参数（Parameters），用于表明如何执行任务，是否要执行任务；第二类是声明（Declarations），用来描述网络布局、客户、提供 IP 地址的策略等；第三类是发送给客户的选项，实际上是加了 option 关键字的参数。下面看一下 DHCP 配置语句的种类及其功能。

12.3.1　ISC DHCP 配置参数

在 ISC DHCP 配置文件/etc/dhcp/dhcpd.conf 中，参数语句用于表明如何执行任务，是否要执行任务，以及进程的总体运行状态。其中，很多参数是为 BOOTP 客户使用的。所有除 DDNS 参数以外的 DHCP 配置参数见表 12-1。

表 12-1　ISC DHCP配置文件中的参数（Parameters）

参 数 名 称	功 　 能
always-broadcast[true | false]	是否总是通过广播方式回应客户，某些客户端需要这样做
always-reply-rfc1048[true | false]	是否总是按RFC1048回复，为某些特殊的客户启用
authoritative | not Authoritative	是否拒绝IP地址不正确的客户机的请求
boot-unknown-clients[true | false]	未在host语句中定义的客户机是否允许获得IP地址
default-lease-time<时间值>	指定默认租赁时间的长度，单位是秒
dynamic-bootp-lease-cutoff<date>	设置终止分配给BOOTP客户的IP地址租期的日期
dynamic-bootp-lease-length<时间值>	动态分配给BOOTP客户的IP地址的租期长度，单位为秒
filename <"文件名">	指定客户机初始引导文件的名字
fixed-address <地址> [,地址]	分配给客户端一个固定的地址，只用在host语句中
get-lease-hostnames[true | false]	是否检查IP地址池中每个IP地址的主机名，默认为否
hardware <硬件类型> <硬件地址>	指定BOOTP客户的网卡接口类型和MAC地址
lease-file-name <文件名>	指定租借文件的位置和名称，默认为 /var/lib/dhcpd/dhcpd.leases
local-address <IP地址>	指定dhcpd在本地的哪一个网络接口上监听
local-port <端口号>	指定dhcpd监听的本地UDP端口号，默认为67号
log-facility <facility>	指定dhcpd日志的设备
max-lease-time <时间值>	指定最大租借时间长度，单位是秒
min-lease-time <时间值>	指定最小租借时间长度，单位是秒
min-secs <seconds>	从客户端发出请求到DHCP服务器回应客户端请求时最小的秒数

参 数 名 称	功　　能
next-server <服务器名>	存放客户机初始引导文件的服务器的地址
server-name <"名称">	通知DHCP客户机引导它的服务器的名称
omapi-port <端口号>	监听OMAPI连接的端口号，用于omshell工具的使用
one-lease-per-client[true | false]	每个客户是否只允许有一个租约
pid-file-name <文件名>	设置dhcpd进程PID的位置，默认是/var/run/dhcpd.pid
ping-check[true | false]	服务器分配IP地址，是否先ping一下该地址，以决定是否分配
ping-timeout <秒数>	执行ping-check时的超时值
server-identifier <主机名>	定义发送给客户的服务器标识
site-option-space <名称>	决定本地地址选项（site-local），与vendor-option-space语句相似
stash-agent-options[true | false]	在特定条件下，服务器是否记录中继代理信息
use-host-decl-names[true | false]	host语句中声明的主机名是否提供给客户机作为主机名
use-lease-addr-for-default-route[true | false]	是否把租借给客户机的IP地址作为其默认网关
vendor-option-space <字符串>	指定开发商参数

下面对表 12-1 中列出的部分参数进行解释。

authoritative | not Authoritative

网络管理员为他们的网络设置权威 DHCP 服务器，需要在配置文件的顶层添加 authoritative 语句，来指示此 DHCP 服务器应该回应 DHCPNAK 信息。如果没有做这些工作，客户端在改变子网后就不能得到正确的 IP 地址，除非它们旧的租约已经到期，这可能需要相当长的时间。通常，在配置文件的顶部标明 authoritative 是权威的服务器，可适用大多数情况，如果一个 DHCP 服务器知道它在一些子网中是权威的服务器而在另一些子网中不是，就需要在网段中声明自己是权威的。注意，不能为一个 shared-network 语句中定义的不同子网设置不同的 authoritative。

dynamic-bootp-lease-cutoff <date>;

设置所有动态分配的 BOOTP 客户端租约的结束时间，因为 BOOTP 客户端没有任何方法更新租约，而且不知道租约会过期。默认情况下，dhcpd 会分配给 BOOTP 客户无限的租约。但有时给 BOOTP 用户设置一个终止时间是有意义的，如当学期结束时或者到晚上设备关机时。<date>是所有 BOOTP 租约结束时间，按"W YYYY/MM/DD HH:MM:SS"格式设定，是 UTC 时间，而不是本地时间。

log-facility <facility>

上面的语句使 DHCP 服务器把所有日志记录到一个指定的日志设备中。默认情况下，DHCP 服务器会把日志记录到 daemon 设备中。可选的设备有 auth、authpriv、cron、daemon、ftp、kern、lpr、mail、mark、news、ntp、security、syslog、user、uucp、local0～local7。这些设备并不是在所有系统中都可以使用，有些系统可能还有其他可用的设备。另外，有些系统可能需要修改 rsyslog.conf 文件。

min-secs <seconds>

设置从客户端试图获得一个新的租约请求到 DHCP 服务器回应客户端请求的最小秒数。这个秒数基于客户端的报告，客户端可以报告的最大值是 255s。设置这个参数会导致 DHCP 服务器对客户端的第一次请求不做回应，但却对其第二次请求回应。利用这个参数可以设置一个辅助 DHCP 服务器，通常它不对客户端分配地址，如果主服务器死机，客户端就会绑定到这个辅助服务器上。

```
ping-check [true|false]
```

当 DHCP 服务器准备动态分配 IP 地址给一个客户端时，如果 ping-check 设为 true，则 DHCP 服务器首先发送一个 ICMP Request 请求（即 ping）给这个要分配的地址，然后等由 ping-timeout 设定的秒数。如果没有 ICMP Echo 信息返回，DHCP 服务器就分配这个地址。如果有返回信息，就把这个地址放弃，服务器不会给客户端回应。这个 ping 检查导致在回应 DHCP Discover 消息时默认有 1s 的延迟，这对某些客户端来说可能是一个麻烦。可以在这里配置是否检查。如果这个值设置为 false，就不进行 ping 检查。

以上介绍了 ISC DHCP 配置中的参数，部分有关 DDNS 的参数介绍见 12.3.3 小节。另外，当配置语句发生改变时，需要重启 DHCP 服务才能生效。

> 📓 说明：ISC DHCP 服务器还提供了一个服务控制工具 omshell，它可以与 dhcpd 进行通信，了解 DHCP 服务器的工作状态，并在无须停止 DHCP 服务的前提下使修改后的配置生效。使用 omshell 工具的命令是/usr/sbin/omshell。

12.3.2　ISC DHCP 配置声明和选项

除了 12.3.1 小节介绍的参数外，在 ISC DHCP 配置中还有一些语句属于声明和选项。表 12-2 和表 12-3 分别列出了部分声明和选项。

表 12-2　ISC DHCP配置文件中的部分声明（Declarations）

声 明 名 称	功　　能
shared-network <名称> { }	定义一个超级域，可以包含其他声明语句，并为它们设置全局参数
subnet <子网名> netmask <子网掩码> { }	描述一个IP地址是否属于该子网
range [dynamic-bootp] <起始IP> [终止IP]	提供动态分配IP 的范围
host <主机名称> { }	每一个BOOTP客户都需要有一个host语句，指明与其相关的参数
group { }	使某些参数作用于一组声明
pool { }	定义一个地址池，可以为池中的地址规定特有的属性
[allow | deny] unknown-client	是否允许动态分配IP给未知的使用者，默认为允许
[allow | deny] bootp	是否允许响应BOOTP查询，默认为允许
[allow | deny] booting	只在host语句中出现，表示是否允许该客户机引导，默认为允许

表 12-3　ISC DHCP配置文件中的部分选项（Options）

选 项 名 称	功　　能
subnet-mask	为客户端设定子网掩码

选 项 名 称	功　能
domain-name	为客户端指明DNS名字
domain-name-servers	为客户端指明DNS服务器IP地址
host-name	为客户端指定主机名称
Routers	为客户端设定默认网关
broadcast-address	为客户端设定广播地址
ntp-server	为客户端设定网络时间服务器的IP地址
Time-offset	为客户端设定和格林威治时间的偏移时间，单位是秒

　　DHCP 配置的基本思路是通过 subnet 语句定义子网，再通过 shared-network 语句把多个子网定义在一个超级作用域中。在每个子网和超级作用域中都可以包含许多参数语句，参数语句的位置决定了它们的作用范围。此外，还有一些参数是对全局起作用的。下面通过例子介绍 DHCP 的一些常见的配置。首先看一个子网配置的例子。

```
subnet 192.168.127.0 netmask 255.255.255.0{      # 定义一个子网192.168.1.0/24
   range 192.168.127.100 192.168.127.200;        # 分配的 IP 地址范围，即地址池
   option domain-name-servers ns1.internal.example.org;      # 域名服务器地址
   option domain-name "internal.example.org";    # 域名选项
   option routers 192.168.127.1;                 # 默认网关选项
   option broadcast-address 192.168.127.255;     # 广播地址选项
   default-lease-time 600;                       # 默认租约时间
   max-lease-time 7200;                          # 最大租约时间
}
```

　　以上是 DHCP 服务器必备的一种基本配置。rang 语句所定义的 IP 地址范围必须在 subnet 所定义的子网内。同时，要求 DHCP 必须有一个网络接口卡的地址也在 192.168.127.0/24 子网内。否则，DHCP 服务将不能正常启动。其余的 option 都是针对这个子网的，只在该子网内起作用，它们所定义的选项要随 IP 地址一起发送给客户机，其功能见注释。下面再看一个超级作用域的配置例子。

```
shared-network name {                            # 定义一个超级作用域，名称为name
       ...
   # 定义一个子网10.17.224.0/24 为10.17.224.0/24 设置的参数
   subnet 10.17.224.0 netmask 255.255.255.0 {
       option routers rtr-224.example.org;       # 默认网关选项
   }
   ...                                           # 其他作用于超级域的参数
   # 定义一个子网10.0.29.0/24 为10.0.29.0/24 设置的参数
   subnet 10.0.29.0 netmask 255.255.255.0 {
       ...
       option routers rtr-29.example.org;
   }
   pool {
       allow members of "foo";
       range 10.17.224.10 10.17.224.250;         # 分配的 IP 地址范围，即地址池
   }
   pool {
       deny members of "foo";
       range 10.0.29.10 10.0.29.230;             # 分配的 IP 地址范围，即地址池
   }
}
```

以上配置定义了名称为 name 的一个超级作用域，其中包含两个子网。超级作用域中定义的参数语句同时作用于两个子网，每个子网还可以有自己的参数语句。如果子网中定义了与超级作用域同样的参数语句，则子网中的参数语句定义的内容将覆盖超级作用域同样的参数语句所定义的内容。下面看一个组声明语句的例子（下面的配置可以参考 /etc/dhcp/dhcpd.conf 手册页）。

```
group {
  option routers                 192.168.1.254;
  option subnet-mask             255.255.255.0;
  option domain-name             "example.com";
  option domain-name-servers      192.168.1.1;
  option time-offset             -5;
  host apex {
    option host-name "apex.example.com";
    hardware ethernet 00:A0:78:8E:9E:AA;
    fixed-address 192.168.1.4;
  }
  host raleigh {
    option host-name "raleigh.example.com";
    hardware ethernet 00:A1:DD:74:C3:F2;
    fixed-address 192.168.1.6;
  }
}
```

group 组声明语句可以把子网、超级作用域或主机等组合在一起，目的是使某些参数对组合中的子网、超级作用域或主机起作用。在以上配置中，host 语句定义了一台命名的客户机，其中列出了主机名选项、硬件类型和地址、固定 IP 地址参数，起到了 IP 地址和硬件地址绑定的效果。例如，主机 apex 中的配置表示以太网卡地址为 00:A0:78:8E:9E:AA 客户机，将固定得到 IP 地址 192.168.1.4，同时会得到 apex.example.com 的主机名选项。但是，由于在 group 语句中还定义了 routers 等其他选项，所以这些选项也将一起发送给 apex 主机。

另外，在 group 语句中除了放置 host 语句以外，还可以放置 subnet 等语句。另外，group 语句可以放在 shared-network 等语句中，成为其他语句的子语句，因此可能会有更多的参数作用在它身上。下面再看一个关于地址池（pool）的例子。

```
subnet 10.0.0.0 netmask 255.255.255.0 {
  option routers 10.0.0.254;
  # 未知的客户机从下面的地址池中分配置 IP 地址
  pool {
    allow members of "foo";
    range 10.17.224.10 10.17.224.250;
      }
  # 已知的客户机从下面的地址池中分配置 IP 地址
  pool {
    deny members of "foo";
    range 10.0.29.10 10.0.29.230;
  }
}
```

pool 声明语句可以为同一个网段或子网中的部分 IP 地址确定一些特别的属性。例如，在一个子网中希望大部分的 IP 分配给已经注册的客户机，但也留一部分给未知的客户机。还有，如果要求某些 IP 地址的客户机可以访问外网，而某些地址不行，也可以通过为不同的地址池配置不同的参数来达到目的。

allow 和 deny 语句可以使 DHCP 服务器对不同的请求做不同的响应，根据不同的上下文，这两个语句有不同的含义，如果用在 pool 语句内，实际上是为地址池建立一种类似于访问列表的功能。unknown client 是指没有用 host 语句声明的客户机。

12.3.3　ISC DHCP 的 DDNS 功能

DDNS（Dynamic Domain Name Server，动态域名服务）是将用户的动态 IP 地址映射到一个固定的域名解析服务上，用户每次连接网络的时候，客户端程序就会通过网络把用户主机的动态 IP 地址传送给服务端程序，服务端程序负责提供动态域名解析。DDNS 是 DHCP 服务和 DNS 服务的结合，是实现动态更新 DNS 区域数据文件的一项综合服务。

📑说明：实际上，DDNS 就是为 DHCP 客户机在 DNS 区域数据文件中建立资源记录，并能及时随着 DHCP 客户机 IP 地址的变化而动态更新相应的资源记录。

在 ISC DHCP 配置参数中，提供以下参数支持 DDNS 功能。
配置 1：

```
ddns-hostname <name>
```

功能：设置客户机在 DNS 中的主机名。指定的 name 参数用于在 DNS 区域数据文件中设置客户机的 A 和 PTR 记录。如果没有 ddns-hostname 语句，服务器将会自动使用 option host-name 语句指定的主机名。两种方法使用不同的算法更新。
配置 2：

```
ddns-domainname <name>
```

功能：设置客户机在 DNS 中的域名。指定的参数 name 是域名，它将被添加到客户端主机名的后面，形成一个完整、有效的域名（FQDN）。
配置 3：

```
ddns-rev-domainname <name>
```

功能：设置客户机在 DNS 中的反转域名。指定的 name 参数是反转域名，它会添加到反向解析区域数据文件中，在有关客户机的 PTR 记录中产生一个可用的名字。默认情况下是 in-addr.arpa.，但是这里可以修改默认值。这个反转域名要添加在客户机的反向 IP 地址后，并用"."号分隔。例如，如果客户机得到的 IP 地址是 10.17.92.74，那么反向 IP 地址就是 74.92.17.10，于是与这个客户机对应的 PTR 记录就是 10.17.92.74.in-addr.arpa。
配置 4：

```
ddns-update-style <style>
```

功能：指定 DHCP 服务器对 DNS 服务器进行更新时采用的更新类型。style 参数必须是 ad-hoc、interim 或者 none。由 ISC 开发的 DHCP 服务器目前主要支持以 interim 方式进行 DNS 的动态更新，ad-hoc 参数基本上已经不再采用。因此，实际上，interim 方式是目前在 Linux 环境中通过 DHCP 实现安全 DDNS 更新的唯一方法。ddns-update-style 语句只在全局范围使用，在 dhcpd 读入 dhcpd.conf 文件时进行解释，而不是在每次客户机获得地址时解释，因此不能为不同的客户机指定不同的 DDNS 更新方法。

配置 5：

```
ddns-updates [on|off]
```

功能：指定当一个新的租约被确认时，服务器是否尝试进行 DNS 更新，默认是 on。如果希望在某个范围内不尝试进行更新，则该范围可以设置成 off。如果希望在全局范围内禁止 DNS 更新，一般不使用这个语句，而是把 ddns-update-style 语句的参数设置成 none。

配置 6：

```
do-forward-updates [enable|disable]
```

功能：在客户机获得或更新租约时指定 DHCP 服务器是否尝试更新 DHCP 客户的 A 记录。这个语句在 ddns-updates 为 on 并且 ddns-update-style 设置为 interim 时才有效。默认值是 enable。如果设为 disable，DHCP 服务器将不再尝试更新客户机的 A 记录。如果客户机提供在 PTR 记录中使用的 FQDN 信息，服务器将尝试更新客户端的 PTR 记录。即使这个选项设为 enabled，DHCP 服务器仍然会依照 client-updates 语句的设置进行更新。

配置 7：

```
update-optimization  [true|false]
```

功能：对于指定的客户机，如果该语句设为 false，则每次在这个客户机更新租约时，服务器都会为这个客户尝试进行 DNS 更新，而不是服务器认为有必要时才更新。这将使 DNS 更容易保持数据的一致性，但 DHCP 服务器要做更多次数的 DNS 更新。推荐激活这个功能，这也是默认的。这个语句只影响以 interim 方式的 DNS 更新，对 ad-hoc 方式的 DNS 更新没有影响。如果参数设为 true，DHCP 服务器只在客户端信息改变时进行更新，如客户端得到一个不同的租约或者租约过期。

配置 8：

```
update-static-leases  [enable|disable]
```

功能：当分配给客户机的 IP 地址是固定地址时，指定 DHCP 服务器是否也进行 DNS 更新，只对 interim 方式的 DNS 更新有效。一般不推荐使用，因为这时 DHCP 服务器没办法结束更新，地址不使用时也不会删除记录，而且服务器必须在客户机更新租约时尝试更新，这在负载很高的 DHCP 系统中会使性能明显下降。

12.3.4　客户端租约数据库文件 dhcpd.lease

当 dhcpd 进程运行时，还需要一个名为 dhcpd.leases 的文件，在其中保存所有已经分发的 IP 地址。在 RHEL 9 中，如果通过 RPM 方式安装 ISC DHCP，那么这个文件已经在 /var/lib/dhcpd 目录中存在。

🔍注意：如果 dhcpd 进程运行时找不到 dhcpd.leases 文件，则会出错，因此还需要事先用以下命令创建这个文件。

```
# touch /var/lib/dhcpd/dhcpd.leases
```

通过配置文件中的 lease-file-name 语句可以改变 dhcpd.leases 文件的位置和名称。这个文件是一种自由格式的 ASCII 文件，包含一系列的租借声明。每当一个租借被允许、更新或释放时，新的租借将会被记录在这个文件的后面。因此，如果有多个关于同一个租借的记录，应该以最后一个为准。

由于租借信息是不断地加到 leases 文件后面的，所以这个文件会越来越大。为了防止这个文件无限制地增大，需要定期把这个文件的内容导入后备的租借数据文件，然后再把租借信息重头开始写入 leases 文件。这个过程是自动完成的，与处理一般日志的方式类似。租借文件的格式如下：

```
lease ip-address { statements... }
```

lease 是一个关键字，表示一条租借记录的开始。ip-address 是一个已被租借的单个 IP 地址。花括号内的 statements 可以有多条，指明该 IP 地址租借给哪个客户机，什么时候租借的，什么时候到期等。下面是一个实际的 leases 文件例子，里面包含常见的 statements。

```
lease 172.16.5.198 {                       # IP 地址 172.16.5.198 的租借情况
  starts 4 2023/03/09 06:20:28;            # 租约开始时间
  ends 4 2023/03/09 06:30:31;             # 租约结束时间
   cltt 4 2023/03/09 06:20:28;            # 客户端的最后一个事务时间
  binding state active;                    # 租约正在使用中
  next binding state free;                 # 租约到期后，IP 将变为自由状态
  hardware ethernet 00:10:66:66:66:fa;    # 客户机网络接口的类型和 MAC 地址
  uid "\001\000\020fff\372";          # 客户机的用户名，因为不能打印，所以用八进制表示
  client-hostname "des001";                # 客户机的主机名
}
lease 172.16.4.176 {                       # IP 地址 172.16.4.176 的租借情况
  starts 4 2023/03/09 06:28:32;
  ends 5 2023/03/09 06:38:32;
  cltt 4 2023/03/09 06:28:32;
  binding state active;
  next binding state free;
  hardware ethernet 00:e0:18:ac:5d:0f;
  uid "\001\000\340\030\254]\017";
  client-hostname "des040";
}
lease 172.16.5.198 {                       # IP 地址 172.16.4.198 的租借情况
  starts 4 2023/03/09 06:41:22;
  ends 5 2023/03/09 06:45:15;
  cltt 4 2023/03/09 06:41:22;
  binding state active;
  next binding state free;
  hardware ethernet 00:10:66:66:66:fa;
  uid "\001\000\020fff\372";
  client-hostname "des001";
}
lease 172.16.5.252 {                       # IP 地址 172.16.4.252 的租借情况
  starts 4 2023/03/09 06:45:52;
  ends 5 2023/03/09 06:55:45;
  cltt 4 2023/03/09 06:45:52;
  binding state active;
  next binding state free;
  hardware ethernet 00:50:da:8e:1b:83;
  uid "\001\000P\332\216\033\203";
  client-hostname "acc002";
}
```

上面文件共有 4 条租借记录，其中，IP 地址 172.16.5.198 的租借记录有两条。前面的那条是历史记录，最新情况应该以后面那条记录为准。每条记录的花括号内均包含 8 个语句，说明了对应 IP 地址的租借情况，具体含义如下。

starts 和 ends 语句指出了被租借的 IP 地址的租期，starts 表示出借时间，ends 表示到期时间。cltt 语句表示客户端最后一次事务的时间。binding state 语句指出了租借的 IP 地址目前的状态，可以是 active 或 free。active 表示目前正在绑定使用中，free 表示未被绑定。next binding state 表示当租借到期后，IP 地址将转变成什么状态，也可以是 active 或 free。

hardware 记录了租借 IP 地址的客户机网络接口的类型和硬件地址，其中，ethernet 表示以太网卡，后面是 48 位的 MAC 地址。uid 记录了客户机的标识符，它是在提出租借请求时发送给 DHCP 服务器的，但 DHCP 服务器并不要求必须这样做。uid 的内容可以是字符串，如果碰到不能打印的字符时，将用反斜杠（"\"）后跟 3 个八进制数来表示。client-hostname 表示客户机的主机名，由 host-name 语句决定，但是也有很多客户机并不向服务器发送主机名，此时这一项将不做记录。

除了例子租借记录中的语句外，还有一些其他语句，其中有一部分是和 DDNS 有关的，在此不再介绍，有兴趣的读者可以参考 leases 文件的手册页。

12.3.5　DHCP 中继代理

DHCP 客户机需要通过网络广播消息获得 DHCP 服务器的响应后得到 IP 地址，但在大型的网络中可能会存在多个子网，而广播消息是不能跨越子网的。因此，如果 DHCP 客户机和服务器在不同的子网内，客户机将不能向服务器直接申请 IP 地址。此时就需要用到 DHCP 中继代理。DHCP 中继代理实际上是一种软件技术，它的任务是为不同子网间的 DHCP 客户机和服务器转发 DHCP 消息报文，承担着代理的角色，安装了 DHCP 中继代理的计算机也称为 DHCP 中继代理服务器。

下面看 DHCP 中继代理的工作原理。DHCP 中继代理服务器通过两个网络接口分别连在子网 1 和子网 2 上，子网 2 上有一台 DHCP 服务器。因此，子网 2 上的客户机可以直接从 DHCP 服务器得到 IP 地址等网络配置参数。但子网 1 没有 DHCP 服务器，为了从子网 2 上的 DHCP 服务器中得到 IP 地址等参数，需要通过 DHCP 中继代理，具体过程如图 12-8 所示。

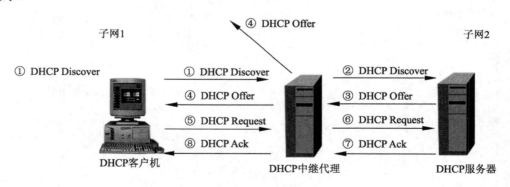

图 12-8　DHCP 中继代理的工作过程

（1）子网 1 上的 DHCP 客户端 C 使用默认的 UDP 67 号端口，在子网 1 上以 UDP 的数据报广播 DHCP Discover 消息。

（2）中继代理从 UDP 67 号端口收到这个 UDP 数据包后，检测 DHCP 消息报文中的网关 IP 地址字段（Giaddr）。如果该字段的 IP 地址是 0.0.0.0，则中继代理会在其中填入自己的 IP 地址，然后将消息转发给子网 2 上的 DHCP 服务器。对于中继代理来说，DHCP 服务器的 IP 地址是已知的。因此，转发时使用的不是广播数据包。

（3）子网 2 上的 DHCP 服务器收到消息后，根据网关 IP 地址字段确定从哪一个作用域分配 IP 地址和选项参数。

（4）DHCP 服务器向中继代理回应 DHCP Offer 消息报文，里面包含它提供的 IP 址和其他选项参数。

（5）中继代理将 DHCP Offer 消息报文转发给 DHCP 客户端，此时中继代理仍然不知道客户机的 IP 地址，因此使用的是广播数据包。

（6）中继代理转发客户机给 DHCP 服务器的 DHCP Request 消息报文和 DHCP 服务器给客户机的 DHCP Ack 消息报文，完成 IP 地址租借过程。这两次转发的目的 IP 地址都是已知的，因此使用的都是单播数据包。

ISC DHCP 提供的 dhcrelay 命令用于实现 DHCP 中继代理。该命令对应的安装包为 dhcp-relay-4.4.2-17.b1.el9.x86_64，命令文件在/usr/sbin 目录下。如果使用 dhcrelay 命令，需要先安装其软件包。命令格式如下：

```
dhcrelay [ -p port ] [ -d ] [ -q ] [ -i if0 [ ... -i ifN ] ] [ -a ]
         [ -c count ] [ -A length ]
         [ -D ] [ -m append | replace | forward | discard ] server0
         [ ...serverN ]
```

其中，server0 是本机能访问的 DHCP 服务器，是必须指明的一个参数，表示当 dhcrelay 收到 DHCP 消息包时，将会转发到这台 DHCP 服务器上。

🔍注意：可以指定多台 DHCP 服务器，此时 dhcrelay 将根据情况选择其中的一台服务器作为转发目的地。

- ❑ -p 选项指定不同的 UDP 端口作为接收 DHCP 消息报文的端口，一般在调试时才做这样的指定，默认是 67 号端口。
- ❑ -d 选项使 dhcrelay 运行在前台，一般在调试时使用。正常情况下，dhcrelay 启动时，在配置好接口后将转入后台运行。
- ❑ -q 选项使 dhcrelay 启动时不在控制台上打印网络配置信息，一般用在启动脚本里。
- ❑ -i 选项指定 dhcrelay 在哪些网络接口上监听 DHCP 消息报文，没有指明的将被排除。默认情况下，所有的网络接口都要监听，即使是与 DHCP 服务器通信的接口。
- ❑ -a 选项被设置时，dhcrelay 在转发 DHCP 请求报文前需要先附加一个代理选项域，把报文转发给客户机后又会把这个域去掉。
- ❑ -c 选项确定 DHCP 消息报文允许被转发的次数。默认值是 10。
- ❑ -A 选项规定 DHCP 消息报文的最大长度。由于每个 DHCP 中继都可能会在报文中附加代理选项域，所以报文可能会变得很大。
- ❑ -D 选项指定 decrelay 丢弃自己没有附加代理选项域的数据包，这些包是 DHCP 服务器传给它，再由它传给客户机的。
- ❑ -m 选项确定当收到的 DHCP 消息报文已经附加代理选项域时，decrelay 如何处理它。可以附加上自己的代理选项域（append）、替换原有的代理选项域（replace）、不做任何改变（forward）或丢弃（discard）。

12.4　小　　结

DHCP 服务器的主要功能是为网络中的客户机提供 IP 地址及其他网络配置参数，是比较常用的一种服务器。本章首先介绍了 DHCP 的有关情况，然后以 ISC DHCP 服务器软件为例，介绍了 DHCP 服务器的安装、运行与配置方法。

12.5　习　　题

一、填空题

1. DHCP 主要用于为计算机自动提供_____、_____和_____等网络配置信息。

2. 动态主机配置 DHCP 的前身是_____协议。

3. DHCP 的工作过程主要包括四个阶段，分别是_____、_____、_____和_____。

二、选择题

1. 在 DHCP 报告格式中，表示报文的操作类型的字段是（　　　）。

A. op　　　　　　　B. htype　　　　　　C. hlen　　　　　　D. hops

2. 在 DHCP 服务的配置文件 dhcpd.conf 中，用来定义地址池的声明是（　　　）。

A. subnet　　　　　B. option　　　　　　C. range　　　　　　D. hardware

3. DHCP 服务器的执行命令文件是（　　　）。

A. dhcp　　　　　　B. dhcpd　　　　　　C. dhcrelay　　　　　D. omshell

三、判断题

1. 同一个 IP 地址，可以同时被多个主机使用。　　　　　　　　　　　　　（　　）

2. BOOTP 和 DHCP 使用的消息报告格式完全相同。　　　　　　　　　　（　　）

3. DHCP 采用的是客户端/服务器模式。其中，DHCP 服务器默认的监听端口为 67，客户机使用的端口为 68。　　　　　　　　　　　　　　　　　　　　　　　（　　）

四、操作题

1. 通过 RPM 软件包安装 DHCP 服务器。

2. 配置当前系统的 IP 地址为 192.168.1.100。然后在 DHCP 服务中配置一个 192.168.1.0/24 子网，其地址池为 192.168.1.50-55。最后启动 DHCP 服务器，并在客户端尝试获取 IP 地址。

第 13 章　DNS 服务器架设与应用

DNS（Domain Name System，域名系统）是 Internet 上常用的服务之一。它是一个分布式数据库，组织成域层次结构的计算机和网络服务命名系统。通过 DNS，人们可以将域名解析为 IP 地址，用简单好记的域名代替枯燥难记的 IP 地址来访问网络。本章将详细介绍 DNS 服务的基本概念、工作原理、BIND 的运行、架设和使用方法。

13.1　DNS 的工作原理

DNS 是一个分布式数据库，它在本地负责控制整个分布式数据库的部分段，每一段中的数据通过客户服务器模式在整个网络上均可存取。它采用复制技术和缓存技术，使整个数据库变得可靠的同时又具有良好的性能。下面介绍 DNS 的工作原理及 DNS 协议的相关内容。

13.1.1　名称解析方法

网络中为了区别各个主机，必须为每台主机分配一个唯一的地址，这个地址即称为 IP 地址。但 IP 地址中的数字难以记忆，因此就采用"域名"的方式来取代这些数字了。不过最终还是要将域名转换为对应的 IP 地址才能访问主机，因此需要一种将主机名转换为 IP 地址的机制。在常见的计算机系统中，可以使用 3 种技术来实现主机名和 IP 地址之间的转换，分别是 Host 表、网络信息服务系统（NIS）和域名服务（DNS）。

1. Host表

Host 表是简单的文本文件，文件名一般是 hosts。其中存放了主机名和 IP 地址的映射关系，计算机通过在该文件中搜索相应的条目来匹配主机名和 IP 地址。hosts 文件中的每一行就是一个条目，包含一个 IP 地址及与该 IP 地址相关联的主机名。如果希望在网络中加入、删除主机名或者重新分配 IP 地址，管理员要做的就是增加、删除或修改 hosts 文件中的条目，但是要更新网络中每一台计算机上的 hosts 文件。

在 Internet 规模非常小的时候，这个集中管理的文件可以通过 FTP 发布给各个主机。每个 Internet 站点可以定期地更新其 hosts 文件的副本，并且发布主机文件的更新版本来反映网络的变化。但是，当 Internet 上的计算机迅速增加时，通过一个中心授权机构为所有 Internet 主机管理一个 hosts 文件的工作将无法进行。文件会随着时间的推移而增大，按这种更新形式维持文件以及将文件分配至所有站点将变得非常困难。

📄说明：虽然 Host 表目前不再广泛使用，但大部分的操作系统依旧保留了该表。

2．网络信息服务系统

将主机名转换为 IP 地址的另一种方案是网络信息服务系统（Network Information System，NIS），它是由 Sun Microsystems 开发的一种命名系统。NIS 将主机表替换成主机数据库，客户机可以从它这里得到需要的主机信息。然而，因为 NIS 将所有的主机数据都保存在中央主机上，再由中央主机将所有数据分配给所有的客户机，以至于将主机名转换为 IP 时的效率很低。在 Internet 迅猛发展的今天，没有一种办法可以用一张简单的表或一个数据库为如此众多的主机提供服务，因此 NIS 一般只用在中型以下的网络中。

📄说明：NIS 还有一种扩展版本，称为 NIS+，其提供了 NIS 主计算机和从计算机之间的身份验证和数据交换加密功能。

3．域名服务

域名服务（Domain Name Service，DNS）是一种新的主机名称和 IP 地址转换机制，它使用一种分层的分布式数据库来处理 Internet 上众多的主机和 IP 地址转换问题。也就是说，网络中没有存放全部的 Internet 主机信息的中心数据库，这些信息分布在一个层次结构中的若干台域名服务器上。DNS 是基于客户/服务器模型设计的。本质上，整个域名系统以一个大的分布式数据库方式工作。具有 Internet 连接的企业网络都可以有一个域名服务器，每个域名服务器包含有指向其他域名服务器的信息，这些服务器形成了一个大的协调工作的域名数据库。

13.1.2 DNS 的组成

每当一个应用需要将域名翻译为 IP 地址时，这个应用便成为域名系统的一个客户。这个客户将待翻译的域名放在一个 DNS 请求信息中，并将这个请求发给域名空间中的 DNS 服务器。DNS 服务器从请求中取出域名，将它翻译为对应的 IP 地址，然后在一个回答信息中将结果返回给应用。如果接到请求的 DNS 服务器自己不能把域名翻译为 IP 地址，将向其他 DNS 服务器查询。整个 DNS 域名系统由以下 3 个部分组成。

1．DNS域名空间

DNS 域名空间用于指定组织名称的域的层次结构，它如同一棵倒立的树，层次结构非常清晰，如图 13-1 所示。它的根域位于顶部，紧接着在根域的下面是几个顶级域，每个顶级域又可以进一步划分为不同的二级域，二级域再划分出子域，子域下面可以是主机也可以是再划分的子域，直到最后的主机。在 Internet 中的域是由 InterNIC 负责管理的，域名的服务则由 DNS 来实现。

2．DNS服务器

DNS 服务器是保持和维护域名空间中的数据的程序。由于域名服务是分布式的，每个 DNS 服务器包含一个域名空间自身的完整信息，其控制范围称为区（Zone）。对于本区内的请求，由负责本区的 DNS 服务器解释，对于其他区的请求，将由本区的 DNS 服务器与负责该区的相应服务器联系。

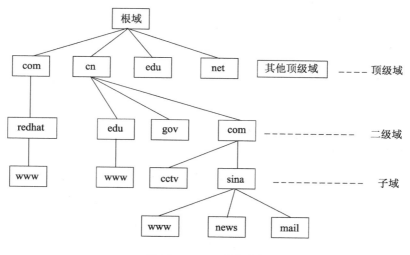

图 13-1　DNS 域名空间

3. 解析器

解析器是简单的程序或子程序，它从服务器中提取信息，以响应对域名空间中主机的查询，用于 DNS 客户端进行域名解析。

13.1.3　DNS 查询过程

当客户端程序要通过一个主机名称来访问网络中的一台主机时，首先要得到这个主机名称所对应的 IP 地址。因为 IP 数据报中允许放置的是目地主机的 IP 地址，而不是主机名称。可以从本机的 hosts 文件中得到主机名称对应的 IP 地址，如果 hosts 文件不能解析该主机名称，只能通过向客户机设定的 DNS 服务器进行查询了。

说明：在 UNIX 系统中，可以设置 hosts 和 dns 的使用次序。

可以以不同的方式对 DNS 查询进行解析。第一种是本地解析，就是客户端可以使用缓存信息就地应答，这些缓存信息是通过以前的查询获得的。第二种是直接解析，就是直接由所设定的 DNS 服务器解析，使用的是该 DNS 服务器的资源记录缓存或者其权威回答（如果所查询的域名是该服务器管辖的）。第三种是递归解析，即设定的 DNS 服务器代表客户端向其他 DNS 服务器查询，以便完全解析该名称，并将结果返回至客户端。第四种是迭代解析，即设定的 DNS 服务器向客户端返回一个可以解析该域名的其他 DNS 服务器，客户端再继续向其他 DNS 服务器查询。

1. 本地解析

本地解析的过程如图 13-2 所示。客户机平时得到的 DNS 查询记录都保留在 DNS 缓存中，客户机操作系统上都运行着一个 DNS 客户端程序。当其他程序提出 DNS 查询请求时，这个查询请求会传送至 DNS 客户端程序。DNS 客户端程序首先使用本地缓存信息进行解析，如果可以解析要查询的名称，DNS 客户端程序就直接应答该查询，无须向 DNS 服务器查询，该 DNS 查询处理过程也就结束了。

图 13-2　本地解析

2. 直接解析

如果 DNS 客户端程序不能从本地 DNS 缓存回答客户机的 DNS 查询，它就向客户机所设定的局部 DNS 服务器发送一个查询请求，要求局部 DNS 服务器进行解析，如图 13-3 所示。局部 DNS 服务器得到这个查询请求后，首先查看要求查询的域名是否自己能回答的。如果能回答，则直接给予回答；如果不能回答，再查看自己的 DNS 缓存。如果可以从缓存中解析，就直接给予回应。

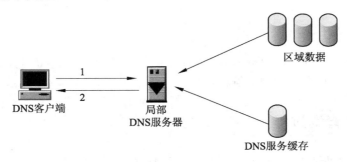

图 13-3　局部 DNS 服务器解析

3. 递归解析

如果局部 DNS 服务器自己不能回答客户机的 DNS 查询，就需要向其他 DNS 服务器进行查询。此时有两种方式，如图 13-4 是递归方式。局部 DNS 服务器自己负责向其他 DNS 服务器进行查询，一般是先向该域名的根域服务器查询，再由根域名服务器一级级向下查询，最后将得到的查询结果返回给局部 DNS 服务器，再由局部 DNS 服务器返回给客户端。

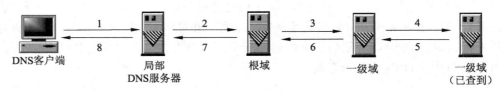

图 13-4　DNS 解析的递归方式

4．迭代解析

如果局部 DNS 服务器自己不能回答客户机的 DNS 查询，也可以通过迭代查询的方式进行解析，如图 13-5 所示。局部 DNS 服务器不是自己向其他 DNS 服务器进行查询，而是把能解析该域名的其他 DNS 服务器的 IP 地址返回给客户端 DNS 程序，客户端 DNS 程序再继续向这些 DNS 服务器进行查询，直到得到查询结果为止。

局部
DNS服务器
1
2
DNS客户端
3
4
根域
5
6
一级域
7
8
二级域
（已查到）

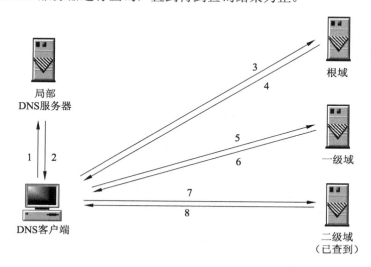

图 13-5　DNS 解析的迭代方式

以上介绍了 DNS 解析的 4 种方式，下面看 DNS 报文的格式。

13.1.4　DNS 报文格式

DNS 客户端与 DNS 服务器进行交互时，需要传送各种各样的数据报，这些数据报的总体格式如图 13-6 所示。DNS 报文由 12 字节长的首部和 4 个长度可变的字段组成。标识字段由客户程序设置并由服务器返回结果，客户程序通过标识字段确定响应与查询是否匹配。标识字段包含以下内容。

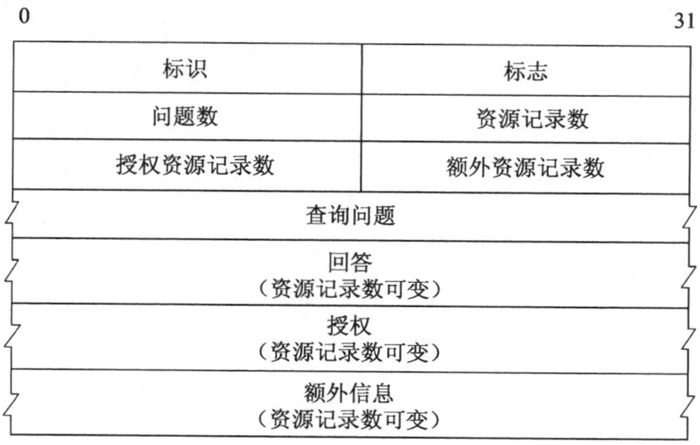

0
31
标识
标志
问题数
资源记录数
授权资源记录数
额外资源记录数
查询问题
回答
（资源记录数可变）
授权
（资源记录数可变）
额外信息
（资源记录数可变）

图 13-6　DNS 数据报的总体格式

□　定义是查询报文还是响应报文；

□　查询类型是标准查询、反向查询还是服务器状态请求；

□　是否权威回答；

□　查询方式是递归查询还是迭代查询；

□　是否支持递归查询；

□　查询是否有差错或要查的域名是否不存在。

查询问题部分的每个问题的格式如图 13-7 所示，通常只有一个问题。查询名是要查找的名字，它是一个或多个标识符的序列。每个标识符以首字节的计数值来说明随后标识符的字节长度，每个名字最后以字节 0 为结束，长度为 0 的标识符是根标识符。计数字节的值必须是 0～63，因为标识符的最大长度仅为 63。与其他常用的报文格式不一样的是，该字段无须以整 32 字节边界结束，即无须填充字节。图 13-8 显示了如何存放域名 www.wzvtc.cn，其中，3、5、2 表示后续字符的个数。

查询名	
查询类型	查询类

图 13-7　DNS 数据包查询问题的格式

3	w	w	w	5	w	z	v	t	c	2	c	n	0

图 13-8　域名 www.wzvtc.cn 的表示方法

每个查询问题都有一个查询类型，而每个回答（也称为一条资源记录）也有一个应答类型。大约有 20 个类型值，有一些目前已经过时，表 13-1 列出了常用的一些值。其中有两种类型值可以用于查询类型：一种是 A 类型，表示期望获得查询名的 IP 地址；另一种是 PTR 类型，表示请求获得一个 IP 地址对应的域名，也称为指针查询。查询报文格式中的查询类通常是 1，指互联网地址。

🗎注意：某些站点也支持其他非 IP 地址查询，此时查询类是其他数值。

表 13-1　DNS查询问题和回答的类型值

名　字	数　值	描　述	名　字	数　值	描　述
A	1	IP地址	HINFO	13	主机信息
NS	2	域名服务器	MX	15	邮件交换记录
CName	5	规范名称	AXFR	252	对区域转换的请求
PTR	12	指针记录	*或ANY	255	对所有记录的请求

DNS 报文格式中的最后 3 个字段一般是回答字段、授权字段和附加信息字段，它们均采用一种称为资源记录 RR（Resource Record）的相同格式。如图 13-9 为资源记录的格式，各个字段的含义如下：

□　域名：记录资源数据对应的名字，它的格式和前面介绍的查询名字段格式（图 13-8）相同。

□　类型：说明 RR 的类型码，它的取值见表 13-1。

- 类：通常为 1，指 Internet 数据。
- 生存时间：表示客户程序保留该资源记录的秒数，资源记录通常的生存时间值为 2 天。
- 资源数据长度：说明资源数据的数量。
- 资源数据：其格式依赖于类型字段的值，对于类型 1（A 资源记录）数据是 4 字节的 IP 地址。

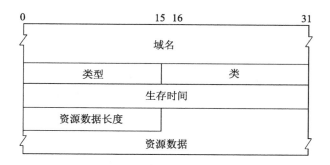

图 13-9　DNS 资源记录格式

13.1.5　实际的 DNS 报文数据

当客户机利用域名访问一台主机时，首先要向所设的 DNS 服务器发送查询报文，以获得该域名所对应的 IP 地址，DNS 服务器要根据具体情况向客户端做出应答。下面通过抓包工具 Wireshark 捕获这些数据包，并进行观察，以便更深入地理解 DNS 协议。

假设在一台 IP 地址为 192.168.164.136 的客户机上执行 ping mail.qq.com 命令，成功地行后，用 Wireshark 抓到的 DNS 数据包如图 13-10 所示。在命令执行前，先用 ipconfig /flushdns 清除本地的 DNS 缓存，否则客户机有可能不发送 DNS 报文而是直接从 DNS 缓存中得到 IP 地址。

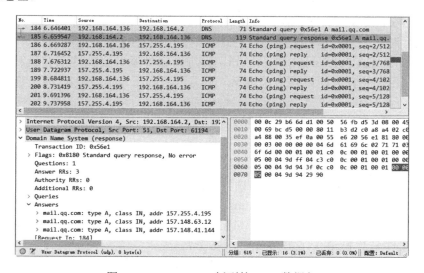

图 13-10　Wireshark 抓到的 DNS 数据包

从图 13-10 中可以看出，客户机 192.168.164.136 在 ping 一个域名时，需要先通过 DNS 查询获得该域名所对应的 IP 地址，因此向所设的 DNS 服务器 192.168.164.2 发送了数据包 184，可以看出查询类型为 A。DNS 服务器 192.168.164.2 通过数据包 185 告诉客户机，mail.qq.com 域名所对应的 IP 地址是 157.255.4.195。于是，ping 命令向 157.255.4.195 发送了数据包 186、188、199 和 201 这 4 个 ICMP 请求，而 157.255.4.195 则通过 187、189、200 和 202 这 4 个数据包进行回复。

从数据包 185 的详细信息中可以看出，DNS 服务器返回了 3 条 A 资源记录，客户端根据自己的算法取出了第一条 A 资源记录所包含的 IP 地址。另外，还可以看到 DNS 报文是通过 UDP 发送的，服务器的端口号是 53 号。

说明：以上是 DNS 客户端与服务器的报文交互情况。实际上，DNS 服务器为了解析 mail.qq.comn 域名，可能还需要与其他 DNS 服务器进行交互，这些交互数据包不能在客户机上捕获。

13.2　BIND 的安装与运行

BIND（Berkeley Internet Name Domain）是最知名的域名服务器软件，它完整地实现了 DNS 协议规定的各种功能。可以在各种主流的操作系统平台上运行，并且被作为许多供应商的 UNIX 标准配置封装在产品中。下面介绍有关 BIND 服务器软件的安装与运行方法。

13.2.1　BIND 简介

在 Linux 系统中架设 DNS 服务器通常是使用 BIND 程序来实现的。BIND 是一款架设 DNS 服务器的开放源代码软件。BIND 原本是美国 DARPA 资助伯克利大学开设的一个研究生课题，经过多年的发展，现在它已经成为世界上使用最广泛的 DNS 服务器软件，目前，Internet 上绝大多数的 DNS 服务器都是用 BIND 来架设的。

BIND 经历了第 4 版、第 8 版和最新的第 9 版，第 9 版修正了以前版本中的许多错误并提升了执行时的效能。BIND 能够运行在当前大多数的操作系统平台上。目前，BIND 软件由 ISC（Internet Software Consortium，因特网软件联合会）这个非赢利性机构负责开发和维护。ISC 的官方网站域名为 http://www.isc.org/，包含 BIND 的最新错误修复和更新。

13.2.2　BIND 的获取与安装

在 RHEL 9 中安装 BIND 服务器有两种方式，一种是以源代码方式安装，另一种是以 RPM 软件包方式安装。源代码可以从 https://downloads.isc.org/isc/bind9/cur/9.19/ 处下载，目前最新的版本是 9.19.10 版，文件名是 bind-9.19.10.tar.xz。RHEL 9 自带的 BIND 版本是 9.16.23 版，文件名是 bind-9.16.23-5.el9_1.x86_64.rpm。

先看 RPM 安装方式。如果安装 RHEL 9 系统时没有选择安装 BIND 服务器，则可以使用 dnf 命令通过本地软件源安装。执行命令如下：

```
# dnf install bind
```

然后输入以下命令，可以看到安装后的文件分布情况。

```
# rpm -ql bind
```

其中比较重要的文件分布如下：

❑ /usr/lib/systemd/system/named.service：BIND 开机自动启动时所用的启动脚本。

❑ /usr/sbin/named：named 进程的程序文件。

❑ /usr/sbin/rndc：远程控制 named 进程运行的工具。

❑ /usr/sbin/rndc-confgen：产生 rndc 密钥的工具。

❑ /usr/share/doc/bind：该目录下为 BIND 的帮助文档和例子文件。

❑ /usr/share/man/man5：该目录下为 BIND 的手册页。

❑ /usr/share/man/man8：该目录下为 BIND 的手册页。

❑ /var/named：BIND 配置文件的默认存放目录（不包含主配置文件）。

❑ /var/run/named：named 进程 PID 文件的存放目录。

named 进程是以 named 用户的身份运行的，因此，在操作系统中要存在这个用户。

📑说明：当默认安装 RHEL 9 时，named 用户已经创建，如果该用户不存在，则需要重新创建。

如果采用源代码方式安装，从 https://downloads.isc.org/isc/bind9/cur/9.19/处下载 BIND 的最新版 9.19.10 的源代码文件 bind-9.19.10.tar.xz，将文件复制到当前目录下后，使用以下命令进行安装：

```
# dnf remove bind                    //如果已经安装 bind 9.16.23 包则先卸载
# tar xvjf bind-9.19.10.tar.xz       //解压源代码文件包到 bind-9.19.10 目录下
# cd bind-9.19.10
# ./configure
# make                               //编译连接，产生可执行文件
# make install                       //把文件安装到相应的目录下
```

在进行测试练习时，可选择上述两种安装方式中的一种。本章后面的例子是以 RPM 安装方式为基础进行讲解的。

13.2.3　BIND 的简单配置与运行

与其他服务器相比，BIND 的配置文件结构要复杂得多，而且在配置文件不正确的情况下 BIND 将无法运行。为了使 BIND 能够运行，下面先提供一套最简单的配置文件，使 BIND 能正常地运行并具有初步的域名解析功能，具体内容的解释见 13.3 节。

（1）在/etc 目录下建立 BIND 的主配置文件 named.conf，内容如下：

```
options {
        listen-on port 53 { any; };
        listen-on-v6 port 53 { ::1; };
        directory       "/var/named";
        dump-file       "/var/named/data/cache_dump.db";
        statistics-file "/var/named/data/named_stats.txt";
        memstatistics-file "/var/named/data/named_mem_stats.txt";
```

```
        secroots-file  "/var/named/data/named.secroots";
        recursing-file  "/var/named/data/named.recursing";
        allow-query    { any; };
        recursion yes;
        dnssec-validation yes;
        managed-keys-directory "/var/named/dynamic";
        geoip-directory "/usr/share/GeoIP";

        pid-file "/run/named/named.pid";
        session-keyfile "/run/named/session.key";

        /* https://fedoraproject.org/wiki/Changes/CryptoPolicy */
        include "/etc/crypto-policies/back-ends/bind.config";
};

logging {
        channel default_debug {
                file "data/named.run";
                 severity dynamic;
        };
};

zone "." IN {                           //定义一个名为"."的区，查询类为 IN
        type hint;                      //类型为 hint
        file "named.ca";               //区文件是 named.ca
};

include "/etc/named.rfc1912.zones";
include "/etc/named.root.key";
```

其中，加粗的代码是需要修改的。可以看出，在主配置文件 named.conf 里只有"."区域，代码中的 named.rfc1912.zones 是 named.conf 的辅助区域配置文件，意思是除了根域外，其他所有的区域配置建议在 named.rfc1912.zones 文件中配置，主要是为了方便管理，不会轻易破坏主配置文件 named.conf。

（2）在辅助区域配置文件 named.rfc1912.zones 中创建正向和反向区域。

```
vi /etc/named.rfc1912.zones
zone "benet.com" IN {
    type master;
    file "named.benet.com";
    allow-update { none; };
};
zone "0.168.192.in-addr.arpa" IN {
        type master;
        file "named.0.168.192";
        allow-update { none; };
};
```

（3）通过模版创建对应的正向和反向区域数据库文件。BING 数据库配置文件在/var/named/下。

```
# cd /var/named/
# cp -p named.localhost named.benet.com
# cp -p named.localhost named.0.168.192
```

（4）创建并修改正向和反向区域数据库配置文件。/var/named/named.benet.com 文件的内容如下：

```
# vi named.benet.com
$TTL 1D
```

```
@       IN SOA  www.benet.com.root.benet.com. (
                                0        ; serial
                                1D       ; refresh
                                1H       ; retry
                                1W       ; expire
                                3H )     ; minimum
                IN  NS  www.benet.com.
                IN  MX  10  mail
mail            IN  A   192.168.0.1
www             IN  A   192.168.0.2
oa              IN  CNAME  www
lib             IN  A     192.168.0.3
gsx             IN  A     221.224.2.234
```

/var/named/named.0.168.192 文件的内容如下：

```
# vi /var/named/named.0.168.192
$TTL 1D
@       IN SOA  www.benet.com. root.benet.com. (
                                0        ; serial
                                1D       ; refresh
                                1H       ; retry
                                1W       ; expire
                                3H )     ; minimum
                IN  NS  www.benet.com.
2               IN  PTR  www.benet.com.
1               IN  PTR  mail.benet.com.
3               IN  PTR  lib.benet.com.
```

（5）将以上所有配置设置完后，即可启动 DNS 服务。执行命令如下：

```
# systemctl start named.service
```

（6）接下来用以下命令查看 named 进程是否已正常启动。

```
# ps -eaf|grep named
root    3849  3469  0 18:18 pts/0    00:00:00 /usr/sbin/named -g
root    3862  3469  0 18:23 pts/0    00:00:00 grep named
#
```

（7）由于 DNS 采用的是 UDP 的协议，监听的是 53 号端口，可以用下面的命令进一步验证 named 进程是否已正常工作。

```
# netstat -an | grep :53
tcp     0       0 192.168.1.10:53      0.0.0.0:*            LISTEN
tcp     0       0 127.0.0.1:53         0.0.0.0:*            LISTEN
tcp6    0       0 ::1:53               :::*                LISTEN
udp     0       0 192.168.1.10:53      0.0.0.0:*
udp     0       0 127.0.0.1:53         0.0.0.0:*
udp6    0       0 ::1:53               :::*
```

可见，UDP 53 号端口已经打开，同时也可以看到，TCP 的 53 号端口也处于监听状态，这个端口主要用于 DNS 服务器之间传送域数据。

（8）上述步骤完成后，再检查防火墙是不是开放了 TCP 和 UDP 的 53 号端口。如果还没开放，可输入以下命令打开。

```
# firewall-cmd --zone=public --add-port=53/tcp --permanent
# firewall-cmd --zone=public --add-port=53/udp --permanent
# firewall-cmd --reload
```

（9）可以在本机或网络中的其他计算机上进行以下测试（"＞"后面是用户输入的内容）。

```
C:\ >nslookup
Default Server:  www.benet.com
Address:  192.168.0.2         # 原来默认的 DNS 服务器是 192.168.0.2

> www.benet.com               # 查询 www.benet.com 的 IP 地址
Server:  www.benet.com
Address:  192.168.0.2

Name:    www.benet.com
Address:  192.168.0.2         # DNS 服务器回复 www.benet.com 的 IP 地址是 192.168.0.2
> mail.benet.com              # 再查询 mail.benet.com 的 IP 地址
Server:  www.benet.com
Address:  192.168.0.2

Name:    mail.benet.com
Address:  192.168.0.1         # DNS 服务器回复 mail.benet.com 的 IP 地址是 192.168.0.1

> www.baidu.cn                # 查询其他域的域名 www.baidu.cn
Server:  www.benet.com
Address:  192.168.0.2

Non-authoritative answer:                      # 非权威的回答
Name:    www.a.shifen.com
# DNS 服务器回复 www.baidu.cn 的 IP 地址有两个
Addresses:  220.181.6.18, 220.181.6.19
Aliases: www.baidu.cn, www.baidu.com

> exit

C:\ >
```

从以上测试结果中可以看出，DNS 已经能正常工作了，能解析 benet.com 区中的域名，还能通过其他的 DNS 服务器解析互联网上的所有域名。

13.2.4　Chroot 的功能

Chroot 是 Change Root 的缩写，它可以将文件系统中某个特定的子目录作为进程的虚拟根目录，即改变进程所引用的"/"根目录位置。Chroot 对进程可以使用的系统资源、用户权限和所在目录进行严格控制，程序只在这个虚拟的根目录及其子目录中有权限，一旦离开该目录就没有任何权限了，因此也将 Chroot 称为 Jail（监禁）。

早期 Linux 服务都是以 root 权限启动和运行的。随着技术的发展，各种服务变得越来越复杂，导致 BUG 和漏洞也越来越多。攻击者利用服务的漏洞入侵系统，就能获得 root 级别的权限，从而可以控制整个系统。为了减缓这种攻击带来的负面影响，现在的服务器软件通常设计成以 root 权限启动，然后服务器进程自行放弃 root 权限，再以某个低权限的系统账号来运行进程。这种方式的好处在于服务被攻击者利用进行漏洞入侵时，由于进程权限比较低，攻击者得到的访问权限是基于这个较低权限的，因此对系统造成的危害比以前减轻了许多。

基于同样的道理，Chroot 的使用并不能说是让程序本身更安全了，它跟没有 Chroot 的程序比较，依然有着同样多的 BUG 和漏洞，依然会被攻击者利用这些 BUG 和漏洞进行攻击并得逞。但由于程序本身的权限被严格限制了，因此攻击者无法造成更大的破坏，也无法夺取操作系统的最高权限。DNS 服务器主要是用于域名解析，需要面对来自网络各个位置的大量访问，并且一般不限制来访者的 IP，因此，存在的安全隐患和被攻击的可能性相当大，使用 Chroot 功能也就特别地有意义了。

在 RHEL 9 中，Chroot 的安装包文件名为 bind-chroot-9.16.23-5.el9_1.x86_64.rpm。使用 dnf 命令安装 bind-chroot 软件包，执行命令如下：

```
# dnf install bind-chroot
```

成功安装 Chroot 后，named 的虚拟根目录变为/var/named/chroot，即以后运行 named 进程时，会把这个目录当作根目录。同时，在这个虚拟根目录下还自动创建了 dev、etc 和 var 3 个目录，分别对应实际根目录下的同名目录。因此，以后编辑 named 的配置文件时，要注意其存放的目录位置。

13.2.5　使用 Rndc

Rndc 是 BIND 安装包提供的一种控制域名服务运行的工具，它可以运行在其他计算机上，通过网络与 DNS 服务器进行连接，然后根据管理员的指令对 named 进程进行远程控制。此时，管理员不需要 DNS 服务器的根用户权限。

使用 Rndc 可以在不停止 DNS 服务器工作的情况下进行数据更新，使修改后的配置文件生效。在实际情况中，DNS 服务器是非常繁忙的，任何短时间的停顿都会给用户的使用带来影响。因此，使用 Rndc 工具可以使 DNS 服务器更好地为用户提供服务。

Rndc 与 DNS 服务器实行连接时，需要通过数字证书进行认证，而不是传统的用户名/密码方式。在新版本中，Rndc 默认使用 hmac-sha256 认证算法生成密钥，然后在通信两端使用共享密钥。Rndc 在连接通道中发送命令时，必须使用经过服务器认可的密钥加密。为了生成双方都认可的密钥，可以使用 rndc-confgen 命令产生密钥和相应的配置，再把这些配置分别放入 named.conf 和 Rndc 的配置文件 rndc.key 中，具体操作步骤如下。

（1）执行 rndc-confgen 命令，得到密钥和相应的配置。

```
# rndc-confgen
# Start of rndc.conf
key "rndc-key" {
    algorithm hmac-sha256;
    secret "M4D2LX2Xn5dXBAF5afHnbAw1CEvD+CLeLu4uiN25bLk=";
};

options {
    default-key "rndc-key";
    default-server 127.0.0.1;
    default-port 953;
};
# End of rndc.conf

# Use with the following in named.conf, adjusting the allow list as needed:
# key "rndc-key" {
#    algorithm hmac-sha256;
#    secret "M4D2LX2Xn5dXBAF5afHnbAw1CEvD+CLeLu4uiN25bLk=";
# };
#
```

```
#  controls {
#     inet 127.0.0.1 port 953
#          allow { 127.0.0.1; } keys { "rndc-key"; };
#  };
#  End of named.conf
```

（2）在/etc 目录下创建 rndc.conf 文件，根据提示输入上述输出中不带注释的内容。

```
# vi  /etc/rndc.conf
key "rndc-key" {
  algorithm hmac-sha256;
  secret "M4D2LX2Xn5dXBAF5afHnbAw1CEvD+CLeLu4uiN25bLk=";
};

options {
  default-key "rndc-key";
  default-server 127.0.0.1;
  default-port 953;
};
```

（3）根据提示，把下列内容放入原有的/etc/named.conf 文件后面。

```
key "rndc-key" {
    algorithm hmac-sha256;
    secret " M4D2LX2Xn5dXBAF5afHnbAw1CEvD+CLeLu4uiN25bLk=";
};

controls {
    inet 127.0.0.1 port 953
        allow { 127.0.0.1; } keys { "rndc-key"; };
};
```

（4）重启 named 进程后，就可以使用 Rndc 工具对 named 进行控制了。例如，下面的命令可以使 named 重新装载配置文件和区文件。

```
# rndc reload
WARNING: key file (/etc/rndc.key) exists, but using default configuration
file (/etc/rndc.conf)
server reload successful
#
```

此外，所有 Rndc 支持的命令及帮助信息可以通过不带参数的 rndc 命令显示。

```
[root@localhost named]# rndc
Usage: rndc [-c config] [-s server] [-p port]
       [-k key-file ] [-y key] [-V] command

command is one of the following:
  reload        Reload configuration file and zones.
  reload zone [class [view]]
  ...
  status     Display status of the server.
  recursing Dump the queries that are currently recursing (named.recursing)
Version: 9.16.23-RH
```

可以看到，Rndc 提供了非常丰富的命令，可以让管理员在不重启 named 进程的情况下完成大部分 DNS 服务器的管理工作。

📄说明：Rndc 命令后面可以跟-s 和-p 选项连接到远程 DNS 服务器，以便对远程 DNS 服务器进行管理，但此时双方的密钥要一致才能正常连接。

13.3　BIND 的配置

　　13.2 节提供了一个简单的配置例子，使得 BIND 运行后具有初步的 DNS 服务器功能。本节先详细解释各种配置选项的含义，再通过几个例子使读者能配置相对复杂的 DNS 服务器。与其他服务器不同的是，BIND 配置需要较多的配置文件，并不是所有的配置都集中在一个配置文件里，因此相对复杂一些。

13.3.1　BIND 的主配置文件

　　BIND 主配置文件由 named 进程运行时首先读取，文件名为 named.conf，默认在/etc 目录下。该文件只包括 BIND 的基本配置，并不包含任何 DNS 的区域数据。安装 DNS 服务后，将自动生成/etc/named.conf 文件。如果该文件不存在，用户可以自行创建或将/usr/share/doc/bind/sample/etc/named.conf 范本文件复制为/etc/named.conf。

　　named.conf 配置文件由语句与注释组成，每一条主配置语句均有自己的选项参数。这些选项参数以子语句的形式组成并包含在花括号内，作为主语句的组成部分。每一条语句，包括主语句和子语句，都必须以分号结尾。注释符号可以使用类似于 C 语言中的块注释"/*"和"*/"符号对，以及行注释符"//"或"#"。BIND 9 支持的主配置语句及其功能如表 13-2 所示。

表 13-2　BIND 9 主配置语句名称

主配置语句名称	功　　能
acl	定义一个访问控制列表，用于以后对列表中的IP进行访问控制
controls	定义有关本地域名服务器操作的控制通道，这些通道被Rndc用来发送控制命令
include	把另一个文件内容包含进来作为主配置文件的内容
key	定义一个密匙信息，用于通过TSIG进行授权和认证的配置
logging	设置日志服务器及日志信息的发送位置
options	设置DNS服务器的全局配置选项
server	定义与远程服务器交互的规则
trusted-keys	定义信任的DNSSED密匙
view	定义一个视图
zone	定义一个区域

1. acl语句

　　acl 主配置语句用于定义一个命名的访问列表，里面包含一些用 IP 表示的主机，这个访问列表可以在其他语句中使用，表示所定义的主机。格式如下：

```
acl acl-name {
    address_match_list
};
```

　　address_match_list 表示 IP 地址或 IP 地址集。其中，none、any、localhost 和 localnets

这 4 个内定的关键字有特别含义，分别表示没有主机、任何主机、本地网络接口 IP 和本地子网 IP。具体的例子如下：

```
acl "someips" {                              //定义一个名为 someips 的 ACL
  10.0.0.1; 192.168.23.1; 192.168.23.15;     //包含 3 个单个 IP
};
acl "complex" {                              //定义一个名为 complex 的 ACL
  "someips";                                 //可以包含其他 ACL
  10.0.15.0/24;                              //包含 10.0.15.0 子网中的所有 IP
  !10.0.16.1/24;                             //非 10.0.16.1 子网的 IP
  {10.0.17.1;10.0.18.2;};                    //包含一个 IP 组
  localhost;                                 //本地网络接口 IP(含实际接口 IP 和 127.0.0.1)
  };
zone "example.com" {
  type slave;
  file "slave.example.com";
  allow-notify {"complex";};                 //在此处使用了前面定义的 complex 访问列表
};
```

2．controls语句

controls 主语句定义有关本地域名服务器操作的控制通道，这些通道被 Rndc 用来发送控制命令。在上一节的例子 named.conf 配置文件中有以下语句，解释如下：

```
controls {
    inet 127.0.0.1 port 953     //在 127.0.0.1 接口的 953 号端口进行监听
    //只接受 127.0.0.1 的连接，即只有在本机使用 Rndc 才能对 named 进行控制
    allow { 127.0.0.1; }
    keys { "rndc-key"; };       //使用名为 rndc-key 的密钥才能访问
};
```

3．include语句

include 主语句表示把另一个文件的内容包含进来，作为 named.conf 文件的配置内容，其效果与把那个文件的内容直接输入 named.conf 时一样。之所以这样做，一是为了简化一些分布式的 named.conf 文件的管理，此时，每个管理员只负责自己所管辖的配置内容；二是为了安全，这样可以把一些密钥放在其他文件中，不让无关的人查看。

4．key语句

key 主语句定义一个密匙，用于 TSIG 授权和认证。它主要在与其他 DNS 服务器或 Rndc 工具通信时使用，可以通过运行 rndc-confgen 命令产生。在 13.2.5 小节的例子 named.conf 配置文件中有以下语句，解释如下：

```
key "rndc-key" {                             //定义一个密钥，名为 rndc-key
    //采用 hmac-sha256 算法，这也是目前唯一支持的加密算法
    algorithm hmac-sha2565;
    //密钥的具体数据
    secret " M4D2LX2Xn5dXBAF5afHnbAw1CEvD+CLeLu4uiN25bLk=";
};
```

5．logging语句

logging 是有关日志配置的主语句，它可以有众多的子语句，指明日志记录的位置、日

志的内容、日志文件的大小和日志的级别等。下面是一个典型的日志语句：

```
logging{
    //定义一个名为 simple_log 的日志通道。可以定义多个通道，每个通道代表一种日志
channel simple_log {
    //该日志记录在/var/log/named/bind.log 文件中，版本号为 3
file "/var/log/named/bind.log" versions 3

    size 5m;                //文件的大小是 5MB，超过 5MB 时会以 bind.log.1 的名称进行备份
    severity warning;       //高于或等于 warning 级别的日志才被记录
    print-time yes;         //日志记录包含时间域
    print-severity yes;     //日志记录包含日志级别域
    print-category yes;     //日志记录包含日志分类域
    };
    category default{       //所有的分类都记录到 simple_log 日志通道中
    simple_log;
    };
};
```

6．options语句

options 语句用于设定可以被整个 BIND 使用的全局选项。这个语句在每个配置文件中只有一处，如果出现多个 options 语句，则第一个 options 的配置有效，并且会产生一个警告信息。如果没有 options 语句，则每个子语句使用默认值。options 选项的子语句很多，下面先解释在 12.2.3 小节的例子中出现的子语句。

- ❑ directory：指定服务器的工作目录。配置文件其他语句所使用的相对路径就是在这个子语句指定的目录下。大多数的输出文件默认也生成在这个目录下。如果没有设定，工作目录默认设置为服务器启动时的目录。指定目录时，应该以绝对路径表示。
- ❑ pid-file：设定进程 PID 文件的路径名，如果没有指定，默认为/run/named/named.pid。此时运行进程的用户 named 对该目录要有写入权限，否则 named 将不能正常启动。pid-file 是供那些需要向运行的服务器发送信号的程序使用的。
- ❑ forwarders：设定转发使用的 IP 地址。该子语句只有在 forward 设置为允许转发时才生效，默认的列表是空的，表示不转发。转发也可以设置在每个域中，这样全局选项中的转发设置就不会起作用了。用户可以将不同的域转发到其他不同的 DNS 服务器上，或者对不同的域实现 forward only 或 first 方式，也可以选择不转发。
- ❑ allow-query：主语句用于设定 DNS 服务器为哪些客户机提供 DNS 查询服务，可以在后面的花括号内放置命名的 ACL 或 address_match_list，any 表示任何主机都可以访问。allow-query 也能在 zone 语句中设定，这样，全局 options 中的 allow-query 选项在 zone 中就不起作用了。默认是允许所有主机进行查询。

7．server语句

server 主语句用于定义与远程服务器交互的规则。例如，决定本地 DNS 服务器是作为主域名服务器还是辅域名服务器，以及与其他 DNS 服务器通信时采用的密钥等。server 语句可以出现在配置文件的顶层，也可以出现在视图语句的内部。如果一个视图语句包含自己的 server 语句，则只有在视图语句内的 server 语句才起作用，顶层的 server 语句将被忽

略。如果在一个视图语句内不包括 server 语句，则顶层 server 语句将被当作默认值。

8．trusted-keys语句

trusted-keys 语句用于定义 DNSSEC 安全根的 trusted-keys。DNSSEC 指由 RFC2535 定义的 DNS sercurity 标准。当一个非授权域的公钥是已知的，但不能安全地从 DNS 服务器获取时，需要加入一个 trusted-keys。这种情况一般出现在 singed 域是一个非 signed 域的子域的场景中，此时加了 trusted-keys 后被认为是安全的。trusted-keys 语句能包含多重输入口，由键的域名、标志、协议算法和 64 位键数据组成。

9．view语句

view 语句用于定义视图功能。视图是 BIND 9 提供的强大的新功能，允许 DNS 服务器根据客户端的不同有区别地回答 DNS 查询，每个视图定义了一个被特定客户端子集见到的 DNS 名称空间。这个功能在一台主机上运行多个形式上独立的 DNS 服务器时特别有用。

10．zone语句

zone 语句用于定义 DNS 服务器所管理的区，也就是哪一些域的域名是授权给该 DNS 服务器回答的。一共有 5 种类型的区，由其 type 子语句指定，具体名称和功能如下：

- ❑ Master（主域）：用来保存某个区域（如 www.wzvtc.cn）的数据信息。
- ❑ Slave（辅域）：也叫次级域，数据来自主域，起备份作用。
- ❑ Stub：与辅域相似，但它只复制主域的 NS 记录而不是整个区数据。它不是标准 DNS 的功能，只是 BIND 提供的功能。
- ❑ Forward（转发）：在该域中一般配置了 forward 和 forwarders 子句，用于把对该域的查询请求转由其他 DNS 服务器进行处理。
- ❑ Hint：定义一套最新的根 DNS 服务器地址，如果没有定义，DNS 服务器会使用内建的根 DNS 服务器地址。

在 13.2.3 小节的 named.rfc1912.zones 配置文件中有以下语句，现解释如下：

```
zone "benet.com" IN {              //定义一个名为 benet.com 的区，查询类为 IN
   type master;                    //类型为 master
   file "named.benet.com ";        //区文件是 named.benet.com
   allow-update { none; };         //不允许任何客户端对数据进行更新
};
//定义一个名为 0.168.192.in-addr.arpa 的区，查询类为 IN
zone "0.168.192.in-addr.arpa" IN {
     type master;                  //类型为 master
     file "named.0.168.192";       //区文件是 named.0.168.192
     allow-update { none; };       //不允许任何客户端对数据进行更新
};
```

📑 说明：每个 zone 语句中都用 file 子语句定义了一个区文件，在这个文件里存放域名与 IP 地址的对应关系。13.3.3 小节将对区文件进行详细解释。

13.3.2　根服务器文件 named.root

在主配置文件/etc/named.conf 中定义了一个根域，区文件是/var/named 目录下的 named.ca 文件。它是一个非常重要的文件，包含 Internet 根服务器的名字和 IP 地址。当 BIND 接到客户端的查询请求时，如果本地不能解释，也不能在 Cache 中找到相应的数据，就会通过根服务器进行逐级查询。

例如，当服务器收到 DNS 客户机的一个查询请求，要求查询一个不在本域的 www.example.com 域名时，如果 Cache 里没有相应的数据，DNS 服务器就会向 named.root 文件中列出的 Internet 根服务器请求，然后根服务器将查询交给负责域.com 的授权名称服务器，域.com 授权名称服务器再将请求交给负责域 example.com 的授权名称服务器进行查询，最后再把结果返回给客户机。

由于 Internet 根服务器的地址经常会发生变化，因此 named.ca 也要随之更新。最新的根服务器列表可以从 https://www.internic.net/domain/中下载，文件名是 root.zone，它包含国际互联网络信息中心（InterNIC）提供的最新数据。另外，也可以用 Bind 提供的命令 dig 列出最新的根服务器，命令如下：

```
# dig

; <<>> DiG 9.16.23-RH <<>>
;; global options:  +cmd
;; Got answer:
;; ->>HEADER<<- opcode: QUERY, status: NOERROR, id: 62112
;; flags: qr rd ra; QUERY: 1, ANSWER: 13, AUTHORITY: 0, ADDITIONAL: 0

;; QUESTION SECTION:
;.                              IN      NS

;; ANSWER SECTION:
.               5       IN      NS              m.root-servers.net.
.               5       IN      NS              k.root-servers.net.
.               5       IN      NS              j.root-servers.net.
.               5       IN      NS              h.root-servers.net.
.               5       IN      NS              e.root-servers.net.
.               5       IN      NS              g.root-servers.net.
.               5       IN      NS              f.root-servers.net.
.               5       IN      NS              i.root-servers.net.
.               5       IN      NS              d.root-servers.net.
.               5       IN      NS              c.root-servers.net.
.               5       IN      NS              a.root-servers.net.
.               5       IN      NS              b.root-servers.net.
.               5       IN      NS              l.root-servers.net.

;; Query time: 7 msec
;; SERVER: 192.168.164.2#53(192.168.164.2)
;; WHEN: Fri Mar 10 10:44:47 CST 2023
;; MSG SIZE  rcvd: 228
```

以上列出的就是 Internet 根服务器的 IP 地址，如果使用以下命令，可以把这些内容存储在 root.zone 文件中，这个文件可以作为在主配置文件中指定的根域的区文件。

```
dig > /etc/named/named.root
```

13.3.3　区域数据文件

一个区域内的所有数据，包括主机名和对应 IP 地址、刷新间隔和过期时间等，都要存放在 DNS 服务器内，而用来存放这些数据的文件就称为区域文件。DNS 服务器的区域数据文件一般存放在/var/named 目录下。一台 DNS 服务器内可以存放多个区域文件，同一个区域文件也可以存放在多台 DNS 服务器中。下面是 13.2.3 小节的配置例子中提供的 benet.com 域的区域数据文件 named.benet.com 的内容。

```
# vi /var/named/named.benet.com
$TTL 1D
@       IN SOA  www.benet.com. root.benet.com. (
                0  ; serial  定义序列号的值，同步辅助名称服务器数据时使用
                1D ; refresh 更新时间间隔值。定义该服务器的辅助名称服务器隔
                             多久时间更新一次
                1H ; retry   辅助名称服务器更新失败时重试的间隔时间
                1W ; expire  辅助名称服务器一直不能更新时，其数据过期的时间
                3H ); minimum 最小默认 TTL 的值，如果第一行没有$TTL，则使用该值
benet.com.      IN  NS   www.benet.com.
benet.com.      IN  MX   10  mail
mail            IN  A    192.168.0.1
www             IN  A    192.168.0.2
oa              IN  CNAME www
lib             IN  A    192.168.0.3
gsx             IN  A    221.224.2.234
```

在区域数据文件中，使用";"作为行注释符，除了第一条语句以外，区域数据文件中的每一条语句称为一条记录。在以上配置中，各条语句的含义如下。

1. 设置其他DNS服务器缓存本机数据的默认时间

$TTL 指令要求放在文件的第 1 行，定义其他 DNS 服务器缓存本机数据的默认时间，默认单位是天（D），也可以用 H（小时）和 W（星期）为单位。DNS 服务器在应答中提供 TTL 值，目的是允许其他服务器在 TTL 间隔内缓存数据。如果本地的 DNS 服务器数据改变不大，那么可以考虑 TTL 值默认为几天，最长可以设为一周。但是不推荐将 TTL 设置为 0，因此会引发大量的 DNS 数据传输。

2. 设置起始授权机构

SOA 是 Start of Authority（起始授权机构）的缩写，它指出这个域名服务器是作为该区数据权威的来源。在指令@ IN SOA www.benet.com. root.benet.com.中，@符号表示当前的 DNS 区域名，相当于 benet.com，该指令指定了负责解析 benet.com.域的授权主机名是 www.benet.com.，授权主机名称将在区域文件中解析为 IP 地址。IN 表示类型属于 Internet 类，是固定不变的，root.benet.com.表示负责该区域管理员的 E-mail 地址（由于@符号已有其他含义，所以将地址中的@用"."代替）。每个区文件都需要一个 SOA 记录，而且只能有一个。SOA 资源记录还要指定一些附加参数，放在 SOA 资源记录后面的括号内，其名称和功能见例子中的注释。

3．设置名称服务器NS资源记录

benet.com. IN NS www.benet.com.是一条 NS（Name Server）资源记录，定义域 benet.com. 由 DNS 服务器 www.benet.com.负责解析，NS 资源记录定义的服务器称为区域权威名称服务器。权威名称服务器负责维护和管理所管辖区域中的数据，被其他服务器或客户端当作权威的来源，并且能肯定应答区域内所含名称的查询。这里的配置要求和 SOA 记录配置一致。

4．设置邮件服务器MX资源记录

benet.com. IN MX 10 mail 是一条 MX（Mail eXchanger）资源记录，表示发往 benet.com 域的电子邮件由 mail.benet.com.邮件服务器负责处理。例如，当一个邮件要发送地址到 test@benet.com 时，发送方的邮件服务器通过 DNS 服务器查询 benet.com 这个域名的 MX 资源记录，查到后会把邮件发送给指定的邮件服务器，如 mail.benet.com。至于该域名对应的 IP 地址，需要通过随后的 A 资源记录设定。

说明：可以设置多个 MX 资源记录，指明多个邮件服务器，优先级别由 MX 后的数字决定，数字越小，邮件服务器的优先权越高。优先级高的邮件服务器是邮件传送的主要对象，当邮件传送给优先级高的邮件服务器失败时，可以把它传送给优先级低的邮件服务器。

5．设置主机地址A资源记录

主机地址 A（Address）资源记录是最常用的记录，它用于定义 DNS 域名对应 IP 地址的信息。上面的例子使用了两种方式来定义 A 资源记录。一种是使用相对名称，即在名称的末尾没有加 "."；另外一种是使用完全规范域名 FQDN（Fully Qualified Domain Name），即名称的最后以 "." 结束。这两种方式只是书写形式不同而已，在使用上没有任何区别。例如，对于相对名称 mail 和 oa 等，BIND 会自动在相对名称的后面加上后缀.benet.com.，因此相当于完全规范域名的 mail.benet.com.和 oa.benet.com.。

6．设置别名CNAME资源记录

别名 CNAME（Canonical Name）资源记录也被称为规范名字资源记录。CNAME 资源记录允许将多个名称映射到同一台计算机上，使某些任务更容易执行。例如，对于同时提供 Web 和 OA 服务的计算机（IP 地址为 192.168.0.3），为了便于用户访问服务，可以先为其建立一条主机地址 A 资源记录 "www　IN　A　192.168.0.3"，将 www.benet.com 映射到 192.168.0.3 地址，然后为该计算机设置 oa 别名，即建立 CNAME 资源记录 "oa　IN　CNAME　www"。这样，当访问 www.benet.com 和 oa.benet.com 时，实际是访问 IP 地址为 192.168.0.3 的计算机。

13.3.4　反向解析区域数据文件

反向解析区域数据文件的结构和格式与区域数据文件类似，只不过它的主要内容是建立 IP 地址映射到 DNS 域名的指针 PTR 资源记录。下面是 13.2.3 小节的配置例子中提供的

named.0.168.192 域的反向解析区域数据文件 named.0.168.192 的内容。

```
# vi /var/named/named.0.168.192
$TTL 1D
@ IN SOA www.benet.com. root.benet.com.(
                            1               ; Serial
                            3h              ; Refresh after 3 hours
                            1h              ; Retry after 1 hour
                            1w              ; Expire after 1 week
                            1h )            ; Negative caching TTL of 1 hour
        IN    NS      www.benet.com.
2                           IN    PTR     www.benet.com.
1                           IN    PTR     mail.wzvtc.cn.
3                           IN    PTR     lib.wzvtc.cn.
```

反向域名解析是通过 in-addr.arpa 域和 PTR 记录实现的。in-addr.arpa 域入口可以设成最不重要到最重要的顺序，从左至右阅读，这与 IP 地址的通常顺序相反。于是，一台 IP 地址为 10.1.2.3 的机器将会有对应的 in-addr.arpa 名称：3.2.1.10.in-addr.arpa。这个名称应该具有一个 PTR 资源记录，它的数据字段是主机名称。下面看一下以上配置的具体解释。

1. 设置SOA和NS资源记录

反向解析区域文件必须包括 SOA 和 NS 资源记录，使用固定格式的反向解析区域 in-addr.arpa 作为域名。结构和格式与区域数据文件类似，这里不再重复解释。

2. 设置指针PTR资源记录

指针 PTR 资源记录只能在反向解析区域文件中出现。PTR 资源记录和 A 资源记录正好相反，它是将 IP 地址解析成 DNS 域名的资源记录。与区域文件的其他资源记录类似，它也可以使用相对名称和完全规范域名 FQDN。例如，"6.1.10.10.in-addr.arpa. IN PTR mail.benet.com."表示 IP 地址 10.10.1.6 对应的域名为 mail.benet.com。

13.3.5　DNS 负载均衡

随着网络的规模越来越大，用户数急剧增加，网络服务器的负担也变得越来越重，一台服务器要同时应付成千上万用户的并发访问，必然会导致服务器过度繁忙，响应时间过长的结果。DNS 负载均衡的优点是简单、易行，而且实现代价小。它在 DNS 服务器中为同一个域名配置多个 IP 地址（即为一个主机名设置多条 A 资源记录），在应答 DNS 查询时，DNS 服务器对每个查询将以在 DNS 文件中主机记录的 IP 地址按顺序返回不同的解析结果，将客户端的访问引导到不同的计算机上，从而达到负载均衡的目的。下面是一个实现邮件服务器负载平衡的配置片段（在区域数据文件中）。

```
        IN   MX   10   mail.example.com.
        IN   MX   10   mail1.example.com.
        IN   MX   10   mail2.example.com.
...
mail  IN  A       192.168.0.4
mail1 IN  A       192.168.0.5
mail2 IN  A       192.168.0.6
```

在以上配置中，mail、mail1 和 mail2 均是 example.com.域中的邮件服务器，而且优先级都是 10。当客户端（通常是 SMTP 软件）查询邮件服务器 IP 地址时，BIND 将根据 rrset-order 语句定义的次序把配置中设定的 3 条 A 记录都发送给客户端，客户端可以使用自己规定的算法从 3 条记录中挑选一条。rrset-order 语句是在主配置文件中 options 主语句的一条子语句，可以定义固定、随机和轮询的次序。下面的配置是另一种实现邮件服务器负载平衡的方法。

```
           IN   MX   10   mail.example.com.
...
mail       IN   A         192.168.0.4
           IN   A         192.168.0.5
           IN   A         192.168.0.6
```

在以上配置中，mail.example.com 对应 3 个 IP 地址，具体选择哪一条 A 记录，由 rrset-order 语句决定。另外，在反向解析文件中，这 3 个 IP 都要对应 mail 主机，以避免有些邮件服务器为了反垃圾邮件进行反向查询时出现问题。

除了邮件服务器以外，其他的服务也可以采用类似的配置实现负载均衡。例如，要使用 3 台内容相同的 FTP 服务器共同承担客户机的访问，它们的 IP 地址分别是 192.168.0.10、192.168.0.20 和 192.168.0.30。可以根据 13.2.3 小节所提供的一套配置文件，在 named.benet.com 区域数据文件中输入以下内容来达到目的。

```
ftp   IN   A   192.168.0.10
ftp   IN   A   192.168.0.20
ftp   IN   A   192.168.0.30
```

此时，为了解析客户端对 ftp.benet.com 的域名查询，DNS 服务器会轮询这 3 条 A 资源记录，以 rrset-order 子语句设定的顺序响应用户的解析请求，实现将客户机的访问分担到每个 FTP 服务器上的负载均衡功能。测试结果如图 13-11 所示，可以看到，3 次查询 ftp.benet.com 域名得到的 IP 地址次序是不一样的。

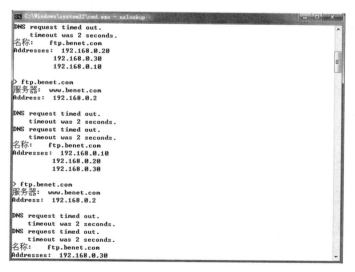

图 13-11　负载均衡测试结果

注意：以上的 BIND 配置只是为其他服务器的负载平衡提供了条件。具体使用时还需要多台服务器之间采取同步等措施才能真正实现。

13.3.6　直接域名、泛域名与子域

许多用户有直接使用域名访问 Web 网站的习惯，即在浏览器中不输入 www 等主机名，而是直接使用如 http://baidu.com/或 http://tom.com/等域名访问 Web 网站。然而，并不是所有的 Web 网站都支持这种访问方式，只有 DNS 服务器能解析直接域名的网站才支持。可以在 named.benet.com 区域文件中加入以下内容实现直接域名解析。

```
benet.com.  IN   A   192.168.0.2
```

此时，域名 benet.com 可以解析为 192.168.0.2，与 www.benet.com 域名的解析结果一样，测试情况如图 13-12 所示。

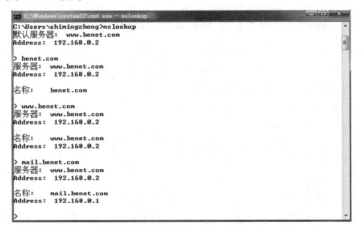

图 13-12　直接域名解析测试结果

另外，如果在 named.benet.com 中加入以下语句，还可以实现一种泛域名的效果。

```
*  IN    A     192.168.0.2
```

泛域名是指一个域名下的所有主机和子域名都被解析到同一个 IP 地址上。在以上配置中，所有以.benet.com 为后缀的域名 IP 地址都将解析为 192.168.0.2。如图 13-13 是泛域名的测试结果。

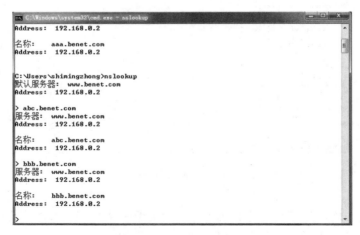

图 13-13　泛域名解析测试结果

从图 13-13 中可以看到，不管采用什么样的主机名，只要后缀是 .benet.com，IP 地址都将解析为 192.168.0.2。

子域（Subdomain）是域名层次结构中的一个术语，是对某一个域进行细分时的下一级域。例如，benet.com 是一个顶级域名，可以把 dean.benet.com 配置成它的一个子域。配置子域可以有两种方式，一种是把子域配置放在另一台 DNS 服务器上，另一种是把子域配置与父域配置放在一起，此时也称为虚拟子域。下面介绍虚拟子域的配置方法。

假设在 13.2.3 小节所提供的一套配置文件的基础上，要求配置一个虚拟子域，名为 dean.benet.com，此时，需要在区域文件 named.benet.com 中添加以下内容。

```
$ORIGIN dean.benet.com.
mail        IN      A       192.168.0.4
ftp         IN      A       192.168.0.5
```

其中，mail 和 ftp 是定义在子域 dean.benet.com 中的主机名，即域名 mail.dean.benet.com 和 ftp.dean.benet.com 对应的 IP 地址分别是 192.168.0.4 和 192.168.0.5。测试结果如图 13-14 所示。

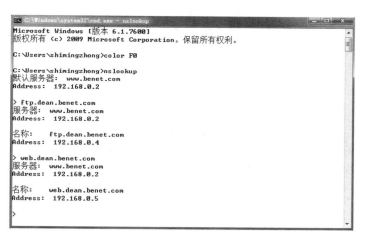

图 13-14　虚拟子域测试结果

当然，在子域 dean.benet.com 中也可以配置邮件网关等功能，配置方法与父域中的配置类似，这里不再赘述。

13.3.7　辅域服务器和只缓存服务器

在 BIND 服务器中，还可以根据需要配置辅域服务器和只缓存服务器，以便能更快地为客户端提供 DNS 服务并提高其可靠性。

1. 辅域服务器

辅域服务器也可以向客户机提供域名解析功能。但它与主域服务器不同的是，它的数据不是直接输入的，而是从其他 DNS 服务器（主域服务器或其他辅域服务器）中复制过来的，只是一份副本，因此存储在辅域服务器中的数据无法被修改。

当启动辅域服务器时，它会和指定的所有主域服务器建立联系并从中复制数据。辅域服务器在工作时，会定期地更改原有的数据，以尽可能保证副本与正本数据的一致性。在大型网络中，经常会设置多台辅域服务器，主要目的如下。

- ❑ 提供容错能力：当主域服务器发生故障时，由辅域服务器提供服务。
- ❑ 分担主域服务器的负担：在 DNS 客户端较多的情况下，通过架设辅域服务器完成对客户端的查询服务，可以有效地减轻主域服务器的负担。
- ❑ 加快查询的速度：如果本地网络必须使用某一台 DNS 服务，但与这台 DNS 服务器连接的速度较慢，可以在本地网络配置一台远程 DNS 服务器的辅服务器，使本地 DNS 客户端直接向此辅域服务器进行查询，而不需要向速度较慢的主域服务器查询，以加快速度，并减少用于 DNS 查询的外网通信量。

辅域服务器的主配置文件也是/etc/named.rfc1912.zones，也需要设置服务器的 options 主语句和根区域，方法与配置主域服务器的方法相同。但在配置区域时，只需要提供区域名和主域服务器的 IP 地址，不需要建立相应的区域文件。因为一个辅域服务器不需要在本地建立各种资源记录，而是通过一个区域复制过程来得到主域服务器上的资源记录。下面是辅域服务器主配置文件/etc/named.rfc1912.zones 的部分内容。

```
...                                  ;其余配置未变化
zone "benet.com" {
    type slave;                      ;区类型为 slave
    file "slaves/benet.com.zone";
    masters {192.168.0.2;};          ;要联系的主服务器为 192.168.0.2
};
zone "0.168.192.in-addr.arpa" {
    type slave;    ;区类型为 slave
    file "slaves/0.168.192.arpa";    ;该文件名不必和主服务器名相同
    masters {192.168.0.2;};          ;要联系的主服务器为 192.168.0.2
};
...                                  ;其余配置未变化
```

与前面主域服务器的配置相比，以上配置中的 benet.com 和 0.168.192.in-addr.arpa 两个区的 type 设成 slave，区域数据文件的位置也发生了变化。另外，在两个区域中均增加了"masters {192.168.0.2;}"语句，表示主域服务器的 IP 地址是 192.168.0.2。此时，要假设在 IP 地址为 192.168.0.2 的计算机上运行着 BIND，其使用的配置文件是 13.2.3 小节提供的，但有关 benet.com 和 0.168.192.in-addr.arpa 区域的配置改为以下内容：

```
...                                  ;其余配置未变化
zone "benet.com" IN {
    type master;
    file "named.benet.com";
    allow-update { none; };
    allow-transfer {192.168.0.3;};   ;允许向 192.168.0.3 传送区域数据
};

zone "0.168.192.in-addr.arpa" IN {
    type master;
    file "named.0.168.192";
    allow-update  { none; };
    allow-transfer {192.168.0.3;};   ;允许向 192.168.0.3 传送区域数据
};
...                                  ;其余配置未变化
```

与原来相比，两个区的配置中均多了"allow-transfer {192.168.0.3;};"子语句，表示允许向 192.168.0.3（辅域服务器 IP 地址）的计算机传送区域数据。

2. 只缓存服务器

只缓存服务器是一种很特殊的 DNS 服务器。它本身并不管理任何区域，但是 DNS 客户端仍然可以向它请求查询。只缓存服务器类似于代理服务器，它没有自己的域名数据库，而是将所有查询转发给其他 DNS 服务器处理。当只缓存服务器从其他 DNS 服务器收到查询结果时，除了返回给客户机外，还会将结果保存在缓存中。当下一个 DNS 客户端再查询相同的域名数据时，就可以从高速缓存里得到结果，从而加快对 DNS 客户端的响应速度。如果在局域网中建立一台这样的 DNS 服务器，就可以提高客户机 DNS 的查询效率并减少内部网络与外部网络的流量。

架设只缓存服务器非常简单，只需要建立主配置文件 named.conf 即可。一个典型的只缓存服务器配置如下：

```
options {
 directory "/var/named";
 version "not currently available";        ;隐藏名称与版本号
 forwarders { 202.96.0.133;61.144.56.101;} ;转发给其他 DNS 服务器进行查询
 forward only;                             ;只转发，自己不提供解析服务
 allow-transfer{"none";};
 allow-query {any;};
};
logging{                                   ;定义一个日志
 channel example_log{
  file "/var/log/named/example.log" versions 3;
  severity info;
  print-severity yes;
  print-time yes;
  print-category yes;
 };
 category default{
  example_log;
 };
};
```

其中关键的语句是"forward only;"，表示只对客户端提交的查询进行转发，由其他 DNS 服务器提供查询结果，自己只对结果进行缓存，以便下次碰到同样的查询时能更快地响应。至于转发给哪一台 DNS 服务器，由 forwarders { 202.96.0.133;61.144.56.101;}语句决定。

13.4　小　　结

DNS 是 Internet 上必不可少的一种网络服务，它提供把域名解析为 IP 地址的服务，是每一台上网的计算机都必须使用的服务之一。本章首先介绍了 DNS 的工作原理、DNS 协议，然后介绍了用 BIND 软件架设 DNS 服务器的方法，包括 BIND 的安装、运行和配置，以及 Chroot、负载均衡、泛域名、辅域服务器、只缓存服务器等特殊功能的配置方法。

13.5　习　　题

一、填空题

1．DNS 是一个_____命名系统。

2．整个 DNS 域名系统由三部分组成，分别为_____、_____和_____。

3．DNS 报文由_____字节长的首部和_____长度可变的字段组成。

二、选择题

1．DNS 资源记录中，表示主机记录的是（　　　）。

A．NS　　　　　　　　B．A　　　　　　　　C．PTR　　　　　　　　D．MX

2．DNS 资源记录中，表示别名记录的是（　　　）。

A．NS　　　　　　　　B．PTR　　　　　　　C．MX　　　　　　　　D．CNAME

3．如果要在区域文件中添加泛域名解析，使用的符号是（　　　）。

A．*　　　　　　　　　B．$　　　　　　　　C．?　　　　　　　　　D．#

三、判断题

1．DNS 是为了方便记忆复杂的 IP 地址而产生的。　　　　　　　　　　　（　　　）

2．使用 Rndc 可以在不停止 DNS 服务器工作的情况下进行数据的更新，使修改后的配置文件生效。　　　　　　　　　　　　　　　　　　　　　　　　　　　　（　　　）

四、操作题

1．使用 RPM 包搭建 DNS 服务器，然后配置一个域名为 accp.com 的区域解析文件。

2．启动 DNS 服务器，然后测试配置的域名解析。

第 14 章　Web 服务器架设和管理

随着网络技术的普及和 Web 技术的不断完善，WWW（World Wide Web，万维网）服务已经成为 Internet 上最重要的服务形式之一。通过浏览器访问各种网站，已经成为人们从 Internet 上获取信息的主要途径。正是 Web 服务的应用，才使得 Internet 普及的进程大大加快。另外，各种应用系统也逐渐从原有的"客户端/服务器"模式转变为"浏览器/服务器"模式，其中，Web 技术起着非常重要的作用。本章将重点介绍 Web 工作原理、HTTP（HyperText Transfer Protocol，超文本传输协议），以及 Apache 服务器的安装、运行与配置方法。

14.1　HTTP 概述

HTTP 是 Web 系统最核心的内容，它是 Web 服务器和客户端之间进行数据传输的规则。Web 服务器就是平时所说的网站，是信息内容的发布者。最常见的客户端就是浏览器，它是信息内容的接收者。下面介绍 HTTP 的相关内容。

14.1.1　HTTP 的通信过程

HTTP 是基于请求/响应范式的。一个客户端与服务器建立连接后，发送一个请求给服务器。请求消息的格式包括统一资源标识符（Universal Resource Identifier，URI）、协议版本号及 MIME 信息，MIME 信息包括请求修饰符、客户机信息和可能的内容。服务器接到请求后，将给予相应的响应信息，其格式包括 HTTP 的协议版本号、一个成功或错误的代码及 MIME 信息，MIME 信息包括服务器信息、实体信息和可能的内容。

最简单的 HTTP 通信方式是由用户代理和源服务器之间通过一个单独的连接来完成的。如图 14-1 所示，客户端的一个用户代理首先向源服务器发起连接请求，源服务器接受请求后就建立了一个 TCP 连接，然后客户端通过这个 TCP 连接提交一个申请源服务器上的资源的请求链。如果源服务器能满足这个请求链，就回应给客户端一个响应链。

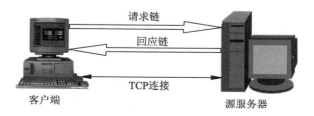

图 14-1　最简单的 HTTP 通信方式

　　当一个或多个中介出现在请求 / 响应链中时，情况就变得复杂一些了。如图 14-2 所示，A、B、C 均是中介，客户端和服务器之间的数据通道不是直接连通的，而是要经过 A、B、C 转发，总共有 4 个连接段。也就是说，客户端的请求链要经过中介 A、B、C 后才到达服务器，而服务器的回应链也要经过中介 A、B、C 后才到达客户端。虽然图 14-2 中所示的连接是线性的，但是每个节点都可能从事多重和并发的通信。例如，B 可能同时会接受其他客户端的请求，客户端可能会直接发送另一个请求链给 C。

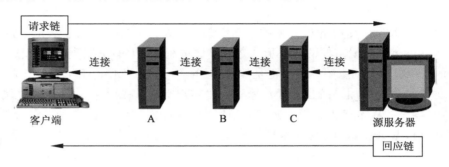

图 14-2　具有中介性质的 HTTP 通信方式

　　中介包括 3 种类型：代理（Proxy）、网关（Gateway）和通道（Tunnel）。代理根据 URI 的绝对格式接受请求，重写全部或部分消息，通过 URI 标识把已修改过的请求发送给服务器。网关是一个接收代理，作为一些其他服务器的上层，如果必须发送请求，可以把请求翻译给下层的服务器协议。通道不会改变消息，只是两个连接之间的中继点，当通信只需要简单穿过一个中介或者中介不需要识别消息内容时，经常采用通道的方式。

　　除了通道以外，代理和网关可以为接收到的请求启用一个内部缓存。如图 14-3 所示，中介 B 具有缓存功能，客户端向服务器提交的请求链到达 B 以后，B 发现请求的内容可以从缓存中得到，于是 B 不再把请求链向 C 转发，而是把缓存中的内容通过响应链发送给客户端。于是，整个通信过程被缩短了，响应速度也就加快了。客户端并不知道回应链是由中介 B 传过来的，以为还是来自源服务器。当然，缓存的数据要及时更新，这样才能与源服务器中的数据保持一致。

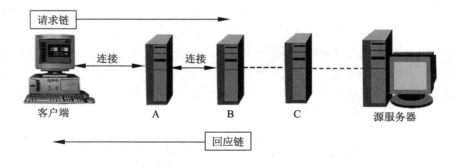

图 14-3　具有缓存性质的 HTTP 通信方式

　　在 Internet 上，HTTP 通信通常发生在 TCP/IP 连接上。默认情况下，服务器在 80 号 TCP 端口处于监听状态。客户端首先向服务器的这个端口发起连接请求，服务器接受请求后，建立了 TCP 连接。于是双方就可以通过这个 TCP 连接交换数据了。

📑说明：HTTP 也可以工作在其他任何协议上，前提是这个协议必须要提供一种可靠的传输。

14.1.2　HTTP 的请求行和应答行

在 HTTP 中，客户端和服务器的信息交换过程要经过 4 个阶段，包括建立连接、发送请求信息、发送响应信息、关闭连接，如图 14-4 所示。在 Internet 中，HTTP 是建立在 TCP/IP 之上的。因此，建立连接和关闭连接是由传输层完成的，HTTP 规定的是请求消息和应答消息的格式。

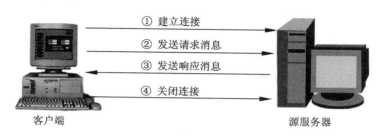

图 14-4　Web 客户机和服务器的数据交互

HTTP 请求消息的格式如下：

```
<请求行>
[通用头域]
[请求头域]
[实体头域]
CR/LF
[实体数据]
```

应答消息的格式如下：

```
<应答行>
[通用头域]
[应答头域]
[实体头域]
CR/LF
[实体数据]
```

在以上格式中，每一种头域都可以有一个或多个成员，以"域名:域值"的形式给出，后面以 CR/LF 结束。请求行和应答行必须要有，后面也跟 CR/LF。头域下面的空行是必需要留出来的，接下来是可选的实体数据。请求行由 3 部分组成：请求方法、URI 和 HTTP 版本，它们之间用空格分隔。例如，下面是常见的一种请求行：

```
GET  http://httpd.apache.org/docs/2.4/license.html  HTTP/1.1
```

其中，GET 是请求方法，http://httpd.apache.org/docs/2.4/license.html 是 URI，HTTP/1.1 是协议版本。HTTP 规范定义了 8 种可能的请求方法，其名称和含义如下。其中，GET、HEAD 和 POST 方法是大部分的 Web 服务器都支持的，其余方法很少得到支持。

- ❑ GET：检索 URI 所标识的资源。
- ❑ HEAD：与 GET 方法相同，但只要求返回状态行和头域，并不返回请求的文档。
- ❑ POST：请求服务器接受被写入客户端输出流中的数据。

- □ PUT：服务器保存请求数据作为指定 URI 新内容的请求。
- □ DELETE：请求服务器删除 URI 中命名的资源。
- □ OPTIONS：请求得到服务器支持的请求方法。
- □ TRACE：用于调用已请求消息的远程、应用层回送。
- □ CONNECT：已文档化但当前未实现的一个请求方法，预留作为隧道处理。

URI 用于定位 Web 上可用的每种资源，包括 HTML 文档、图像、视频片段和程序等。它一般由访问方式、主机名和资源名称 3 部分组成。例如，下面是一个典型的 URI。

```
http://httpd.apache.org/docs/2.4/license.html
```

其中，http 表示以 HTTP 的方式进行访问，其他常见的访问方式还有 FTP、Mailto 等。httpd.apache.org 是一个用域名表示的主机，表示资源在该主机上。/docs/2.4/license.html 是一个带路径的资源名称，表示该资源在主机上的位置和名字。在实际的 HTTP 请求行中，也可以使用相对 URI，即省略访问方式和主机名，此时这两项默认采用前一个请求中的访问方式和主机名。

📌**注意**：平时常用的 URL 并不等同于 URI，URL 只是 URI 命名机制的一个子集。

目前使用的 HTTP 版本有 5 种，HTTP 0.9、HTTP 1.0、HTTP 1.1、HTTP 2 和 HTTP 3。大部分的 Web 服务器使用的均是 HTTP 1.1 和 HTTP 2 版本。

应答消息的应答行由 3 部分组成，即 HTTP 版本、响应代码和响应描述，它们之间用空格隔开。HTTP 版本表示服务器可以接受的最高协议版本。响应代码由 3 位数字组成，指出请求的成功或失败，如果失败则指出原因。响应描述部分为响应代码做出了可读性解释。响应代码的规定如下：

- □ 1xx：信息，请求收到，继续处理。
- □ 2xx：成功，行为被成功地接受、理解和采纳。
- □ 3xx：重定向，为了完成请求，必须进一步执行的动作。
- □ 4xx：客户端错误，请求包含语法错误或者请求无法实现。
- □ 5xx：服务端错误，服务器不能实现一种明显无效的请求。

下面是一个常见的应答行例子。

```
HTTP/1.1 200 OK
```

上面的代码表示服务端已成功接受了请求。

14.1.3　HTTP 的头域

在 HTTP 的请求消息和应答消息中均包含头域。头域分为 4 种，其中，请求头域和应答头域分别在请求消息和应答消息中出现，通用头域和实体头域在两种消息中都可以出现，但实体头域只有当消息中包含实体数据时才会出现。所有的请求头域名称及其功能说明如表 14-1 所示。

应答头域只在应答消息中出现，是 Web 服务器向浏览器提供的一些状态和要求。所有的应答头域名称及其功能说明如表 14-2 所示。

表 14-1　HTTP请求头域

头 域 名 称	功　　能
Accept	表示浏览器可以接受的MIME类型
Accept-Charset	浏览器可接受的字符集
Accept-Encoding	浏览器能够进行解码的数据编码方式，如Gzip
Accept-Language	浏览器希望的语言种类，当服务器能够提供一种以上的语言版本时要用到
Authorization	授权信息，通常出现在对服务器发送的WWW-Authenticate头的应答中
Expect	用于指出客户端要求的特殊服务器行为
From	请求发送者的E-mail地址，由一些特殊的Web客户程序使用，浏览器不会用到
Host	初始URL中的主机和端口
If-Match	指定一个或者多个实体标记，只发送其ETag与列表中标记匹配的资源
If-Modified-Since	只有当请求内容在指定的日期之后经过修改时才返回，否则返回304应答
If-None-Match	指定一个或者多个实体标记，资源的ETag不与列表中的任何一个条件匹配，操作才执行
If-Range	指定资源的一个实体标记，客户端已经拥有此资源的一个复制文件，必须与Range头域一同使用
If-Unmodified-Since	只有自指定的日期以来，被请求的实体还不曾被修改过，才会返回此实体
Max-Forwards	一个用于TRACE方法的请求头域，以指定代理或网关的最大数目，该请求通过网关才得以路由
Proxy-Authorization	回应代理的认证要求
Range	指定一种度量单位和被请求资源的偏移范围，即只请求所要求资源的部分内容
Referer	包含一个URL，用户从该URL代表的页面出发访问当前请求的页面
TE	表示愿意接受扩展的传输编码
User-Agent	浏览器类型，如果Servlet返回的内容与浏览器类型有关则该值非常有用

表 14-2　HTTP应答头域

头 域 名 称	功　　能
Accept-Ranges	服务器指定它对某个资源请求的可接受范围
Age	服务器规定自服务器生成该响应以来所经过的时间，以秒为单位，主要用于缓存响应
Etag	提供实体标签的当前值
Location	因资源已经移动，把请求重定向至另一个位置，与状态编码302或者301配合使用
Proxy-Authenticate	类似于WWW-Authenticate，但回应的是来自请求链（代理）的下一个服务器的认证
Retry-After	由服务器与状态编码503（无法提供服务）配合发送，以标明再次请求之前应该等待多长时间
Server	标明Web服务器软件及其版本号
Vary	用于代理是否可以使用缓存中的数据响应客户端的请求
WWW-Authenticate	提示客户端提供用户名和密码进行认证，与状态编码401（未授权）配合使用

通用头域既可以用于请求消息，也可以用于应答消息。所有的通用头域名称及其功能说明如表 14-3 所示。

表 14-3　HTTP通用头域

头域名称	功能
Cache-Control	用于指定在请求/应答链上所有缓存机制必须服从的规定，可以附带很多的规定值
Connection	表示是否需要持久连接
Date	表示应答消息发送的时间
Pragma	如果指定no-cache值，则表示服务器必须返回一个刷新后的文档，即使代理服务器已经有了本地复制的页面
Trailer	表示以Chunked编码传输的实体数据的尾部存在哪些头域
Transfer-Encoding	说明Trailer头域定义的尾部头域采用的编码
Upgrade	允许服务器指定一种新的协议或者新的协议版本，与响应编码101（切换协议）配合使用
Via	由网关和代理指出在请求和应答中经过哪些网关和代理服务器
Warning	用于警告应用到实体数据上的缓存操作或转换可能缺少语义透明度

　　只有在请求和应答消息中包含实体数据时，才需要实体头域。请求消息中的实体数据是一些由浏览器向 Web 服务器提交的数据，如在浏览器中采用 POST 方式提交表单时，浏览器就要把表单中的数据封装在请求消息的实体数据部分。应答消息中的实体数据是 Web 服务器发送给浏览器的媒体数据，如网页、图片和文档等。实体头域用于说明实体数据的一些属性，所有的实体头域名称及其功能说明如表 14-4 所示。

表 14-4　HTTP实体头域

头域名称	功能
Allow	列出由请求URI标识的资源所支持的方法集
Content-Encoding	说明实体数据是如何编码的
Content-Language	说明实体数据所采用的自然语言
Content-Length	说明实体数据的长度
Content-Location	说明实体数据的资源位置
Content-MD5	给出实体数据的MD5值，用于保证实体数据的完整性
Content-Range	说明分割的实体数据位于整个实体的哪个位置
Content-Type	说明实体数据的MIME类型
Expires	指定实体数据的有效期
Last-Modified	指定实体数据上次被修改的日期和时间

14.1.4　HTTP 数据包实例

　　HTTP 请求与应答消息可以包含种类繁多的头域，各种头域的取值也是多种多样的，因此功能非常丰富，本书对这些头域的细节不再详细解释，感兴趣的读者可参考 RFC2616 规范。下面通过几个实际发生的请求与应答消息的例子，解释常见头域的具体作用。

　　如图 14-5 是客户机 192.168.164.136 访问域名 bbs.chinaunix.net 时用 Wireshark 工具抓到的数据包。编号为 1、2 的数据包是 DNS 查询数据包，客户机 192.168.164.136 从 DNS

服务器 192.168.164.2 处查到了域名 bbs.chinaunix.net 的 IP 地址是 42.62.98.167。接下来的 3 个数据 3、4、5 表示客户机与 Web 服务器 42.62.98.167 建立了 TCP 连接。然后第 6 个数据包是客户端发送的 HTTP 请求消息，Web 服务器通过数据包 7 确认收到 HTTP 请求消息包，然后通过数据包 8 发送了一个应答消息，后面的数据包 10、11、13、14、16、17、19、20、22、24、26、28 都是依次接在数据包 8 后面的应答消息的实体数据，而数据包 12、15、18、21、23、25、27 都是客户端收到数据包的 TCP 确认包。

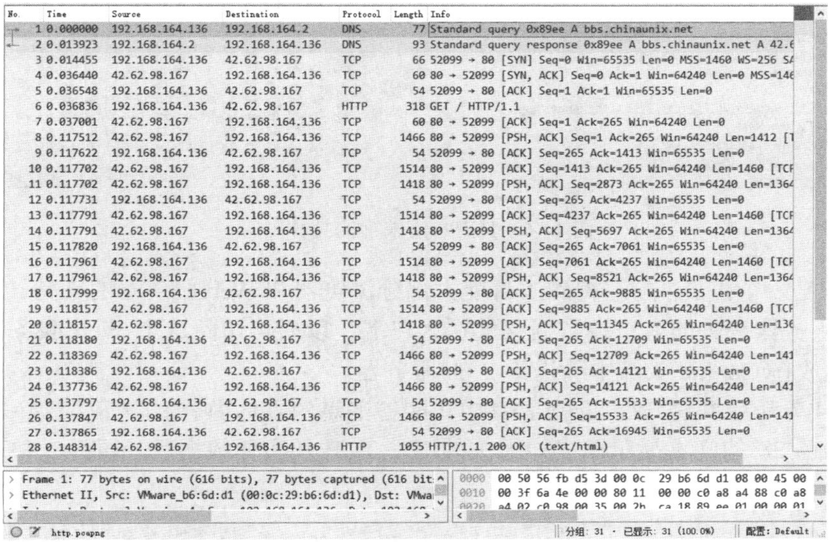

图 14-5　Wireshark 工具抓到的 HTTP 数据包

可以进一步查看 HTTP 请求消息，即数据包 6 的内容。如图 14-6 所示，右下方深色部分显示的符号是数据包 6 的文本显示，去掉无关的 IP 和 TCP 数据后，再经过整理，实际的请求消息内容如下：

```
GET / HTTP/1.1\r\n                    //使用 GET 方法得到 URI 为"/"的资源，HTTP 版本为 1.1
//接受的媒体类型
Accept: text/html, application/xhtml+xml, image/jxr, */*\r\n
Accept-Language: zh-CN\r\n            //接受简体中文语言
User-Agent: Mozilla/5.0 (Windows NT 10.0; WOW64; Trident/7.0; rv:11.0) like
Gecko\r\n                             //客户端浏览器的类型
//可以接受的压缩格式是采用 deflate 算法的 Gzip 格式
Accept-Encoding: gzip, deflate\r\n
Host: bbs.chinaunix.net\r\n           //初始 URL 的主机是 bbs.chinaunix.net
Connection: Keep-Alive\r\n            //采用持久 TCP 连接
Cookie: ...                          //Cookie 数据
\r\n
[Full request URI: http://bbs.chinaunix.net/]
[HTTP request 1/1]
[Response in frame: 28]
```

在以上消息中，URI 是"/"的主机域由 Host 头域指定，资源名称采用由 Web 服务器指定的默认名称，一般为 index.html 等。Accept-Encoding: gzip, deflate 表示浏览器可以接受采用 deflate 算法的 Gzip 压缩格式，以后服务器传送实体数据时，可以采用这种方式进行压缩，以减少传输时间。

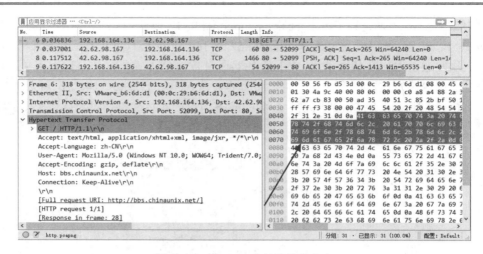

图 14-6　HTTP 请求行的具体内容

　　Cookie 是一个扩展头域，得到了目前大部分浏览器和 Web 服务器的支持。它可以把与某个 Web 服务器有关的客户端数据存放在客户端，以后再访问这个 Web 服务器时，这些数据会自动放在 Cookie 头域中传送给 Web 服务器。

　　如图 14-7 是数据包 28，也就是 HTTP 应答消息的具体内容。右下方深色部分显示的符号是数据包 28 的文本显示，去掉无关的 IP、TCP 及实体数据后，再经过整理，实际的应答消息内容如下：

```
HTTP/1.1 200 OK\r\n          //应答行，HTTP 版本为 1.1，应答代码为 200，文本提示为"OK"
Server: nginx\r\n                            //服务器类型
Date: Wed, 15 Mar 2023 02:14:07 GMT\r\n      //服务器发送应答消息的时间
Content-Type: text/html; charset=gbk\r\n     //实体数据的媒体类型
Transfer-Encoding: chunked\r\n               //实体数据采用 chunked 编码方式传输
Connection: close\r\n                        //连接状态
Vary: Accept-Encoding\r\n
X-Powered-By: PHP/5.6.39\r\n                 //PHP 版本
Set-Cookie: ndfU_2132_saltkey=ZDFbl5hu; expires=Fri, 14-Apr-2023 02:14:07
GMT; Max-Age=2592000; path=/; httponly\r\n
Set-Cookie: ndfU_2132_lastvisit=1678842847; expires=Fri, 14-Apr-2023
02:14:07 GMT; Max-Age=2592000; path=/\r\n
Set-Cookie: ndfU_2132_sid=KO64p3; expires=Thu, 16-Mar-2023 02:14:07 GMT;
Max-Age=86400; path=/\r\n
Set-Cookie: ndfU_2132_lastact=1678846447%09forum.php%09; expires=Thu,
16-Mar-2023 02:14:07 GMT; Max-Age=86400; path=/\r\n
Set-Cookie: ndfU_2132_stats_qc_reg=deleted; expires=Thu, 01-Jan-1970
00:00:01 GMT; Max-Age=0; path=/\r\n
Set-Cookie: ndfU_2132_cloudstatpost=deleted; expires=Thu, 01-Jan-1970
00:00:01 GMT; Max-Age=0; path=/\r\n
Content-Encoding: gzip\r\n                   //实体数据的压缩方式
Set-Cookie: bbs_chinaunix=cubbs3; path=/\r\n
Cache-control: private\r\n                   //缓存控制字段
\r\n
[HTTP response 1/1]
[Time since request: 0.111478000 seconds]
[Request in frame: 6]
[Request URI: http://bbs.chinaunix.net/]
HTTP chunked response
Data chunk (16995 octets)
```

```
End of chunked encoding
\r\n
Content-encoded entity body (gzip): 16995 bytes -> 106625 bytes
File Data: 106625 bytes                    //文件数据
```

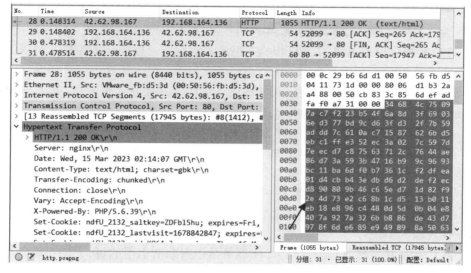

图 14-7　HTTP 应答行的具体内容

媒体类型是指实体部分所传送的数据类型，用于告诉对方用哪一种应用程序对这些数据进行处理。例如，text/html 表示 HTML 类型的文本文件，默认使用浏览器打开，application/word 表示 Word 文档等。

注意：包含实体数据的应答行都要告诉客户端实体数据的媒体类型，以便客户端能正确处理这些数据。

Chunked 编码使用若干个 Chunk 串连而成，由一个标明长度为 0 的 Chunk 标示结束。每个 Chunk 分为头部和正文两部分，头部信息用于指定下一段正文的字符总数（十六进制的数字）和数量单位（一般不写），正文部分就是指定长度的实际内容，两部分之间用回车换行符（CRLF）隔开。最后一个长度为 0 的是称为 footer 的内容，它是一些附加的 Header 信息（通常可以直接忽略）。

HTTP 的缓存机制相当复杂，这里不再赘述，有兴趣的读者可以参阅 RFC2616 规范。

14.1.5　持久连接和非持久连接

浏览器与 Web 服务器建立 TCP 连接后，双方就可以通过发送请求消息和应答消息进行数据传输了。在 HTTP 中，规定 TCP 连接既可以是非持久的，也可以是持久的，具体采用哪种连接方式，可以由通用头域中的 Connection 头域指定。在 HTTP 1.0 版本中，默认使用的是非持久连接，HTTP 1.1 默认使用的是持久连接。

1. 非持久连接

为了解释什么是非持久连接，下面先看一个例子。假设在非持久连接的情况下从服务器向客户端传送一个 Web 页面,该页面由一个基本 HTML 文件和 10 个 JPEG 图像构成,而且所有这些对象文件都存放在同一台服务器主机中,该基本 HTML 文件的 URL 为 http://www.example.cn/somepath/index.html,则传输步骤如下。

(1)HTTP 客户端初始化一个与主机 www.example.cn 中的 Web 服务器的 TCP 连接,Web 服务器使用默认端口号 80 监听来自 HTTP 客户端的连接建立请求。

(2)HTTP 客户端经由与 TCP 连接相关联的本地套接字发出一个 HTTP 请求消息,这个消息包含路径名/somepath/index.html。

(3)Web 服务器经由与 TCP 连接相关联的本地套接字接收请求消息,再从服务器主机的内存或硬盘中取出对象/somepath/index.html,经由同一个套接字发出包含该对象的应答消息。

(4)Web 服务器告知本机的 TCP 栈关闭 TCP 连接(但 TCP 栈需要在客户端收到刚才这个应答消息之后才会真正终止连接)。

(5)HTTP 客户端经由同一个套接字接收应答消息,TCP 连接就断开了。

(6)客户端根据应答消息中的头域内容取出 HTML 文件,从中加以分析后发现其中有 10 个 JPEG 对象的引用。

(7)客户端重复步骤(1)~(5),从服务器中得到所引用的每一个 JPEG 对象。

上述步骤之所以称为使用非持久连接,是因为每次服务器发出一个对象后,相应的 TCP 连接就被关闭,也就是说每个连接都没有持续用于传送其他对象。每个 TCP 连接只用于传输一个请求消息和一个应答消息。就上述例子而言,用户每请求一次 Web 页面,就会产生 11 个 TCP 连接。

实际上,客户端还可以通过并行的 TCP 连接同时取得其中某些 JPEG 对象,这样可以大大提高数据传输速度,缩短响应时间。目前的浏览器允许用户通过配置来控制并行连接的数目,大多数浏览器默认可以打开 5 到 10 个并行的 TCP 连接,每个连接处理一个请求/应答事务。

非持久连接也有一些缺点。首先,客户端需要为每个待请求的对象建立并维护一个新的连接。对于每个这样的连接,TCP 都需要在客户端和服务器端分配 TCP 缓冲区,并维持 TCP 变量。对于有可能同时为来自成千上万个不同客户端的请求提供服务的 Web 服务器来说,这会严重增加其负担。另外,建立 TCP 连接时需要时间,在频繁建立 TCP 连接的情况下,所积累的时间也是相当可观的。最后,TCP 还有一种缓启动的功能,这也要浪费一定的时间。当然,采用并行 TCP 连接时能够减轻一部分 TCP 创建延迟和缓启动延迟产生的影响。

2. 持久连接

持久连接是指服务器在发出响应后可以让 TCP 连接继续打开,同一对客户端/服务器之间的后续请求和响应都可以通过这个连接继续发送。不仅整个 Web 页面(包含一个基本 HTML 文件和所引用的对象)可以通过单个持久的 TCP 连接发送,存放在同一个服务器中的多个 Web 页面也可以通过单个持久 TCP 连接发送。从图 14-5 中也可以看出,Web 服务器发送完应答消息后,TCP 还处于连接状态,说明采用的是持久连接。

📖 **说明**:Web 服务器在某个连接闲置一段特定时间后将会关闭它,而这段时间通常是可以配置的。

持久连接分为不带流水线和带流水线两种方式。如果是不带流水线的方式，那么客户端只有在收到前一个请求的应答后才能发出新的请求。在这种情况下，服务器送出一个对象后开始等待下一个请求，而这个新请求却不能马上到达，这段时间服务器资源便闲置了。

HTTP 1.1 的默认模式是使用带流水线的持久连接。在这种情况下，HTTP 客户端每碰到一个引用就立即发出一个请求，因而 HTTP 客户端可以一个接一个紧挨着发出对各个引用对象的请求。服务器收到这些请求后，也可以一个接一个紧挨着发送各个对象。与非流水线模式相比，流水线模式的效率要高得多。

14.2　Apache 软件的安装与运行

随着网络技术的普及、应用和 Web 技术的不断完善，Web 服务已经成为互联网上最重要的网络服务之一。原有的客户端/服务器模式正逐渐被浏览器/服务器模式所取代。下面介绍用得最广泛的 Web 服务器软件——Apache，以及它的安装与运行。

14.2.1　Apache 简介

Apache 源自美国 NCSA（National Center for Supercomputer Applications，国家超级计算机应用中心）所开发的 httpd，是一种开放源代码的软件。1994 年中期，许多 Web 服务管理员根据自己的需要自行修改 httpd 软件，他们之间也通过电子邮件交流各种软件补丁（patche）。1995 年 2 月底，8 位核心贡献者成立了最初的 Apache 组织（取自 A PAtCHE），1995 年 4 月，Apache 0.6.2 公布。

从 1995 年 5 月到 7 月，Apache 组织开发了一种名为 Shambhala 的服务器架构，并把它应用到 Apache 服务器上。同年 8 月，推出了 Apache 0.8.8，获得了巨大的成功。在不到一年的时间里，Apache 服务器的装机数超过了 NCSA 的 httpd，成为 Internet 上排名第一的 Web 服务器。

根据 Netcraft 关于 Web 服务器使用率的统计（http://www.netcraft.com/）显示，自 1996 年 4 月以后，Apache 就成为了 Web 服务器领域应用最广泛的软件。而在此之前，使用最广泛的是 NCSA 的 Web 服务器，它实际上就是 Apache 的前身。

Apache 的主要特征如下：

❑ 支持 HTTP 1.1 协议：Apache 是最先使用 HTTP 1.1 协议的 Web 服务器之一，它完全实现 HTTP 1.1 协议并与 HTTP 1.0 协议向后兼容。

❑ 支持通用网关接口（CGI）：Apache 使用 mod_cgi 模块支持 CGI 功能。在遵守 CGI 1.1 标准的同时还提供了扩充的特征，如定制环境变量功能，以及很难在其他 Web 服务器中找到的调试支持功能。

❑ 支持 HTTP 认证：Apache 支持基于 Web 的基本认证，它还为支持基于消息摘要的认证做好了准备。Apache 可以使用标准的密码文件，也可以通过对外部认证程序的调用来实现基本的认证功能。

❑ 集成的 Perl 语言：Perl 已成为 CGI 脚本编程的基本标准，这与 Apache 的支持是分不开的。通过 mod_perl 模块的调用，Apache 可以将基于 Perl 的 CGI 脚本装入内存，并可以根据需要多次重复使用该脚本，从而消除执行解释性语言时的启动开销。

- ❏ 集成的代理（Proxy）服务器：Apache 可作为前向代理服务器，也可作为后向代理服务器。
- ❏ Apache 在监视服务器本身状态和记录日志方面提供了很大的灵活性，可以通过 Web 浏览器监视服务器的状态，也可根据自己的需要定制日志。
- ❏ 支持虚拟主机：即通过在一个机器上使用不同的主机名来提供多个 HTTP 服务。Apache 支持包括基于 IP、名字和 Port 这 3 种类型的虚拟主机服务。
- ❏ Apache 的模块可以在运行时按需动态加载，避免了不需要的程序代码占用内存空间。
- ❏ 支持安全 Socket 层（SSL）。
- ❏ 用户会话过程的跟踪能力：通过使用 HTTP Cookies，一个称为 mod_usertrack 的 Apache 模块可以在用户浏览 Apache Web 站点时对其进行跟踪。
- ❏ 支持 Java Servlets：Apache 的 mod_jserv 模块支持 Java Servlets，这项功能可以使 Apache 服务器支持 Java 应用程序。
- ❏ 支持多进程：当负载增加时，服务器会快速生成子进程来应对，从而提高系统的响应能力。

14.2.2　Apache 软件的获取与安装

在 RHEL 9 中安装 Apache 服务器有两种方式，一种是以源代码方式安装，另一种是以 RPM 软件包方式安装。源代码可以从 http://httpd.apache.org 处下载，目前最新的版本是 2.4.56 版，文件名是 httpd-2.4.56.tar.gz。RHEL 9 自带的 Apache 版本是 2.4.53 版，文件名是 httpd-2.4.53-7.el9.x86_64.rpm。

首先看 RPM 方式安装。如果安装 RHEL 9 系统时没有选择安装 Apache 软件包，可以使用 dnf 命令通过本地软件源进行安装。

```
# dnf install httpd
```

安装成功后，几个重要的文件分布如下：

- ❏ /etc/httpd/conf/httpd.conf：Apache 的主配置文件。
- ❏ /etc/httpd/logs：Apache 日志的存放目录。
- ❏ /etc/httpd/modules：Apache 模块的存放目录。
- ❏ /usr/lib64/httpd/modules：Apache 模块也存放在该目录下。
- ❏ /usr/sbin/apachectl：Apache 服务器的前端程序，主要用于帮助管理员控制服务器的后台守护进程。
- ❏ /usr/lib/systemd/system/httpd.service：Apache 服务器的控制脚本，用于 Apache 的启动、停止和重启等操作。
- ❏ /usr/sbin/httpd：Apache 服务器的进程程序文件。
- ❏ /usr/share/man/man5：Apache 的帮助文档目录。
- ❏ /var/www：Apache 提供的一个例子网站。

另外，在镜像安装文件中还有 Apache 的帮助手册包，名为 httpd-manual-2.4.53-7.el9.

noarch.rpm，可以用以下命令安装。

```
# dnf install httpd-manual
```

安装完成后，在/var/www/manual 目录下会出现网页文件形式的帮助手册。这些网页和 Apache 的例子网站结合在一起，可以在客户端通过浏览器来访问。

如果采用源代码方式安装，下载 httpd-2.4.56.tar.gz 文件到当前目录后，可以使用以下命令进行安装。

```
# dnf remove httpd                //如果安装了 2.4.53 包，则要先将其移除
# tar -zxvf httpd-2.4.56.tar.gz   //解压源代码文件包到 httpd-2.4.56 目录下
# cd httpd-2.4.56
# ./configure                     //产生 Makefile 文件
# make                            //由于文件较多，需要较长时间
# make install                    //把各种文件复制到相应的系统目录下
```

httpd 进程运行时需要 Apache 用户身份，因此这个用户应该在操作系统中已经存在，否则不能运行。

📋注意：RHEL 9 安装完成后，Apache 用户默认是创建好的。如果由于某种原因这个用户不存在，则需要重新创建。

14.2.3　Apache 软件的运行

下面以 RHEL 9 自带的 RPM 为例，介绍 Apache 软件的运行过程。RPM 包安装完成后，Apache 使用例子配置文件就可以工作，输入以下命令启动 httpd 进程。

```
# systemctl start httpd.service
```

如果想开机时自动运行 Apache，执行如下命令：

```
# systemctl enable httpd.service
Created symlink /etc/systemd/system/multi-user.target.wants/httpd.service
→ /usr/lib/systemd/system/httpd.service.
```

接下来，用以下命令可以查看 httpd 进程是否已启动。

```
# ps -eaf|grep httpd
root     45469     1       3 16:46 ?        00:00:00 /usr/sbin/httpd -DFOREGROUND
apache   45470   45469     0 16:46 ?        00:00:00 /usr/sbin/httpd -DFOREGROUND
apache   45471   45469     0 16:46 ?        00:00:00 /usr/sbin/httpd -DFOREGROUND
apache   45472   45469     0 16:46 ?        00:00:00 /usr/sbin/httpd -DFOREGROUND
apache   45473   45469     0 16:46 ?        00:00:00 /usr/sbin/httpd -DFOREGROUND
apache   45474   45469     0 16:46 ?        00:00:00 /usr/sbin/httpd -DFOREGROUND
root     45691    8525     0 16:46 pts/1    00:00:00 grep --color=auto httpd
```

可以看到，初始时在系统中启动了 6 个 httpd 进程，其中一个是以 root 用户的身份在运行，另外 5 个以 apache 的用户身份运行，而且是以 root 身份运行的那个进程的子进程。

📋说明：启动多个进程的目的是更好地为客户端提供服务，初始进程的个数可以在配置文件中确定。

再输入以下命令查看 Apache 监听的端口。

```
# netstat -an|grep :80
```

```
tcp        0     0 :::80                 :::*                            LISTEN
#
```

可以看到，80 号端口已经处于监听状态。另外，为了确保客户端能够访问 Apache 服务器，如果防火墙未开放 80 号端口，可以输入以下命令打开 TCP 80 号端口。

```
# firewall-cmd --zone=public --add-port=80/tcp --permanent
# firewall-cmd --reload
```

上述步骤完成后，就可以在客户端使用浏览器访问 Apache 服务器了，在正常情况下，会出现 Apache 的测试页面，如图 14-8 所示。

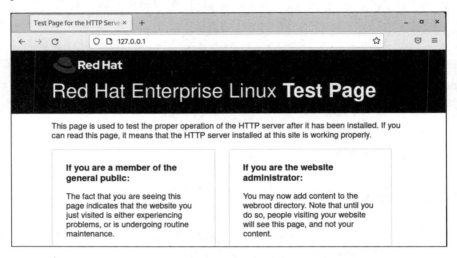

图 14-8　Apache 服务器测试页

另外，如果安装了帮助手册包，访问主页的/manual 目录时会出现如图 14-9 所示的手册页，该页面包含所有 Apache 配置指令的解释。

图 14-9　Apache 服务器手册页

至此，Apache 服务器已经能够正常地运行了，使用的是自带的例子配置文件。通过改变配置文件内容，可以使 Apache 工作于不同的状态。14.3 节将讲述 Apache 的配置方法。

14.3　Apache 服务器的配置

Apache 服务器的配置主要集中在一个配置文件中，其位置和名称是/etc/httpd/conf/httpd.conf。本节先介绍 Apache 提供的例子配置文件的内容，再通过几个例子讲述 Apache 的高级配置，包括目录访问控制、用户的个人网站配置、认证与授权配置、虚拟主机配置、日志配置和 SSL 配置等。

14.3.1　Apache 全局配置选项

Apache 在主配置文件 httpd.conf 中设置了各种默认值，并且包括/etc/httpd/conf.modules.d/和/etc/httpd/conf.d/两个目录的配置文件。其中，conf.modules.d 目录包含可加载模块的包（如 mod_ssl.so）。这样，就无须在主配置文件 httpd.conf 中使用 LoadModule 指令设置了。conf.d 目录包括默认模块配置文件（如 ssl.conf）和特定站点的配置文件（如 welcome.conf）。

Apache 的例子配置文件包含很多的配置选项，涵盖 Apache 服务器大部分的重要功能。其中的配置指令分为全局配置指令、主服务器配置和虚拟主机配置 3 大部分。下面首先解释以下例子配置文件中的全局配置指令。

```
# 设置服务器的根目录，以后在配置文件中指定起始符号不是“/”的路径时，这个目录是起始目录
ServerRoot "/etc/httpd"
# 设置服务器的监听端口号为 80，可以采用“Listen 12.34.56.78:80”的形式指定监听的本
# 地接口
Listen 80

# 加载动态模块(DSO)
# 动态加载模块样例
# LoadModule foo_module modules/mod_foo.so
# 把 conf.modules.d/目录下的*.conf 内容包含进来。注意，根据以上 ServerRoot 的设置，
# 实际应该在/etc/httpd 目录下
# 这个目录包含一些模块的默认配置文件
Include conf.modules.d/*.conf
# 指定运行 httpd 子进程的用户和用户组身份
User apache
Group apache

# 把 conf.d/目录下的*.conf 内容包含进来。这个目录包含许多专用功能的配置，如 PHP 和 SSL
# 等的配置文件
IncludeOptional conf.d/*.conf
```

14.3.2　Apache 主服务器配置

Apache 在处理客户端的请求时，会根据 URL 判定客户端是否要访问虚拟主机，如果

不是访问虚拟主机，则认为是访问主服务器。下面是 Apache 例子配置文件中关于主服务器的配置指令，决定了主服务器的工作状态，同时也决定了后面虚拟主机的默认配置。如果在虚拟主机中也出现了同样的指令，则会覆盖对应的指令。

```
# 管理员的 E-mail 地址，会出现在一些出错页面中
ServerAdmin root@localhost

# 当 Apache 服务器引用自己的 URL 时，使用这里指定的域名和端口号
# ServerName www.example.com:80


# 设置根目录的访问控制权限
<Directory />
AllowOverride None      # 不允许使用目录中的.htaccess 文件的配置内容，即不被它覆盖
Require all denied       # 拒绝所有
</Directory>


# 设置主服务器的根文档路径。路径名由"/"开头，不是相对/etc/httpd 目录
DocumentRoot "/var/www/html"

# 设置主服务器的根文档目录的访问控制权限
<Directory "/var/www">
    AllowOverride None
    # Allow open access:
    Require all granted
</Directory>


# 设置主服务器默认主目录的访问控制权限，目录位置应该随 DocumentRoot 选项内容的改变而
# 改变
<Directory "/var/www/html">
Options Indexes FollowSymLinks  # Indexs 表示如果在目录中找不到指定文件，就生成当
                                # 前目录的文件列表。FollowSymLinks 表示允许符号
                                # 链接跟随，访问不在本目录下的文件
AllowOverride None              # 本目录的权限设置不允许被目录下的.htaccess 配置文件
Require all granted             # 允许所有客户端访问

</Directory>


# 指定主服务器的主页文件名称。当客户端访问服务器时，将查找页面 index.html
<IfModule dir_module>
DirectoryIndex index.html
</IfModule>


# 拒绝访问以.ht 开头的文件，即保证.htaccess 不被客户端访问
<Files ~ "^\.ht">
Require all denied
</Files>


# 错误日志的位置，保存在/etc/httpd/logs/error_log 中
ErrorLog logs/error_log

# 指定记录错误信息的日志级别为 warn 及以上
LogLevel warn
<IfModule log_config_module>
# 定义 combined、common、referer 和 agent 这 4 种记录日志的格式
```

```
LogFormat "%h %l %u %t \"%r\" %>s %b \"%{Referer}i\" \"%{User-Agent}i\""
 combined
LogFormat "%h %l %u %t \"%r\" %>s %b" common
<IfModule logio_module>
     # You need to enable mod_logio.c to use %I and %O
     LogFormat "%h %l %u %t \"%r\" %>s %b \"%{Referer}i\" \"%{User-Agent}i\
" %I %O" combinedio
    </IfModule>
# 如果只启用一个访问日志，可以采用 combined 格式
CustomLog logs/access_log combined
</IfModule>
# 设置别名模块
<IfModule alias_module>
# 重定向链接，即当客户端提交的 URL 中出现/foo 时，转向 http://www.example.com/bar
# Redirect permanent /foo http://www.example.com/bar
# 设置/ful/filesystem/path 目录在 URL 中的访问别名，即在以后客户端提供的 URL 中，
# "/webpath" 就表示/ful/filesystem/path 目录
# Alias /webpath /full/filesystem/path

# 设置脚本目录 CGI 的访问别名，URL 中的 "/cgi-bin/" 代表 "/var/www/cgi-bin/"
ScriptAlias /cgi-bin/ "/var/www/cgi-bin/"
</IfModule>

# 设置 CGI 目录的访问权限
<Directory "/var/www/cgi-bin">
    AllowOverride None
    Options None
    Require all granted
</Directory>

<IfModule mime_module>
    TypesConfig /etc/mime.types
    AddType application/x-compress .Z
    AddType application/x-gzip .gz .tgz
    AddType application/x-httpd-php .php
    AddHandler cgi-script .cgi
  AddType text/html .shtml
    AddOutputFilter INCLUDES .shtml
</IfModule>
# 如果载入 mime_module 模块
<IfModule mime_module>
# MIME 类型默认的配置文件
TypesConfig /etc/mime.types
# 添加新的 MIME 类型，会覆盖/etc/mime.types 中的设定
# AddType application/x-gzip .tgz

# 添加压缩编码方式的支持
#AddEncoding x-compress .Z
#AddEncoding x-gzip .gz .tgz
AddType application/x-compress .Z
AddType application/x-gzip .gz .tgz

# 设置对特定扩展名的处理方式
# 把扩展名是 ".cgi" 的文件当作脚本处理(还需要其他选项的支持)
#AddHandler cgi-script .cgi
#AddHandler type-map var

# ".shtml" 的 MIME 类型是 text/html
AddType text/html .shtml
```

```
# 服务器处理响应时，把扩展名为 ".shtml" 的文件映射到过滤器 INCLUDES 上
AddOutputFilter INCLUDES .shtml
</IfModule>
# 设置默认字符集为 UTF-8
AddDefaultCharset UTF-8
# 如果载入 mime_magic_module 模块
<IfModule mime_magic_module>
    MIMEMagicFile conf/magic
</IfModule>
# 用户指定错误响应代码的解释文本
#ErrorDocument 500 "The server made a boo boo."  # 以普通的文本作为解释文本
#ErrorDocument 404 /missing.html                      # 以一个网页的内容作为解释文本
# 以一个脚本的执行结果作为解释文本
#ErrorDocument 404 "/cgi-bin/missing_handler.pl"
#ErrorDocument 402 http://www.example.com/subscription_info.html
                                                  # 重定向到另一位置

# 设置是否启用对发送文件的内存映射
#EnableMMAP off
# 控制是否使用操作系统内核的 sendfile 支持将文件发送给客户端
EnableSendfile on
```

以上介绍的是主服务器的配置，关于虚拟主机的配置，将在 14.3.6 小节中介绍。

14.3.3　目录访问控制

目录访问控制是指对文件系统中的目录进行权限指定，指定哪些客户端可以访问该目录，哪些不行。对于可以访问的客户端，还能够指定客户端在该目录中可以做哪些操作，如列出目录内容等。Apache 可以在主配置文件 httpd.conf 中配置目录访问控制，但是针对每个目录，Apache 还允许在它们各自的目录下放置一个叫作.htacess 的文件，这个文件同样也能控制.htacess 文件所在目录的访问权限。在主配置文件中，配置目录访问控制的指令名称与格式如下：

```
<Directory "目录路径">
   [访问控制指令]
</Directory>
```

其中，访问控制指令选项如下：

❑ 授权访问指令（AuthConfig）：包括 AuthDBMGroupFile、AuthDBMUserFile、AuthGroupFile、AuthName AuthTypeAuthUserFile 和 Require 等。

❑ 文件控制类型指令（FileInfo）：包括 AddEncoding、AddLanguage、AddType、ErrorDocument、LanguagePriority、AddHandler 和 AddOutputFilter 等。

❑ 目录显示方式指令（Indexes）：包括 AddDescription、AddIcon、AddIconByEncoding、AddIconByType、DefaultIcon、DirectoryIndex、FancyIndexing、HeaderName、IndexIgnore、IndexOptions 和 ReadmeName 等。

❑ 主机访问控制指令（Limit）：包括 Allow、Deny、Order 和 Require。

❑ 目录访问权限指令（Options）：包括 Options 和 XbitHack。

其中，Options 指令包括以下选项：

❑ All：准许以下除 MultiViews 以外的所有功能。

❑ None：禁止以下所有功能。

❑ MultiViews：允许多重内容被浏览，如果目录下有一个叫作 foo.txt 的文件，那么可以通过/foo 来访问它，这对于一个多语言内容的站点比较有用。

❑ Indexes：如果该目录下无 index 文件，则准许显示该目录下的文件列表以供选择。

❑ IncludesNOEXEC：准许 SSI，但不可使用#exec 和#include 功能。

❑ Includes：准许 SSI。

❑ FollowSymLinks：在该目录中，服务器将跟踪符号链接。注意，即使服务器跟踪符号链接，也不会改变用来匹配不同区域的路径名。

❑ SymLinksIfOwnerMatch：在该目录中仅跟踪本站点内的链接。

❑ ExecCGI：在该目录中准许使用 CGI。

另外，每个目录中都还可以存在一个.htaccess 文件，Apache 服务器可以读取该文件的内容作为目录访问控制的配置。用 AllowOverride 指令可以指明哪些选项可以被.htaccess 文件的内容覆盖。如果将 AllowOverride 设置为 None，那么服务器将忽略.htaccess 文件。如果将 AllowOverride 设置为 All，那么所有在.htaccess 文件里的指令都起作用，并且将覆盖主配置文件中的相应配置。

由于控制目录访问的指令比较多，限于篇幅，此处不详细解释。下面只是以 Options 指令为例，说明目录访问权限的设置。假设在例子配置文件所指定的主服务器主目录/var/www/html 下创建一个目录 mytest，命令如下：

```
#mkdir  /var/www/html/mytest
```

由于在例子配置文件中对/var/www/html 的目录访问权限做了如下配置：

```
<Directory "/var/www/html">
    Options Indexes FollowSymLinks
    AllowOverride None
    Require all granted
</Directory>
```

于是 mytest 目录的访问权限默认要继承同样的权限。假设在 mytest 目录下创建一个 test.html 文件，内容如下：

```
# vi /var/www/html/mytest/test.html
<html>
<body>
<h1>This is a test file.</h1>
</body>
</html>
```

然后，在客户端的浏览器中就可以看到这个 HTML 文件，如图 14-10 所示。

如果在浏览器的地址栏中输入 http://192.168.164. 140/mytest/，则会到 mytest 目录中寻找 DirectoryIndex 指令指定的主页文件 index.html，但是该文件不存在。由于 mytest 目录继承了父目录的 Options Indexes 属性，于是，Apache 会把 mytest 目录中的文件列表发送给浏览器，显示结果如图 14-11 所示。

如果使 Options Indexes 属性失效，即在例子配置文件中加入以下配置指令：

图 14-10　例子 HTML 文件的显示效果

```
<Directory "/var/www/html/mytest">
    Options None
  AllowOverride All
  Require all granted
</Directory>
```

再用以下命令重启 Apache：

```
# systemctl restart httpd.service
```

然后访问 http:// 192.168.164.140/mytest/，则看到的页面如图 14-12 所示，表示 Apache
在 mytest 目录中找不到主页文件，也不允许列出该目录中的文件，于是就发送了一个出错
页面。

图 14-11　mytest 目录中的文件列表　　　　　图 14-12　不允许列出目录中的文件

📢注意：如果此时在浏览器的地址栏中输入 http://192.168.164.140/mytest/test.html，即指定
　　　　要访问的网页文件，则可以正常显示 test.html 文件的内容，如图 14-10 所示。

下面再看.htaccess 文件的作用。假设在 mytest 目录中创建.htaccess 文件，内容如下：

```
# vi /var/www/html/mytest/.htaccess
Options Indexes
```

表示使 Apache 具有列出 mytest 目录中的文件的权限，访问结果如图 14-11 所示。但
是，如果把配置文件中 "<Directory "/var/www/html/mytest">" 下的 AllowOverride All 改为
AllowOverride None，即不允许.htaccess 文件的配置覆盖主配置文件中对该目录的配置，则
mytest 目录还是 Options None，即不允许列出该目录中的文件，于是访问 http://
192.168.164.140/时，又是如图 14-12 所示的结果。

下面再看一个客户端访问控制的例子。在 Apache 2.2 版本中，使用 Order、Allow 和
Deny 指令实现访问控制。在 Apache 2.4 版本中，使用 Require 指令实现访问控制。其中：

❑ Order：用于指定执行允许访问规则和执行拒绝访问规则的先后顺序。

❑ Deny：定义拒绝访问列表。

❑ Allow：定义允许访问列表。

Order 指令有以下两种形式：

❑ Order Allow，Deny：在执行拒绝访问规则之前先执行允许访问规则，默认会拒绝
　　所有没有明确被允许的客户。

❑ Order Deny,Allow：在执行允许访问规则之前先执行拒绝访问规则，默认会允许所
　　有没有明确被拒绝的客户。

📢注意：在书写 "Allow，Deny" 和 "Deny,Allow" 时，中间不能添加空格字符。

Deny 和 Allow 指令的后面需要跟访问列表，访问列表有如下几种形式：
- ❑ All：所有客户机。
- ❑ 域名：域内的所有客户机，如 wzvtc.cn。
- ❑ IP 地址：可以指定完整的 IP 地址或部分 IP 地址。
- ❑ 网络/子网掩码：如 192.168.1.0/255.255.255.255.0。
- ❑ CIDR 规范：如 192.168.1.0/24。
- ❑ Require：用于指定允许访问列表和拒绝访问列表，常用的方式如表 14-5 所示。

表 14-5　Require指令的常用方式

指　　令	描　　述
Require all granted	允许所有访问
Require all denied	拒绝所有访问
Require ip 10.2.2.32	允许10.2.2.32这个地址访问
Require not ip 10.3.3.21	拒绝10.3.3.21这个地址访问
Reuquire host baidu.com	允许名为baidu.com的域访问
Reuquire not host baidu.com	拒绝名为baidu.com的域访问

如果添加的是一条规则，则可以直接使用。但是，如果有多条规则，则必须使用 <RequireAll></RequireAll> 和 <RequireAny></RequireAny> 标签对。其中，在 <RequireAll></RequireAll> 标签对中，拒绝优先执行；在 <RequireAny></RequireAny> 标签对中，允许优先执行。

接着上一个例子，假设/var/www/html/mytest 目录的访问控制配置如下：

```
<Directory "/var/www/html/mytest">
    AllowOverride None
    <RequireAny>
      Require all denied
      Require ip 192.168.164.140   #192.168.164.140 是 Apache 服务器的 IP 地址
    </RequireAny>
</Directory>
```

这样的配置使得只有本机 IP 才能访问 mytest 目录，网络中的其他计算机都不能访问。当在本机和其他计算机的浏览器中访问 http://192.168.164.140/mytest/test.html 时，结果如图 14-13 和图 14-14 所示。

图 14-13　在本机可以访问 mytest 目录中的文件

图 14-14　在其他计算机上不能访问 mytest 目录中的文件

14.3.4　配置用户的个人网站

个人网站是指在主机上拥有账号的用户可以通过 Apache 服务器发布自己个人目录中的文件，其访问方式为 http://<主机名>/~<用户名>/。例如，在 192.168.164.140 的主机上有一个 test 用户，可以通过 http://192.168.164.140/~test/ 的形式访问 test 用户的个人目录 /home/test 下的一个目录，即 test 用户的个人目录下的一个目录成为一个网站的主目录。在 Apache 2.4 版本中，个人主页相关的配置文件在 /etc/httpd/conf.modules.d/00-base.conf 和 etc/httpd/conf.d/userdir.conf 中。配置个人网站需要加载模块 mod_userdir，因此在 /etc/httpd/conf.modules.d/00-base.conf 配置文件中必须有 mod_userdir 模块。

```
# cat /etc/httpd/conf.modules.d/00-base.conf | grep userdir
LoadModule userdir_module modules/mod_userdir.so
```

接下来，修改 Apache 配置文件。首先，修改配置文件 /etc/httpd/conf.d/userdir.conf 的设置。默认其配置如下：

```
<IfModule mod_userdir.c>
    UserDir disable
</IfModule>
```

UserDir disable 表示禁用个人网站功能，为了使个人网站生效，需要的配置如下：

```
<IfModule mod_userdir.c>
    #UserDir disabled            # 注释该行
    UserDir public_html          # 删除该行前面的注释符
</IfModule>
```

然后，在主配置文件 /etc/httpd/conf/httpd.conf 中添加以下内容：

```
//设置每个用户网站目录的访问权限
<Directory "/home/test/public_html">
    AllowOverride None
    Options Indexes FollowSymLinks
    Require all granted
</Directory>
```

在以上配置中，用户的个人网站主目录是其个人目录下的 public_html，Apache 中配置的目录访问权限如 <Directory> 语句所示，用户可以根据需要加以改变。为了测试以上的配置效果，在操作系统中创建一个用户 test，并在用户的个人目录下创建一个 public_html 目录。

```
# useradd test
# cd /home/test
# mkdir public_html
#
```

另外，由于用户的个人目录在默认情况下只有自己能访问，其他用户是没有访问权限的，为了让 Apache 用户能访问该目录，需要重新设置该目录的访问权限，使得其他用户有访问权，命令如下：

```
# chmod 711 /home/test
```

然后在 public_html 目录下创建一个 index.html 文件，内容如下：

```
# vi /home/test/public_html/index.html
<html>
```

```
<body>
<h1>This file is in test's work directory.</h1>
</body>
</html>
```

以上工作全部完成后，可以在客户端的浏览器地址栏中输入 http://192.168.164.140/~ test/，正常情况下将会看到如图 14-15 所示的页面。

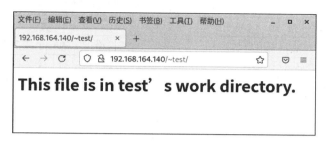

图 14-15　test 用户的个人网站主页

Apache 服务器的个人网站功能可以为操作系统中的用户建立自己的网站提供有利的条件。当存在大量用户时，这种配置、使用和管理方式将非常方便。

14.3.5　认证与授权配置

认证是指用户通过浏览器访问某个受保护的资源时，需要提供正确的用户名和密码才能访问。在 Apache 中支持两种认证类型：基本（Basic）认证和摘要（Digest）认证。摘要认证比基本认证更加安全，但并不是所有的浏览器都支持摘要认证，因此大多数情况下用户只使用基本认证。下面介绍基本认证的配置方式，如表 14-6 所示。

表 14-6　Apache的认证配置指令

配 置 指 令	格　　　式	功　　　能
AuthName	AuthName <领域名称>	定义受保护领域的名称
AuthType	AuthType <Basic|Digest>	定义使用Basic或Digest认证方式
AuthGroupFile	AuthGroupFile <文件名>	指定认证组文件的位置
AuthUserFile	AuthUserFile <文件名>	指定认证密码文件的位置

上述配置指令要放在受保护的领域中，领域是由 Directory、Files 或 Location 等配置指令指定的目录、文件或网络空间容器。对于目录容器，上述配置指令也可以放在目录的.htaccess 文件中，并根据 AllowOverride 指令决定是否启用。认证口令文件由 htpasswd 命令创建，组文件是一个普通的文本文件，该文件中的每一行内容都可以用以下形式把某些用户归到一个组中。

组名：用户名　用户名

如果密码文件不存在，可以用以下命令创建密码文件并加入用户。

htpasswd　-c　<认证密码文件名>　<用户名>

如果密码文件已经存在，可以用以下命令添加用户。

htpasswd　-c　<认证密码文件名>　<用户名>

　　上述两条命令执行完后，都会提示输入为新建用户设定的密码（两次）。认证密码文件的格式很简单，每一行包含用冒号分隔的用户名和加密的密码。

　　使用认证指令配置认证之后，还需要为指定的用户或组进行授权。为用户或组进行授权的配置指令是 Require，它有 3 种使用格式，具体如表 14-7 所示。

表 14-7　Require指令的格式及其功能

指 令 格 式	功　　能
Require　user　<用户名>　[用户名] ……	授权给指定的一个或多个用户
Require　group　<组名>　[组名] ……	授权给指定的一个或多个组
Require　valid-user	授权给认证密码文件中的所有用户

　　下面看一个认证与授权的配置例子。假设以前创建的/var/www/html/mytest 目录和目录中的 test.html 都存在，如果现在需要对 mytest 目录进行保护，即客户端只有通过用户账号成功登录后，才能访问 mytest 目录中的内容，如 test.html 文件，则需要在例子配置文件中添加以下内容（将在 14.3.3 小节中添加的配置指令去掉）。

```
<Directory "/var/www/html/mytest">
      AllowOverride None           # 不使用.htaccess 文件
      AuthType Basic               # 指定使用基本认证方式
      AuthName "myrealm"           # 指定认证领域名称
      AuthUserFile /var/www/passwd/myrealm     # 指定认证密码文件的存放位置
      require valid-user           # 把目录授权给认证密码文件中的所有用户
</Directory>
```

　　再用以下命令重启 Apache：

```
# systemctl restart httpd.service
```

　　为了测试结果，还需要创建密码文件及用户账号。基于安全因素考虑，认证密码文件和认证组文件都不应该与 Web 文档存在于相同的目录下，一般存放在/var/www/目录或其子目录下。现在假设要把密码文件放在/var/www/passwd 目录下，则先创建该目录，再创建口令文件。

```
# mkdir  /var/www/passwd
# cd  /var/www/passwd
# htpasswd -c myrealm test1
New password:
Re-type new password:
Adding password for user test1
# htpasswd myrealm test2
New password:
Re-type new password:
Adding password for user test2
# chown apache myrealm
# chmod 700 myrealm
#
```

　　以上命令在/var/www/passwd 目录下创建认证密码文件 myrealm，并在其中添加用户 test1 和 test2，这与配置文件中的 AuthUserFile 指令相对应。为了安全起见，还需要把密码文件改成只有 Apache 用户能访问。接下来可以用浏览器访问 http://192.168.164.140/mytest/test.html，由于 mytest 是受到认证保护的，所以会看到如图 14-16 所示的登录提示框。

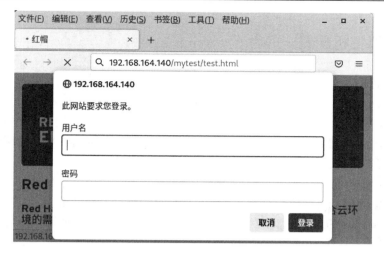

图 14-16　访问受保护资源时出现的登录提示框

　　如果此时输入用户名 test1 和正确的密码，则能正常访问，会看到如图 14-10 所示的结果。如果认证失败，则会出现如图 14-17 所示的结果。

图 14-17　认证失败后出现的页面

📋说明：上述认证授权配置指令也可以放在 mytest 目录下的.htaccess 文件中，效果是一样的，方法与设置目录访问控制类似。

　　认证授权配置指令也可以用在网络空间容器 Location 中。Location 与 Directory 的区别是 Location 针对的是 URL 中的路径名，即使这个路径是映射到另一个目录和网络中的其他位置，而 Directory 针对的是文件系统中的真实目录。Location 指令一般用于定位不存在于文件系统中的对象。例如，一个由数据库生成的网页要用 Location 指令来实现。

　　例如，下面的配置段会使 Apache 服务器拒绝任何以/private 开头的 URL 的访问，如 http://192.168.164.140/private 、 http://192.168.164.140/private123 和 http://192.168.164.140/private/dir/file.html 等所有以/private 开头的 URL。

```
<Location /private>
Require all denied
</Location>
```

　　但此时，在文件系统中并不一定存在/private 目录。

14.3.6　虚拟主机配置

虚拟主机是指在一台机器上运行多个网站，其实现对客户端是透明的，即客户端感觉不到有多个网站存在于同一台服务器上。如果每个网站拥有不同的 IP 地址，则称其为基于IP 的虚拟主机。如果只有一个 IP 地址，但通过不同的主机名访问不同的网站，则称其为基于主机名或域名的虚拟主机。Apache 是率先支持基于 IP 的虚拟主机的服务器之一，自Apache 1.3 版后，对以上两种方式的虚拟主机都提供了支持。

基于 IP 的虚拟主机存在于具有多个网络接口的主机中，每个网络接口的 IP 地址对应一台虚拟主机。此时，需要为每台虚拟主机分配一个独立的 IP 地址。而基于域名的虚拟主机是根据客户端提交的 HTTP 头域中标识主机名的部分决定的，使用这种技术，很多虚拟主机可以共享同一个 IP 地址。

基于域名的虚拟主机相对比较简单，因为只需要通过 DNS 服务器将每个主机名映射到正确的 IP 地址，然后配置 Apache 服务器，使其辨别不同的主机名就可以了。基于域名的服务器也可以缓解 IP 地址不足的问题。如果没有特殊原因，最好还是使用基于域名的虚拟主机。

为了使用基于域名的虚拟主机，需要使用 NameVirtualHost 指令进行配置，该指令后面的选项可以指定接受虚拟主机请求的服务器 IP 地址和可能的端口号。如果服务器上所有的 IP 地址都接受虚拟主机请求，则可以用"*"作为 NameVirtualHost 的参数。例如，下面的配置指令表示在服务器所有 IP 地址的 80 号端口接受虚拟主机请求。

```
NameVirtualHost  *:80
```

设置了 NameVirtualHost 配置指令后，接下来要为每个虚拟主机建立<VirtualHost>段。<VirtualHost>的参数与 NameVirtualHost 的参数必须一样。在每个<VirtualHost>段中，至少要有一个 ServerName 指令来指定该虚拟主机服务于哪个域名，一个 DocumentRoot 指令来指明这个主机的主目录位于文件系统的什么位置。例如，下面的指令配置了一台虚拟主机。

```
<VirtualHost *:80>
# 出现在错误页面中的管理员 E-mail
ServerAdmin webmaster@dummy-host.example.com
  DocumentRoot /www/docs/dummy-host.example.com
  ServerName dummy-host.example.com
  ErrorLog logs/dummy-host.example.com-error_log        # 指定错误日志的位置
# 指定访问日志的格式
CustomLog logs/dummy-host.example.com-access_log common
</VirtualHost>
```

以上配置指定的虚拟主机服务于 dummy-host.example.com 域名，即通过该域名访问Apache 服务器时，起作用的是这台虚拟主机。至于 dummy-host.example.com 到 Apache 服务器的映射，是由 DNS 服务器实现的。另外，该虚拟主机的主目录由 DocumentRoot 指令设置在/www/docs/dummy-host.example.com 目录中。另外 3 条指令的作用见注释。

下面的配置定义了两台虚拟主机。

```
<VirtualHost *:80>
ServerName www.domain.tld
ServerAlias domain.tld *.domain.tld
DocumentRoot /www/domain
```

```
</VirtualHost>
<VirtualHost *:80>
ServerName www.otherdomain.tld
DocumentRoot /www/otherdomain
</VirtualHost>
```

可以用一个固定的 IP 地址来代替 NameVirtualHost 和<VirtualHost>指令中的"*"号，以达到一些特定的目的。例如，可以在一个 IP 地址上运行一个基于域名的虚拟主机，而在另外一个 IP 地址上运行一个基于 IP 的或者另外一套基于域名的虚拟主机。

很多服务器希望自己不止一个域名被访问，这时可以把 ServerAlias 指令放入<VirtualHost>段中来解决这个问题。例如，在第一个<VirtualHost>配置段中 ServerAlias 指令后列出的 domain.tld *.domain.tld，就是用户可以用来访问同一个 Web 站点的其他名字，通配符"*"和"?"可以用于域名的匹配。这样，所有对域 domain.tld 的访问请求都将由虚拟主机 www.domain.tld 处理。

当一个请求到达的时候，服务器首先会检查它是否使用了一个能和 NameVirtualHost 相匹配的 IP 地址。如果能够匹配，它就会查找每个与这个 IP 地址相对应的<VirtualHost>段，并尝试找出一个与请求的主机名相同的 ServerName 或 ServerAlias 配置项。如果找到了，它就会使用这个虚拟主机；否则，它将使用符合这个 IP 地址的第一个列出的虚拟主机。因此，第一个列出的虚拟主机充当了默认的虚拟主机的角色，主服务器中的 DocumentRoot 将永远不会被用到。

☎提示：在 Apache 2.4.X 后的版本中，配置虚拟主机时，不再需要使用 NameVirtualHost 指令，直接使用<VirtualHost>标签配置虚拟主机即可。

🔔注意：虚拟主机中的配置指令如果已经出现在主服务器配置中，则会覆盖主服务器中的配置；而主服务器中出现的配置指令如果在虚拟主机中没有配置，则虚拟主机默认会采用主服务器所使用的配置。

下面看一个有关虚拟主机配置的实际例子。假设 14.3.3 小节所创建的/var/www/html/mytest 目录和该目录中的 test.html 文件都还存在，然后在/usr 目录下创建一个 myweb 目录，并在该目录下创建一个 index.html 文件，命令如下：

```
# mkdir /usr/myweb
# vi /usr/myweb/index.html
<H1>This web is in /usr/myweb</H1>
```

再假设 www.baidu.com 和 www.sohu.com 两个域名指向了 Apache 服务器所在的 IP 为 192.168.164.140 的主机。现在要求，如果客户机用 www.baidu.com 域名访问 Apache 服务器，访问的是/var/www/html/mytest 目录下的 test.html 文件，即出现如图 14-10 所示的页面。如果用 www.sohu.com 访问 Apache 服务器，则访问的是/usr/myweb/index.html 文件。

以上要求需要用虚拟主机来实现，可以配置两台虚拟主机，一台对应 www.baidu.com 域名，再把主目录设为/var/www/html/mytest，主页文件设为 test.html。另一台对应 www.sohu.com 域名，主目录设为/usr/myweb。具体配置内容如下（只是在例子配置文件的最后加入以下内容，不改动其他内容）：

```
<Directory "/usr/myweb">
        Require all granted
</Directory>
```

```
<VirtualHost *:80>
    DocumentRoot /var/www/html/mytest
    ServerName www.baidu.com
    DirectoryIndex test.html
</VirtualHost>
<VirtualHost *:80>
    DocumentRoot /usr/myweb
    ServerName www.sohu.com
//此处无须配置DirectoryIndex，默认使用主服务器配置的DirectoryIndex index.html
</VirtualHost>
```

测试时，如果不能配置 DNS 服务器使 www.baidu.com 和 www.sohu.com 域名指向
192.168.164.140，而且客户机是 Windows 系统，那么可以在 Windows 安装目录下的
system32\drivers\etc 目录中找到 hosts 文件（Linux 的 hosts 文件在/etc 目录），然后添加以下
内容，就可以保证本客户机使用的 www.baidu.com 和 www.sohu.com 域名指向
192.168.164.140。

```
192.168.164.140          www.baidu.com
192.168.164.140          www.sohu.com
```

下面重启一下 Apache 服务器：

```
# systemctl restart httpd.service
```

然后在设置了 hosts 文件的客户机上访问 http://www.baidu.com，会出现如图 14-18 所
示的页面。如果访问 http://www.sohu.com，则会出现如图 14-19 所示的页面。

图 14-18　www.baidu.com 虚拟主机的主页　　　　图 14-19　www.sohu.com 虚拟主机的主页

以上介绍了虚拟主机的配置方法。除了上述的配置指令外，还可以用 Alias 指令指定
某个目录的别名，用 Redirect 指令把对虚拟主机的访问转发给另一个 URL 等方法，使虚拟
主机的功能更加强大。

14.3.7　日志记录

如果想有效地管理 Web 服务器，就有必要了解 Web 服务器的活动、性能以及出现的
问题。Apache 服务器提供了非常全面而灵活的日志记录功能。下面介绍如何在 Apache 服
务器中配置日志功能，以及如何理解日志内容。

错误日志是最重要的日志文件，其文件名和位置取决于 ErrorLog 指令。Apache httpd
进程将在这个文件中存放诊断信息和处理请求中出现的错误，由于这里经常包含出错细节，
有时还有一些解决问题的提示，所以当服务器启动或运行过程中出现问题时，首先应该查
看这个错误日志。

错误日志通常被写入一个文件（UNIX 系统上一般是 error_log，Windows 和 OS/2 上一

般是 error.log）。在 UNIX 系统中，错误日志还可能被重定向到 rsyslog 或通过管道操作传递给一个程序。错误日志的格式相对灵活，并可以附加文字描述。某些信息会出现在绝大多数记录中，下面是一个典型的例子：

```
[Tue Mar 14 11:10:17.263941 2023] [error] [client 127.0.0.1] client denied
by server configuration: /export/home/live/ap/htdocs/test
```

其中：第一项是错误发生的日期和时间；第二项是错误的严重性，LogLevel 指令只会记录高于指定严重性级别的错误；第三项是导致错误的客户端 IP 地址，最后一项是信息本身。在此例中，服务器拒绝了这个客户的访问。服务器在记录被访问文件时，用的是文件系统路径，而不是 Web 路径。在错误日志中会包含类似上述例子的多种类型的信息。此外，CGI 脚本中任何输出到 stderr 的信息都会作为调试信息原封不动地记录到错误日志中。

用户可以增加或删除错误日志的项。但是对某些特殊请求，在访问日志（Access log）中也会有相应的记录。例如，上述例子在访问日志中也会有相应的记录，其状态码是 403。因为访问日志也可以定制，所以可以从访问日志中得到错误事件的更多信息。在调试过程中，对任何问题，持续监视错误日志是非常有用的。在 UNIX 系统中，可以使用以下命令查看最新添加到错误日志中的记录。

```
tail -f error_log
```

访问日志记录的是服务器处理的所有请求，其文件名和位置取决于 CustomLog 指令。LogFormat 指令可以指定访问的日志记录的内容，格式高度灵活，使用时很像 C 语言的 printf()函数的格式字符串。下面是例子配置文件中的语句，指定了访问日志，并采用一种名为 common 的记录格式。

```
LogFormat "%h %l %u %t \"%r\" %>s %b" common
CustomLog logs/access_log common
```

在 LogFormat 指令中，"%" 指示服务器用某种信息替换，其他字符则不作替换。引号（"）必须加反斜杠转义，以避免被解释为字符串的结束标志。格式字符串还可以包含特殊的控制符，如换行符 "\n" 和制表符 "\t"。上述配置产生的访问记录如下：

```
127.0.0.1 - lintf [19/Mar/2023:18:52:21 -0700] "GET /index.html HTTP/1.1"
200 1457
```

记录的各部分说明如下：

```
127.0.0.1
```

对应的是 LogFormat 中的 "%h"，这是发送请求到服务器的客户机的 IP 地址。如果 HostnameLookups 设为 On，则服务器会尝试解析这个 IP 地址的主机名并替换此处的 IP 地址，但并不推荐这样做，因为这样做会显著拖慢服务器。如果客户和服务器之间存在代理，那么记录中的 IP 地址就是代理的 IP 地址，而不是客户机的真实 IP 地址。

```
-
```

对应的是 LogFormat 中的 "%l"，这是由客户端 identd 进程判断的用户身份，输出的符号 "-" 表示此处的信息无效。除非在严格控制的内部网络中，此信息通常是很不可靠的，不应该被使用。只有在将 IdentityCheck 指令设为 On 时，Apache 才会试图得到这项信息。

```
lintf
```

对应的是 LogFormat 中的 "%u"，这是 HTTP 认证系统得到的访问该网页的客户标识（Userid），环境变量 REMOTE_USER 会被设为该值并提供给 CGI 脚本。如果状态码是 401，表示客户未通过认证，则此值没有意义。如果网页没有设置密码保护，则此项将是"-"。

```
[19/Mar/2023:18:52:21]
```

对应的是 LogFormat 中的"%t"，这是服务器完成请求处理时的时间，其格式是"[日/月/年:时:分:秒时区]"。其中，-0700 表示与标准时区相差 7 小时。可以在格式字符串中使用"%{format}t"来改变时间的输出形式，其中的 format 与 C 语言标准库中的 strftime()用法相同。

```
"GET /index.html HTTP/1.1"
```

对应的是 LogFormat 中的\"%r\"，这是客户端发出的包含许多有用信息的请求行。可以看出，该客户的动作是 GET，请求的资源是/index.html，使用的协议是 HTTP 1.1。此外，还可以记录其他信息，例如，格式字符串"%m %U%q %H"会记录动作、路径、查询字符串和协议，其输出和"%r"一样。

```
200
```

对应的是 LogFormat 中的"%>s"，这是服务器返回给客户端的状态码。这个信息非常有价值，因为它指示的是请求的结果。

```
1457
```

对应的是 LogFormat 中的%b，这一项是返回给客户端的不包括响应头的字节数。如果没有信息返回，则此项应该是"-"，如果希望记录为 0 的形式，就应该用%B。

另一种常用的记录格式是组合日志格式，形式如下：

```
LogFormat "%h %l %u %t \"%r\" %>s %b \"%{Referer}i\" \"%{User-agent}i\""
 combined
CustomLog log/access_log combined
```

这种格式与通用日志格式类似，但是多了两个"%{header}i"项，其中的 header 可以是任何请求头域。" \"%{Referer}i\" "表示要记录请求是从哪个网页提交过来的，"\"%{User-agent}i\""表示要记录客户端提供的浏览器识别信息。

除了用 LogFormat 指令起一个别名外，记录格式也可以直接由 CustomLog 指令指定，可以简单地在配置文件中用多个 CustomLog 指令来建立多文件访问日志。下面的配置既采用 common 格式记录基本的信息，又在最后两行记录了提交网页和浏览器的信息。

```
LogFormat "%h %l %u %t \"%r\" %>s %b" common
CustomLog logs/access_log common
CustomLog logs/referer_log "%{Referer}i -> %U"
CustomLog logs/agent_log "%{User-agent}i"
```

即使一个并不繁忙的服务器，其日志文件的信息量也会很大，一般每 10 000 个请求，访问日志就会增加 1MB 或更多，这就有必要定期滚动日志文件。

  注意：由于 Apache 一直保持日志文件为打开状态，并持续写入信息，所以服务器运行期间不能执行滚动操作。移动或者删除日志文件以后，必须重新启动服务器才能让它打开新的日志文件。

14.3.8　让 Apache 支持 SSL

SSL（Secure Socket Layer）由 Netscape 公司研发，目的是保障 Internet 上数据传输的

安全。它利用数据加密技术，可确保数据在网络传输过程中不会被截取或窃听，已被广泛地用于 Web 浏览器与服务器之间的身份认证和加密数据传输。

SSL 协议位于 TCP/IP 与各种应用层协议之间，为数据通信提供安全支持。SSL 协议可分为两层，首先是 SSL 记录协议（SSL Record Protocol），它建立在可靠的传输协议（如 TCP）之上，为高层协议提供数据封装、压缩和加密等基本功能。其次是 SSL 握手协议（SSL Handshake Protocol），它建立在 SSL 记录协议之上，用于在实际的数据传输开始前，通信双方进行身份认证、协商加密算法、交换加密密钥等。SSL 协议提供的服务主要有以下几项：

❏ 认证用户和服务器，确保数据发送到正确的客户机和服务器上。

❏ 加密数据以防止数据中途被窃取。

❏ 维护数据的完整性，确保数据在传输过程中不被改变。

SSL 协议的工作流程包括服务器认证阶段和用户认证阶段，服务器认证阶段的步骤如下。

（1）客户端向服务器发送一个开始信息 Hello，以发起一个新的会话连接。

（2）服务器根据客户的信息确定是否需要生成新的主密钥，如需要，服务器在响应客户的 Hello 信息时则会包含生成主密钥所需的信息。

（3）客户根据收到的服务器响应信息产生一个主密钥，并用服务器的公开密钥加密后传给服务器。

（4）服务器恢复该主密钥，并返回给客户一个用主密钥认证的信息，以此让客户认证服务器。

服务器通过客户认证后，就进入客户认证阶段。这一阶段主要由服务器完成对客户的认证，经认证的服务器向客户发送一个提问，客户返回数字签名后的提问和其公开的密钥，从而向服务器提供认证。

HTTPS（Secure Hypertext Transfer Protocol，安全超文本传输协议）由 Netscape 开发并内置于其浏览器中，用于对数据进行压缩和解压操作，并返回网络上传送回的结果。HTTPS 实际上应用了 SSL 作为 HTTP 应用层的子层，使用端口 443 进行通信，SSL 使用 40 位关键字作为 RC4 流加密算法。HTTPS 和 SSL 都支持使用 X.509 数字认证，如果需要，用户可以确认发送者是谁。下面看一下在 RHEL 9 中，如何使 Apache 在 SSL 的基础上接受 HTTPS 的访问。

在 Apache 服务器上配置 SSL 功能，需要 mod_ssl-2.4.53-7.el9.x86_64.rpm 包的支持，下面是这个包所包含的文件。其中，mod_ssl.so 需要作为一个模块被 Apache 装载，支持 SSL 的相关配置已经存在于 ssl.conf 文件中。

```
# rpm -ql mod_ssl
/etc/httpd/conf.d/ssl.conf
/etc/httpd/conf.modules.d/00-ssl.conf
/usr/lib/.build-id
/usr/lib/.build-id/0a/327c9a53910a4d976398f6fc1fd734885735ba
/usr/lib/systemd/system/httpd-init.service
/usr/lib/systemd/system/httpd.socket.d/10-listen443.conf
/usr/lib64/httpd/modules/mod_ssl.so
/usr/libexec/httpd-ssl-gencerts
/usr/libexec/httpd-ssl-pass-dialog
/usr/share/man/man8/httpd-init.service.8.gz
/var/cache/httpd/ssl
#
```

去除注释后，/etc/httpd/conf.d/ssl.conf 文件的内容如下：

```
Listen 443 https                                          //HTTPS 的监听端口
SSLPassPhraseDialog exec:/usr/libexec/httpd-ssl-pass-dialog
SSLSessionCache         shmcb:/var/cache/mod_ssl/scache(512000)
SSLSessionCacheTimeout  300
SSLCryptoDevice builtin

<VirtualHost _default_:443>
DocumentRoot "/var/www/html"
ServerName 192.168.164.140
ErrorLog logs/ssl_error_log
TransferLog logs/ssl_access_log
LogLevel warn
SSLEngine on
SSLProtocol all -SSLv3
SSLHonorCipherOrder on
SSLCipherSuite PROFILE=SYSTEM
SSLProxyCipherSuite PROFILE=SYSTEM
SSLCertificateFile /etc/pki/tls/certs/localhost.crt        //指定证书
SSLCertificateKeyFile /etc/pki/tls/private/localhost.key   //指定密钥
<FilesMatch "\.(cgi|shtml|phtml|php)$">
    SSLOptions +StdEnvVars
</FilesMatch>
<Directory "/var/www/cgi-bin">
    SSLOptions +StdEnvVars
</Directory>
BrowserMatch "MSIE [2-5]" \
       nokeepalive ssl-unclean-shutdown \
       downgrade-1.0 force-response-1.0
CustomLog logs/ssl_request_log \
       "%t %h %{SSL_PROTOCOL}x %{SSL_CIPHER}x \"%r\" %b"
</VirtualHost>
```

为了使以上配置能正常工作，需要制作 SSLCertificateFile 和 SSLCertificateKeyFile 指令指定的证书和密钥。在 RHEL 9 中，可以通过以下步骤完成这些操作。

（1）进入/etc/pki/tls/certs 目录，使用 OpenSSL 手动创建证书。

```
# cd /etc/pki/tls/certs
```

（2）创建私钥。

```
# openssl genrsa -out server.key 2048
```

（3）用私钥 server.key 文件生成证书请求文件 CSR（Certificate Signing Request）。

```
# openssl req -new -key server.key -out server.csr
You are about to be asked to enter information that will be incorporated
into your certificate request.
What you are about to enter is what is called a Distinguished Name or a DN.
There are quite a few fields but you can leave some blank
For some fields there will be a default value,
If you enter '.', the field will be left blank.
-----
Country Name (2 letter code) [XX]:CN                    # 输入国家代码
State or Province Name (full name) []:SHANGHAI          # 输入省份
Locality Name (eg, city) [Default City]:SHANGHAI        # 输入城市名称
# 输入公司名称
Organization Name (eg, company) [Default Company Ltd]:COMPANY
Organizational Unit Name (eg, section) []:RSA          # 输入部门名称
```

```
# 服务器的域名
Common Name (eg, your name or your server's hostname) []:www.test.com
Email Address []:testuser@163.com                  # 邮箱地址
Please enter the following 'extra' attributes
to be sent with your certificate request
A challenge password []:lintf                      # 输入附加信息
An optional company name []:computer               # 输入附加信息
```

（4）如果不能申请上级 CA 授权认证，可以创建个一个个人 CA 证书。

```
# openssl x509 -in server.csr -req -signkey server.key -days 365 -out
server.crt
```

（5）以上操作完成后，产生了 3 个文件。

```
# ls server.*
server.crt server.csr server.key
```

（6）改变 ssl.conf 配置，启用所产生的证书和私钥。

```
# vi /etc/httpd/conf.d/ssl.conf
...
SSLCertificateFile /etc/pki/tls/certs/server.crt
SSLCertificateKeyFile /etc/pki/tls/certs/server.key
...
```

（7）由于 Apache 的初始配置文件中已经包含 IncludeOptional conf.d/*.conf 语句，ssl.conf 的配置实际上已经在 httpd.conf 中，所以不需要改变 httpd.conf，重启 Apache 即可。

```
# systemctl restart httpd.service
```

另外，如果防火墙还未开放 443 端口，还需要用以下命令开放 443 端口。

```
# firewall-cmd --zone=public --add-port=443/tcp --permanent
# firewall-cmd --reload
```

以上步骤完成后，Apache 服务器就能够支持基于 SSL 的 HTTPS，通过在客户端 Firefox 浏览器的地址栏中输入 https://192.168.164.140 可以进行测试，如果出现如图 14-20 所示的页面，表明配置已经成功。单击"高级"|"接受风险并继续"按钮后，可以通过 HTTPS 访问 Apache 服务器，出现 Apache 的测试页面。

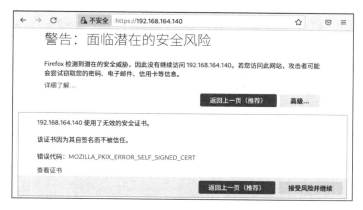

图 14-20　通过 HTTPS 访问 Apache 服务器

说明：在图 14-20 中，如果单击"查看证书"链接，可以查看第（2）～（4）步中输入的证书的相关信息。

14.4　Apache 对动态网页的支持

除了对静态 HTML 文件的支持外，Apache 服务器还可以支持多种形式的动态网页，包括 CGI 脚本、PHP 和 JSP 等。CGI 脚本在初始的例子配置文件中就已经提供了支持，其余的动态网页还需要其他模块的支持。下面介绍 Apache 支持这些动态网页的配置方法。

14.4.1　CGI 脚本

CGI（Common Gateway Interface，公共网关接口）定义了网站服务器与外部内容协商程序之间进行交互的方法。CGI 通常是指 CGI 程序或者 CGI 脚本，是在网站上实现动态页面的最简单和常用的方法。它在 Web 服务器所在的主机上运行，能接受客户端浏览器的输入，并可以把运行结果输出到浏览器上。下面对如何在 Apache 服务器上配置 CGI，以及如何运行 CGI 程序进行介绍。

要让 CGI 程序能正常运行，必须配置 Apache 以允许 CGI 的执行，方法有多种。首先可以使用 ScriptAlias 配置指令，它允许 Apache 执行一个特定目录中的 CGI 程序。当客户端请求此特定目录中的资源时，Apache 假定其中的文件都是 CGI 程序并试图运行。在例子配置文件中使用的 ScriptAlias 指令如下：

```
ScriptAlias /cgi-bin/ "/var/www/cgi-bin/"
```

ScriptAlias 指令定义了映射到一个特定目录的 URL 前缀，与 Alias 指令非常相似，二者一般都用于指定位于 DocumentRoot 目录以外的目录。二者的区别是 ScriptAlias 又多了一层含义，即其 URL 中指明的任何文件都被视为 CGI 程序。因此，上述指令会指示 Apache，/cgi-bin/应该指向/var/www/cgi-bin/目录且视为 CGI 程序。

例如，某个浏览器提交了 URL 为 http://www.example.com/cgi-bin/test.pl 的请求，Apache 会试图通过主机执行/var/www/cgi-bin/test.pl 文件并给浏览器返回其输出结果。当然，这个文件必须存在而且可执行，并以特定的方法产生输出，否则 Apache 将返回一个出错消息。

由于安全原因，CGI 程序通常被限制在 ScriptAlias 指令指定的目录中，这样管理员就可以严格地控制谁可以使用 CGI 程序。但是，如果采取了恰当的安全措施，也可以允许其他目录中的 CGI 程序运行。例如，用户在 UserDir 指定的个人目录中存放页面，并且需要运行自己的 CGI 程序，但无权存取 cgi-bin 目录，这样就产生了运行其他目录中的 CGI 程序的需求。可以在主服务器配置文件中，使用 Options 指令显式地允许在特定目录中执行 CGI，例如：

```
<Directory /var/www/htdocs/somedir>
Options +ExecCGI
</Directory>
```

上述 Options 指令使 Apache 允许 CGI 文件的执行。也可以用.htaccess 文件实现上述配置，即把上例中的 Options+ExecCGI 改为 AllowOverride Options，然后在/var/www/htdocs/somedir 目录下建立.htaccess 文件，并把 Options +ExecCGI 放入该文件，可以达到同样的配置效果。

另外，还必须告诉服务器哪些文件是 CGI 文件。下面的 AddHandler 指令告诉服务器所有带有 cgi 或 pl 后缀的文件均是 CGI 程序。

```
AddHandler cgi-script .cgi .pl
```

下面看一个简单的 CGI 程序运行方法的例子。由于例子配置文件已经把/var/www/cgi-bin/目录设为 CGI 脚本目录，并且采用的脚本语言是 Perl，因此不需要改动例子配置文件，就可以使用 CGI 程序。在/var/www/cgi-bin 目录下创建一个名为 first.pl 的文本文件，内容如下：

```
#!/usr/bin/perl
print "Content-type: text/html\n\n";
print "<h1>Hello, World!</h1>\n";
```

这个 Perl 脚本程序的含义是用 print 语句输出两行字符串。第一行是每一个 Perl 脚本程序都要有的，告诉操作系统使用的是 Perl 脚本程序。然后还要把这个文件设为 Apache 用户可执行，命令如下：

```
# chmod  a+x  /var/www/cgi-bin/first.pl
```

此时，如果在操作系统中执行 first.pl，产生的输出也可以在终端上出现：

```
# ./first.pl
Content-type: text/html

<h1>Hello, World!</h1>
#
```

现在用浏览器在客户端访问这个 Perl 程序，即在地址栏中输入 http://192.168.164.140/cgi-bin/first.pl，则可以看到如图 14-21 所示的页面。

图 14-21　Perl 程序运行结果测试

从图 14-21 中可以看到，first.pl 程序的输出结果发送给了浏览器。

🖹说明：CGI 程序还有很多功能，如处理用户提交的数据等，具体实现方法可参考相关资料。

14.4.2　使 Apache 支持 PHP 8

PHP 是一种用于创建动态 Web 页面的服务端脚本语言。像 ASP 一样，用户可以混合使用 PHP 和 HTML 编写 Web 页面，当访问者浏览到该页面时，服务端首先会对该页面中的 PHP 命令进行处理，然后把处理后的结果连同 HTML 内容一起发送到访问者的浏览器上。与 ASP 不同的是，PHP 是一种源代码开放的程序，拥有很好的跨平台兼容性。

📄 **说明**：用户可以在 Windows NT 系统及许多版本的 UNIX 系统上运行 PHP，而且可以将 PHP 作为 Apache 服务器的内置模块或 CGI 程序来运行。

除了能够精确地控制 Web 页面的显示内容之外，用户还可以使用 PHP 发送 HTTP 消息、设置 Cookies 进行用户身份识别，并对用户浏览页面进行重定向等工作。PHP 具有非常强大的数据库支持功能，能够访问目前几乎所有较为流行的数据库系统。此外，PHP 可以与多个外部程序集成，为用户提供更多的实用功能，如生成 PDF 文件等。

Apache 服务器通过模块形式提供对 PHP 8 的支持。RHEL 9 安装文件包含 PHP 8 的 RPM 包，该 RPM 包包含可以装载在 Apache 中的模块。可以输入以下命令安装 PHP 8。

```
# dnf install php
```

其中，/etc/httpd/conf.d/php.conf 包含让 Apache 支持 PHP 8 的配置，可以在/etc/httpd/conf/http.conf 中用 IncludeOptional conf.d/php.conf 把这些配置包含进来。/etc/httpd/conf.d/php.conf 的内容如下（不包含原有注释）：

```
# more /etc/httpd/conf.d/php.conf
<Files ".user.ini">                                    # 设置.user.ini 文件权限
    Require all denied                                 # 拒绝所有用户访问
</Files>
AddType text/html .php                                 # 设定.php 文件的媒体类型
DirectoryIndex index.php                               # 添加 index.php 为主页文件
<IfModule !mod_php.c>                                  # 重定向到本地 php-fpm
    SetEnvIfNoCase ^Authorization$ "(.+)" HTTP_AUTHORIZATION=$1
    <FilesMatch \.(php|phar)$>
        SetHandler "proxy:unix:/run/php-fpm/www.sock|fcgi://localhost"
</FilesMatch>
</IfModule>
<IfModule mod_php.c>                                   # 加载 mod_php 模块
    <FilesMatch \.(php|phar)$>
        SetHandler application/x-httpd-php
    </FilesMatch>
    php_value session.save_handler "files"
    php_value session.save_path    "/var/lib/php/session"
    php_value soap.wsdl_cache_dir  "/var/lib/php/wsdlcache"
</IfModule>
```

由于在例子配置文件中已经有 includeOptional conf.d/*.conf 语句，所以无须再加入 includeOptional conf.d/php.conf 语句，只需要使用以下命令重启 Apache 即可。

```
# systemctl restart httpd.service
```

为了测试 PHP 8 是否正常运行，在主目录下创建一个文件 test.php，内容如下：

```
<?php
echo "Hello,World! This is PHP 8";
?>
```

现在用浏览器在客户端访问这个 PHP 程序，即在地址栏中输入 http://192.168.164.140/test.php，可以看到如图 14-22 所示的页面。

从图 14-22 中可以看到，test.php 程序的输出结果传送给了浏览器。PHP 脚本程序具有强大的功能，关于其程序设计方法，请参考其他资料。

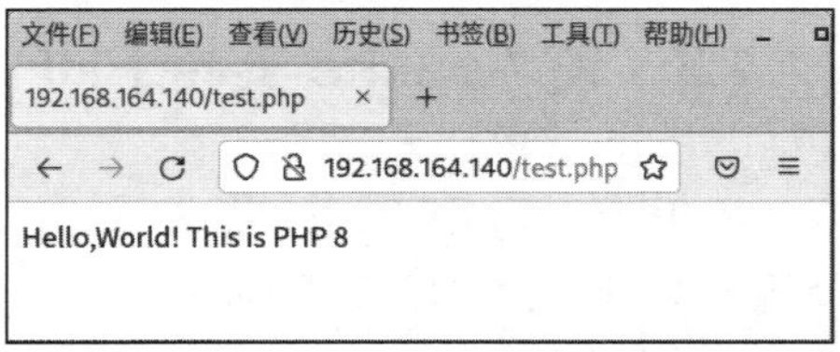

图 14-22　PHP 程序的测试运行结果

14.4.3　使 Apache 支持 JSP

　　JSP（Java Server Pages）是由 Sun Microsystems 公司倡导，并由许多公司参与制定的一种动态网页技术标准。JSP 技术有点类似于 ASP 技术，它是在传统的 HTML 网页文件中插入 Java 程序段和 JSP 标记，从而形成 JSP 文件。

1．JSP简介

　　用 JSP 开发的 Web 应用是跨平台的，既能在 Linux 中运行，也能在其他操作系统中运行。JSP 技术使用 Java 编程语言编写类 XML 的程序段和标记，用于封装产生动态网页的处理逻辑，同时还能用于访问存在于服务端的资源。JSP 将网页逻辑同网页设计和显示逻辑进行分离，支持可重用的基于组件的设计，使基于 Web 的应用程序的开发变得迅速和容易。

　　Web 服务器在遇到访问 JSP 网页的请求时，首先执行其中的程序段，然后将执行结果连同 JSP 文件中的 HTML 代码一起返回给客户端。插入的 Java 程序段可以操作数据库、重新定向网页等，以实现建立动态网页所需要的功能。JSP 与 Java Servlet 一样，是在服务器端执行的，通常返回该客户端的就是一个 HTML 文本，客户端只要有浏览器就能浏览这个 HTML 文本。

　　JSP 页面由 HTML 代码和嵌入其中的 Java 代码所组成，服务器在页面被客户端请求以后对这些Java 代码进行处理，然后将生成的HTML页面返回给客户端的浏览器。Java Servlet 是 JSP 的技术基础，而且大型的 Web 应用程序的开发需要 Java Servlet 和 JSP 配合才能完成。JSP 具备 Java 技术简单易用、完全的面向对象、具有平台无关性且安全可靠、主要面向因特网等所有的特点。

　　自 JSP 推出后，众多大公司都推出了支持 JSP 技术的服务器，如 IBM、Oracle 和 Bea 公司等，使 JSP 迅速成为商业应用的服务器端语言。Apache 和 Tomcat 是 Apache 基金会下面的两个项目。一个是 HTTP Web 服务器，另一个是 Servlet 容器，最新的稳定版 Tomcat 10.1.X 系列实现了 Servlet 5.0/JSP 3.0 规范。

　　在应用环境中，往往需要 Apache 作为前端服务器，Tomcat 作为后端服务器，此时就需要一个连接器，这个连接器的作用就是把所有对 Servlet 和 JSP 的请求转给 Tomcat 处理。

　　📖说明：在 Apache 2.2 之前，一般有两个连接器组件可供选择，即 mod_jk 和 mod_jk2。后来 mod_jk2 没有更新了，转而更新 mod_jk，因此现在一般使用 mod_jk 作为 Apache 和 Tomcat 的连接器。

　　自从 Apache 2.2 出现以后，连接器又多了一种选择，那就是 proxy-ajp。Apache 里的 proxy 模块可以实现双向代理功能，功能非常强大。proxy 模块的功能主要是把相关的请求转发给特定的主机再返回结果，正好符合连接器的实现原理。因此，用 proxy 模块来实现连接器是非常自然的。具体来说，proxy-ajp 连接器的功能就是把所有对 Servlet 和 JSP 的请求都转给后台的 Tomcat。另外，使用 proxy-ajp 比使用 mod_jk 的效率更高。

2. JSP运行环境的安装与配置

由于 Tomcat 需要在 Java 平台上运行，所以，首先要安装 Java 开发工具，即 JDK。目前最新的 JDK 版本是 19.0.2，可以从 http://www.oracle.com/technetwork/java/javase/downloads/index.html 处下载 Linux 平台中的版本，文件名是 jdk-19_linux-x64_bin.rpm。它是一个二进制的可执行文件，安装时直接执行该文件即可，把文件复制到当前目录下之后，执行以下命令进行安装。

```
# rpm -ivh jdk-19_linux-x64_bin.rpm
警告: jdk-19_linux-x64_bin.rpm: 头 V3 RSA/SHA256 Signature, 密钥 ID ec551f03:
NOKEY
Verifying...                         ################################# [100%]
准备中...                            ################################# [100%]
正在升级/安装...
   1:jdk-19-2000:19.0.2-7            ################################# [100%]
```

JDK 安装完成后，再执行以下命令设置环境变量，这些命令可以设成开机时自动执行。

```
# export JAVA_HOME=/usr/java/jdk-19
# export PATH=$PATH:$JAVA_HOME/bin
```

接下来安装和运行 Tomcat。从 http://tomcat.apache.org/ 处下载最新版的 Tomcat，目前是 10.1.7 版，文件名是 apache-tomcat-10.1.7.tar.gz，把该文件复制到当前目录下，再输入以下命令进行解压。

```
# tar -zvxf apache-tomcat-10.1.7.tar.gz
```

解压完成后，Tomcat 所有的文件都在 apache-tomcat-10.1.7 目录下，其默认的配置文件已经可以使 Tomcat 正常运行了，因此输入以下命令即可。

```
# ./apache-tomcat-10.1.7/bin/startup.sh
Using CATALINA_BASE:   /root/apache-tomcat-10.1.7
Using CATALINA_HOME:   /root/apache-tomcat-10.1.7
Using CATALINA_TMPDIR: /root/apache-tomcat-10.1.7/temp
Using JRE_HOME:        /usr/java/jdk-19/
Using CLASSPATH:       /root/apache-tomcat-10.1.7/bin/bootstrap.jar:/
root/apache-tomcat-10.1.7/bin/tomcat-juli.jar
Using CATALINA_OPTS:
Tomcat started.
#
```

可以用以下命令查看 Tomcat 进程是否已启动。

```
# ps -eaf|grep tomcat
root       83430    3573 13 17:27 pts/0    00:00:04 /usr/java/jdk-19//bin/
java -Djava.util.logging.config.file=/root/apache-tomcat-10.1.7/conf/
logging.properties -Djava.util.logging.manager=org.apache.juli.
ClassLoaderLogManager -Djdk.tls.ephemeralDHKeySize=2048 -Djava.protocol.
handler.pkgs=org.apache.catalina.webresources -Dorg.apache.catalina.
security.SecurityListener.UMASK=0027 --add-opens=java.base/java.lang=
ALL-UNNAMED --add-opens=java.base/java.io=ALL-UNNAMED --add-opens=
java.base/java.util=ALL-UNNAMED --add-opens=java.base/java.util.
concurrent=ALL-UNNAMED --add-opens=java.rmi/sun.rmi.transport=ALL-
UNNAMED -classpath /root/apache-tomcat-10.1.7/bin/bootstrap.jar:/root/
apache-tomcat-10.1.7/bin/tomcat-juli.jar -Dcatalina.base=/root/apache-
tomcat-10.1.7 -Dcatalina.home=/root/apache-tomcat-10.1.7 -Djava.io.
tmpdir=/root/apache-tomcat-10.1.7/temp org.apache.catalina.startup.
Bootstrap start
root       83479    50663  0 17:27 pts/0    00:00:00 grep --color=auto tomcat
```

```
#
```

可以看出，Tomcat 是在 Java 虚拟机环境下运行的，并且带了很多运行参数，进程运行的身份是 root。默认配置下，Tomcat 监听的是 8080 号端口，而与 Apache 整合时，要从 8009 端口接受代理请求。可以用 netstat 命令查看这两个端口是否已经处于监听状态。

```
# netstat -an|grep :8080
tcp       0      0 :::8080                      :::*                         LISTEN
# netstat -an | grep 8009
tcp       0      0 :::8009                      :::*                         LISTEN
```

由结果可知，端口的监听也是正常的。为了确保客户端能够访问 Tomcat 服务器，如果防火墙未开放 8080 号端口，可以输入以下命令打开 8080 号端口。

```
# firewall-cmd --zone=public --add-port=8080/tcp --permanent
# firewall-cmd --reload
```

上述操作完成后，就可以在客户端通过浏览器访问 Tomcat 了。正常情况下，在浏览器的地址栏内输入 http://192.168.164.140:8080，会出现如图 14-23 所示的 Tomcat 测试页面。

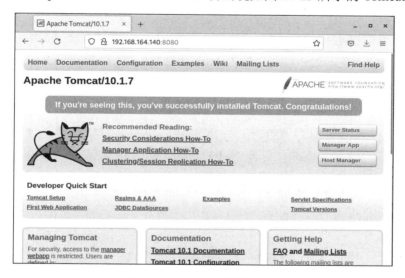

图 14-23　Tomcat 的测试页面

3．Apache与Tomcat的连接配置

Tomcat 运行正常后，下面再采用双向代理的方式整合 Apache 和 Tomcat。如果要使用双向代理，则需要加载代理模块。在/etc/httpd/conf.modules.d/00-proxy.conf 配置文件中，默认加载了所有代理相关的模块。这里主要确定 mod_proxy.so 和 mod_proxy_aip.so 模块被添加进来了，如果这两个模板不存在则需要添加。如果被注释的话，去掉注释符即可。

```
# cat /etc/httpd/conf.modules.d/00-proxy.conf
# This file configures all the proxy modules:
LoadModule proxy_module modules/mod_proxy.so
LoadModule proxy_ajp_module modules/mod_proxy_ajp.so
```

接下来修改 httpd.conf 配置文件。在该文件末尾添加以下内容：

```
ProxyPass /tomcat/ ajp://192.168.164.140:8009/
ProxyPassReverse /tomcat/ ajp://192.168.164.140:8009/
```

第一条语句的意思是在客户端提交的 URL 中如果主机名后包含/tomcat/，则会把请求以 AJP（定向包协议）形式转给本机（IP 地址为 192.168.164.140）的 8009 端口，而这个端口正是 Tomcat 监听的端口。ProxyPass 指令的作用是设置双向代理。在 Tomcat 中，默认8009 端口信息被注释了，这里需要去掉注释，并设置监听地址，添加 secretRequired 参数。配置效果如下：

```
<Connector protocol="AJP/1.3"
           address="192.168.164.140"
           port="8009"
        redirectPort="8443"
        secretRequired="false"/>
```

为了测试 JSP 是否已经能正常运行，在 Tomcat 安装目录下的 webapps/ROOT 目录中创建以下内容的 JSP 文件 test.jsp。

```
<%@ page contentType="text/html;charset=gb2312" %>
<HTML>
<BODY>
<%out.println("<h1>Hello World! This is JSP test.</h1>");%>
</BODY>
</HTML>
```

然后在客户端浏览器的地址栏中输入 http://192.168.164.140/tomcat/test.jsp 进行测试，出现如图 14-24 所示的画面。

图 14-24　JSP 运行环境测试

Tomcat 安装目录下的 webapps/ROOT/是 Tomcat 的主目录。当浏览器通过 8080 端口访问 Tomcat 时，默认网页和 JSP 文件是存放在该目录下的。关于 Tomcat 的详细配置，可参考相关资料。

14.5　小　　结

Web 服务器是 Internet 最常见的一种服务器，Internet 上不计其数的网站正是由 Web 服务器提供支持的。可以这样说，正是因为有了 Web 服务器，才使得 Internet 如此流行。本章主要介绍使用 Apache 服务器软件架设 Web 服务器的方法。首先介绍了 HTTP 的相关知识，然后介绍了 Apache 服务器的安装、运行与配置，最后介绍了 Apache 对动态网页的支持。

14.6　习　　题

一、填空题

1._____是 Web 系统最核心的内容，它是_____和_____之间进行数据传输的规则。

2．在 HTTP 中，客户端和服务器的信息交换过程包括四个阶段，分别是_____、_____、_____和_____。

3．在 HTTP 中，_____版本默认使用的是非持久连接，_____版本默认使用的是持久连接。

二、选择题

1．HTTP 规范定义了 8 种可能的请求方法，大部分 Web 服务器支持的方法是（　　）。

A．GET　　　　　　　B．POST　　　　　　C．HEAD　　　　　　D．TRACE

2．Apache 服务器默认监听的端口是（　　）。

A．80　　　　　　　　B．8080　　　　　　C．443　　　　　　　D．8009

3．在 Apache 2.4.X 系列版本中，设置目录访问权限的指令是（　　）。

A．Allow　　　　　　B．Deny　　　　　　C．Order　　　　　　D．Require

三、判断题

1．HTTP 可以工作在其他任何协议上。　　　　　　　　　　　　　　（　　）

2．在 Apache 中允许在各自的目录下创建一个名为.htaccess 的文件，来控制目录的访问权限。　　　　　　　　　　　　　　　　　　　　　　　　　　　　　　　　（　　）

3．如果要整合 Apache 与 Tomcat，可以使用 mod_jk 或 proxy-ajp 两种连接器。

（　　）

四、操作题

1．使用 RPM 软件包搭建 Apache 服务器，并启动该服务器。然后，使用默认页面测试该服务器正常运行。

2．为用户 bob 配置个人网站，然后使用 http://IP 地址/~bob 访问其个人网站。

3．配置基于域名的虚拟 Web 主机。这里创建的域名分别为 www.benet.com 和 www.accp.com，对应的网页存放目录分别为/var/www/html/benet 和/var/www/html/accp。

第 15 章　MySQL 数据库服务器架设

MySQL 是一种开放源代码的关系数据库管理系统，支持各种各样的操作系统平台，它采用客户机/服务器工作模式，是一个多用户、多线程的关系型数据库。本章主要介绍数据库基础知识、MySQL 安装、运行、配置和管理等内容。

15.1　数据库简介

数据库技术产生于 20 世纪 60 年代中期，是数据管理的最新技术，也是计算机科学的重要分支，它的出现极大地促进了计算机在各行各业的应用。下面介绍数据库的基本概念、SQL 的基本知识，以及 MySQL 数据库的特点。

15.1.1　数据库的基本概念

数据、数据库、数据库系统和数据库管理系统是数据库领域最基本的概念。数据库是数据的有序集合，数据库管理系统是人们操作、管理数据库的工具，而数据库系统包含所有与数据库相关的内容。下面分别介绍这 4 个概念。

1．数据

数据（Data）是数据库中存储的基本对象。说起数据，人们首先想到的是数字。其实，数字只是最简单的一种数据。数据的种类很多，在日常生活中无处不在，如文字、图形、图像、声音、学生的档案、货物的运输情况等，这些都是数据。

在日常生活中，人们直接用自然语言（如汉语）来描述事物。在计算机中，为了存储和处理这些事物，就要抽出对这些事物感兴趣的特征从而组成一个记录进行描述。例如，在学生档案中，如果人们最感兴趣的是学生的学号、姓名、性别、出生年月、籍贯、所在系别、入学时间，那么可以用以下记录来描述一个学生。

（230907，金姗姗，女，2005，浙江，计算机系，2023）

2．数据库

数据库（Database，简称 DB），顾名思义，其是存放数据的仓库，只不过这个仓库是在计算机的存储设备上，而且数据是按一定的格式存放的。所谓数据库是指长期储存在计算机内的、有组织的、可共享的数据集合。数据库中的数据按一定的数据模型组织、描述和储存，具有较小的冗余度、较高的数据独立性和易扩展性，并可为各种用户共享。

3．数据库管理系统

某种应用所需要的大量数据收集之后，为了能科学地组织这些数据并将其存储在数据库中，并且能高效地对这些数据进行各种处理，需要借助于数据库管理系统。DBMS（Database Management System，数据库管理系统）是位于用户和操作系统之间的一层数据管理软件，它的功能主要包括以下几个方面：

- ❑ 数据定义功能。
- ❑ 数据操纵功能。
- ❑ 数据库的运行管理。
- ❑ 数据库的建立和维护功能。

4．数据库系统

DBS（Database System，数据库系统）是计算机系统支持的数据库组件，一般由数据库、数据库管理系统（及其开发工具）、应用系统、数据库管理员和用户构成。在不引起混淆的情况下，常常把数据库系统简称为数据库。数据库系统的组成结构如图 15-1 表示。

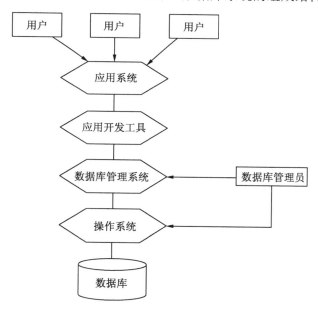

图 15-1　数据库系统的组成结构

由图 15-1 可见，数据库系统包含的内容非常广泛，所有为数据库服务的计算机系统及用户都是数据库系统的构成部分。

15.1.2　SQL 简介

SQL（Structure Query Language，结构化查询语言）是数据库的核心语言，它于 1974 年由 Boyce 和 Chamberlin 提出，并在随后的几年里得到了 IBM 和 Oracle 等公司的数据库产品的支持，于 1986 年被美国国家标准化组织 ANSI 宣布为数据库工业标准，后来又经过了多次修订。

　　SQL 是一种标准的数据库语言，是面向集合的描述性非过程化语言。它功能强大、效率高、简单易学、易维护，充分体现了关系数据库语言的优点。SQL 的主要特点如下：

- ❑ 综合统一。
- ❑ 高度非过程化。
- ❑ 面向集合的操作方式。
- ❑ 以同一种语法结构提供两种使用方式。
- ❑ 语言简洁，易学易用。

　　SQL 语句可以分为 4 大类：数据查询语言 DQL、数据操纵语言 DML、数据定义语言 DDL 和数据控制语言 DCL。

　　数据查询语言 DQL 的基本结构是由 SELECT 子句、FROM 子句和 WHERE 子句组成的查询块。

```
SELECT<字段名表>
FROM<表或视图名>
WHERE<查询条件>
```

　　数据操纵语言 DML 主要有以下 3 种形式。

- ❑ 插入：INSERT。
- ❑ 更新：UPDATE。
- ❑ 删除：DELETE。

　　数据定义语言 DDL 用来创建、修改和删除数据库中的各种对象，如表、视图、索引、同义词及序列等，其命令如下：

- ❑ 创建对象：CREATE。
- ❑ 修改对象：ALTER。
- ❑ 删除对象：DROP。

　　数据控制语言 DCL 用来授予或回收访问数据库的某种权限，控制数据库操纵事务发生的时间及效果，以及对数据库实行监视等，其命令如下：

- ❑ GRANT：向用户授权。
- ❑ REVOKE：取消用户授权。
- ❑ COMMIT：提交事务并永久保存更改的数据。
- ❑ ROLLBACK：撤销已经提交的事务。

　　自 SQL 成为数据库的国际标准语言后，各个数据库厂商纷纷推出支持 SQL 的软件或与 SQL 的接口软件。目前大多数的数据库均使用 SQL 作为共同的数据库存取语言和管理接口，为不同数据库系统之间的互操作提供了极大的方便。

15.1.3　MySQL 数据库简介

　　MySQL 是最流行的开放源代码的关系数据库管理系统，它是由 MySQL AB 公司开发、发布并支持的。MySQL AB 是由多名 MySQL 开发人员创办的一家商业公司，也是一家第二代开放源码公司，结合了开放源码价值取向、方法和成功的商业模型。MySQL 是一种关系数据库管理系统。数据库是数据的结构化集合，要想将数据添加到数据库中或访问、处理计算机数据库中保存的数据，需要使用数据库管理系统。计算机是处理大量数据的理想工具。因此，数据库管理系统在计算方面扮演着关键的中心角色。关系数据库将数据保存在不同的表中，而不是将所有数据放在一个大的仓库内，这样就提高了数据处理速度和灵活性。MySQL 的 SQL 指"结构化查询语言"，SQL 是用于访问数据库的最常用的标准化语言。

　　MySQL 数据库是一种开放源码软件。开放源码就意味着任何人都能使用和改变 MySQL 软件，任何人都能从 Internet 上下载 MySQL 软件，而无须支付任何使用费用。如果愿意，也可以研究源码并进行恰当的更改，以满足自己的个性化需求。

📋 **说明：** MySQL 软件遵循 http://www.fsf.org/licenses/ 处定义的 GPL（GNU 通用公共许可证）。如果对 GPL 不满意，或需要在自己的商业应用程序中嵌入 MySQL 代码，可以购买商业许可版本。

　　MySQL 服务器具有快速、可靠和易于使用的特点。MySQL 服务器最初是为处理大型数据库而开发的，与现有的数据库解决方案相比，它的速度更快。多年以来，它已成功地应用于众多要求很高的企业应用环境。现在的 MySQL 服务器能提供丰富的功能，具有良好的连通性和安全性，而且还会不断地发展。这些特点使得 MySQL 十分适合构建基于 Internet 的数据库。

　　MySQL 服务器工作在客户端/服务器模式下，由支持不同后端的 1 个多线程 SQL 服务器、多种不同的客户端程序和库、众多的管理工具和应用编程接口 API 组成。另外，MySQL 也可以工作在嵌入式系统中，或者将其链接到其他的应用程序中，从而获得更小、更快和更易管理的产品。由于 MySQL 的优良特性，网络上有大量可用的共享 MySQL 软件，流行的编程语言均支持 MySQL 数据库服务器。

　　MySQL 数据库最初是由瑞典 MySQL AB 公司开发，2008 年 1 月 6 日被 Sun 公司收购。2009 年，Sun 又被 Oracle 收购，人们担心 MySQL 存在闭源的风险，因此，MySQL 之父 Michael 通过开发 MySQL 分支避开了这个风险。开发的这个分支就是 MariaDB，MariaDB 完全兼容 MySQL。在 RHEL 9 中均提供了 MySQL 和 MariaDB 的软件包。

15.2　架设 MariaDB 服务器

　　MySQL 和 MariaDB 数据库是 Linux 操作系统中用得最多的数据库系统，它可以非常方便地与其他服务器如 Apache、Vsftpd 和 Postfix 等集成在一起。下面介绍 RHEL 9 平台 MariaDB 服务器的安装、运行、配置和管理方法。

15.2.1　MariaDB 软件的安装与运行

　　默认情况下，RHEL 9 操作系统安装完成后并没有安装 MariaDB 包，如果要安装 MariaDB 软件，可以从 https://mariadb.com/downloads/ 处下载 RHEL 9 的 RPM 包，目前的最新版本是 10.11.2。也可以通过本地的 DNF 软件源安装 MariaDB 的 RPM 包，执行命令如下：

```
# dnf install mariadb-server
```

安装成功后，MariaDB 软件的几个重要文件分布如下：

❑ /usr/lib/systemd/system/mariadb.service：MariaDB 服务器的启动脚本。

❑ /usr/bin/mysqlshow：显示数据库、表和列信息。

❑ /usr/libexec/mariadbd：MariaDB 软件的进程文件。

❑ /usr/share/doc/：存放说明文件的目录。

❑ /usr/share/man/man1/……：存放手册页的目录。

❑ /var/lib/mysql/：MySQL 软件的数据库文件存储目录。

❑ /var/log/mariadb/mariadb.log：MySQL 软件的日志文件。

为了运行 MaraiDB 服务器，可以输入以下命令：

```
# systemctl start mariadb.service
```

再输入以下命令查看一下进程是否已启动。

```
# ps -eaf | grep mariadb
mysql    39925    1       0 17:07 ?        00:00:00 /usr/libexec/mariadbd
--basedir=/usr
root     39986   12415    0 17:08 pts/1    00:00:00 grep --color=auto mariadb
```

📖说明：安装 MaraiDB 软件的 RPM 包时，会自动创建 MySQL 用户。

进程启动后，可以用以下命令查看一下 mariadbd 默认的监听端口是否已经打开。

```
# netstat -anlp | grep 3306
tcp6       0       0 :::3306              :::*                    LISTEN
39925/mariadbd
#
```

可以看到，3306 端口已经处于打开状态，并且是由 mariadbd 进程监听的。为了确保网络上的客户端能够访问 MariaDB 服务器，如果防火墙未开放这个端口，可以输入以下命令将其开放。

```
# firewall-cmd --zone=public --add-port=3306/tcp --permanent
# firewall-cmd --reload
```

上述操作完成后，就可以通过客户端连接到 MariaDB 服务器了。为了测试 MariaDB 是否已正常启动，可以执行以下命令，其功能是列出 MariaDB 当前的版本情况。

```
# mysqladmin version
mysqladmin Ver 9.1 Distrib 10.5.16-MariaDB, for Linux on x86_64
Copyright (c) 2000, 2018, Oracle, MariaDB Corporation Ab and others.

Server version        10.5.16-MariaDB
Protocol version      10
Connection            Localhost via UNIX socket
UNIX socket           /var/lib/mysql/mysql.sock
Uptime:               4 min 1 sec

Threads: 1  Questions: 1  Slow queries: 0  Opens: 17  Open tables: 10
Queries per second avg: 0.004
```

出现类似上面的结果时，表明 MariaDB 软件正在正常运行。

15.2.2　MariaDB 数据库客户端

有许多不同的 MariaDB 客户端程序可以连接到 MariaDB 服务器，以便能访问数据库或执行管理任务。它们可以在本机也可以通过网络对数据库进行远程管理。RPM 包 mariadb-10.5.16-2.el9_0.x86_64 就包含丰富的 MariaDB 客户端程序，这些程序都是通过命令行的方式进行操作的。还有很多第三方的 MariaDB 客户端工具，有些可以提供操作非常方便的图形界面。下面先对 mariadb-10.5.16-2.el9_0.x86_64 包中的客户端工具做介绍，关于图形界面的客户端介绍，可以参见 15.2.3 小节。

最常用的 MariaDB 客户端工具是 mariadb/mysql 命令，它是一个简单的 SQL 外壳，支持交互式和非交互式使用。当采用交互方式时，查询结果采用 ASCII 表格式。当采用非交互方式（如用作过滤器）时，结果采用 TAB 分割符格式。可以使用命令行选项更改输出格式。使用 mariadb/mysql 的方法很简单，可以直接在命令提示符下使用，其常用的命令格式如下：

```
mariadb/mysql  [-h <主机>]  [-u <用户名>]  [-p]  [数据库名]
```

在上面的命令格式中，"主机"表示 MariaDB 服务器所在的主机，默认是本地主机 127.0.0.1。"用户名"是指 MariaDB 数据库中的用户名，初始状态下，MariaDB 服务器中只有一个管理员用户，名为 root，没有密码（注意，这个 root 和操作系统中的 root 不是一回事）。-p 表示登录时要输入密码，如果没有这个选项，表示用户没有密码，不需要输入就可以直接登录。"数据库名"表示用户登录后要使用哪一个数据库，MariaDB 可以同时管理很多数据库，每个数据库都有一个名称。下面是 MariaDB 在本机登录的情况。

```
[root@server ~]# mariadb
Welcome to the MariaDB monitor.  Commands end with ; or \g.
Your MariaDB connection id is 6
Server version: 10.5.16-MariaDB MariaDB Server

Copyright (c) 2000, 2018, Oracle, MariaDB Corporation Ab and others.

Type 'help;' or '\h' for help. Type '\c' to clear the current input statement.

MariaDB [(none)]>
```

此时，MariaDB 是在本机以 root 用户登录，没有密码，也没有指定使用哪一个数据库。下面看一下在 MariaDB 中如何修改用户密码，如何创建用户。

```
MariaDB [(none)]> use mysql                 //使用 MySQL 数据库
Reading table information for completion of table and column names
You can turn off this feature to get a quicker startup with -A
Database changed
MariaDB [mysql]> ALTER USER 'root'@'localhost' IDENTIFIED BY '123456';
                                    # 重置 root 用户密码
Query OK, 0 rows affected (0.002 sec)

MariaDB [mysql]> CREATE USER 'abc'@'%' IDENTIFIED BY '123456';
                                    # 创建一个名为 abc 的用户
Query OK, 0 rows affected (0.001 sec)
MariaDB [mysql]> grant all privileges on *.* to 'abc'@'%' identified by
'123456';                           # 为 abc 用户赋予所有权限
Query OK, 0 rows affected (0.001 sec)
MariaDB [mysql]> flush privileges;          //刷新 MySQL 的系统权限相关表
Query OK, 0 rows affected (0.00 sec)
MariaDB [mysql]>
```

MariaDB 服务器安装完成后，事先会创建一个名为 mysql 的数据库，里面包含 MySQL

所有的系统信息。其中有一个名为 user 的视图，包含系统所有的用户信息，如果往这个视图中加入记录，就意味着创建用户。user 视图的 Password 字段用于存放密码，如果改变这个字段的值，就意味着改变用户的密码。另外，每一个用户记录都有一个 Host 字段，其中的值表示允许该用户从哪一台主机登录，"%"表示可以从所有客户机上进行远程登录，localhost 表示只能从本机上登录。例如，下面是 mariadb/mysql 在客户机 192.168.164.140 上分别以 root 和 abc 用户身份登录 192.168.164.138 服务器的情况。

```
[root@client ~]# mariadb -h 192.168.164.138 -u root -p
Enter password:
ERROR 1045 (28000): Access denied for user 'root'@'192.168.164.140' (using
password: YES)                        # root 用户不能登录
[os@radius os]$ mysql -h 10.10.1.29 -u root -p
Enter password:
ERROR 1130 (00000): Host '10.10.1.253' is not allowed to connect to this
MySQL server                          # root 用户不能登录
```

在 MariaDB 数据库中，user 视图 root 用户记录的 Host 字段的值是 localhost，因此不能从其他客户机远程登录，而 abc 用户记录的 Host 字段的值是"%"，因此能从客户机远程登录。Host 字段的值还可以是一台具体主机的名称或 IP 地址。

☎提示：从 MariaDB 10.4 版本开始，mysql.user 不再是一张表，而是一个视图。并且提供了一个新表 mysql.global_priv 来代替 mysql.user。

在 mariadb/mysql 命令提示符下，可以输入各种各样的 SQL 命令对数据库进行操作。可以这样说，只要熟悉 SQL 命令和 MySQL 数据库的结构，几乎所有的数据库管理操作都可以通过 mariadb/mysql 客户端进行。除了 mariadb/mysql 外，MariaDB 服务器还提供了很多客户端工具，具体命令名称及其功能如下：

- ❑ myisampack：生成压缩、只读 MyISAM 表。
- ❑ mysqlaccess：检查访问权限的客户端。
- ❑ mysqladmin：管理 MySQL 服务器的客户端。
- ❑ mysqlbinlog：处理二进制日志文件的实用工具。
- ❑ mysqlcheck：表维护和维修程序。
- ❑ mysqldump：数据库备份程序。
- ❑ mysqlhotcopy：数据库热备份程序。
- ❑ mysqlimport：数据导入程序。
- ❑ mysqlshow：显示数据库、表和列信息。
- ❑ myisamlog：显示 MyISAM 日志文件内容。
- ❑ perror：解释错误代码。
- ❑ replace：字符串替换实用工具。

每个命令都有许多选项，这些选项可以通过"--help"选项显示，并且有详细的解释。

🔔注意：上述命令执行时均要求以某个用户登录，并且登录的用户要有相应的权限。

15.2.3　MariaDB 图形界面管理工具

RPM 包 mariadb-10.5.16-2.el9_0.x86_64 提供的客户端工具尽管功能十分强大，但是以命令行的方式操作，对使用者的要求比较高，使用者不仅要熟悉各种命令，而且还要熟悉系统数据库的结构，因此一般情况下该包是提供给数据库管理员使用的。对于一般的开发人员和数据库操作人员来说，最常用的还是 MariaDB 图形管理工具。目前，常见的 MariaDB 图形界面管理工具主要有以下几种：

- ❑ phpMyAdmin：用 PHP 写的一个软件，功能非常强大，当服务器不支持远程连接时，该工具是唯一的选择。
- ❑ Navicat：这是一个商业的 MySQL 和 MariaDB 管理工具，它提供多个版本，包括 Windows、macOS 和 Linux 版本，可以方便地管理数据库、表和用户等。
- ❑ DBeaver：这是一个免费的开源数据库管理工具，它支持多个数据库平台，包括 MySQL 和 MariaDB、PostgreSQL、Oracle、SQL Server 等，可以方便地管理数据库、表和用户等。
- ❑ MySQL Workbench：是 MySQL 官方版本的图形管理工具。该工具分为社区版和商业版，社区版完全免费，而商业版是按年收费。
- ❑ SQLyog：分为企业版和免费版本，免费版的功能也非常强大。

下面介绍 MySQL Workbench 和 SQLyog 这两种图形管理工具。MySQL Workbench 是 MySQL 官方推荐的 MySQL 图形管理工具，支持各种平台，可以从 MySQL 的官方网站上下载，目前最新的版本是 MySQL 8.0.32，下载地址是 https://dev.mysql.com/downloads/workbench/。Windows 版的 Workbench 下载并安装后，初次运行 MySQL Workbench 时，需要建立一个命名的数据库连接，弹出的对话框如图 15-2 所示。

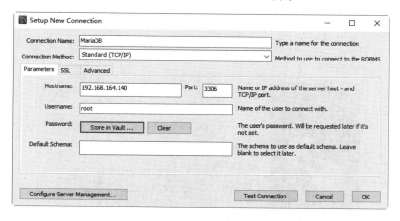

图 15-2　MySQL Workbench 建立的数据库连接对话框

此时，要输入连接的名称、要连接的主机名称或地址、端口号、用户名、密码和数据库名称，除端口号默认值是 3306 以外，其余的值要手工输入（注意，这里输入的用户名不可以是 root，而且该用户的口令不能为空）；否则连接不成功。数据库名称可以不填，表示要访问所有的数据库。

💬注意：由于 root 用户默认只能在本机登录，如果要从另一台客户机登录，需要修改相应的设置，具体方法见 15.2.2 小节。

如果参数输入正确，MySQL 和 MariaDB 服务器的运行和网络连接均正常，那么在连接成功后，将弹出如图 15-3 所示的主界面。

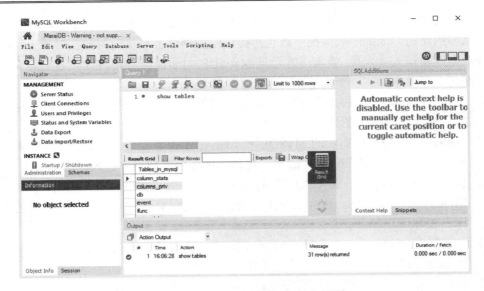

图 15-3 MySQL Workbench 的主界面

在图 15-3 中，菜单栏下面是查询命令输入框，可以输入各种 SQL 语句，再单击 Execute 按钮 执行。执行后的结果会出现在下面的结果显示框内，结果显示框内可以显示多个结果集，通过标签进行选择。

SQLyog 的官方网站是 http://www.webyog.com，目前的最新版本是 SQLyog 13.1.8。下载并安装后，初次运行时将弹出连接对话框，单击 New 按钮建立一个新连接，将连接命名以后，将弹出连接对话框，如图 15-4 所示。

图 15-4 SQLyog 的连接设置对话框

此时，可以输入要连接的主机名称或地址、用户名、密码、端口号和数据库名称，其配置如图 15-4 所示。数据库名称可以不填，表示要访问所有的数据库。如果 MariaDB 服务器的运行、配置和网络连接均正常，连接成功后，将弹出如图 15-5 所示的主界面。

图 15-5　SQLyog 的主界面

除菜单和工具栏外，SQLyog 的主界面主要由 3 部分组成。其中：左边列表框内列出了数据库结构树，包括有哪几个数据库，每个数据库内有哪些表、视图等对象，每个对象有哪些列和索引等；右上部分是构造查询窗口，可以在这里直接输入 SQL 语句或用其他方式的构造查询命令，右下半部分用于显示查询命令的执行结果，以及其他查询信息。

说明：SQLyog 的数据库管理功能，如数据库备份、数据导出和数据同步等，可以通过选择工具栏上相应的按钮来执行。

15.3　MariaDB 服务器的配置与连接

MariaDB 安装完成后，默认情况下已经可以正常运行了，但初始的配置并不一定能让MariaDB 服务器工作于最佳状态，为了适应实际情况，需要对 MariaDB 的配置进行调整。下面简单介绍 MariaDB 服务器的配置方法，以及通过编程语言与 MariaDB 服务器进行连接的方法。

15.3.1　配置文件 my.cnf

MariaDB 服务器默认的配置文件是/etc 目录下的 my.cnf 文件，MySQL 的 RPM 包安装完成后，这个文件会自动提供。该文件的默认内容如下（不包含注释行）：

```
[client-server]
!includedir /etc/my.cnf.d                    # 包含/etc/my.cnf.d 目录下的所有配置文件
```

如果需要配置服务器，不建议直接修改默认文件，可以在/etc/my.conf.d 目录下创建一个自定义配置文件，将需要修改的参数配置放在自定义文件中。在该目录中，默认包括的配置文件如下：

❑ auth_gssapi.cnf：配置 GSSAPI 认证。
❑ client.cnf：MariaDB 客户端配置文件。

- enable_encryption.preset：用于配置加密协议和加密算法。
- mariadb-server.cnf：MariaDB 服务器配置文件。
- mysql-clients.cnf：配置 MariaDB 客户端程序的行为和属性。
- spider.cnf：配置 Spider 存储引擎。

这些配置文件由很多配置段组成，每个配置段都有一个名称，由方括号括起，与某个应用程序对应，具体如下。

[client]段包含的配置指令将传递给所有的客户端。

```
[client]

# 提供默认的用户密码
#password         = your_password

# 客户端连接服务器时，默认使用服务器的 3306 端口
port             = 3306

# 为 MySQL 客户端指定一个与服务器通信的本地套接字文件
socket           = /var/lib/mysql/mysql.sock
```

[mysqld]段包含的是为 MySQL 服务器配置的指令。

```
[mysqld]

# 服务器监听的端口号
port             = 3306

# 为 MySQL 服务器指定一个与客户端通信的本地套接字文件
socket           = /var/lib/mysql/mysql.sock

# 避免外部数据锁
skip-external-locking
# 设置用来存放索引区块的 RMA 值(默认设置是 8MB)
key_buffer = 16M
# 设置系统最大的缓冲区
max_allowed_packet = 1M

# 指定表高速缓存的大小。当 MySQL 访问一个表时，如果在表缓存中还有空间，则该表就被打开并
# 放入其中
table_cache = 64

# 指定排序高速缓存的大小
sort_buffer_size = 512K

# 指定连接缓冲区和结果缓冲区的初始大小
net_buffer_length = 8K

# 为从数据表顺序读取数据的读操作保留的缓存区大小(默认设置是 128KB)
read_buffer_size = 256K

# 类似于 read_buffer_size 选项,但针对的是按某种特定次序输出的查询结果(默认设置是 256KB)
read_rnd_buffer_size = 512K

# 在修复表或创建索引时，分配给 ISAM 索引排序的缓冲区大小
myisam_sort_buffer_size = 8M

# 当客户端与服务器运行在同一台主机上时，不通过 TCP 网络与客户端进行连接，而是采用 UNIX
```

```
# 的命名管道或套接口连接，以提高安全性能
#skip-networking

# 设置二进制日志的文件名为 mysql-bin。二进制日志包含所有已执行的更新数据的语句，当恢
# 复数据库时利用它把数据尽可能恢复到最新的状态。如果进行同步复制(Replication)，也需
# 要使用二进制日志来传送修改情况
log-bin=mysql-bin

# 设置服务器的 ID 号，在设置主/从数据库时需要
server-id       = 1
```

[mysqldump]段指定用户使用 mysqldump 工具在不同类型的 SQL 数据库之间传输数据时的配置。

```
[mysqldump]

#   表示支持较大数据库的转储
quick

# 设置用来传输数据库表到其他数据库的最大允许包大小。其值应大于客户与服务器之间通信所使
# 用的信息包
max_allowed_packet = 16M
```

[mysql]配置段指定启动 MySQL 服务的配置。

```
[mysql]

# 设置这个选项，服务启动得比较快
no-auto-rehash

# 如果用户对 SQL 不熟悉，可以启用安全更新功能
#safe-updates
```

[isamchk]段指定使用 isamchk 工具修复 isam 类型表时所采用的配置。

```
[isamchk]
key_buffer = 20M              # 用于存放索引块的缓冲区大小
sort_buffer_size = 20M        # 排序时使用的缓冲区大小
read_buffer = 2M              # 读操作时使用的缓冲区大小
write_buffer = 2M             # 写操作时使用的缓冲区大小
```

[myisamchk]指定使用 myisamchk 工具修复 myisam 类型表时所采用的配置。

```
[myisamchk]
key_buffer = 20M              # 用于存放索引块的缓冲区大小
sort_buffer_size = 20M        # 排序时使用的缓冲区大小
read_buffer = 2M              # 读操作时使用的缓冲区大小
write_buffer = 2M             # 写操作时使用的缓冲区大小
```

[mysqlhotcopy]指定使用 mysqlhotcopy 工具时采用的配置。

```
[mysqlhotcopy]

# 在数据库热备份期间连接会被挂起。该指令用于设置最大的超时时间，默认为 28800s
interactive-timeout = 2880
```

15.3.2　MariaDB 进程配置

在/etc/my.cnf.d/mysql-server.cnf 配置文件中，各种 MariaDB 工具都可以有一段配置指

令。其中，mariadbd 进程的配置指令以[mysqld]为起始标志。此外，MariaDB 服务器可以启动多个 mariadbd 进程，其他进程配置分别以[mysqld1]、[mysqld2]…为起始标志。表 15-1列出了一些与 mariadbd 进程启动时有关的配置选项。

表 15-1　部分mysqld/mariadbd进程配置选项

选 项 名 称	功　　　能
basedir=path	MySQL安装目录的路径，配置文件中的其他路径通常在该路径下
bind-address=IP	指定与主机的哪个网络接口绑定，默认与所有接口绑定
console	除了写入日志外，还将错误消息写入stderr和stdout
character-sets-dir=path	字符集安装的目录路径
chroot=path	将某个目录设为mysqld的根目录，是一种安全措施
character-set-server=charset	指定charset作为默认的服务器字符集
core-file	如果mysqld异常终止，要求把内核文件写入磁盘
datadir=path	数据库文件的路径
default-time-zone=type	设置服务器默认的时区
init-file=file	mysqld进程启动时从该文件读SQL语句并执行，每个语句必须在同一行且不包括注释
log[=file]	设置常规日志文件的文件名，默认为<host_name>.log
log-bin=[file]	设置二进制日志文件的文件名，默认为<host_name>-bin，mysqld将更改数据的所有操作记入该文件，用于备份和复制
log-bin-index[=file]	设置二进制日志文件的索引文件名，默认为<host_name>-bin.index
log-error[=file]	设置错误日志，默认使用<host_name>.err作为文件名，如果指定的文件没有扩展名，则要加上.err扩展名
log-slow-queries	将所有执行时间超过long_query_time秒的查询记入该文件
pid-file=path	进程ID文件的路径
port=port_num	监听TCP/IP连接时使用的端口号
server_id	指定mysqld进程的一个编号，值为以1开始的整数
skip-bdb	禁用BDB存储引擎，可以节省内存和加速某些操作
skip-networking	不监听TCP/IP连接，必须通过命名管道或UNIX套接字文件与mysqld进行连接，对于只允许本地客户端的系统，可以使用该选项，以增加安全性能
socket=path	在UNIX中，该选项指定用于本地连接的UNIX套接字文件，默认值是/tmp/mysql.sock
tmpdir=path	指定临时文件的路径
user={user_name | user_id}	指定运行mysqld进程的操作系统用户

表 15-1 中所列的配置选项也可以在启动 mysqld/mariadbd 进程时，以命令行选项的方式提供。mysqld/mariadbd 所有的命令行选项和功能解释如下：

```
# /usr/libexec/mysqld --verbose --help | more
```

或者：

```
# /usr/libexec/mariadbd --verbose --help | more
```

以上命令运行时，还会列出很多的 MySQL/MariaDB 系统变量，这些系统变量是在MySQL/MariaDB 服务器运行时维护的，按照其作用范围可以分为以下两种。

　　一种是全局变量，它影响服务器的全局操作。当服务器启动时，将所有全局变量初始化为默认值，可以在选项文件或命令行中指定选项的值来代替这些默认值。服务器启动后，通过连接服务器并执行"SET GLOBAL 变量名[=值]"语句可以更改动态全局变量，但必须具有管理员的权限。

　　还有一种是会话变量，它只影响与其连接的具体客户端的相关操作，连接时使用相应全局变量的当前值对客户端会话变量进行初始化。客户端可以通过"SET SESSION 变量名[=值]"语句来更改动态会话变量，更改会话变量不需要特殊权限，但客户端只能更改自己的会话变量，不能更改其他客户端的会话变量。

　　任何访问全局变量的客户端都可以即时看见全局变量的改变。如果客户端要从某个全局变量初始化自己的会话变量，那么这个全局变量的更改只对后来连接的客户端有影响，而不会影响已经连接上的客户端的会话变量，即使是执行 SET GLOBAL 语句的客户端也一样。下面是两个设置系统变量的例子。

```
MariaDB [(none)]> SET SESSION sort_buffer_size = 10485760;
MariaDB [(none)]> SET GLOBAL sort_buffer_size = 20971520;
```

　　以上两条命令都是设置系统变量 sort_buffer_size 的值。SESSION 选项表示设置的是会话变量，GLOBAL 选项表示设置全局变量，如果两个选项均没有，则表示设置会话变量。由于全局变量只影响后来连接的客户端，以上两条命令执行后，该客户端的 sort_buffer_size 的值还是 10485760。

说明：在 MaraiDB 10 及以上版本中，动态设置变量时不能直接写带单位的值，需要使用纯整数值指定变量的值。例如，设置 sort_buffer_size 变量的值为 10MB，可以将 10MB 转换为字节，然后使用纯整数值指定变量的值。

15.3.3　编程语言与 MariaDB 数据库的连接

　　MySQL 作为一个数据库服务器，很多时候是提供给其他编程语言访问的。其中最常见的是作为网站的后台数据库服务器，通过网站编程语言进行访问。下面介绍 PHP 语言和 JSP 语言访问 MySQL 数据库的方法。

　　PHP 是一种用于创建动态 Web 页面的服务端脚本语言。像 ASP 一样，用户可以混合使用 PHP 和 HTML 编写 Web 页面。当访问者浏览该页面时，服务端首先会对页面中的 PHP 命令进行处理，然后把处理后的结果连同 HTML 内容一起传送给访问端的浏览器。下面是一段 PHP 8 访问 MariaDB 数据库的代码。

```
<HTML>
<BODY>
<?php
$con = mysqli_connect("localhost","root","123qwe");
//与数据库建立连接，要提供主机名、用户名、密码
if (!$con)
{
  die('Could not connect: ' . mysqli_connect_error());
}
mysqli_select_db($con,"mysql");                    //选择数据库
$result = mysqli_query($con,"SELECT * FROM user");
```

```
//让数据库执行 SQL 语句，返回结果放在$result 中
while($row = mysqli_fetch_array($result))          //从结果集中提取一行
  {
  echo $row['User'] . " " . $row['Password'];      //把这一行指定的列输出到网页
  }
mysqli_close($con);
?>
</BODY>
</HTML>
```

PHP 访问 MariaDB 的语句非常简单，它使用 mysqli_connect 函数与 MariaDB 数据库建立连接，再使用 mysqli_select_db 函数选择数据库，最后用 mysqli_query 函数让数据库执行 SQL 语句，得到的结果集再让程序进行处理。

还有一种常用的 MariaDB 数据库访问方式是 Java 或 JSP 使用的 JDBC 方式。它需要一个 JDBC 连接器的支持，可以从 https://dev.mysql.com/downloads/connector/j/处下载 JDBC 连接器，目前的最新版本是 JDBC 8.0.32，文件名是 mysql-connector-j-8.0.32-1.el9.noarch. rpm。

📖 说明：JDBC 全称是 Java DataBase Connectivity standard，它是一个面向对象的应用程序接口（API），通过它可访问各种关系数据库。

JDBC 连接器下载完成后，使用 rpm 命令安装即可。

```
# rpm -ivh mysql-connector-j-8.0.32-1.el9.noarch.rpm
警告:mysql-connector-j-8.0.32-1.el9.noarch.rpm: 头 V4 RSA/SHA256 Signature,
密钥 ID 3a79bd29: NOKEY
Verifying...                          ############################ [100%]
准备中...                              ############################ [100%]
正在升级/安装...
   1:mysql-connector-j-1:8.0.32-1.el9 ############################ [100%]
```

接下来，就可以在程序中使用 JDBC 与 MySQL 数据库进行连接了。下面是一段 JSP 程序示例。

```
<%
String server="localhost";
String dbname="mysql";
String user="root";
String pass="123qwe";
String url ="jdbc:mysql://127.0.0.1/mysql";
Class.forName("com.mysql.jdbc.Driver");
//使用 JDBC FOR MySQL 的类
Connection conn= DriverManager.getConnection(url,user,pass);
//建立数据库连接
Statement stmt=conn.createStatement();
String sql="select * from user";
ResultSet rs=stmt.executeQuery(sql);              //执行 SQL 语句
rs.first();
while(rs.next())  {
  out.print("name:");
  out.print(rs.getString("User")+"passwd");
  out.println(rs.getString("Password")+"<br>");
}
rs.close();
stmt.close();
```

```
conn.close();*/
%>
```

另外，还可以通过 ODBC 连接器与 MySQL 数据库进行连接。由于 ODBC 是 Windows 平台下通用的数据库连接标准，支持 ODBC 就意味着可以使大部分在 Windows 下工作的语言与 MySQL 数据库进行连接了。

15.4　小　　结

数据库服务器是构建信息管理系统的基础，常用的数据库类型非常多，MySQL 是一种开放源代码的数据库系统，得到了广泛的应用。本章首先介绍了数据库的基本常识，然后介绍了 MariaDB 数据库的安装、运行和使用方法，最后介绍了 MariaDB 数据库服务器的配置及编程语言与它的连接方法。

15.5　习　　题

一、填空题

1．MySQL 是一种＿＿＿＿＿＿＿管理系统。

2．数据库的核心语言是＿＿＿＿＿＿＿。

3．SQL 语句可以分为四大类，分别是＿＿＿＿＿＿＿、＿＿＿＿＿＿＿、＿＿＿＿＿＿＿和＿＿＿＿＿＿＿。

二、选择题

1．下面属于数据库查询语句的 SQL 语句是（　　　　）。

A．INSERT　　　　　　B．UPDATE　　　　　　C．SELECT　　　　　　D．DELETE

2．下面属于数据库操作语句的 SQL 语句是（　　　　）。

A．CREATE　　　　　　B．INSERT　　　　　　C．SELECT　　　　　　D．UPDATE

3．使用 mariadb 命令连接 MariaDB 服务器时，指定连接的主机地址选项是（　　　　）。

A．-h　　　　　　　　B．-u　　　　　　　　C．-p　　　　　　　　D．-D

三、判断题

1．MariaDB 与 MySQL 完全兼容，因此 MariaDB 可以代替 MySQL。　　　　（　　　）

2．在新版本的 MariaDB 数据库中，使用 set 命令设置动态变量时，变量值必须是纯整数值。　　　　　　　　　　　　　　　　　　　　　　　　　　　　　　　　（　　　）

四、操作题

1．安装并启动 MariaDB 数据库服务器。

2．登录 MariaDB 数据库，并设置允许 root 用户远程登录该数据库。

第 16 章　Postfix 邮件服务器架设

E-mail（Electronic Mail，电子邮件）是 Internet 最基本也是最重要的服务之一。与传统的邮政信件服务相比，电子邮件具有快速、经济的特点。与实时信息交流（如电话通话）相比，电子邮件采用存储转发的方式，发送邮件时并不需要收件人处于在线状态。因此，电子邮件具有其他通信方式不可比拟的优势。本章将介绍以 Postfix 系统为中心的邮件服务器的安装、运行、配置和使用方法。

16.1　邮件系统的工作原理

与其他各种 Internet 服务相比，电子邮件服务相对比较复杂涉及 POP3、SMTP 和 IMAP 等多种协议，而且一个实际的邮件服务系统往往由很多相互独立的软件包组成，需要解决它们之间集成时的接口问题。本节主要介绍邮件系统的工作原理，包括邮件系统组成及其协议等内容。

16.1.1　邮件系统的组成与传输流程

虽然邮件系统也是基于客户端/服务器模式的，但邮件从发件人的客户端到收件人的客户端过程中，还需要邮件服务器之间的相互传输。因此，与其他单纯的客户端/服务器工作模式，如 FTP 和 Web 等相比，电子邮件系统相对复杂一些。如图 16-1 是电子邮件传输流程示意图。

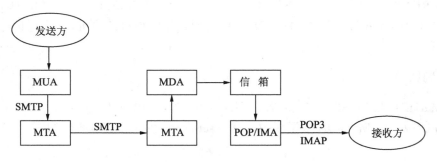

图 16-1　电子邮件传输流程示意

在图 16-1 中，MUA 称为邮件用户代理，它是邮件用户直接接触的软件，提供邮件编辑、从信箱收取邮件、委托 MTA 发送邮件等功能，常见的 Outlook 和 Foxmail 都属于 MUA。MTA 也称为邮件传输代理，是邮件系统的核心部分，完成邮件在 Internet 上传输的过程。

MDA 也称为邮件投递代理，它的功能是把本地 MTA 转送过来的邮件投递到本地用户的邮箱中。

发送方发邮件时，要使用某个 MUA 把邮件通过 SMTP 传送给邮件传输代理 MTA。MTA 收到 MUA 的发件请求后，先判断是否应该受理该请求。通常情况下，如果邮件是来自本地系统的用户或者同一子网上的系统，以及具有转发许可的系统，MTA 都会受理发件请求。

MTA 收下邮件后，要根据收件人的信息决定下一步的动作。如果收件人是自己系统上的用户，则直接投递；如果收件人是其他网络系统用户，则需要把邮件传递给对方网络系统的 MTA。此时，可能要经过多个 MTA 的转发才真正到达目的地。如果邮件无法投递给本地用户，也无法转交给其他 MTA 处理，则要把邮件退还给发件人，或者发通知邮件给管理员。

当邮件最终到达收件人所在网络的 MTA 时，如果 MTA 发现收件人是本地系统的用户，就交给 MDA 处理，MDA 再把邮件投递到收件人的信箱里。信箱的形式可以是普通的目录，也可以是专用的数据库。不管是哪种方式，这些邮件都需要一种长期保存的机制。

邮件被放入信箱后，就一直保存在那里，等待收件人来收取。收件人也是通过 MUA 来读取邮件的，但此时 MUA 要联系的并不是发邮件时联系的 MTA，而是另一个提供 POP/IMAP 服务的软件，而且读取邮件时所采用的协议也不是 SMTP，而是 POP3 或者 IMAP。

图 16-1 所示的两个 MTA 分别承担了发邮件和收邮件的功能。实际上，任何 MTA 都可以同时承担收邮件和发邮件的功能。即除了接收 MUA 的委托，将邮件投递到收件人所在的邮件系统外，还可以接收另一个 MTA 发来的邮件，然后根据收件人信息来决定是投递给本地用户还是转发给其他 MTA。

说明：在实际系统中，MTA、MUA、MDA 及 POP/IMAP 服务器等组件均可以由不同的软件来承担。另外，一个实际的邮件服务系统还包括账号管理、信箱管理、安全传输、提供 Web 界面访问等功能，这些功能都还需要其他软件的支持，因此，建立一个实际的邮件系统需要对很多软件进行集成。

16.1.2　简单邮件传输协议（SMTP）

SMTP（Simple Mail Transfer Protocol，简单邮件传输协议）是一组用于由源地址到目的地址传送邮件的规则，其设计目标是能够可靠高效地传送邮件。SMTP 属于 TCP/IP 簇，是建立在传输层之上的应用层协议，以请求/响应方式工作，其默认的传输端口是 TCP 的 25 号端口。

SMTP 的一个重要特点是它能够以接力的方式传送邮件，即邮件可以通过不同网络上的主机一站一站地传送。SMTP 可以在两个场合下使用，一个是邮件从客户机传输到服务器上；另一个是邮件从某一个服务器上传输到另一个服务器上。SMTP 的工作模型如图 16-2 所示。

发送方首先向接收方的 25 号端口发起 TCP 连接请求，

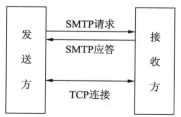

图 16-2　SMTP 的工作模型

接收方接受请求后，就建立了 TCP 连接。连接建立后，发送方就可以向接收方发送 SMTP 命令了。接收方收到命令后，根据具体情况决定是否执行，然后给发送方相应的应答。SMTP 属于请求/应答范式，请求和应答都基于 ASCII 文本，并以 CR 和 LF 符结束。应答包括一个 3 位数字的代码，以及供用户阅读的文本解释。常见的 SMTP 命令如表 16-1 所示，其中包括部分扩展的 SMTP 命令。

表 16-1　常见的SMTP命令

命令名称及格式	功　　能
HELO <客户机域名>	鉴别对方是否支持SMTP，应该是发送方的第一条命令
EHLO	鉴别接收方是否支持ESMTP，接收方返回所支持的扩展命令
AUTH	表示要进行认证
MAIL FROM:<发件人地址>	告诉接收方即将发送一个新邮件，并对所有的状态和缓冲区进行初始化
RCPT TO:<收件人地址>	标识各个邮件接收者的地址，该命令可以发送多个，表示有多个收件人
DATA	告诉接收方此后的内容是邮件正文，直到以"."为唯一内容的一行为止
REST	退出/复位当前的邮件传输
NOOP	空操作，用于使TCP保持连接，并有助于命令和应答的同步
QUIT	要求停止传输并关闭TCP连接
VRFY <字符串>	验证给定的邮箱是否存在，出于安全考虑，SMTP服务器一般都禁止该命令
EXPN <字符串>	查询是否有邮箱属于给定的邮箱列表，出于安全考虑，经常禁止使用
DEBUG	如果被接受，接收方将处于调试状态
HELP	返回帮助信息，包括服务器所支持的命令

　　SMTP 接收方收到命令后，将根据具体情况给发送方返回应答，应答包含应答码和供用户阅读的文本解释，所有的应答码如表 16-2 所示。

表 16-2　SMTP应答码

应答码	含　　义	应答码	含　　义
200	表示成功执行了命令，不是标准的响应	500	语法错误，命令不被承认
211	系统状态或系统帮助回复	501	命令的参数存在语法错误
214	帮助信息	502	命令没有实现
220	<域名称>服务已准备就绪	503	不正确的命令次序
221	<域名称>服务正在关闭传输通道	504	命令参数未实现
250	所请求的命令已成功执行	521	<域名称>不接收邮件
251	收件人非本地用户，将根据收件人地址进行转发	530	拒绝访问
354	开始邮件输入，以<CDLF>.<CDLF>结束	550	因邮箱无效，所以请求的MAIL命令没有执行
421	<域名称>服务无效，关闭传输通道	551	非本地用户
450	因邮箱无效，所以请求的MAIL命令没有执行	552	因超过存储分配，所以MAIL命令被放弃
451	因本地处理错误，放弃执行请求的命令	553	因信箱名称未被允许，所以请求的命令没有执行
452	因系统存储不够，所以请求的命令没有执行	554	传输事务失败

在每次发送邮件时，用户代理都要与邮件所在的 SMTP 服务器连接，再通过 SMTP 服务器把邮件发送给收件人。如图 16-3 是用户通过 Foxmail 发送邮件时，用 Wireshark 工具抓取的数据包情况。发件人地址是 u1@benet.com，收件人地址是 u2@benet.com，客户机 IP 地址是 192.168.164.1，benet.com 域的邮件网关，即 SMTP 服务器的 IP 地址是 192.168.164.140，这个 IP 地址在 Foxmail 中是需要事先设定的。

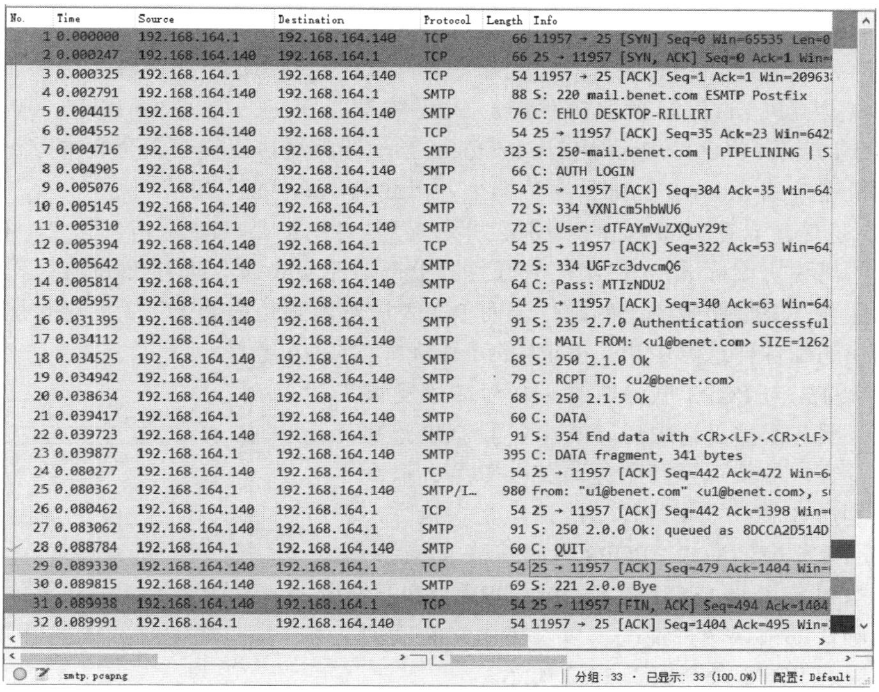

No.	Time	Source	Destination	Protocol	Length	Info
1	0.000000	192.168.164.1	192.168.164.140	TCP	66	11957 → 25 [SYN] Seq=0 Win=65535 Len=0
2	0.000247	192.168.164.140	192.168.164.1	TCP	66	25 → 11957 [SYN, ACK] Seq=0 Ack=1 Win=
3	0.000325	192.168.164.1	192.168.164.140	TCP	54	11957 → 25 [ACK] Seq=1 Ack=1 Win=20963
4	0.002791	192.168.164.140	192.168.164.1	SMTP	88	S: 220 mail.benet.com ESMTP Postfix
5	0.004415	192.168.164.1	192.168.164.140	SMTP	76	C: EHLO DESKTOP-RILLIRT
6	0.004552	192.168.164.140	192.168.164.1	TCP	54	25 → 11957 [ACK] Seq=35 Ack=23 Win=642
7	0.004716	192.168.164.140	192.168.164.1	SMTP	323	S: 250-mail.benet.com | PIPELINING | S
8	0.004905	192.168.164.1	192.168.164.140	SMTP	66	C: AUTH LOGIN
9	0.005076	192.168.164.140	192.168.164.1	TCP	54	25 → 11957 [ACK] Seq=304 Ack=35 Win=64
10	0.005145	192.168.164.140	192.168.164.1	SMTP	72	S: 334 VXNlcm5hbWU6
11	0.005310	192.168.164.1	192.168.164.140	SMTP	72	C: User: dTFAYmVuZXQuY29t
12	0.005394	192.168.164.140	192.168.164.1	TCP	54	25 → 11957 [ACK] Seq=322 Ack=53 Win=64
13	0.005642	192.168.164.140	192.168.164.1	SMTP	72	S: 334 UGFzc3dvcmQ6
14	0.005814	192.168.164.1	192.168.164.140	SMTP	64	C: Pass: MTIzNDU2
15	0.005957	192.168.164.140	192.168.164.1	TCP	54	25 → 11957 [ACK] Seq=340 Ack=63 Win=64
16	0.031395	192.168.164.140	192.168.164.1	SMTP	91	S: 235 2.7.0 Authentication successful
17	0.034112	192.168.164.1	192.168.164.140	SMTP	91	C: MAIL FROM: <u1@benet.com> SIZE=1262
18	0.034525	192.168.164.140	192.168.164.1	SMTP	68	S: 250 2.1.0 Ok
19	0.034942	192.168.164.1	192.168.164.140	SMTP	79	C: RCPT TO: <u2@benet.com>
20	0.038634	192.168.164.140	192.168.164.1	SMTP	68	S: 250 2.1.5 Ok
21	0.039417	192.168.164.1	192.168.164.140	SMTP	60	C: DATA
22	0.039723	192.168.164.140	192.168.164.1	SMTP	91	S: 354 End data with <CR><LF>.<CR><LF>
23	0.039877	192.168.164.1	192.168.164.140	SMTP	395	C: DATA fragment, 341 bytes
24	0.080277	192.168.164.140	192.168.164.1	TCP	54	25 → 11957 [ACK] Seq=442 Ack=472 Win=6
25	0.080362	192.168.164.1	192.168.164.140	SMTP/I…	980	from: "u1@benet.com" <u1@benet.com>, s
26	0.080462	192.168.164.140	192.168.164.1	TCP	54	25 → 11957 [ACK] Seq=442 Ack=1398 Win=
27	0.083062	192.168.164.140	192.168.164.1	SMTP	91	S: 250 2.0.0 Ok: queued as 8DCCA2D514D
28	0.088784	192.168.164.1	192.168.164.140	SMTP	60	C: QUIT
29	0.089330	192.168.164.140	192.168.164.1	TCP	54	25 → 11957 [ACK] Seq=479 Ack=1404 Win=
30	0.089815	192.168.164.140	192.168.164.1	SMTP	69	S: 221 2.0.0 Bye
31	0.089938	192.168.164.140	192.168.164.1	TCP	54	25 → 11957 [FIN, ACK] Seq=494 Ack=1404
32	0.089991	192.168.164.1	192.168.164.140	TCP	54	11957 → 25 [ACK] Seq=1404 Ack=495 Win=

smtp.pcapng　分组: 33 · 已显示: 33 (100.0%)　配置: Default

图 16-3　用 Wireshark 抓取的 SMTP 数据包

从图 16-3 中可以看出，客户机 192.168.164.1 通过编号为 1、2、3 的 3 个数据包与 SMTP 服务器 192.168.164.140 的 25 号端口建立了 TCP 连接。数据包 4 是服务器给客户机的应答，然后客户机通过数据包 5 发送了一个 EHLO 命令，服务器再通过数据包 7 回应了 250 应答，表示服务器支持扩展的 SMTP 命令，并且现在已经处于就绪状态。

然后，客户机通过数据包 8 发送 AUTH LOGIN 命令，表示要进行认证，于是服务器通过数据包 10 响应了 334 应答，随后的字符串是经过 Base64 编码的 username 字符串，要求输入用户名。接着客户机发送了数据包 11，里面包含的也是经过 Base64 编码的用户名 u1@benet.com，然后服务器通过数据包 13 要求输入密码，客户端又把经过 Base64 编码的密码通过数据包 14 发送给服务器。数据包 16 的应答表明认证成功，客户端可以开始发送邮件了。

客户通过数据包 17 发送 MAIL 命令并提交了发件人地址，再通过数据包 19 发送 RCPT 命令并提交了收件人地址。然后是数据包 21 的 DATA 命令，表示要发送邮件内容。随后的数据包 23 和 25 包含邮件内容，包括头部和邮件正文。数据包 22 包含 DATA 命令的结束标志<CR><LF>.<CR><LF>。最后通过数据包 28 发送 QUIT 命令，表示要退出。随后的数据包 29、31 和 32 就拆除了 TCP 连接。

📝说明：图 16-3 是用户代理也就是邮件客户端发送邮件给 SMTP 服务器的过程，实际上邮件还要由 SMTP 服务器采用类似的过程转发给收件人所在域的 SMTP 服务器，SMTP 服务器之间传输邮件时并没有通过 AUTH LOGIN 进行认证的步骤。

16.1.3　邮局协议（POP3）

　　邮件客户端通过 SMTP 服务器转发邮件时，需要采用 SMTP 把邮件传递给服务器。但邮件客户端从自己的信箱读取邮件时，采用的却是另外一种称为 POP3（Post Office Protocol）的协议。POP3（Post Office Protocol 3），即邮局协议的第 3 个版本，它规定了将个人计算机连接到 Internet 的邮件服务器上并下载电子邮件的协议。

　　POP3 也是建立在 TCP 上的应用层协议，默认使用的是 110 端口。它是一种 Internet 电子邮件的离线协议标准，允许用户从服务器上把邮件读取到本地主机（即自己的计算机），同时删除保存在邮件服务器上的邮件，而 POP3 服务器则是遵循 POP3 的邮件服务器，用于把信箱中的邮件传送给用户。POP3 的工作模式如图 16-4 所示。

　　客户端首先向 POP3 服务器的 110 号端口发起 TCP 连接请求，服务器接受请求后，就建立了 TCP 连接。连接建立后，客户端就可以向服务器发送 POP3 命令了，服务器收到命令后，根据具体情况决定是否执行，然后给客户端回复相应的应答。POP3 也属于请求/应答范式，请求和应答都是基于 ASCII 文本，并以 CR 和 LF 符结束。应答包括确认或错误两种情况，以及供用户阅读的文本解释。常用的 POP3 命令如表 16-3 所示。

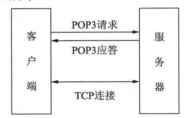

图 16-4　POP3 的工作模式

表 16-3　常用的 POP3 命令

命令名称	功　　能
USER　<用户名>	提交用户名
PASS　<密码>	提交密码
STAT	请求服务器返回信箱统计资料，如邮件数和邮件总字节数等
LIST　<n>	列出第n封邮件的信息
RETR　<n>	返回第n封邮件的全部内容
DELE　<n>	删除第n封邮件，只有QUIT命令执行后才真正删除
RSET	撤销所有的DELE命令
UIDL　<n>	返回第n封邮件的标识
TOP　<n,m>	返回第n封邮件的前m行内容
NOOP	空操作，用于使TCP保持连接，并有助于命令和应答的同步
QUIT	结束会话，退出

　　除了表 16-3 所列的 POP3 命令外，RFC1321 还增加了 3 条扩展的 POP3 命令，分别是 apop、name 和 digest，它们规定了一种安全传输口令的办法，以提高安全性能，但需要客户端和服务器同时支持。另外，POP3 的应答很简单，代码只有两种，+OK 表示确认成功，-ERR 表示错误，随后再跟一些解释文本。如图 16-5 是 Foxmail 通过 POP3 从邮件服务器

读取邮件时用 Wireshark 抓取的数据包。

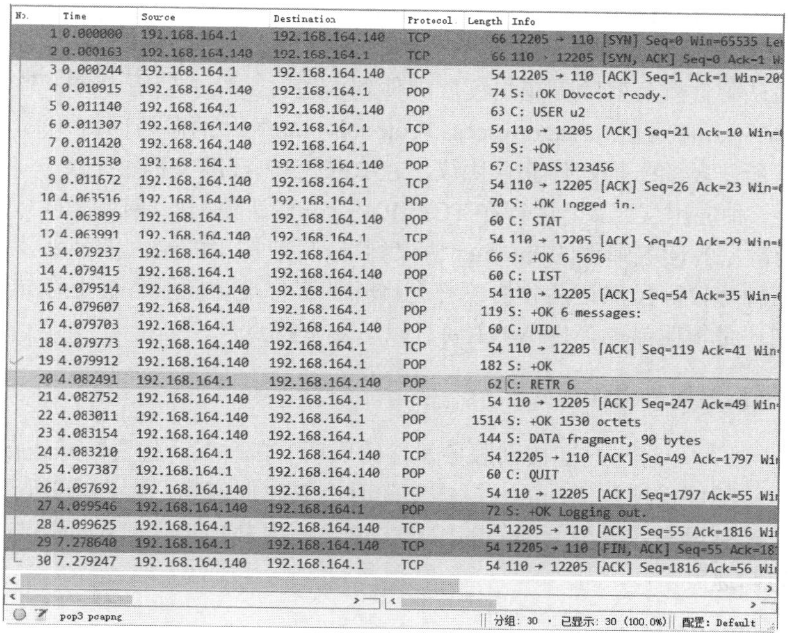

No.	Time	Source	Destination	Protocol	Length	Info
1	0.000000	192.168.164.1	192.168.164.140	TCP	66	12205 → 110 [SYN] Seq=0 Win=65535 Le
2	0.000163	192.168.164.140	192.168.164.1	TCP	66	110 → 12205 [SYN, ACK] Seq=0 Ack=1 W
3	0.000244	192.168.164.1	192.168.164.140	TCP	54	12205 → 110 [ACK] Seq=1 Ack=1 Win=20
4	0.010915	192.168.164.140	192.168.164.1	POP	74	S: +OK Dovecot ready.
5	0.011140	192.168.164.1	192.168.164.140	POP	63	C: USER u2
6	0.011307	192.168.164.140	192.168.164.1	TCP	54	110 → 12205 [ACK] Seq=21 Ack=10 Win=
7	0.011420	192.168.164.140	192.168.164.1	POP	59	S: +OK
8	0.011530	192.168.164.1	192.168.164.140	POP	67	C: PASS 123456
9	0.011672	192.168.164.140	192.168.164.1	TCP	54	110 → 12205 [ACK] Seq=26 Ack=23 Win=
10	4.063516	192.168.164.140	192.168.164.1	POP	70	S: +OK Logged in.
11	4.063899	192.168.164.1	192.168.164.140	POP	60	C: STAT
12	4.063991	192.168.164.140	192.168.164.1	TCP	54	110 → 12205 [ACK] Seq=42 Ack=29 Win=
13	4.079237	192.168.164.140	192.168.164.1	POP	66	S: +OK 6 5696
14	4.079415	192.168.164.1	192.168.164.140	POP	60	C: LIST
15	4.079514	192.168.164.140	192.168.164.1	TCP	54	110 → 12205 [ACK] Seq=54 Ack=35 Win=
16	4.079607	192.168.164.140	192.168.164.1	POP	119	S: +OK 6 messages:
17	4.079703	192.168.164.1	192.168.164.140	POP	60	C: UIDL
18	4.079773	192.168.164.140	192.168.164.1	TCP	54	110 → 12205 [ACK] Seq=119 Ack=41 Win
19	4.079912	192.168.164.140	192.168.164.1	POP	182	S: +OK
20	4.082491	192.168.164.1	192.168.164.140	POP	62	C: RETR 6
21	4.082752	192.168.164.140	192.168.164.1	TCP	54	110 → 12205 [ACK] Seq=247 Ack=49 Win
22	4.083011	192.168.164.140	192.168.164.1	POP	1514	S: +OK 1530 octets
23	4.083154	192.168.164.140	192.168.164.1	POP	144	S: DATA fragment, 90 bytes
24	4.083210	192.168.164.1	192.168.164.140	TCP	54	12205 → 110 [ACK] Seq=49 Ack=1797 Wi
25	4.097387	192.168.164.1	192.168.164.140	POP	60	C: QUIT
26	4.097692	192.168.164.140	192.168.164.1	TCP	54	110 → 12205 [ACK] Seq=1797 Ack=55 Wi
27	4.099546	192.168.164.140	192.168.164.1	POP	72	S: +OK Logging out.
28	4.099625	192.168.164.1	192.168.164.140	TCP	54	12205 → 110 [ACK] Seq=55 Ack=1816 Wi
29	7.278640	192.168.164.1	192.168.164.140	TCP	54	12205 → 110 [FIN, ACK] Seq=55 Ack=18
30	7.279247	192.168.164.140	192.168.164.1	TCP	54	110 → 12205 [ACK] Seq=1816 Ack=56 Wi

图 16-5　用 Wireshark 抓取的 POP3 数据包

从图 16-5 中可以看出，客户机的 IP 地址是 192.168.164.1，通过数据包 1、2、3 与 POP3 服务器 192.168.164.140 的 110 号端口建立了 TCP 连接，192.168.164.140 也是 u1@benet.com 信箱所在的服务器。数据包 4 是服务器给客户机的应答，然后客户机通过数据包 5 和数据包 8 分别发送 USER 和 PASS 命令进行登录。从图 16-5 中也可以看出，这两条命令所跟的用户名和密码都是明文传输的。

登录成功后，客户机首先通过数据包 11 发送 STAT 命令查询信箱中邮件的状态，服务器通过数据包回复了+OK 应答，随后所跟的数字 6 表示总共有 6 封邮件，5696 表示所有邮件的总字节数。接着，客户机通过数据包 14 发送 LIST 命令，服务器通过数据包 16 返回了每一封邮件的编号和字节数。然后，客户机通过数据包 17 发送 UIDL 命令，服务器通过数据包 19 返回了所有邮件的 ID 号。

最后，客户端通过数据包 20 发送 RETR 命令，随后的数字包 6 表示要求返回第 6 封邮件的所有内容。服务器通过数据包 22 和 23 把第 6 封邮件的所有内容返回给客户端。如果服务器上有多封未读取邮件，客户端将会重复 RETR 命令，直到把所有的邮件都读取过来。所有的邮件读取完成后，客户端再通过数据包 25 发送 QUIT 命令要求退出，服务器通过数据包 27 回应 OK 后，再通过数据包 28、29 和 30 拆除 TCP 连接。

在以上的服务器应答过程中，因为所有的命令都能执行，所以应答代码都是+OK。如果客户端发送了错误的命令，服务器的应答将是-ERR。

注意： 在以上测试中，由于在 Foxmail 中设置了“在邮件服务器上保留备份”，所以，客户端把邮件读取回来后，不会发送 DELE 命令将其删除。如果没有设置，客户端在读取邮件后还要发送 DELE 命令将其删除。

16.1.4　Internet 消息访问协议（IMAP）

用户代理从邮件服务器的信箱中读取邮件到本地时，除了使用 POP3 外，还有一种选择是采用 IMAP（Internet Message Access Protocol，Internet 消息访问协议）。IMAP 是由美国华盛顿大学所研发的一种邮件获取协议，在 RFC3501 标准文档中定义。

IMAP 是一种应用层协议，运行在 TCP/IP 之上，默认使用的端口是 143 号端口。IMAP 和 POP3 是最常见的读取邮件的 Internet 协议标准，目前在用的绝大部分邮件客户端和服务器都支持这两种协议。虽然这两种协议都允许邮件客户端访问服务器上存储的邮件信息，但二者的区别还是很明显的，IMAP 主要有以下几个特点。

1．在线和离线两种操作模式

当使用 POP3 时，客户端连接到服务器并读取所有邮件后，就要断开连接。但对 IMAP 来说，只要用户邮件代理是活动的并且需要随时读取邮件信息，客户端就可以一直连接在服务器上。对于有很多或者很大邮件的用户来说，使用 IMAP 的方式可以更加方便地获取邮件，加快访问速度。

2．用户信箱的多重连接

IMAP 支持多个客户端同时连接到同一个用户信箱上。POP3 要求信箱当前的连接是唯一的，而 IMAP 允许多个客户端同时访问同一个用户的信箱。另外，IMAP 还提供一种机制使任何一个客户端可以知道当前连接的其他客户端所做的操作。

3．在线浏览

IMAP 可以只读取邮件消息中 MIME 内容的一部分。几乎所有的 Internet 邮件都是以 MIME 格式传输的，MIME 允许消息组织成一种树状结构，这种树状结构中的叶节点都是独立的消息，而非叶节点是其附属的叶节点内容的集合。IMAP 允许客户端读取任何独立的 MIME 消息及附属在同一非叶节点上的那部分 MIME 消息。这种机制使得用户无须下载附件就可以浏览邮件内容或者在读取内容的同时进行浏览。

4．在服务器上保留邮件的状态信息

IMAP 可以在服务器上保留邮件的状态信息。通过使用 IMAP 中定义的标志，客户端可以跟踪邮件的状态，如邮件是否已被读取、回复或者删除。这些标志存储在服务器上，当多个客户端在不同时间访问同一个信箱时，可以知道其他客户端所做的操作。

5．支持多信箱

IMAP 支持在服务器上访问多个信箱。用户信箱通常以文件夹的形式存在于邮件服务器的文件系统中，IMAP 客户端可以创建、修改或删除这些信箱。除了支持多信箱外，IMAP 还支持客户端对共享的和公共的文件夹进行访问。

6. 服务端搜索

IMAP 支持服务端搜索。IMAP 提供了一种机制，使客户端可以让服务器搜索多个信箱中符合条件的邮件，然后再读取这些邮件，而不是把所有的邮件下载到客户端后再进行搜索。这种方式可以减少网络中不必要的数据流量。

7. 良好的扩展机制

IMAP 还提供了一种良好的扩展机制。吸取早期 Internet 协议的经验，IMAP 为其扩展功能定义了一种明确的机制，使得协议扩展起来非常方便。目前，很多对原始协议的扩展都已经成为标准，并得到了广泛的使用。

8. 支持密文传输

IMAP 本身还直接定义了密文传输机制。由于加密机制需要客户端和服务器相互配合才能完成，所以 IMAP 保留了明文密码传输机制，以便不同类型的客户端和服务器能进行邮件传输。另外，使用 SSL 也可以对 IMAP 的通信进行加密。

常见的 IMAP 命令如表 16-4 所示。

表 16-4　常见的IMAP命令

命　令　名	功　　能
CREATE	创建一个新邮箱，信箱名称通常是带路径的目录名
DELETE	删除指定名称的信箱，信箱名称通常是带路径的目录全名，信箱删除后，其中的邮件也不再存在
RENAME	修改信箱的名称，信箱名称通常是带路径的目录全名
LIST	列出信箱内容
APPEND	使客户端可以上传一个邮件到指定的信箱
SELECT	让客户端选定某个信箱，表示以后的操作默认是针对该信箱的
FETCH	读取邮件的文本信息，仅用于显示目的
STORE	修改邮件的属性，包括给邮件打上已读标记或删除标记等
CLOSE	表示客户端结束对当前信箱的访问并关闭邮箱，该信箱中所有标为DELETED的邮件将被彻底删除
EXPUNGE	在不关闭信箱的前提下删除所有标为DELETED的邮件
EXAMINE	以只读方式打开信箱
SUBSCRIBE	在客户机的活动邮箱列表中添加一个新信箱
UNSUBSCRIBE	在客户机的活动邮箱列表中去除一个信箱
LSUB	与LIST命令相似，但LSUB命令只列出那些由SUBSCRIBE命令设置的活动信箱
STATUS	查询信箱的当前状态
CHECK	在信箱上设置一个检查点
SEARCH	根据指定的条件在处于活动状态的信箱中搜索邮件，然后加以显示
COPY	把邮件从一个信箱中复制到另一个信箱中
UID	与FETCH、COPY、STORE或者SEARCH命令一起使用，代替信箱中邮件的顺序号
CAPABILITY	请求返回IMAP服务器支持的命令列表

续表

命　令　名	功　　　能
NOOP	空操作，防止因长时间处于不活动状态而导致TCP连接被中断，服务器对该命令的应答始终为肯定
LOGOUT	当前登录用户退出登录并关闭所有已打开的邮箱，任何标为DELETED的邮件都将被删除

关于 IMAP 命令具体的使用方法请参考相关资料，这里不再详述。

📓说明：IMAP 邮件工作方式适用于有大量邮件处理需求的用户。

16.2　Postfix 邮件系统

在 Linux 平台中，有许多邮件服务器可供选择。目前使用较多的是 Sendmail 服务器、Postfix 服务器和 Qmail 服务器等。Postfix 在快速、易于管理和提供尽可能高的安全性等方面都进行了较好的考虑，同时与历史悠久的 Sendmail 邮件服务器保持了较好的兼容性，因此是架设 Linux 平台下的邮件服务器的较好选择。本节将介绍 Postfix 邮件服务器的特点、系统结构、安装和运行等内容。

16.2.1　Postfix 概述

Postfix 是一个由 IBM 资助、由 Wietse Venema 负责开发的自由软件工程产物，它的目的就是为用户提供除 Sendmail 之外的邮件服务器的选择。Postfix 基于半驻留、互操作进程的体系结构，每个进程完成特定的任务，没有任何特定的进程衍生关系，使整个系统进程得到了很好的保护。可靠性、安全性、高效率、灵活性、容易使用、兼容于 Sendmail，是 Postfix 的设计目标。

软件的可靠性需要在恶劣的运行环境下才能体现出来。例如，内存或硬盘空间耗尽、受到攻击时，此时软件是否还能正常运行或者会不会出错，是衡量软件是否可靠的重要标志。Postfix 软件设计时充分考虑到运行过程中可能出现的种种状况，能够事先侦测出不良状况，让系统有机会恢复正常，或者采取各种预防措施，以稳定、可靠的方式应变。

Postfix 软件设计时，设置了多层保护措施来抵御可能的攻击者。"最低权限"这个安全理念在整个 Postfix 系统中都得到了很好的贯彻，每一个可以独立出来的功能，都分别写在了不同的模块里，并以最低的权限在专门的进程上下文环境中独立运行。权限较高的进程，决不会信任没有特权的进程。管理员可以把非必要的模块移出系统或停用，以此提高系统的安全性，同时还可以减少维护管理的工作量。

效率是 Postfix 设计时提倡的中心理念之一，除了极力提高自身的运行效率以外，Postfix 还尽可能地少占用系统资源，以确保它的运行不会影响其他系统的运行效率。例如：进程只在需要的时候创建，不需要时马上关闭；尽量减少处理信息时访问文件系统的次数等。

Postfix 采用非常灵活的模块结构，整个系统其实是由多个不同程序与子系统构成的。每个组件的运行状态都可以通过配置文件进行个别调整，用户可以根据需要使用其中的部分模块。另外，由于一个实际的邮件系统还需要其他软件的支持，所以 Postfix 还提供了各种接口以便能和其他系统方便地集成。

相对其他邮件系统，特别是 Sendmail 邮件系统，Postfix 的架设与管理要容易得多，它使用易读的配置文件与简单的查询表来管理转换地址、传递邮件等功能。另外，考虑到用户的习惯，Postfix 最大程度地保持了与 Sendmail 的兼容，可以轻易替换系统上原有的 Sendmail 邮件系统，不会破坏原本依赖于 Sendmail 的任何应用程序。

16.2.2 Postfix 邮件系统结构

Postfix 由十几个具有不同功能的半驻留进程组成，某个特定的进程可以为其他进程提供特定的服务。为了安全起见，这些进程之间并不存在特定的父进程和子进程关系。另外，Postfix 还有 4 种不同的邮件队列，由队列管理进程统一进行管理。

1. 邮件接收流程

当邮件信息进入 Postfix 邮件系统时，第一站是先到 incoming 队列。图 16-6 显示了新邮件进入 incoming 队列的主要过程，来自网络的邮件由 smtpd 和 qmqpd 进程接收进入 Postfix 服务器。这两个进程去除了邮件的 SMTP 或 QMQP 的封装，并对邮件进行初步的安全检查，以保护 Postfix 系统，然后把发件人、收件人和消息内容传送给 cleanup 进程。通过配置，可以使 smtpd 进程按照规则拒绝不想要的邮件。

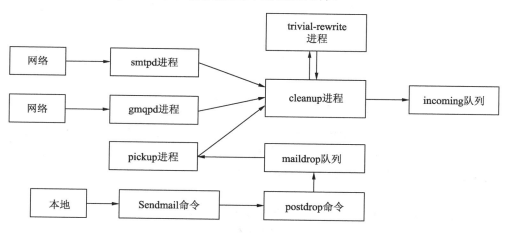

图 16-6　Postfix 接收邮件的流程

Postfix 提供了与 Sendmail 兼容的命令，用于接收本地提交的邮件，并通过 postdrop 命令转送给 maildrop 队列。即使 Postfix 邮件系统没有运行，这部分工作也照样进行。本地的 pickup 进程从 maildrop 队列读取邮件消息，经过初步的安全检查后，把发件人、收件人和消息内容传送给 cleanup 进程。

来自内部的邮件消息直接传送给 cleanup 进程，内部邮件来源包括由 local 分发代理转发的邮件、由 bounce 进程退回的邮件，以及分发给邮件管理员有关 Postfix 系统问题的通知，这些邮件来源未在图 16-6 中展示出来。

邮件进入 incoming 队列前，cleanup 进程要对这些邮件进行最终的处理，包括加上丢失的 From 等信息头、转换邮件地址等。可以把 cleanup 进程配置成根据正则表达式只对邮件做轻量级的内容检查。最后，cleanup 把处理后的邮件作为单个文件放入 incoming 队列，并把新邮件的到达消息通知给该队列的管理进程。

trivial-rewrite 进程把邮件地址改写成标准的"用户名@完全域名"形式，当前的 Postfix 并没有实现有关改写的语言。如果需要，可以利用正则表达式和查询表来实现。以上是邮件接收的流程，下面再看一下邮件发送的流程。

2．邮件发送流程

Postfix 发送邮件的流程如图 16-7 所示。队列管理进程 qmgr 是 Postfix 邮件系统的核心，它与 smtp、lmtp、local、virtual、pipe、discard 和 error 等邮件分发代理进程进行联系，要求它们根据收件人地址进行分发。discard 和 error 进程用于丢弃或退回邮件，在图 16-7 中未显示。

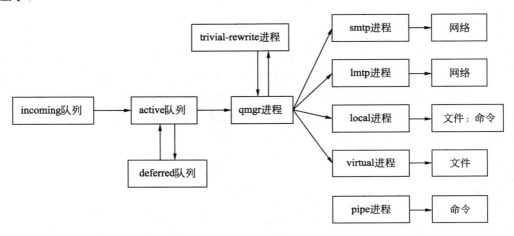

图 16-7 　 Postfix 发送邮件的流程

qmgr 进程还要维持一个相对较小的 active 队列，这个队列保存了正在进行发送处理的邮件。还有一个队列是 deferred，它保存着暂时不能分发的邮件，以便 Postfix 能够空出时间把能发的邮件先发掉，从而提高整体运行速度。暂时不能分发的邮件以后还要根据一定的策略进行重发。

trivial-rewrite 进程可以依照所定义的当地或远程地址类分析每个收件人的地址信息，还可以根据传输表加上相关的路由信息，还能查询 relocated 表以确定收件人地址发生变化的邮件，这样的邮件会退回给发件人并附上一个解释。

smtp 进程能根据目的主机寻找一个邮件接收服务器的列表，并按照一定的规则进行排序，再逐一与这些邮件服务器连接尝试，直到得到响应。然后把发件人、收件人和邮件内容通过 SMTP 封装起来，包括把 8 位的 MIME 编码转换为 7 位。

lmtp 进程的功能与 smtp 进程基本上一样，但采用的协议是 LMTP。LMTP 也称为本地邮件传输协议，它是 SMTP 的优化版本，用于 Cyrus 等邮件服务器。它的优点是一台 Postfix 服务器可以同时发送邮件给其他邮件服务器。反过来也一样，一台 Postfix 服务器可以同时接收其他邮件服务器发送过来的邮件。

local 邮件分发代理进程能够理解各种各样的邮件格式，并对这些邮件进行分发。多个

local 进程可以同时运行，但给同一用户的同时分发数量是有限制的。local 进程能够进行各种形式的分发，通过配置，可以把邮件分发到用户的信箱里，也可以分发给 procmail 等外部的邮件客户端上，或者也可以分发给其他的 Postfix 分发代理进程。

　　virtual 分发代理只能分发到 UNIX 类的邮箱或 qmail 类的邮件目录。它可以为各个子域分发邮件，因此特别适合在一台主机上有许多小型子域的场景中应用。pipe 邮递进程提供了与其他邮件系统的外部接口，这个接口是 UNIX 兼容的，它通过管道给其他命令提供邮件内容并得到返回码。

3．其他进程

　　除了图 16-6 和图 16-7 所示的进程外，Postfix 邮件还可能运行着其他进程，这些进程有的提供了对邮件的额外检查功能，有的提供了附加的功能，还有一些提供了 Postfix 命令的接口。其中，最重要的一个进程是 master 进程，它监控着整个邮件系统中的其他进程的工作，以 root 用户身份运行。master 进程在运行 postfix start 命令时启动，一直到整个系统退出时结束。

📑说明：postfix 进程都是 master 进程启动的，它们都以 postfix 用户身份运行。

16.2.3　Postfix 服务器软件的安装与运行

　　在 RHEL 9 发行版中提供了 Postfix 服务器软件的 RPM 包，可以通过 YUM 源安装 RPM 包。如果用户想要安装源码包，需要通过 Internet 下载。为了能够使用更加灵活的安装方式，建议直接从 http://www.postfix.org/download.html 下载源代码进行安装，目前最新的稳定版本是 Postfix 3.7.4 版，文件名是 postfix-3.7.4.tar.gz。下载完成后，通过以下命令进行解压：

```
# tar -zxvf postfix-3.7.4.tar.gz
```

　　解压完成后，出现 postfix-3.7.4 目录，所有的源代码文件都在该目录中。为了使 Postfix 的安装和运行能顺利进行，先用以下命令创建所需的用户与用户组。

```
# groupadd -g 1200 postdrop              //添加用户组 postdrop
# groupadd -g 1201 postfix               //添加用户组 postfix
//添加用户 postfix
# useradd -M -u 1200 -g postfix -G postdrop -s /sbin/nologin postfix
```

Postfix 依赖软件包 libdb-devel，因此在安装之前需要先安装依赖包。

```
# dnf install libdb-devel
```

　　为了实现与其他系统集成等目的，可以通过"make -f Makefile.init makefiles ……"形式指定很多的编译选项。在 Postfix 新版本中，需要指定-DNO_NIS 参数，避免访问 BLFS 中不存在的 rpcsvc 标头。执行命令如下：

```
# make -f Makefile.init makefiles CCARGS="-DNO_NIS"
```

　　接下来，编译并安装 Postfix 软件包，命令如下：

```
# make                      # 编译 Postfix 软件包
# make install              # 安装 Postfix 软件包
```

make install 命令将调用执行名为 postfix-install 的脚本文件，这个文件要完成大部分的安装工作。在安装过程中，先要指定很多的目的安装目录，具体如下：

```
install_root: [/]
tempdir: [/root/postfix-3.7.4]
config_directory: [/etc/postfix]
command_directory: [/usr/sbin]
daemon_directory: [/usr/libexec/postfix]
data_directory: [/var/lib/postfix]
html_directory: [no]
mail_owner: [postfix]
mailq_path: [/usr/bin/mailq]
manpage_directory: [/usr/local/man]
newaliases_path: [/usr/bin/newaliases]
queue_directory: [/var/spool/postfix]
readme_directory: [no]
sendmail_path: [/usr/sbin/sendmail]
setgid_group: [postdrop]
shlib_directory: [no]
meta_directory: [/etc/postfix]
```

每一个目的安装目录均有一个默认值，可以根据需要进行改变。为了简单起见，所有的目录先使用默认值。安装完成后，可以输入以下命令启动相关进程。

```
# /usr/sbin/postfix start
```

🔔**注意**：如果 sendmail 进程还在系统中运行，需要先将其中止，否则 Postfix 将无法运行。

上述命令执行完成后，可以用以下命令查看相关的进程。

```
# ps -eaf|grep postfix
root     59887    2178   0 17:19 ?      00:00:00 /usr/libexec/postfix/master -w
postfix  59888   59887   0 17:19 ?      00:00:00 pickup -l -t unix -u
postfix  59889   59887   0 17:19 ?      00:00:00 qmgr -l -t unix -u
root     60431   41059   0 17:20 pts/0  00:00:00 grep --color=auto postfix
```

可以看到，初始时 Postfix 启动了 3 个进程。其中，主进程 master 是以 root 用户身份运行的，其他两个进程由 postfix 用户身份运行。再查看一下 25 号端口是否已处于监听状态。

```
# netstat -anp | grep :25
tcp      0      0 0.0.0.0:25          0.0.0.0:*          LISTEN     6597/master
```

可以看到，master 进程在监听 25 号端口。该端口是邮件服务器之间传送邮件时默认的端口，也是客户端发送邮件时与服务器进行连接的默认端口。另一个与客户端连接的 110 端口需要通过其他软件进行监听。为了使 Postfix 服务器能够接受远程客户机的连接，还需要开放防火墙的相应端口。

```
# firewall-cmd --zone=public --add-port=25/tcp --permanent
# firewall-cmd --reload
```

以上步骤完成后，虽然客户端已经可以通过 25 号端口与 Postfix 服务器进行连接，但是此时 Postfix 还不具备基本的收发邮件功能，需要修改初始配置才能达到收发邮件的目的。

16.3　Postfix 服务器的配置

Postfix 服务器的配置相当复杂，而且涉及很多邮件系统以外的知识，如操作系统的用户认证、用户特权、数据库文件和 DNS 配置等。本节先从能实现基本功能的最简单配置着手，然后讲述邮件接收域、SMTP 认证等内容。

16.3.1　Postfix 服务器的基本配置

Postfix 系统安装完成后，所有的配置文件均存放在/etc/postfix 目录下，其中的 main.cf 是主配置文件。初始的 main.cf 配置内容已经可以让 Postfix 系统正常运行了，但是还没有指定一些必备的配置，因此还不能正常地收发邮件。为了使 Postfix 具有初步的邮件收发功能，需要了解并配置以下选项。

myhostname 和 mydomain 选项决定 Postfix 本身的主机名和域名，它们是配置文件中最基础的配置，很多配置选项需要用到这两项配置，它们以 FQDN 表示。通常情况下，主机名是在域名的基础上再增加一项。例如，当域名是 abc.cn 时，主机名可以是 mail.abc.cn。

myorigin 选项向收件人标示本地提交的邮件的来源，默认是 $myhostname（即 myhostname 选项的值）。这对于一个小系统是合适的，如果这台邮件服务器掌管着由多台机器组成的域，应该改成 mydomain 的值，或者建立一个在整个域范围内使用的别名数据库。

mydestination 选项指定发往哪些域的邮件将会分发给本地用户，即确定哪些域为本地域。发往这些域的邮件将被传送给 local_transport 选项指定的分发代理，再由这个分发代理根据/etc/passwd 或/etc/aliases 等文件寻找收件人。默认情况下，该选项的值是$myhostname 和 localhost.$mydomain。

默认情况下，Postfix 将转发从授权网络范围内的客户机到任何目的地的邮件。授权网络范围可以由 mynetworks_style 选项指定，默认值是 subnet，表示与 Postfix 服务器在同一个子网内的计算机。但可以指定其他值，也可以由 mynetworks 选项指定具体的主机和子网等。

对于授权范围以外的客户机来说，默认情况下，Postfix 仅仅转发给授权的目的邮件服务器发送的邮件。目的邮件服务器由relay_domains 配置选项指定，其默认值是mydestination 选项列出的邮件服务器。

上面介绍了 main.cf 配置文件中的基本选项，配置了这些选项后，再运行 Postfix 时，就具备了初步的邮件收发功能。下面看一个这些选项的配置例子。

```
inet_interfaces=10.10.1.29,127.0.0.1#设置 Postfix 服务监听的 IP 地址，默认为 all
myhostname = mail.wzvtc.edu
mydomain = wzvtc.edu

# 本地发送邮件时，发件人的主机设为 mail.wzvtc.edu
myorigin = $myhostname

# 发往 mail.wzvtc.edu、localhost.wzvtc.edu 和 localhost 的邮件被认为是发给本地域
mydestination = $myhostname, localhost.$mydomain, localhost

mynetworks_style = subnet              # 授权网络范围是 Postfix 服务器主机所在的子网

# 授权网络范围外的客户机利用 Postfix 转发邮件时，其目的主机只能是 mydestination 指定
# 的域及 163.com 域
relay_domains =$mydestination,163.com
# 设置邮件存储位置和格式
home_mailbox = Maildir/
...
```

以上配置内容表示 Postfix 服务器本身的域名是 wzvtc.edu，主机名是 mail.wzvtc.edu。在实际应用中，域名 wzvtc.edu 需要经过注册，使 mail.wzvtc.edu 与 Postfix 服务所在的主机 IP 地址建立对应关系，才能正常地在 Internet 上收发邮件。为了学习的目的，可以通过本地 DNS 对 mail.wzvtc.edu 进行域名解析，或者直接在/etc/hosts 文件中加入以下一行：

```
10.10.1.29    mail.wzvtc.edu
```

10.10.1.29 是此处 Postfix 服务器所在的主机 IP，以后如果需要其他客户机中对 mail.wzvtc.edu 进行解析，应该在那台客户机的 hosts 文件中加入以上一行。main.cf 文件中其余的配置内容保持不变，与初始内容一致。然后再通过以下命令重启 Postfix 服务器。

```
# postfix stop
# postfix start
```

为了测试配置效果，先从授权网络以外的客户机通过 25 号端口与 Postfix 服务器建立连接，再通过 SMTP 命令发送邮件。所发的邮件有两种，一种是发给其他域的用户，还有一种是发给本域用户。下面看一下命令的执行过程（数字开头的行是服务器的回应）。

```
C:>telnet 10.10.1.29 25              //与 Postfix 服务器的 25 号端口进行连接
220 mail.wzvtc.edu ESMTP Postfix
EHLO 192.168.1.146                   //告诉服务器本机的 IP 地址
250-mail.wzvtc.edu
250-PIPELINING
250-SIZE 10240000
250-VRFY
250-ETRN
250-ENHANCEDSTATUSCODES
250-8BITMIME
250 DSN
250 CHUNKING
MAIL FROM:test@mail.wzvtc.edu        //设置邮件的发送者地址
250 2.1.0 Ok
RCPT TO:<ltf@wzvtc.cn>               //设置邮件的接收者地址为 wzvtc.cn
554 5.7.1 <ltf@wzvtc.cn>: Relay access denied
//由于 wzvtc.cn 没在$relay_domains 内定义，所以被拒绝
RCPT TO:<lintf0610@163.com>
//设置邮件的接收者地址，163.com 已经由$relay_domains 定义
250 2.1.5 Ok                         //因此 Postfix 服务器可以中继转发接收这个邮件
DATA                                 //要求输入邮件正文
354 End data with <CR><LF>.<CR><LF>
testing                              //邮件正文内容
.                                    //邮件正文内容输入结束
250 2.0.0 Ok: queued as DAF3E855EDC
//Postfix 接收这个邮件到 incoming 队列，编号为 DAF3E855EDC
RCPT TO:<abc@mail.wzvtc.edu>         //再发一封邮件给 mail.wzvtc.edu，这个是本地域
250 2.1.5 Ok
DATA
354 End data with <CR><LF>.<CR><LF>
test                                 //邮件正文内容
.                                    //邮件正文内容输入结束
250 2.0.0 Ok: queued as B8BCD855EDC
//Postfix 接收这个邮件到 incoming 队列，编号为 B8BCD855EDC
quit                                 //退出与 Postfix 服务器的连接
221 2.0.0 Bye
```

以上测试完成后，可以检查一下 lintf0610@163.com 和 abc@mail.wzvtc.edu 两个收件人

是否已收到邮件。事实上，lintf0610@163.com 邮箱是收不到以上命令所发的邮件的，因为此处的 wzvtc.edu 并不是真实的 Intenet 上的域名，163.com 域的邮件服务器拒绝接收不真实域名的邮件服务器所转发的邮件。因此，这个邮件将留在队列中，不断地进行转发重试。这可以在 Postfix 服务器上通过 mailq 命令看到：

```
# mailq
-Queue ID- --Size-- ----Arrival Time---- -Sender/Recipient-------
DAF3E855EDC*    376 Thu Mar 23 05:28:44  test@wzvtc.edu
                                    lintf0610@163.com

-- 0 Kbytes in 1 Request.
```

mailq 命令用于显示队列中尚未发出的邮件列表。由以上显示可以看出，发给 lintf0610@163.com 的邮件还留在队列中，而发给 abc@mail.wzvtc.edu 的邮件在队列中没有看到，因此已经成功地发送出去。下面再以 abc 用户登录到 Postfix 服务器上，查看一下刚才收到的邮件。

```
[root@localhost mnt]# telnet 10.10.1.29 110
Trying 10.10.1.29...
Connected to 10.10.1.29.
Escape character is '^]'.
+OK Dovecot ready.
user abc                        //以 abc 用户登录
+OK
pass 123456                     //登录密码为 "123456"
+OK Logged in.
list                            //查看邮件列表
+OK 1 messages:
1 483
.
retr 1                          //收取并查看第一封邮件的内容
+OK 483 octets
Return-Path: <test@mail.wzvtc.edu>
X-Original-To: abc@wzvtc.edu
Delivered-To: abc@wzvtc.edu
Received: from 10.10.1.253 (localhost [10.10.1.29])
by wzvtc.edu (Postfix) with SMTP id 2265A2D5143
for <abc@wzvtc.cn>; Fri, 24 Mar 2023 13:08:31 +0800 (CST)
Subject: A Test Mail
Message-Id: < 20230324133129.2265A2D5143 @abc@wzvtc.edu>
Date: Fri, 24 Mar 2023 13:08:31 +0800 (CST)
From: test@mail.wzvtc.edu
To: undisclosed-recipients:;

HELLO!
This is a test mail!
.
quit                            //断开连接并退出
+OK Logging out.
Connection closed by foreign host.
```

mail 是 UNIX 系统中的邮件客户端命令，其功能相当于 Windows 系统中的 Outlook 和 Foxmail 等邮件客户端。从以上内容中可以看到，abc 用户确实收到了刚才测试时发送的邮件。

📖 **注意：** 如果上面用 SMTP 命令发送邮件，发件人不是 test@mail.wzvtc.edu，而是 test，则 Postfix 系统处理时会自动加上 myorigin 配置指令所设的值，即变成 test@mail.wzvtc.edu。

当进行以上测试时,客户机与 Postfix 服务器不在同一个子网,即不在授权网络范围内,因此当给 relay_domains 指令没有指定的 wzvtc.cn 域发送邮件时,Postfix 服务器会拒绝转发。下面可以在授权网络范围内的客户机上进行同样的测试,即在客户机 10.10.1.253 上通过 SMTP 连接到 Postfix 服务器,再分别发送 3 个邮件给 ltf@wzvtc.cn、lintf0610@163.com 和 abc@mail.wzvtc.edu。可以看到,Postfix 服务器均能接受邮件的转发请求,但除本地域外,其他域的邮件能不能发送成功还要取决于对方邮件服务器的配置。具体的测试过程这里不再介绍,读者可以自行测试。

另外,上述测试过程中采用的是直接连接到 10.10.1.29,再通过 SMTP 发送邮件,此时,发给本地用户的邮件都可以成功发送。如果使用 Outlook 和 Foxmail 等邮件客户端进行发送测试,则发给本地用户 abc@mail.wzvtc.edu 的邮件是不能成功发送的。这不是 Postfix 的配置原因,而是因为 mail.wzvtc.edu 不是真正的注册域名,它跟 Postfix 服务器所在的主机 IP 地址 10.10.1.29 没有对应关系。因此,Outlook 和 Foxmail 等所联系的 SMTP 服务器(即发件人账号所在的服务器)无法通过收件人地址联系到 10.10.1.29 主机,因此无法发送。

在 RHEL 9 中,发给系统用户的邮件默认是存放在/var/spool/mail 目录下的,每个系统用户在该目录下都会有一个对应的信箱文件,里面存放了该用户收到的邮件。系统用户登录后,可以通过 mail 命令对自己的信箱进行管理。

16.3.2　Postfix 邮件接收域

一般情况下,Postfix 服务器只是一小部分邮件的最终目的地。这些邮件包括发往 Postfix 服务器所在主机的主机名和 IP 址的邮件,有时也包括发往主机名父域的邮件,这些域也称为规范域,在本地域地址类中进行定义。除了规范域外,Postfix 也可以配置成其他类型域的最终目的地,这些域和 Postfix 服务器的主机名没有直接联系,通常也称为托管域。托管域在虚拟别名域和虚拟邮箱域中定义。

此外,Postfix 还可以配置成其他域的后备邮件网关主机。在通常情况下,Postfix 并不是那些域的最终目的地,只有在那些域的主邮件服务器发生故障时才会临时接收邮件。在主邮件服务器恢复正常后,Postfix 再把这些邮件转发给主邮件服务器。这些域在中继域地址类中定义。最后,Postfix 也可以配置成一种邮件中转网关,为一些授权的用户提供邮件转发服务,这些用户在默认域地址类中定义。

Postfix 有多种形式的邮件账号,最简单的一种是把主机真正的域名加到配置文件的 mydestination 配置选项中,再在操作系统中创建用户账号。于是,user@domain 就成了用户的邮箱地址,这种形式也称为共享域。例如,在 main.cf 中加入以下一行:

```
mydestination = $myhostname localhost.$mydomain example.com
```

此时,Postfix 除了接收两个本地域外,还要接收托管域 example.com 的邮件。这种共享域的形式有两个缺点,一是本地域和托管域无法区分,即本地域和托管域如果存在同名账号,则会同时收到发给该账号的邮件。例如,发往 info@myhostname 的邮件同时也会发往 info@example.com。还有一个缺点就是操作系统要管理大量的账号。

为了解决共享域的第一个缺点,可以使用虚拟别名域。也就是把某些账号映射到操作系统账号上,再把这些账号归到虚拟别名域中。下面是一个虚拟别名域的例子。

```
01  /etc/postfix/main.cf:
02     virtual_alias_domains = example.com ...other hosted domains...
03     virtual_alias_maps = hash:/etc/postfix/virtual
04
05  /etc/postfix/virtual:
06     postmaster@example.com postmaster
07     info@example.com        joe
08     sales@example.com       jane
09     # Uncomment entry below to implement a catch-all address
10      # @example.com         jim
11     ...virtual aliases for more domains...
```

第 2 行的设置表示 example.com 是一个虚拟别名域。需要注意的是，此时不能把 example.com 列在 mydestination 选项中。第 3～8 行指明包含虚拟别名的文件位置，此时发给 postmaster@example.com 的邮件将会发给本地用户 postmaster，而发给 sales@example.com 的邮件将会发给本地用户 jane。如果发送的文件中没有列出的邮件账号，则会被拒绝发送。但是，当把第 9 行和第 10 行的注释去掉时，这些邮件都会发送给本地账号 jim，这会给垃圾邮件的接收创建条件。

虚拟别名域解决了共享域的第一个缺点，但是每个邮箱都需要一个 UNIX 系统账号。为了解决这个问题，可以采用虚拟邮箱域。此时，虚拟邮箱不需要从一个收件地址转换为另一个收件地址，邮箱的拥有者也不需要是系统用户。下面是一个虚拟邮箱的配置例子。

```
01  /etc/postfix/main.cf:
02     virtual_mailbox_domains = example.com ...more domains...
03     virtual_mailbox_base = /var/mail/vhosts
04     virtual_mailbox_maps = hash:/etc/postfix/vmailbox
05     virtual_minimum_uid = 100
06     virtual_uid_maps = static:5000
07     virtual_gid_maps = static:5000
08     virtual_alias_maps = hash:/etc/postfix/virtual
09
10  /etc/postfix/vmailbox:
11     info@example.com    example.com/info
12     sales@example.com   example.com/sales/
13     # Comment out the entry below to implement a catch-all.
14     # @example.com      example.com/catchall
15     ...virtual mailboxes for more domains...
16
17  /etc/postfix/virtual:
18     postmaster@example.com postmaster
```

第 2 行指定域 example.com 是虚拟邮箱域，此时，example.com 不能列在 main.cf 的 mydestination 和 virtual_alias_domains 配置选项中。

第 3 行为所有邮箱指定一个路径前缀，这样做可以防止因配置失误而造成邮件在整个文件系统中分发。

第 4 行和第 10～15 行指明邮箱路径的查询表，它以虚拟邮件账号地址为索引。在以上配置中，发往 info@example.com 的邮件将会保存在/var/mail/vhosts/example.com/info 邮箱文件中，而发往 sales@example.com 的邮件会保存在/var/mail/vhosts/example.com/sales/中。

第 5 行确定邮箱文件拥有者最小的 UID 是 100，这是一种安全机制，因为 UID 比较小的用户可能会有比较大的权限，因此，确定最小的 UID 可以减小因为失误对系统造成的损害。第 6 行和第 7 行指定邮箱文件拥有者的 UID，这里指定的是固定值 5000，表示所有账号的邮箱文件被同一个操作系统用户拥有。如果希望不同的邮箱文件由不同的用户拥有，需要建立一个以收件人地址为索引的查询表。

🔊注意：总的来说，Postfix 进程和用户对邮箱文件要有相应的权限才能正常工作。

如果去掉第 14 行的注释，表示所有发到 example.com 域的邮件如果没有用户接收，都将发到 catchall 邮箱里。第 8、17、18 行表示在虚拟邮箱域基础上建立的虚拟别名域，这里的配置表示把发给 example.com 域 postmaster 用户的邮件重定向给本地的 postmaster 用户，也可以用同样的方法重定向给远程地址。

另外，Postfix 还支持第三方软件对其收到的邮件进行分发，如 CYRUS、Courier maildrop等，此时需要对 main.cf 配置文件中的 virtual_transport 选项进行配置，以便和第三方软件进行集成并指定分发方式。配置的例子如下：

```
# 使用 UNIX 的套接口将邮件传输给第三方软件
virtual_transport = lmtp:unix:/path/name
virtual_transport = lmtp:hostname:port      # 使用 TCP 套接口传输给远程的第三方软件
virtual_transport = maildrop:               # 采用管道命令传输给第三方软件
```

LMTP 是一种与 SMTP 相似的邮件收发协议，它主要用于邮件在本地的分发。Postfix可以通过 LMTP 把邮件分发给同样也支持 LMTP 的第三方软件。

16.3.3　配置 SMTP 认证

一台功能完整的邮件服务器应该允许用户给任何地址发送邮件，16.3.1 小节所配置的Postfix 服务没有采用认证机制，任何客户机都可以通过 SMTP 与 Postfix 服务器进行连接，然后通过 RCPT 命令要求 Postfix 服务器转发邮件到收件人的邮件服务器上。这就意味着Internet 上的任何计算机，不需要账号就可以通过邮件服务器向任何信箱发送邮件。

🔊注意：这种工作方式给垃圾邮件的发送带来了很大的方便，不仅会浪费用户的时间，而且会大量占用网络带宽，造成网络资源的大量浪费。

为了解决这个问题，需要在 SMTP 服务器中使用身份认证机制。也就是说，只有通过了身份认证的用户才能请求 SMTP 服务器转发邮件到目的地。认证的账号一般与接收邮件的账号相同，按照配置，可以是操作系统用户也可以是虚拟用户，或者是保存在数据库中的用户账号。

目前，比较常用的 SMTP 认证机制是通过 Cyrus SASL 包来实现的。SASL 是 Simple Authentication and Security Layer 的缩写，它的主要功能是为应用程序提供认证函数库。Postfix 服务器可以调用这些函数库与邮件服务器主机进行沟通，从而提供认证功能。在RHEL 9 中，可以通过以下命令查看系统是否已经安装了 Cyrus SASL。

```
# rpm -qa | grep cyrus-sasl
```

如果还没有看到 cyrus-sasl 类似的包，可以通过 DNF 软件源安装，执行命令如下：

```
# dnf install cyrus-sasl cyrus-sasl-devel
```

安装完成后，主要产生的文件是/usr/sbin 目录中的 saslauthd，它提供了安全认证功能。为了使用/etc/passwd 文件认证系统用户，需要修改/etc/sysconfig/saslauthd 文件，把其中的

MECH=pam 改为 MECH=shadow，然后通过/usr/lib/systemd/system 目录下的 saslauthd.service 脚本文件启动 saslauthd 进程。也可以用以下命令直接启动：

```
# /usr/sbin/saslauthd -m /run/saslauthd -a shadow
# ps -eaf|grep sasl
root     12311     1  0 01:41 ?        00:00:00 /usr/sbin/saslauthd -m /run/
saslauthd -a shadow
root     12312 12311  0 01:41 ?        00:00:00 /usr/sbin/saslauthd -m /run/
saslauthd -a shadow
root     12313 12311  0 01:41 ?        00:00:00 /usr/sbin/saslauthd -m /run/
saslauthd -a shadow
root     12314 12311  0 01:41 ?        00:00:00 /usr/sbin/saslauthd -m /run/
saslauthd -a shadow
root     12315 12311  0 01:41 ?        00:00:00 /usr/sbin/saslauthd -m /run/
saslauthd -a shadow
root     12324  6840  0 01:41 pts/1    00:00:00 grep --color=auto sasl
#
```

可以看到，在默认情况下启动了 5 个 saslauthd 进程，命令中的-m 选项指定进程 ID 文件，-a 选项指定 shadow 为认证方式。为了检验 SASL 安全认证是否正常工作，可以输入以下命令进行测试：

```
# /usr/sbin/testsaslauthd -u root -p 123456
0: OK "Success."
#
```

文件/usr/sbin/testsaslauthd 也是 cyrus-sasl 包中的文件，用于检验某个账号是否可以通过 SASL 安全认证。其中，-u 选项指定用户名，-p 选项指定密码。从以上例子的结果提示中可以看出，root/123456 账号已经成功通过了认证。以上工作完成后，可以通过修改配置文件 main.cf 的以下配置使 Postfix 启用 SMTP 认证功能。

```
...
smtpd_sasl_auth_enable = yes
mynetworks = 127.0.0.1
smtpd_recipient_restrictions = permit_mynetworks,permit_sasl_authenticated,
reject_unauth_destination
broken_sasl_auth_clients=yes
smtpd_sasl_security_options = noanonymous
...
```

在以上配置中，smtpd_sasl_auth_enable 选项指定是否要启用 SASL 作为 SMTP 认证方式。默认不启用，因此需要将该选项的值设置为 yes，表示启用 SMTP 认证。smtpd_recipient_restrictions 表示通过收件人地址对客户端发来的邮件进行过滤，通常有以下几种限制规则。

❏ permit_mynetworks：只要邮件的收件人地址位于 mynetworks 参数指定的网段就可以被转发。

❏ permit_sasl_authenticated：允许转发通过了 SASL 认证的用户邮件。

❏ reject_unauth_destination：拒绝转发包含未授权的目的邮件服务器的邮件。

❏ mynetworks：可以通过本服务器外发邮件的网络地址或 IP 地址。这里设置为 127.0.0.1，是为了确保 Webmail 系统可以正常发送邮件。

❏ broken_sasl_auth_clients：是否接受非标准的 SMTP 认证。有一些 Microsoft 的 SMTP 客户端（如 Outlook Express 4.x）采用非标准的 SMTP 认证协议，需要将该参数设

置为 yes 才可以解决这类不兼容问题。

❑ smtpd_sasl_security_options：限制某些登录的方式，当将该选项值设置为 noanonymous 时，表示禁止采用匿名登录方式。

上述配置修改后，在重新启动进程前，还需要检查一下 Postfix 是否支持 SASL 认证，方法如下：

```
# postconf -a
cyrus
dovecot
#
```

postconf 命令用于输出 Postfix 服务器当前的配置状态，-a 表示输出当前支持的 SASL 认证类型。如上面输出所示，如果只输出 dovecot，而不包括 cyrus，则表明 CYRUS 的 SASL 认证还未被支持，此时还需要重新编译 Postfix 源代码。停止 Postfix 服务器进程，进入源代码目录，输入以下命令：

```
make -f Makefile.init makefiles 'CCARGS=-DNO_NIS -DUSE_SASL_AUTH -DUSE
_CYRUS_SASL -I/usr/include/sasl' 'AUXLIBS= -L/usr/lib/sasl2  -lsasl2 -lz
-lm'
make
make install
```

第一条 make 命令加入了很多编译选项，这些选项包含对 Cyrus SASL 的支持。make install 命令实际上是对原有 Postfix 文件的更新，步骤与 16.2.3 小节一样。安装完成后，当再执行 postconf -a 命令时，将会看到 cyrus 输出。

此外，Postfix 要使用 SMTP 认证时会读取/etc/sasl2/smtpd.conf 文件中的内容，以确定所采用的认证方式，因此，如果要使用 saslauthd 这个守护进程进行密码认证，就必须确保 /etc/sasl2/smtpd.conf 文件中的内容为：

```
pwcheck_method:saslauthd
```

所有的工作完成后，就可以重新启动 Postfix 了。此时，客户机与 Postfix 服务器正常连接后，输入 EHLO 命令，服务器的回应如下：

```
C:\>telnet 10.10.1.29 25
220 mail.wzvtc.edu ESMTP Postfix
ehlo 10.10.1.253
250-mail.wzvtc.edu
250-PIPELINING
250-SIZE 10240000
250-VRFY
250-ETRN
250-AUTH GSS-SPNEGO GSSAPI LOGIN PLAIN                      //支持认证
250-AUTH=GSS-SPNEGO GSSAPI LOGIN PLAIN                      //支持认证

250-ENHANCEDSTATUSCODES
250-8BITMIME
250 DSN
250 CHUNKING
```

可以发现，当客户端执行 EHLO 命令后，服务器的响应多了两行 AUTH，表明此时的 Postfix 已经支持 SMTP 认证。

16.4　Postfix 与其他软件的集成

16.3 节介绍了 Postfix 服务器的配置，但 Postfix 只是承担了邮件系统中的 MTA 功能。一个完整的邮件系统还需要其他功能，如 POP/IMAP 服务、Web 界面客户端、将邮件账号存储在数据库中，以及过滤垃圾邮件等。这些功能 Postfix 软件并不具备，需要与其他软件配合才能实现。本节将介绍这些第三方软件的安装、运行和配置方法。

16.4.1　使用 Dovecot 架设 POP3 和 IMAP 服务器

这里介绍一款能同时提供 POP3 和 IMAP 服务的 Dovecot 软件，它也是一种可以在 Linux 中运行的开源软件，其把安全作为主要的设计目标，而且速度快，占用内存小，配置简单，可以在各种场合中使用。可以使用下面的命令检查系统是否安装了 Dovecot 软件包。

```
# rpm -qa|grep dovecot
```

RHEL 9 默认没有安装 Dovecot 软件包，可以通过 DNF 软件源来安装，安装命令如下：

```
# dnf install dovecot
```

安装完成后，为了启用 Dovecot 服务，还需要对主配置文件/etc/dovecot/dovecot.conf 文件做一下修改。一般情况下不建议直接修改主配置文件，避免导致服务无法运行。Dovecot 的/etc/dovecot/conf.d 目录下是需要认证的相关配置文件。用户直接修改该目录中的文件配置即可。在主配置文件中包含以下一行内容：

```
!include conf.d/*.conf
```

表示包括/etc/dovecot/conf.d/目录下的所有后缀为.conf 的文件。这里需要修改 4 个配置文件，具体如下：

（1）编辑主配置文件/etc/dovecot/dovecot.conf 文件。在该文件的第 24 行中把 "#" 去掉再把 lmtp 去掉。

```
protocols = imap pop3              # 启用 IMAP 和 POP3 服务器
```

（2）编辑/etc/dovecot/conf.d/10-auth.conf 文件。在该文件的第 10 行中把 "#" 去掉，允许明文认证，将 yes 改为 no。

```
disable_plaintext_auto = no        # 允许明文密码认证
```

（3）编辑/etc/dovecot/conf.d/10-mail.conf 文件。在该文件的第 24 行中把 "#" 去掉，设置邮件存储格式及位置。

```
mail_location = maildir:~/Maildir
```

（4）编辑/etc/dovecot/conf.d/10-ssl.conf 文件。在该文件的第 8 行中将参数 ssl 的值修改为 no，表示禁用 SSL 安全连接。

```
ssl = no
```

这些配置指令在初始配置文件中均已经存在，只是原来是被注释掉了，现在把注释去掉即可。接下来，通过以下命令启动 Dovecot 服务并进行检验。

```
# systemctl start dovecot.service
# ps -eaf|grep dovecot
root     101439       1  0  12:16 ?          00:00:00 /usr/sbin/dovecot -F
dovecot 101442 101439  0  12:16 ?          00:00:00 dovecot/anvil
root     101443 101439  0  12:16 ?          00:00:00 dovecot/log
root     101444 101439  0  12:16 ?          00:00:00 dovecot/config
root     101451  17028  0  12:16 pts/0      00:00:00 grep --color=auto
dovecot
```

可以看到，Dovecot 服务包含 3 个 root 用户运行的进程，以及 1 个 Dovecot 用户运行的进程。Dovecot 用户是在安装 Dovecot 软件包时自动创建的。

下面再看一下 POP3 服务和 IMAP 服务相应的默认端口号是否处于监听状态。

```
# netstat -anp|grep :110
tcp    0    0 0.0.0.0:110    0.0.0.0:*    LISTEN    101439/dovecot
tcp6   0    0 :::110         :::*         LISTEN    101439/dovecot

# netstat -anp|grep :143
tcp    0    0 0.0.0.0:143    0.0.0.0:*    LISTEN    101439/dovecot
tcp6   0    0 :::143         :::*         LISTEN    101439/dovecot
```

可见，110 端口和 143 端口均已由 dovecot 进程进行监听。为了向远程用户提供服务，如果主机有防火墙，还要用以下命令开放这两个端口。

```
# firewall-cmd --zone=public --add-port=110/tcp --permanent
# firewall-cmd --zone=public --add-port=143/tcp --permanent
# firewall-cmd --reload
```

可以通过远程客户机连接 Dovecot 服务器主机，再通过命令测试 Dovecot 服务是否正常运行。下面分别看一下 POP3 和 IMAP 服务器的测试过程。首先查看 POP3 服务器的测试过程。

```
# telnet 192.168.164.140 110              # 连接到 POP3 服务器
Trying 192.168.164.140...
Connected to 192.168.164.140.
Escape character is '^]'.
+OK Dovecot ready.
user abc                                   # 用账户 abc 登录
+OK
pass 123456                                # 登录密码为 "123456"
+OK Logged in.
list                                       # 查看邮件列表
+OK 1 messages:
1 443
.
retr 1                                     # 收取并查看第一封邮件的内容
+OK 443 octets
Return-Path: <ltf@wzvtc.cn>
X-Original-To: abc@wzvtc.edu
Delivered-To: abc@wzvtc.edu
Received: from localhost (mail.wzvtc.edu [192.168.164.140])
by mail.wzvtc.edu (Postfix) with SMTP id 2265A2D5143
for <abc@wzvtc.edu>; Fri, 24 Mar 2023 21:31:21 +0800 (CST)
Subject:A Test Mail
Message-Id: <20230324133129.2265A2D5143@mail.wzvtc.edu>
Date: Fri, 24 Mar 2023 21:31:21 +0800 (CST)
From: ltf@wzvtc.cn
HELLO!
This is a test mail!
quit
+OK Logging out.
Connection closed by foreign host.
```

接下来查看 IMAP 服务器测试过程。

```
# telnet 192.168.164.140 143              # 连接到 IMAP 服务器
Trying 192.168.164.140...
Connected to 192.168.164.140.
Escape character is '^]'.
* OK [CAPABILITY IMAP4rev1 SASL-IR LOGIN-REFERRALS ID ENABLE IDLE LITERAL+
AUTH=PLAIN] Dovecot ready.                # 提示连接成功
A LOGIN abc 123456                        # 通过用户账号 abc/123456 进行登录
A OK [CAPABILITY IMAP4rev1 SASL-IR LOGIN-REFERRALS ID ENABLE IDLE SORT
SORT=DISPLAY THREAD=REFERENCES THREAD=REFS THREAD=ORDEREDSUBJECT
MULTIAPPEND URL-PARTIAL CATENATE UNSELECT CHILDREN NAMESPACE UIDPLUS
LIST-EXTENDED I18NLEVEL=1 CONDSTORE QRESYNC ESEARCH ESORT SEARCHRES WITHIN
CONTEXT=SEARCH LIST-STATUS BINARY MOVE SNIPPET=FUZZY PREVIEW=FUZZY PREVIEW
STATUS=SIZE SAVEDATE LITERAL+ NOTIFY SPECIAL-USE] Logged in    # 登录成功
A SELECT INBOX                            # 选择 INBOX 信箱
* FLAGS (\Answered \Flagged \Deleted \Seen \Draft)
* OK [PERMANENTFLAGS (\Answered \Flagged \Deleted \Seen \Draft \*)] Flags
permitted.
* 1 EXISTS
* 0 RECENT
* OK [UIDVALIDITY 1679665077] UIDs valid
* OK [UIDNEXT 2] Predicted next UID
A OK [READ-WRITE] Select completed (0.002 + 0.000 + 0.001 secs).
A FETCH 1 body[header]                    # 提取第一封邮件的内容
* 1 FETCH (BODY[HEADER] {407}
Return-Path: <ltf@wzvtc.cn>
X-Original-To: abc@wzvtc.edu
Delivered-To: abc@wzvtc.edu
Received: from localhost (mail. wzvtc.edu [192.168.164.140])
    by mail.wzvtc.edu (Postfix) with SMTP id 2265A2D5143
    for <abc@wzvtc.edu >; Fri, 24 Mar 2023 21:31:21 +0800 (CST)
Subject:A Test Mail
Message-Id: <20230324133129.2265A2D5143@mail.wzvtc.edu >
Date: Fri, 24 Mar 2023 21:31:21 +0800 (CST)
From: ltf@wzvtc.cn

)
A OK Fetch completed (0.001 + 0.000 secs).
A LOGOUT                                  # 退出
* BYE Logging out
A OK Logout completed (0.001 + 0.000 secs).
Connection closed by foreign host.
```

也可以在 Foxmail 中进行测试，此时在配置邮件账户时，需要在如图 16-8 所示的设置对话框中选择接收邮件的服务器是 IMAP 服务器，而不是默认的 POP3 服务器。

图 16-8　在 Foxmail 中设置 IMAP 账号

在配置 Dovecot 与 Postfix 集成服务时，最重要的是认证方式和邮箱位置的配置。在 Dovecot 的配置文件/etc/dovecot/dovecot.conf 和/etc/dovecot/conf.d/*.conf 中均提供了所有配置选项的例子，并有详细的解释，使用者可以根据需要去掉注释，再做少量修改即可。

16.4.2　使用 MariaDB 存储邮件账号

除了可以使用操作系统账号作为邮件账号以外，Postfix 还可以使用其他形式存储邮件账号。一种是 DBM 或 Berkeley DB 格式的本地文件，还有一种是利用网络数据库。其中，使用网络数据库可以拥有更多、更方便的账号管理方法，也可以很方便地与其他软件集成。下面讲述如何使用 MariaDB 数据库来存储 Postfix 邮件账号。

为了使用 MariaDB 数据库存储邮件账号，先要理解 Postfix 的查询表。Postfix 的查询表用于存储和查找各种信息的媒介，所有的查询表都以 type:table 的形式表示。其中，type 是某种数据库的类型，包括 Hash、LDAP、MySQL、NIS、TCP 等，而 table 表示查询表的名称，在 Postfix 中有时也称为数据库。下面是在 main.cf 中定义查询表的例子。

```
alias_maps = hash:/etc/postfix/aliases                  # 本地别名查询表
header_checks = regexp:/etc/postfix/header_checks       # 内容过滤查询表
transport_maps = hash:/etc/postfix/transport            # 路由查询表
virtual_alias_maps = hash:/etc/postfix/virtual          # 地址重写查询表
```

以上配置为各种配置选项指定了一个查询表，Postfix 执行这些配置选项指定的功能时，将从相应的查询表中根据索引键查找指定的值。这种机制实际上用简单的接口实现了复杂的系统集成功能，给用户带来了极大的便利。另外，在配置 Postfix 时，可以先使用简单的 Berkeley DB 等本地文件作为查询表，成功后再移植到复杂的 MariaDB 等数据库系统中，此时，Postfix 的配置几乎不需要改变。

🖙说明：可以把固定的查询表建立在本地文件中，把频繁变化的查询表建立在数据库系统中，这样可以提高系统性能，方便管理。

Postfix 的查询表可以使用 MariaDB 类型，这样就可以把虚拟账号、访问控制信息和别名等存储在 MariaDB 数据库中。还可以把这些表保存在多个 MariaDB 数据库中，当一个数据库出现故障时，能马上切换到另一个数据库，以提高系统的可靠性。当 Postfix 服务器非常繁忙时，可能会产生很多并发的 MariaDB 客户连接。因此，当使用 MariaDB 作为 Postfix 的查询表时，要充分考虑到这种情况。如果可能，应该使用 Postfix 的 proxymap 服务来降低并发连接数。

为了使 Postfix 支持 MariaDB 数据库，需要在编译时加入相应的编译选项，同时还需要 MariaDB 客户端库文件的支持。当编译 Postfix 时，除了要指出这些 MariaDB 库和头文件的位置外，还要加入-DHAS_MYSQL 选项，具体命令如下：

```
# make -f Makefile.init makefiles CCARGS="-DNO_NIS -DHAS_MYSQL -I/usr/
include/mysql"    AUXLIBS="-L/usr/lib64/mariadb -lmariadb -lpthread -lz
-lm -ldl"
# make
# make install
```

按以上编译选项重建 Postfix 后，就可以支持 MariaDB 数据库了，具体方法是在 main.cf

配置文件中加入类似以下的内容。

```
alias_maps = mysql:/etc/postfix/mysql-aliases.cf
```

以上配置指定了一个本地别名的 MariaDB 类型的查询表。文件/etc/postfix/mysql-aliases.cf 包含很多关于怎样访问 MariaDB 数据库的信息，下面是这个文件的基本内容。

```
# 下面是登录到 MySQL 数据库的用户名和密码
user = someone
password = some_password

# 确定使用 MySQL 的哪一个数据库
dbname = customer_database

# SQL 查询语句的模板
# 语句中的%s 表示 Postfix 引用查询表时的索引键
query = SELECT forw_addr FROM mxaliases WHERE alias='%s' AND status='paid'

# 如果使用 Postfix2.2 以前的版本，则以上的 SQL 语句要用下面这种形式
select_field = forw_addr
table = mxaliases
where_field = alias
# Don't forget the leading "AND"!
additional_conditions = AND status = 'paid'
```

以上只是 MariaDB 数据库接口文件的基本内容。根据需要，可以配置成使用多个 MariaDB 数据库查询表，也可以使同一个查询表位于多个数据库内，当一个数据库出现故障时，可以使用另一个数据库，以提高系统的可靠性。

16.4.3　使用 SquirreLMail 构建 Web 界面的邮件客户端

除了用 Outlook 和 Foxmail 等邮件客户端收发电子邮件外，还有一种流行的方式是使用 Web 界面的邮件客户端。它的优点是客户机上只需要有浏览器即可，不需要安装其他软件。为了能让用户使用 Web 界面的客户端，首先需要架设 Web 服务器，然后还需要采用 Web 语言编写一组 Web 程序，这组 Web 程序与邮件服务器进行交互，帮助用户使用 Web 页面的方式收发邮件。

可以使 Postfix 服务器和 Web 服务器进行对接的接口程序有很多种，其中的 SquirreLMail 软件包具有功能强大、配置灵活和开源等特点。下面就以 SquirreLMail 为例介绍 Web 界面邮件客户端的安装、使用和配置方法（该软件的源码包可以通过 http://www.squirrelmail.org 网站下载，名称为 squirrelmail-20230325_0200-SVN.devel.tar.gz）。

```
# tar zxvf squirrelmail-20230325_0200-SVN.devel.tar.gz -C /var/www/html
# cd /var/www/html
# mv squirrelmail.devel/ webmail
# cd webmail/
# mkdir -p attach data
# chown -R apache:apache attach/ data/
# chmod 730 attach/
# cp -p config/config_default.php config/config.php
# vi config/config.php
$squirrelmail_default_language = 'en_US';
$default_charset = 'iso-8859-1';
$domain = 'benet.com';
$imapServerAddress = 'localhost'
```

```
$smtpPort = 25;
$imap_server_type = 'dovecot';
$imapPort = 143;
$data_dir = '/var/www/html/webmail/data';
$attachment_dir = '/var/www/html/webmail/attach/';
systemctl start httpd.service
```

安装完成后，重启 Apache 服务器。然后在地址栏中输入"http://主机名/webmail"，将会弹出 SquirreLMail 的登录页面，如图 16-9 所示。

图 16-9　SquirreLMail 的登录页面

由于此时还没有配置 SquirreLMail 与邮件服务器的连接，还不能使用 SquirreLMail 进行邮件收发。SquirreLMail 的主配置文件是 config.php，可以直接修改该文件对 SquirreLMail 进行配置，但最常见的方法是使用 SquirreLMail 提供的配置工具进行配置。在 /var/www/html/webmail/config 目录下有一个名为 conf.pl 的文件，它是用 PL 语言编写的一个程序，用户可以以菜单方式修改 SquirreLMail 的配置。通过 perl conf.pl 命令执行 conf.pl 文件，将会弹出以下菜单项。

```
SquirrelMail Configuration : Read: config.php
Config version 1.5.0; SquirrelMail version 1.5.2 [SVN]
-------------------------------------------------------------
Main Menu --
01  Organization Preferences
02  Server Settings
03  Folder Defaults
04  General Options
05  User Interface
06  Address Books
07  Message of the Day (MOTD)
08  Plugins
09  Database
10  Languages settings
11  Tweaks

D.  Set pre-defined settings for specific IMAP servers

C   Turn color off
S   Save data
Q   Quit

Command >>
```

在以上主菜单项中，需要设置的内容主要有以下几个。

选择 D 主菜单项以后，再选择所要连接的 IMAP 服务器。SquirreLMail 通过 IMAP 读取用户的信箱，然后把信箱中的邮件以 Web 界面的形式提供给用户进行管理。因此，在使用 SquirreLMail 以前，要先架设好一个能正常工作的 IMAP 服务器。前面已经用 Dovecot 架设了 IMAP 服务器，因此，此处选择 dovecot 选项，然后按任意键返回主菜单。

在主菜单界面中，按数字 2，可以进入服务器设置子菜单。由于前面已经对 IMAP 服务器做了预设置，因此这里只需要将服务器的域名（子菜单项 1）修改为 mail.wztvc.edu，将发送邮件的方式（子菜单项 3）改为 SMTP，然后按 S 键保存数据，再按 R 键返回主菜单。

选择主菜单项 10，进入语言设置子菜单。这里可将默认语言（子菜单项 1）改为 zh_CN（中文），将默认字符集（子菜单项 2）改为 gb2312。这样设置后，SquirreLMail 就可以提供对中文的支持，而且所有的提示都变为中文。但是，在 SquirreLMail 最新版中不支持中文界面，即使设置为中文，其界面仍然是英文。

返回主菜单后，再选择主菜单项 S，即可将所做的修改同时保存在文件//var/www/html/webmail/config/config.php 中。以上根据实际情况对 SquirreLMail 的基本配置做了修改，其他配置根据需要也可以做进一步修改，特别是在主菜单选项 8 中，可以选择安装各种插件。配置完成后，需要用以下命令重启 Apache 服务器使配置生效。

```
# systemctl restart httpd.service
```

🔔注意：如果强制使用了 SELinux，为了使 Apache 能通过网络连接到 IMAP 服务器，还需要执行以下命令改变操作系统的参数设置。

```
# setsebool -P httpd_can_network_connect=1
```

最后在图 16-9 所示的 SquirreLMail 登录界面中输入用户名和密码，正常情况下，可以弹出如图 16-10 所示的 SquirreLMail 主界面。

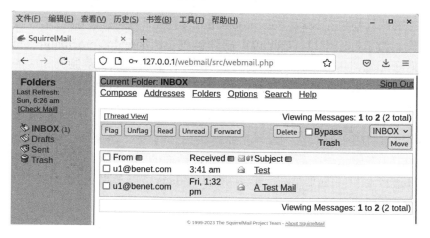

图 16-10　SquirreLMail 主界面

SquirreLMail 需要和其他软件配合才能正常工作，包括支持 PHP 8 的 Apache 服务器、Postfix 服务器、用 Dovecot 安装的 IMAP 服务器等。如果在运行过程中出现问题，除了从自身寻找原因外，还要注意其他服务器的工作是否正常。

16.4.4 使用 Procmail 过滤邮件

电子邮件是互联网上重要的通信工具之一。但从电子邮件诞生的那天起,人们就为经常收到无用的垃圾邮件而苦恼。这些垃圾邮件不仅传播病毒,而且浪费了大量的网络带宽和系统资源。据统计,世界上每年由垃圾邮件给人们带来的损失就高达数百亿美元。下面简单介绍一下如何利用 Procmail 来过滤垃圾邮件。

电子邮件系统的功能是用来接收和发送电子邮件,在 Linux 平台中最常见的是使用 Sendmail、Postfix、Qmail 等作为 MTA,再加上某种 POP3/IMAP 服务器,就可以构成一个基本的邮件系统。但是这样的系统对付垃圾邮件还是无能为力的,虽然 Postfix 自带了黑白名单等过滤邮件的功能,但由于规则比较简单,过滤垃圾邮件的效果和功能都很一般。因此,还需要借助第三方软件来完成反垃圾邮件的任务。在 Linux 平台的开源软件中,Procmail 无疑是最好的选择。

Procmail 是一个可以自定义的强大的邮件过滤工具。系统管理员可以通过在客户端或者服务器端配置 Procmail 来对付恼人的垃圾邮件。在 RHEL 9 操作系统中,用户可以使用以下命令查看是否安装了 Procmail 软件包。

```
procmail-3.22-56.el9.x86_64
```

以上提示表明,3.22 版的 Procmail 已经安装在系统中。如果没有看到上述结果,可以通过 DNF 软件源安装,命令如下:

```
# dnf install procmail
```

安装完成后,需要对 Procmail 进行配置。Procmail 有两种形式的配置文件,一种是作用于全局的配置文件,是/etc 目录下的 procmailrc 文件;还有一种是只和某个用户相关的配置文件,位于每个用户的主目录下,文件名也是 procmailrc,它只对过滤该用户的邮件起作用。

Procmail 软件包安装完成后,/etc/procmailrc 文件是不存在的,需要用户按照自己的要求建立该文件。为了方便用户,Procmail 软件包在/usr/share/doc/procmail/examples 目录下提供了几个例子配置,用户可以根据自己的情况进行修改,然后复制到相应的目录下。

Procmail 的过滤规则主要由各种 recipe(处方)组成,recipe 的格式如下:

```
:0 [flags] [ : [locallockfile] ]
[condition(每行一个)]
<action(只有一行)>
```

第一行的 ":0" 表示一个新的 recipe 开始,后面的 ":" 表示对文件进行锁定,避免多个 procmail 进程对相同的文件进行操作。所有的 flags 可以参见 procmailrc 的帮助手册页,下面列出几个常见的标志:

- ❏ H:对邮件的头部进行检查(默认)。
- ❏ B:对邮件的正文进行检查。
- ❏ h:把邮件头的数据放入管道、文件或其他邮件并导向到在后面规则中指定的地方。
- ❏ b:把邮件正文的数据放入管道、文件或其他邮件并导向到在后面规则中指定的地方。
- ❏ D:区分字母大小写。

condition 可以有多行，每行都以"*"开头。如果处理邮件时使用正则表达式进行匹配，还有其他可用的符号。例如，以"<"开头可以检查邮件的长度是否小于给定的值。其他的 conditions 可以参见 Procmailrc 的帮助手册页。

接下来是 action 行，如果以"!"开头，表示把邮件转发到指定的地址；如果以"|"开头，表示启动相应的程序；如果以"{"开头，表示可以指定嵌套的 recipe，后面还要有一个对应的"}"。其他情况则被视为本地信箱，邮件将发送到这个信箱中。此时，如果内容是一个目录，则信箱是 maildir 格式，如果是文件，则是 mbox 格式。

除了 recipe 外，procmailrc 配置文件还可能包含一些环境变量，常用的环境变量如下：

- ❏ PATH：检索执行文件的路径。
- ❏ SENDMAIL：系统中 sendmail 的路径，也可以是 Postfix 链接的 sendmail 路径。
- ❏ VERBOSE：打开或关闭详细日志信息。
- ❏ LOGFILE：指定日志文件，默认为/var/log/procmail.log。
- ❏ ORGMAIL：用户的主目录，默认为/var/mail/$LOGNAME。
- ❏ DEFAULT：系统放信箱文件的位置，默认和$ORGMAIL 相同。
- ❏ MAILDIR：Procmail 工作和执行的目录，默认为$HOME 目录。

下面再看一个具体的 procmailrc 配置文件例子，各语句的含义见注释。

```
PATH=/bin:/sbin:/usr/bin:/usr/sbin/:/usr/local/bin:/usr/local/sbin
VERBOSE=on
# 在不完全了解系统的环境变量前，请不要修改
ORGMAIL=/var/spool/mail/$LOGNAME                # 指定用户邮箱文件的位置
# MAILDIR=$HOME/
# DEFAULT=$ORGMAIL
# LOGFILE=/var/log/procmail.log


:0                              # 开始一个 recipe
* ^From.*@uunet                 # 来自 uunet 域的邮件
uunetbox                        # 都将发到$MAILDIR/uunetbox 信箱文件中

# 下面的规则用于过滤含 SirCam Virus 病毒的邮件
:0 Bh                           # 每个:0 表示一个规则的开始，用空格将检查的内容隔开
# 如果邮件正文内容包含该字符串
*I send you this file in order to have your advice
/dev/null                       # 就把邮件放到/dev/null 文件夹中，实际上是删除该邮件

# 下面是一个过滤附件的例子
:0 Bh
* ^Content-Type: audio/x-wav;   # 如果附件的 MIME 类型是 audio/x-wav
* name="readme.exe"             # 并且文件名是 readme.exe
/dev/null                       # 就把邮件放到/dev/null 文件夹中，实际上是删除该邮件

# 下面是过滤特定的邮件头，并把邮件内容放到指定的/mailhome/box 文件中
:0
* ^Subject:.*test               # 如果邮件的主题包含 test
/mailhome/box                   # 则放到/var/spool/mail/test 信箱文件中

# 下面是一个使用"{"和"}"嵌套 recipe 的例子
:0
* ^Subject:.*Hello
{
```

```
0:
/dev/null
}
```

为了能让 Postfix 服务器调用 Procmail 进行邮件过滤，还需要在 Postfix 的配置文件 main.cf 中进行设置。main.cf 文件包含 mailbox_command 这样一个配置选项，它指明 Postfix 的 local 进程将调用哪个命令分发本地邮件，默认等于空，表示由 local 进程自己分发本地邮件。如果把它指定为 Procmail，则本地邮件的分发将交给 procmail 进程执行，于是，前面所设定的 Procmail 过滤规则就起作用了。具体的设置如下：

```
mailbox_command = /usr/bin/procmail
```

当 procmail 进程被 Postfix 调用时，可以使用由 Postfix 导入的一些环境变量。

说明：procmail 进程是以收件人的身份运行的，但发给 root 用户的邮件并不是以 root 权限运行，而是使用 default_privs 选项指定的权限值。

16.5　小　　结

电子邮件是 Internet 上一项非常重要的应用，因此架设邮件服务器也是网络管理员经常要做的一项重要工作。本章首先介绍了邮件系统的工作原理，包括邮件系统的组成、传输流程以及几种重要的邮件协议，接着介绍了 Postfix 邮件服务器的架设方法，包括它的系统结构介绍，服务器软件的安装、运行和配置方法，最后鉴于一个完整的邮件系统还需要集成其他一些软件，又介绍了 Postfix 与 Dovecot、MariaDB、Squirrelmail 和 Procmail 的集成方法。

16.6　习　　题

一、填空题

1．邮件系统由三部分组成，分别是_____、_____和_____。

2．邮件传输发送和接收使用的协议不同。其中，发送邮件使用的协议是_____，接收邮件使用的协议为_____。

3．在 Linux 平台的开源软件中，_____是最强大的邮件过滤工具。

二、选择题

1．在下列电子邮件相关的软件中，属于 MUA 类的软件是（　　　）。

A．Qmail　　　　　　　B．Outlook Express　　　　C．Foxmail　　　　　　D．Sendmail

2．Postfix 服务器的主配置文件名称是（　　　）。

A．main.cf　　　　　　B．master.cf　　　　　　C．aliases　　　　　　D．aliases.db

3．Dovecot 用于提供邮件的收取服务，其使用的默认 TCP 端口号包括（　　　）。

A．25　　　　　　　　　B．110　　　　　　　　　C．143　　　　　　　　　D．80

三、判断题

1．SMTP 不仅可以将邮件从客户端传输到服务器上，还可以从某个服务器上传输到另一个服务器上。 　　　　　　　　　　　　　　　　　　　　　　　　　　　（　　　）

2．用户通过 SMTP 命令发送邮件内容时，邮件正文后必须以"."结束。　（　　　）

四、操作题

1．通过源码包搭建 Postfix 邮件服务器。

2．使用 Postfix 邮件服务器测试能否正常收发邮件。

第 17 章　共享文件系统

在网络环境下，通过 FTP 可以实现在不同操作系统的主机之间相互传输文件。但有时用户还希望两台计算机之间的文件系统能够更加紧密地结合在一起，让一台主机上的用户可以像使用本机的文件系统一样使用远程机的文件系统，这种功能可以通过共享文件系统来实现。本章主要介绍 NFS（Network File System，网络文件系统）和 Samba 这两种类型的文件共享服务。

17.1　NFS 服务的安装、运行与配置

NFS 是历史悠久的文件共享协议之一，其目的是让网络环境中的不同主机之间彼此可以共享文件。本节将介绍 NFS 服务器的安装、运行和配置的过程，以及在客户端如何使用 NFS。

17.1.1　NFS 概述

NFS 最初是由 Sun Microsystems 公司于 1984 年开发的，它的功能是让整个网络共享某些主机的目录和文件。由于 NFS 使用起来非常方便，所以很快得到了大多数 UNIX 类系统的支持。目前，很多非 UNIX 类的操作系统也对 NFS 提供支持，IETE 的 RFC1904、RFC1813 和 RFC3010 标准描述了 NFS 协议。

NFS 采用客户端/服务器的工作模式。NFS 服务器相当于一台文件服务器，可以将自己的文件系统中的某个目录设置为输出目录，然后客户端就可以将这个目录挂载到自己的文件系统的某个目录下。客户端以后对这个目录下的文件进行各种操作，实际上就是对 NFS 服务器上的输出目录进行操作，而且操作方法与对本地文件系统的操作方法没有区别。

如图 17-1 所示，NFS 服务器将/nfs/public 目录设置为共享目录，客户端 A 和客户端 B 都可以将服务器的这个共享目录挂载到自己的文件系统中，客户端 A 将其挂载在/mnt/nfs 目录下，而客户端 B 将其挂载在/home 目录下。当客户端 A 和客户端 B 分别进入自己的/mnt/nfs 和/home 目录时，实际上是进入 NFS 服务器的/nfs/public 目录。只要有相应权限，就可以使用 cp、mv 和 rm 等命令对目录中的文件进行操作。此时，都是对 NFS 服务器的/nfs/public 目录内的文件进行操作。

使用 NFS 既可以提高资源的使用率，又可以大大节省客户端本地硬盘的空间，同时也便于对资源进行集中管理。另外，网络中的任何主机都可以同时承担服务器和客户端的角色，就是在把自己的文件共享出来的同时，也可以使用其他计算机共享出来的文件。

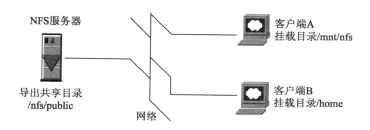

图 17-1　NFS 的工作原理

使用 NFS，客户端可以透明地访问服务器中的文件系统，这不同于提供文件传输服务的 FTP。FTP 客户端引用服务器中的文件时，需要在本机硬盘上产生文件的一个完整副本。而 NFS 客户端引用服务器上的文件时，只读取需要读到内存的文件部分，不需要在硬盘中存放整个文件。通过 NFS 访问时还是透明的，即任何一个能够访问本地文件的客户端程序不需要做任何修改，就可以访问一个 NFS 文件。

🔔注意：虽然 NFS 协议可以使文件在网络中共享，但是 NFS 协议本身并没有提供数据传输的功能，它必须借助于远程过程调用（Remote Procedure Call，RPC）协议来实现数据的传输。

17.1.2　远程过程调用 RPC

大部分的网络协议都是以请求/应答的方式工作的，即客户端发送命令给服务器，服务器再向客户端发送应答。网络程序设计时一般是通过调用套接口函数来完成与对方进行通信的功能，通信双方的操作系统可以不一样，网络程序的编程语言也可以不一样。

RPC 是另一种网络程序设计方法，它定义了一种进程间通过网络进行交互通信的机制，使程序员编写客户程序时感觉只是调用了服务器程序提供的函数，而双方的通信过程对程序员来说完全是透明的。也就是说，一台计算机上的程序使用这种机制可以向网络中的另一台计算机上的程序请求服务，并且不必了解支持通信的网络协议的具体情况。

一个 RPC 的调用过程分为以下几个阶段。

（1）当客户端程序调用一个远程函数时，它实际上只是调用了一个位于本机的 RPC 函数。这个函数也称为客户桩（Stub），客户桩将函数的参数封装到一个网络数据包中，然后将这个数据包发送给服务器。

（2）RPC 服务器接收了客户桩发送的这个数据包，解开封装后，从中提取出函数的参数，然后调用 RPC 服务端函数并把参数传递给它。

（3）RPC 服务端函数执行完成后，就把结果返回给 RPC 服务器，RPC 服务器再把这个结果封装到网络数据包中，然后返回给原来的客户桩。

（4）客户桩收到结果数据包后，从中取出返回值，将其交给原来的客户端程序。

以上过程是由 RPC 程序包实现的，RPC 程序包的一部分在客户端，另一部分在服务器，它们之间可以使用套接口和 TLI 等方式进行通信，网络程序员不需要了解 RPC 通信的细节，只需要了解 RPC 客户端函数的使用方法即可。这种网络编程方式有以下优点：

❑　网络程序设计变得更加简单。因为对程序员来说，使用 RPC 程序包后，不需要了解网络通信过程，编写网络程序与编写本地程序基本上没有区别。

❑ 由于 RPC 程序包本身具有保证可靠传输的机制，所以可以使用效率更高的不可靠协议，如 UDP。

❑ 在异构环境中，如果客户机和服务器主机的数据存储格式不同，则需要进行编码转换，RPC 程序包为参数和返回值提供了需要的编码转换功能，程序员无须考虑这个问题。

对于工作在 TCP 或 UDP 上的 RPC 程序包来说，向客户端提供 RPC 服务的服务端程序也要使用一个网络端口。这个端口的端口号是临时的，不像大部分的服务有一个默认的端口号。这就需要某种机制来"注册"哪个 RPC 服务端程序使用哪个临时端口，承担这个"注册"任务的程序也称为端口映射器。

端口映射器本身也是一个网络服务程序，要为客户端提供哪个 RPC 服务程序对应哪个端口的信息。因此，它自己必须要有一个默认端口，以便客户端能与它联系。端口映射器的默认端口号是 TCP 或 UDP 的 111 号，它提供以下 4 种服务：

❑ PMAPPROC_SET：RPC 服务器启动时调用该服务向端口映射器注册要使用的端口号等内容。

❑ PMAPPROC_UNSET：RPC 服务器调用该服务取消以前的注册。

❑ PMAPPROC_GETPORT：RPC 客户端调用该服务，查询某一种 RPC 服务所注册的端口号。

❑ PMAPPROC_DUMP：调用该服务时，返回所有的 RPC 服务器及其注册的端口号等内容。

端口映射器和 RPC 服务的工作流程如下：

（1）一般情况下，当系统启动时，端口映射器首先启动，监听 TCP 和 UDP 的 111 号端口。

（2）当 RPC 服务器启动时，为其所支持的每个 RPC 服务程序各绑定一个 TCP 和 UDP 端口，然后调用端口映射器的 PMAPPROC_SET 服务，注册每个 RPC 服务程序的程序号、版本号和端口号等内容。

（3）当 RPC 客户端程序启动时，通过 111 号端口调用端口映射器的 PMAPPROC_GETPORT 服务，查询某个 RPC 服务程序所对应的端口号。

（4）RPC 客户程序与查询到的端口号联系，调用对应的 RPC 服务。

17.1.3　NFS 协议

大部分的网络协议在交换数据时，服务器和客户端会各自启用一个进程，然后两个进程通过套接口等方式进行通信。但 NFS 协议并不是采用这种工作方式，它是一个建立在 Sun RPC 基础上的客户端/服务器应用程序，客户端通过向一台 NFS 服务器发送 RPC 请求来访问其中的文件。这种方式的优点是客户端访问一个 NFS 文件时是完全透明的，客户端只需要按常规的方法向本机的操作系统提出文件使用请求即可。此外，还有一个优点是效率比较高，因为实现通信的进程是位于操作系统内核的，因此工作时无须在内核和用户进程之间进行频繁切换。如图 17-2 是 NFS 客户端和服务器的典型结构。

客户端程序使用文件时，并不区分是本地文件还是 NFS 文件，而是按相同的方式向操作系统提出文件使用请求。操作系统接到请求后，要判断用户程序所请求的文件是本地文件还是 NFS 文件。如果是本地文件，则文件被打开之后，内核会将其所有的引用传递给名为"本地文件访问"的结构。如果是 NFS 文件，则将所有的引用传递给名为"NFS 客户端"的结构。

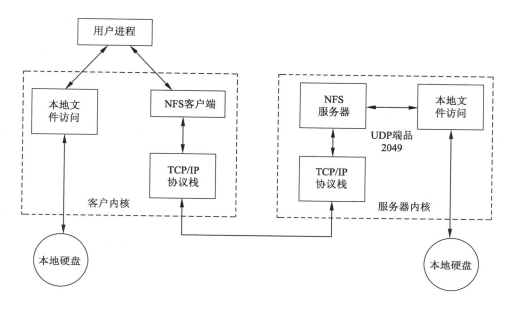

图 17-2　NFS 客户端和 NFS 服务器的典型结构

　　NFS 客户端上的操作系统通过其 TCP/IP 协议栈向 NFS 服务器发送 RPC 请求，一般使用的协议是 UDP，也可以使用 TCP，默认的服务器端口是 2049。服务端操作系统内的 NFS 服务器平时一直监听 2049 端口，当它收到一个 NFS 客户端请求时，就将这个请求传递给本地文件访问例程，通过这个例程来访问服务器主机上的一个本地硬盘文件。

　　注意：虽然 NFS 服务器可以使用一个临时端口，再通过端口映射器告诉客户端这个临时端口，但是大多数的实现都是直接指定端口是 2049。

　　NFS 服务器处理一个客户端的请求和访问本地文件系统都需要花费一定的时间。在这段时间内，NFS 服务器还需要响应其他客户端的请求。为了实现这个功能，大多数的 NFS 服务器都是采用多线程的方法，即在服务器操作系统内核中实际上有多个 NFS 服务器在 NFS 本身的加锁管理程序中运行，具体的实现取决于不同的操作系统。由于大多数的 UNIX 内核不是多线程的，一种通用的方法是启动一个用户进程（常被称为 nfsd）的多个实例，每个实例执行一个系统调用，使其作为一个内核进程保留在操作系统的内核中。

　　在客户端主机上，NFS 客户端也需要花费一定的时间来处理用户进程的请求。NFS 客户端向 NFS 服务器主机发出一个 RPC 调用，然后等待服务器的回应，这也需要一定的时间。为了给用户进程提供更多的并发性，在客户端的操作系统内核中一般运行着多个 NFS 客户端，具体的实现方法也取决于操作系统。

　　在客户端访问 NFS 服务器上的文件之前，操作系统必须先调用安装进程，安装要使用的 NFS 文件系统，安装过程也需要一种安装协议。一般情况下，NFS 文件系统的安装是由客户机引导时向 NFS 服务器提出请求，服务器响应并处理请求后，最终给客户端返回一个文件句柄，以后客户端就可以通过这个文件句柄访问 NFS 服务器上被安装的文件系统了。

在安装过程中，还要用到 NFS 服务器上的端口映射器进程。因为服务器上的安装守护进程（mountd）所监听的端口是随机的，客户端需要通过端口映射器才能知道这个端口，从而通过这个端口与安装守护进程联系。NFS 协议为客户端提供了以下标准的 RPC 调用过程：

- ❑ GETATTR：返回一个文件的属性，包括文件类型、访问权限、文件大小、文件主用户，以及上次修改时间等信息。
- ❑ SETATTR：设置一个文件的属性。
- ❑ STATFS：返回一个文件系统的状态，包括可用空间、最佳传送大小等信息。
- ❑ LOOKUP：查找一个文件。当用户进程想打开 NFS 服务器上的一个文件时，NFS 客户需要调用该过程查找要打开的文件。
- ❑ READ：从一个文件中读取数据。客户端调用时要说明文件的句柄、读操作的开始位置和数据的多少（最多 8192KB）。
- ❑ WRITE：对一个文件进行写操作。客户端调用时要说明文件的句柄、开始位置、写数据的字节数和要写的数据内容。
- ❑ CREATE：创建一个文件。
- ❑ REMOVE：删除一个文件。
- ❑ RENAME：重命名一个文件。
- ❑ LINK：为一个文件构建一个硬链接。
- ❑ SYMLINK：为一个文件创建一个符号链接。
- ❑ READLINK：读一个符号链接，即返回一个符号链接所指的文件的名称。
- ❑ MKDIR：创建一个目录。
- ❑ RMDIR：删除一个目录。
- ❑ READDIR：读取一个目录中的内容。

△注意：上述过程在实际调用时名称前面需要加一个前缀 NFSPROC_。

17.1.4　NFS 服务的安装与运行

在 RHEL 9 系统安装完成后，NFS 的服务器和客户端程序默认都已经安装。可以用以下命令查看 NFS 服务器所需的软件包是否已经安装。

```
# rpm -qa|grep nfs
nfs-utils-2.5.4-15.el9.x86_64

# rpm -qa|grep rpcbind
rpcbind-1.2.6-5.el9.x86_64
#
```

其中，nfs-utils-2.5.4-15.el9.x86_64 是提供 NFS 服务的软件包，而 rpcbind-1.2.6-5.el9.x86_64 则是提供端口映射服务的工具包。如果发现这两个软件包没有完全安装，可以在 RHEL 9 发行版的安装光盘上找到对应的 RPM 包文件，再用 rpm 命令进行安装。

rpcbind-1.2.6-5.el9.x86_64 软件包主要包含/usr/bin/rpcbind 程序文件，该文件称为 RPC

端口映射管理器，其功能是管理基于 RPC 服务的连接，并为客户端提供有关 RPC 服务的查询。Linux 启动后，一般都会自动执行该文件，可以用以下命令查看：

```
# ps -eaf|grep rpcbind
rpc      1055    1        0 08:07 ?        00:00:00 /usr/bin/rpcbind -w -f
root     46067   31216    0 14:45 pts/3    00:00:00 grep --color=auto rpcbind
```

可以看出，rpcbind 进程是以 rpc 用户身份运行的，这个用户也是 RHEL 9 系统安装时自动创建的。如果没有看到 rpcbind 进程，可以手动输入/usr/bin/rpcbind 命令运行。rpcbind 进程默认要监听 TCP 和 UDP 的 111 号端口，当客户端请求 RPC 服务时，会先与该端口联系，询问所请求的 RPC 服务是由哪个端口提供的。rpcbind 从 111 号端口接到询问后，会将其所管理的与 RPC 服务相对应的端口号提供给客户端，从而使客户端可以再通过该端口向 RPC 服务器请求服务。可以通过以下命令查看 111 号端口是否处于监听状态：

```
# netstat -anp|grep :111
tcp     0    0 0.0.0.0:111      0.0.0.0:*        LISTEN     1/systemd
tcp6    0    0 :::111           :::*             LISTEN     1/systemd
udp     0    0 0.0.0.0:111      0.0.0.0:*                   1/systemd
udp6    0    0 :::111           :::*                        1/systemd
```

可以看出，TCP 和 UDP 的 111 号端口均已经由 systemd 进程进行监听。必须强调的是，rpcbind 只是一个端口映射器，真正提供 NFS 服务的是另外两个守护进程：rpc.nfsd 和 rpc.mountd。rpc.nfsd 是基本的 NFS 守护进程，主要功能是管理客户端是否能够登入服务器。rpc.mountd 是安装守护进程，主要功能是管理 NFS 的文件系统，根据所设的权限决定是否允许客户端安装使用指定的目录或文件。

rpc.nfsd 和 rpc.mountd 进程都是由 nfs-utils-2.5.4-15.el9.x86_64 程序包提供的，命令文件都在/usr/sbin 目录下。可以通过/usr/lib/systemd/system/nfs-server.service 脚本启动 NFS 服务。

```
# systemctl start nfs-server.service
# ps -eaf | grep nfs
root     1547    1541     0 08:07 ?        00:00:00     python3
         /var/lib/pcp/pmdas/nfsclient/pmdanfsclient.python
root     46679   1        0 14:53 ?        00:00:00 /usr/sbin/nfsdcld
root     46698   2        0 14:53 ?        00:00:00 [nfsd]
root     46699   2        0 14:53 ?        00:00:00 [nfsd]
root     46700   2        0 14:53 ?        00:00:00 [nfsd]
root     46701   2        0 14:53 ?        00:00:00 [nfsd]
root     46702   2        0 14:53 ?        00:00:00 [nfsd]
root     46703   2        0 14:53 ?        00:00:00 [nfsd]
root     46704   2        0 14:53 ?        00:00:00 [nfsd]
root     46705   2        0 14:53 ?        00:00:00 [nfsd]
root     46720   31216    0 14:54 pts/3    00:00:00 grep --color=auto nfs
# ps -eaf | grep mountd
root     46680   1        0 14:53 ?        00:00:00 /usr/sbin/rpc.mountd
root     46728   31216    0 14:54 pts/3    00:00:00 grep --color=auto
mountd
```

以上列出的进程都是 NFS 服务器的组成部分。其中，nfsd 服务使用的是 2049 号端口，rpc.mountd 服务使用的端口如下。这个端口不是固定的，进程每次启动时都会发生变化。

```
# netstat -anptu|grep rpc.mountd
tcp     0    0 0.0.0.0:20048    0.0.0.0:*        LISTEN     46680/rpc.mountd
tcp6    0    0 :::20048         :::*             LISTEN     46680/rpc.mountd
udp     0    0 0.0.0.0:20048    0.0.0.0:*                   46680/rpc.mountd
udp6    0    0 :::20048         :::*                        46680/rpc.mountd
```

　　由于与 NFS 服务器连接可能要使用多个 TCP 或 UDP 端口，所以当远程客户调用 NFS 服务时，如果有防火墙，要注意开放相应的端口。另外，也可以使用 rpcinfo 命令了解 NFS 进程与端口的状态，具体如下：

```
# rpcinfo -p
 program vers proto   port  service
    100000    4   tcp    111  portmapper
    100000    3   tcp    111  portmapper
    100000    2   tcp    111  portmapper
    100000    4   udp    111  portmapper
    100000    3   udp    111  portmapper
    100000    2   udp    111  portmapper
    100024    1   udp  50962  status
    100024    1   tcp  39807  status
    100005    1   udp  20048  mountd
    100005    1   tcp  20048  mountd
    100005    2   udp  20048  mountd
    100005    2   tcp  20048  mountd
    100005    3   udp  20048  mountd
    100005    3   tcp  20048  mountd
    100003    3   tcp   2049  nfs
    100003    4   tcp   2049  nfs
    100227    3   tcp   2049  nfs_acl
    100021    1   udp  42300  nlockmgr
    100021    3   udp  42300  nlockmgr
    100021    4   udp  42300  nlockmgr
    100021    1   tcp  46113  nlockmgr
    100021    3   tcp  46113  nlockmgr
    100021    4   tcp  46113  nlockmgr
```

　　以上列出了服务器中的所有 RPC 服务进程，第 1 列是程序号，第 2 列是版本号，第 3 列是使用的协议，第 4 列是使用的网络端口号，第 5 列是进程的名称。

📖说明：上面列出的进程除了 status 进程外，其他都是与 NFS 服务有关的服务进程。

17.1.5　NFS 服务器共享目录的导出

　　NFS 服务器成功启动后，并不意味着客户端可以随意访问 NFS 服务器所在主机的文件系统，需要 NFS 服务器通过一定的方法导出其共享目录，并设置相应的访问权限后客户端才能访问。导出共享目录有两种方法，一是通过设置/etc/exports 文件来确定；二是用 exports 命令来增加和去除共享目录。

　　/etc/exports 是 NFS 的主要配置文件，NFS 服务器的 RPM 包并没有提供该文件的初始内容，用户要根据自己的需求来确定。当 NFS 服务器重新启动时会自动读取/etc/exports 文件的内容，然后根据该文件的内容确定要导出的文件系统及相应的访问权限。/etc/exports 文件的配置比较简单，每一行表示一个导出目录，格式如下：

目录路径　机器 1(选项 1,选项 2,...)　机器 2(选项 1,option2,...)　...

　　在上面的格式中，"目录路径"表示要导出的共享目录，这个目录下的子目录也同时导出。为了安全，一般不导出根目录。"机器"表示允许访问这个共享目录的客户机，可以用机器名、域名或 IP 地址表示。每一台机器还包含多个选项，这些选项指明该客户机访问共享目录时具体有哪些权限，选项之间用","分隔，不能有空格。常见的选项值有以下几种：

- ❏ ro：客户机对该共享目录只有读权限，这是默认选项。
- ❏ rw：客户机对该共享目录有读写权限。
- ❏ root_squash：客户机使用 root 用户访问该共享目录时，root 用户将被映射成服务器上的匿名用户（默认是 nobody 用户），这是默认的选项。
- ❏ no_root_squash：客户机用 root 用户访问该共享目录时，同样以 root 用户的身份访问。一般不这样做，只有在客户机是无盘工作站等特殊情况时才使用该选项。
- ❏ all_squash：客户机上的任何用户访问该共享目录时都映射成匿名用户。
- ❏ anonuid：指定匿名访问用户的 ID。
- ❏ anongid：指定匿名访问用户的组 ID。
- ❏ sync：客户端把数据写入共享目录时同时还会写入服务器硬盘，这是默认选项。
- ❏ async：客户端把数据写入共享目录后，这些数据先暂存于内存而不是同时写入硬盘。
- ❏ insecure：允许客户机使用非保留端口与服务器进行连接。保留端口是小于 1024 的端口。

下面是一个具体的/etc/exports 文件例子：

```
01  /                trusty.(rw,no_root_squash)
02  /projects        *(ro)  *.wzvtc.edu(rw,sync)
03  /usr/ports       192.168.1.0/24(ro)
04  /home/abc        pc001.(rw,all_squash,anonuid=150,anongid=100)
05  /pub             *(ro,insecure,all_squash)
```

在以上配置中，第 1 行表示在名为 trusty 的客户机上访问 NFS 服务器的文件系统时，每个用户都可以以服务器上同名用户的权限对根目录进行操作，包括 root 用户。这项设置要非常小心，只有在充分信任这台客户机的情况下才能如此设置。第 2 行表示所有客户机都可以以只读的权限访问/projects 目录，位于 wzvtc.edu 域的主机访问该目录时有读写权限，并且同步写入数据。第 3 行表示设置共享目录/usr/ports，但限制为只允许读取，并且子网 192.168.1.0/24 中的计算机才能访问这个共享目录。

第 4 行设置了一个典型的 PC 用户，pc001 客户机上所有的用户都可以读写/home/abc，并且所有的用户都以 UID 为 150，GID 为 100 的权限访问/home/abc 目录。第 5 行设置了类似于 FTP 匿名用户的功能，所有的用户都能自由访问/pub 目录，而且都是映射为 nobody 用户。

/etc/exports 文件内容修改好之后，需要重启 NFS 服务器进程才能生效。另一种使之生效的办法是执行 exportfs 命令。实际上，NFS 服务器启动的时候都要调用该命令，以便能根据/etc/exports 的内容导出文件系统。不带任何参数的 exportfs 命令将显示/var/lib/nfs/etab 文件的内容，而该文件包含当前正被导出的目录。exportfs 命令可用的选项及其功能如下：

- ❏ -a：导出所有列在/etc/exports 文件中的目录。
- ❏ -v：输出每个被导出或取消导出的目录。
- ❏ -r：重新导出所有列在/etc/exports 文件中的目录。
- ❏ -u：取消指定目录的导出。与-a 同时使用时，表示取消所有列在/etc/exports 文件中的目录导出。
- ❏ -i：允许导出没有在/etc/exports 文件或/etc/exports.d 目录中列出的目录，或者不按 /etc/exports 文件所列的选项导出。
- ❏ -f：指定以另一个文件来代替/etc/exports。

❑ -o：指定导出目录的选项。

下面是 exportfs 命令的例子，首先在/etc/exports 文件中输入以下内容：

```
# more /etc/exports
/projects       *(ro)   *.wzvtc.edu(rw,sync)
/home/abc       pc001.(rw,all_squash,anonuid=150,anongid=100)
/pub            *(ro,insecure,all_squash)
```

接着执行下面的一系列命令，命令的功能见注释：

```
# exportfs -r -v    # 重新导出列在/etc/exports 文件中的目录,使/etc/exports 生效
exporting pc001:/home/abc
exporting *.wzvtc.edu:/projects
exporting *:/projects
exporting *:/pub
# exportfs -u *:/pub     # 取消/etc/exports 文件中所列的/pub 目录的导出
# exportfs -v *:/pub     # 重新导出/pub 目录
exporting *:/pub
# exportfs -v
/home/abc       pc001(rw,wdelay,root_squash,all_squash,no_subtree_check,
anonuid=150,anongid=100)
/projects       *.wzvtc.edu(rw,wdelay,root_squash,no_subtree_check,
anonuid=65534,anongid=65534)
/projects       <world>(ro,wdelay,root_squash,no_subtree_check,anonuid=
65534,anongid=65534)
/pub  <world>(ro,wdelay,insecure,root_squash,all_squash,no_subtree_
check,anonuid=65534,anongid=65534)
# 以只读方式导出未在/etc/exports 文件中列出的/lintf 目录给所有客户机
# exportfs -i *:/lintf -o ro -v
exporting *:/lintf
# exportfs -v                            # 查看当前目录的导出情况
/home/abc       pc001.wzy.edu.cn(rw,wdelay,root_squash,all_squash,
no_subtree_check,anonuid=150,anongid=100)
/projects       *.wzvtc.edu(rw,wdelay,root_squash,no_subtree_check,
anonuid=65534,anongid=65534)
/projects       <world>(ro,wdelay,root_squash,no_subtree_check,anonuid=
65534,anongid=65534)
/lintf          <world>(ro,wdelay,root_squash,no_subtree_check,anonuid=
65534,anongid=65534)
/pub  <world>(ro,wdelay,insecure,root_squash,all_squash,no_subtree_
check,anonuid=65534,anongid=65534)
```

最后查看一下/var/lib/nfs/etab 文件，其中保存了当前导出的所有目录的详细信息：

```
# more /var/lib/nfs/etab
/home/abc pc001.wzy.edu.cn(rw,sync,wdelay,hide,nocrossmnt,secure,root_
squash,all_squash,no_subtree_check,secure_locks,acl,mapping=identity,
anonuid=150,anongid=100)
/projects *.wzvtc.edu(rw,sync,wdelay,hide,nocrossmnt,secure,root_squash,
no_all_squash,no_subtree_check,secure_locks,acl,mapping=identity,anonuid=
65534,anongid=65534)
/projects *(ro,sync,wdelay,hide,nocrossmnt,secure,root_squash,no_all_
squash,no_subtree_check,secure_locks,acl,mapping=identity,anonuid=65534,
anongid=65534)
/lintf *(ro,sync,wdelay,hide,nocrossmnt,secure,root_squash,no_all_
squash,no_subtree_check,secure_locks,acl,mapping=identity,anonuid=65534,
anongid=65534)
/pub    *(ro,sync,wdelay,hide,nocrossmnt,insecure,root_squash,all_squash,
no_subtree_check,secure_locks,acl,mapping=identity,anonuid=65534,
anongid=65534)
#
```

可以看出，/var/lib/nfs/etab 文件的内容与 exportfs -v 命令的输出是一致的。

17.1.6　在客户端使用 NFS 服务

NFS 服务器正常运行并导出共享目录后，网络中的客户机在具有访问权限的前提下，就可以访问 NFS 服务器上的共享目录了。客户端使用 NFS 服务的命令主要有两条。一条是 showmount，通过它可以查看 NFS 服务器的相关信息；另一条是 mount，通过它，可以把 NFS 服务器导出的共享目录挂载到本地文件系统的某个目录下，以后就能以访问本地文件系统的形式访问远程目录了。

当执行 showmount 命令时，如果后面跟一个 NFS 服务器的名称或 IP 地址，则可以与 NFS 服务器上的 mount 进程进行通信，了解 NFS 服务器的状态信息了。如果 showmount 命令后面没有跟 NFS 服务器的名称或 IP 地址，则默认查询本机的 NFS 状态信息，列出所有使用本机共享目录的客户机，此时应该在 NFS 服务器上执行。此外，showmount 命令还有以下一些选项：

- ❏ -a：以"主机:目录"的形式列出 NFS 服务器共享目录的使用情况。
- ❏ -d：仅列出 NFS 服务器被使用的共享目录。
- ❏ -e：显示 NFS 服务器导出的所有共享目录。
- ❏ -h：显示帮助信息。
- ❏ -v：显示版本号。

mount 命令用于把其他文件系统挂载到本地文件系统的一个目录下。例如，软盘、光盘上的文件系统都可以通过 mount 命令进行挂载，也可以使用 mount 命令来挂载远程的 NFS 文件系统。mount 命令的格式如下：

```
mount [-t vfstype] [-o options] device dir
```

-t 选项指定要挂载的文件系统类型，对于 NFS 文件系统来说，vfstype 的值是 nfs；device 指设备名称，对于 NFS 远程文件系统来说，其表示方法应该是"主机:目录"的形式；dir 指 NFS 文件系统要安装到本地文件系统的哪个目录下。

🔔注意：如果 dir 目录下有内容，则挂载后这些内容将会变成不可见的，但不会删除，卸载 NFS 文件系统后会重新出现。

-o 指定有关文件系统的选项，这类选项非常多，下面只列出与 NFS 挂载有关的选项：
- ❏ rsize=n：从 NFS 服务器读取文件时每次使用的字节数，默认值是 1024B。
- ❏ wsize=n：向 NFS 服务器写文件时每次使用的字节数，默认值是 1024B。
- ❏ timeo=n：RPC 调用超时后，确定一种重试算法的参数。
- ❏ retry=n：确定放弃挂载操作前重试的时间，以分（min）为单位。
- ❏ soft：软挂载方式，当客户端请求得不到回应时，提示 I/O 出错并退出。
- ❏ hard：硬挂载方式，当客户端请求得不到回应时，提示服务器没响应并且一直请求，是默认值。
- ❏ intr：NFS 文件操作超时并且是硬挂载时，允许中断文件操作和向调用它的程序返回 EINTR。

- ❑ ro：以只读方式挂载 NFS 文件系统。
- ❑ rw：以读写方式挂载 NFS 文件系统。
- ❑ fg：在前台重试挂载。
- ❑ bg：在后台重试挂载。
- ❑ tcp：对文件系统的挂载使用 TCP，而不是默认的 UDP。

下面看一下在作为 NFS 客户端的 IP 地址为 10.10.1.253 的主机上执行 NFS 服务的例子：

```
# showmount -e 10.10.1.29    //查看一下 NFS 服务器 10.10.1.29 上导出的共享目录
Export list for 10.10.1.29:
/pub      *                  //表示所有的主机均可挂载/pub
//所有主机的所有用户均可以挂载/projects(导出时使用了 all_squash 选项)
/projects  (everyone)
/home     10.10.1.253        //只有 10.10.1.253 可以挂载/home
/usr/ports 192.168.1.0/24    //子网 192.168.1.0/24 上的客户机可以挂载/usr/ports
/home/abc pc001              //在客户机 pc001 上可以挂载/home/abc
//把 NFS 服务器 10.10.1.29 的/home 目录挂载在/mnt 目录下
# mount -t nfs 10.10.1.29:/home /mnt
# cd /mnt
//查看/mnt 目录的内容，此时看到的是 NFS 服务器上的/home 目录的内容
[root@radius mnt]# ls -l
总用量 40
drwx--x--x   8 abc     abc     4096 3 月 26      06:30 abc
drwx------   3 os      os      4096 3 月 26      18:37 ftpsite
drwx------   2 u1      u1      4096 3 月 26      05:58 lintf
drwx------   2 3003    3003    4096 3 月 26      07:56 os
drwx--x--x   3 myftp   myftp   4096 3 月 26 22:31 test
[root@radius mnt]#
```

NFS 服务器共享目录被客户机挂载后，服务器文件系统中的各种文件、目录所属的用户和用户组的 UID 和 GID 不变。挂载到客户机文件系统上后，这些 UID 和 GID 要映射成客户机上的用户名和用户组名。如上例所示，用 "ls -l" 列出/mnt 目录内容时，os 目录原来所属的 UID 和 GID 都是 3003，但到了客户机后，客户机上没有 UID 和 GID 为 3003 的用户和用户组，因此直接以 3003 显示。其他 UID 和 GID 在客户机上找到了对应的用户，因此会以用户名和组名的形式显示。实际上，客户机上显示的这些用户名和组名与服务器上真实的用户名和组名可能是不一致的。可以通过以下方法查看 NFS 服务器的/home 的内容（以下例子是在 NFS 服务器 10.10.1.29 上执行的）：

```
# showmount -a              //显示本机导出的共享目录被挂载的情况
All mount points on localhost.localdomain:
...
10.10.1.253:/home           //表示客户机 10.10.1.253 挂载了本机的/home 目录
...
# ls -l /home               //查看一下/home 目录的内容
总计 40
drwx--x--x 8 abc      abc      4096 12-07 06:30 abc
drwx------ 3 ftp_virt ftp_virt 4096 11-09 18:37 ftpsite
drwx------ 2 lintf    lintf    4096 11-08 05:58 lintf
drwx------ 2 os       os       4096 12-09 07:56 os
drwx--x--x 3 test     test     4096 11-21 22:31 test
#
```

☎提示：在 RHEL 9 中，默认安装的是 NFS v4 版本。在该版本中，执行 showmount -a 命令后，不会输出任何信息。这是因为在 NFS v2/NFS v3 版本中，NFS 服务器是通过守护进程 rpc.mountd 提供服务的。客户端向 NFS 服务器发送 MNT 请求，该请求包含两个参数，分别是一个绝对路径表示的目录和一个隐式参数表示的请求发送方的 IP 地址。rpc.mountd 会将这个成功的 MNT 请求加入/var/lib/nfs/rmtab 文件记录中。在 NFS v4 版本中不再使用此守护进程，因此在 rmtab 文件中也没有客户端的记录。如果想要记录，所以在使用 mount 命令挂载时指定使用 NFS v3 版本挂载。命令如下：

```
mount -t nfs -o nfsvers=3 10.10.1.29:/home /mnt
```

对照在 NFS 服务器上看到的/home 目录内容与在客户机上看到的/mnt 内容可以发现，二者虽然是同一个目录，但看到的每个子目录所属的用户名和用户组名是不一致的。例如，test 目录在服务器上所属的用户是 test，但在客户机上所属的用户变成了 myftp，这是因为这两个用户在各自操作系统里的 UID 是一样的。但两台计算机上看到的 abc 目录其所属用户是一样的，因为这两台计算机上正好都有 abc 用户，而且 UID 也是一样的。还有，在客户机上看到的 UID 3003 在服务器上查看时变成了 os，其原因前文已经解释。

另外，客户机上的 root 用户在/mnt 上操作时并不具有 root 权限，而是映射成 NFS 服务器的 nobody 用户的权限进行操作的。如果 NFS 服务器导出/home 时加了 no_root_squash 选项，则会以 root 用户的权限在/mnt 中操作。

在客户机上安装共享目录后，如果希望以 NFS 服务器上的某个用户的权限进行操作，则在客户机上也要以与该用户有相同 ID 的用户身份来安装文件系统。例如，在上面的例子中，NFS 服务器上的 abc 用户与客户机上的 abc 用户相同，当在客户机上以 abc 用户身份安装共享文件系统时，对该文件系统的操作权限与服务器上的 abc 用户相同。同样的道理，客户机上的 myftp 用户与服务器上的 test 用户权限相同，因为二者的 UID 一样。

下面在客户机上以 abc 用户的身份安装 NFS 服务器的/home 共享目录。默认情况下，mount 命令只能由 root 用户执行，但普通用户可以通过 sudo 命令调用。为了使 abc 用户可以使用 sudo 命令，需要授予其相应的权限，具体方法是由 root 用户输入 visudo 命令，然后在出现的 Vi 编辑器的合适位置加入以下一行命令，表示授予 abc 用户执行 sudo 命令的权限。

```
abc     ALL=(ALL)    ALL
```

然后客户机上的 abc 用户就可以通过 sudo 命令调用 mount 命令挂载 NFS 服务器导出的共享文件系统了，具体过程如下：

```
# cd /
# umount /mnt                        //root 用户首先卸载安装在/mnt 中的文件系统
# su abc                             //转换成 abc 用户身份
$ sudo mount -t nfs 10.10.1.29:/home /mnt
                                     //abc 用户通过 sudo 命令调用 mount 命令
Password:                            //此处输入 abc 用户的密码
$ cd /mnt
[abc@radius mnt]$ ls -l              //与上面由 root 用户挂载时看到的情况一样
总用量 40
drwx--x--x   8 abc      abc      4096 3月 26 06:30 abc
drwx------   3 os       os       4096 3月 26 18:37 ftpsite
```

```
drwx------    2 u1       u1       4096 3月 26 05:58 lintf
drwx------    2 3003     3003     4096 3月 26 07:56 os
drwx--x--x    3 myftp    myftp    4096 3月 26 22:31 test
[abc@radius mnt]$ cd abc
[abc@radius abc]$ ls                       //可以查看 abc 目录的内容
courier-authlib-0.58        courier-imap-4.0.4      mail
courier-authlib-0.58.tar courier-imap-4.0.4.tar public_html
[abc@radius abc]$ mkdir dood
[abc@radius abc]$ ls                       //可以创建子目录,表明具有写权限
courier-authlib-0.58        courier-imap-4.0.4      dood  public_html
courier-authlib-0.58.tar courier-imap-4.0.4.tar mail
[abc@radius abc]$sudo umount /mnt          //卸载安装在/mnt 中的文件系统
```

其他用户也可以通过类似的方法安装共享文件系统,以与 NFS 服务器同样 UID 的用户身份进行操作。

⌂注意:如果 NFS 服务器是以只读方式导出共享目录的,那么即使挂载的用户有写权限,也不能进行写操作。

17.1.7　自动挂载 NFS 文件系统

17.1.6 小节介绍了客户端通过 mount 命令挂载 NFS 服务器导出的共享目录。实际上,除了使用 mount 命令外,还可以通过/etc/fstab 文件自动挂载文件系统。/etc/fstab 是由内核支持的配置文件,决定操作系统引导成功后自动挂载哪些文件系统。NFS 用户可以把需要自动挂载的远程文件系统配置在该文件中,则 Linux 引导时会自动挂载指定的 NFS 远程文件系统。/etc/fstab 文件的每一行指定挂载一种文件系统,其格式如下:

<文件系统位置>　　<挂载点> <类型> <选项>

对于 NFS 文件系统来说,"类型"应该是 NFS,而"文件系统位置"的表示方法应该是"主机:目录"形式,表示某台 NFS 服务器主机上所导出的共享目录。"选项"的内容与 mount 命令基本上一样,可以参见 17.1.6 小节。将下面的一行代码放入/etc/fstab 文件后,将会在 Linux 引导时将 NFS 服务器 10.10.1.29 导出的共享目录/home 按指定的选项自动挂载到/mnt 目录下:

```
10.10.1.29:/home    /mnt   nfs    rsize=8192,wsize=8192,timeo=14,intr
```

在/etc/fstab 文件中指定的文件系统除了在系统引导时会被挂载外,还可以由 root 用户执行 mount -a 命令马上进行挂载。默认情况下,在/etc/fstab 中指明的文件系统只能由 root 用户安装,如果在选项中指定了 user,则也可以由普通用户进行安装。

除了使用/etc/fstab 文件外,Linux 还可以使用 automount 进程来管理文件系统的挂载,它的特点是只有在文件系统被访问时才动态地挂载。automount 是由 autofs-5.1.7-31.el9.x86_64 软件包提供的功能,默认没有安装该软件包。接下来,使用 DNF 软件源安装,执行命令如下:

```
# dnf install autofs
```

auto 软件包安装成功后,即可启动 automount 进程。执行命令如下:

```
# systemctl start autofs.service
# ps -eaf|grep automount
root     35876    1      0 15:39 ?         00:00:00     /usr/sbin/automount
```

```
--systemd-service --dont-check-daemon
root      35930    33627    0 15:39 pts/1    00:00:00    grep --color=auto
automount
```

autofs 的主配置文件是/etc/auto.master。每行都定义一个挂载点，其包含 3 个字段，第 1 个字段指定挂载点，第 2 个字段是该挂载点的映射文件位置，第 3 个字段可选，指定一些挂载选项。例如，下面一行代码指定挂载点/mnt 及其对应的映射文件/etc/auto.mnt：

```
/mnt    /etc/auto.mnt
```

/etc/auto.master 中只是定义了挂载点与映射文件的联系，至于在挂载点下要挂载哪些文件系统、每个文件系统挂载时的选项等内容，则由映射文件来定义。映射文件的格式如下：

```
<挂载名称>      <选项>      <文件系统位置>
```

"挂载名称"是由用户命名的任意一个字符串，以后在文件系统挂载时，在/etc/auto.master 中定义的"挂载点"下会出现该名称的子目录，里面就是所挂载的文件系统。"选项"指定挂载文件系统时的一些特性，内容与/etc/exports 文件中的选项类似。对于 NFS 文件系统来说，"文件系统位置"的表示方法应该是"主机:目录"的形式。下面是映射文件内容的一个例子：

```
home   -rw,soft,intr,rsize=8192,wsize=8192   10.10.1.29:/home
```

如果把上面这一行代码放到前面定义的/etc/auto.mnt 文件中，表示要将 NFS 服务器 10.10.1.29 导出的共享目录/home 以指定的选项挂载到/mnt/home 下，而且这种挂载不是马上进行的，只有使用/mnt/home 目录中的文件时才会自动挂载。

📖注意：可以在/etc/auto.mnt 文件中输入多行内容，定义多个挂载名称，这些文件系统在需要时都会以挂载名称为子目录的形式挂载到/mnt 目录下。

17.2　Samba 服务的安装、运行与配置

历史上，安装 UNIX 类操作系统的主机相互之间共享文件系统时使用的是 NFS 协议，而 Windows 类的操作系统使用 SMB 协议来共享文件系统。后来，以开源项目 Samba 为代表的许多服务器软件在 UNIX 类操作系统中实现了 SMB 协议，使得 UNIX 和 Windows 操作系统之间的文件共享也可以畅通无阻。下面先介绍 SMB 协议，再介绍 Samba 软件包在 Linux 中安装、运行、配置和使用等内容。

17.2.1　SMB 协议简介

SMB（Server Message Block，服务器消息块）是基于 NetBIOS 的一套文件共享协议，它由 Microsoft 公司制订，用于 Lan Manager 和 Windows NT 服务器系统中，实现不同计算机之间共享打印机、串行口和通信抽象。随着 Internet 的流行，Microsoft 公司希望将这个协议扩展到 Internet 上，因此将原有关于 SMB 协议的文档进行了规范整理，重新命名为 CIFS（Common Internet File System，公共互联网文件系统），并致力于使它成为 Internet

上计算机之间相互共享数据的一种标准。SMB 协议在网络协议层中的位置如图 17-3 所示。

OSI					TCP/IP
应用层	SMB				应用层
表示层	SMB				应用层
会话层	NetBIOS	NetBEUI	NetBIOS	NetBIOS	
传输层	IPX	NetBEUI	DECneet	TCP&UDP	TCP/UDP
网络层	IPX			IP	IP
数据链路层	802.2 802.3, 802.5	802.2 802.3, 802.5	Ethernet V2	Ethernet V2	Ethernet 或其他
物理层					

图 17-3　SMB 协议在网络协议层中的位置

由图 17-3 可以看出，SMB 协议是建立在 NetBIOS 协议基础上的，在 TCP 网络模型中，它和 NetBIOS 协议都属于应用层。但在 ISO/OSI 模型中，NetBIOS 属于会话层协议，而 SMB 属于表示层和应用层协议。由于 NetBIOS 或者它的扩展 NetBEUI 可以工作在 IPX、DECnet 等网络，因此 SMB 也可以在这些网络工作，使这些网络和 Windows 之间也能实现文件共享。SMB 协议的具体工作流程如图 17-4 所示。

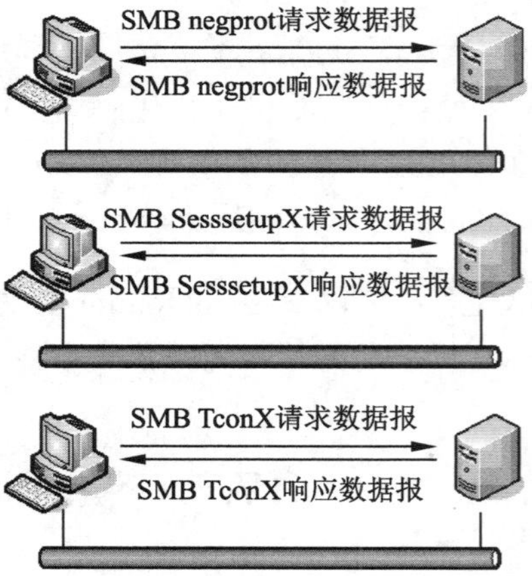

（1）SMB 客户端向服务器发送一个 SMB negprot 请求数据包，其中列出它所支持的所有 SMB 协议版本。服务器收到请求数据包后予以响应，列出它希望使用的协议版本。如果服务器没有可以使用的协议版本，则响应值为 0XFFFFH 的数据，表示结束通信。

（2）确定了协议以后，SMB 客户端进程接着向服务器发起用户或共享认证，这个过程是通过发送 SesssetupX 请求数据包实现的。客户端发送用户名/密码或者只是发送密码给服务器，服务器进行认证后，根据认证结果返回一个 SesssetupX 应答数据报，告诉客户端是接受还是拒绝请求。

图 17-4　SMB 协议的工作流程

（3）如果客户端顺利完成与服务器的协商和认证，就会发送一个 TconX 请求数据包，其中包含它想访问的共享资源的名称。服务器接收该数据包后，根据情况返回一个 TconX 应答数据包，告诉客户端这个请求是接受还是拒绝。

（4）如果服务器接受客户端的共享资源访问请求，SMB 客户端就可以通过 open 命令打开一个文件，通过 read 命令读取文件，通过 write 命令写入文件，通过 close 命令关闭文件。

说明：以上过程是在 NetBIOS 会话建立后进行的。还有一种版本的 SMB 可以直接在 TCP 连接上执行以上过程，也就是直接在 TCP 上实现 SMB 协议。

17.2.2　NetBIOS 协议简介

NetBIOS（Network Base Input/Output System，网络基本输入/输出系统）最初是由 IBM

公司开发的一种网络应用程序编程接口（API），为程序提供了请求网络服务的统一命令集。NetBIOS 是一种会话层协议，应用于各种局域网（Ethernet、Token Ring 等）和诸如 TCP/IP、PPP 和 X.25 等广域网环境。

NetBIOS 初始的设计目标是为一个小网络中的几十台计算机提供相互通信的接口，虽然有关这个协议的公开资料很少，但是它的 API 却成为事实上的标准。随着 PC-Network 被令牌环和以太网取代，NetBIOS 按道理也应该同时失去使用价值。但是，由于很多的网络应用软件使用了 NetBIOS 的 API，为了保留这部分软件资源，人们把 NetBIOS 移植到了其他协议上，如 IPX/SPX 和 TCP/IP，以及直接使用令牌环和以太网的 NetBEUI。

在 TCP/IP 上运行的 NetBIOS 也称为 NBT，由 RFC 1001 和 RFC 1002 定义，NBT 的出现具有重大的意义，因为这意味着 NetBIOS 可以在飞速发展的 Internet 上使用了，相应地，很多基于 NetBIOS 的应用程序也可以在 Internet 上工作了。Windows 2000 中首次使用了 NBT，是目前首选的 NetBIOS 传输。不管工作在哪种协议之上，NetBIOS 都提供以下 3 种服务：

❑ 名称服务：提供名称注册和解析功能。
❑ 会话服务：提供基于连接的可靠通信。
❑ 数据包服务：提供基于无连接的不可靠通信。

NetBIOS 名称用来在网络上鉴别资源，为了开始会话或数据包服务，一个应用必须首先使用名称服务注册它的 NetBIOS 名称。NetBIOS 名称规定是一个 16B 的字符串，有些实现对这个字符串有特殊规定。在 NBT 协议中，名称服务工作在 UDP 137 号端口，也有使用 TCP 的，但很少。名称服务主要包括以下几个接口：

❑ Add Name：注册一个 NetBIOS 名称。
❑ Add Group Name：注册一个 NetBIOS 组名称。
❑ Delete Name：取消 NetBIOS 名称或组名称的注册。
❑ Find Name：在网络上查找某个 NetBIOS 名称。

当客户机使用 NetBIOS 接入网络时，客户机首先要广播它自己的名称，询问网络中是否有其他计算机使用了该名称。如果网络中的某台计算机承担了 NetBIOS 名称服务器的功能，这台计算机将给予响应，确认该名称是否被其他计算机注册。如果还没有被其他计算机注册，那么这台客户机就注册成功，如果其他计算机使用了要注册的名称，则注册失败。

如果网络中没有 NetBIOS 名称服务器，则客户端要反复广播名称注册包 6～10 次。如果没有收到其他计算机的响应数据包，就认为该名称还没有被使用，于是就注册该名称。如果网络中的其他计算机使用了该名称，则那台计算机要作出响应，于是要注册该名称的客户机就放弃注册。

在 TCP/IP 网络中，计算机需要通过 IP 地址来相互鉴别。因此，当 NetBIOS 网络中的两台计算机相互通信时，需要把 NetBIOS 名称转化为 IP 址。共有 3 种途径，一是查看本机的 lmhosts 文件；二是在网络上广播名称查询包，具有该名称的主机将会回应；三是向名称服务器进行查询。

会话服务可以让两台计算机建立一个连接进行会话，这样可以传输较大的数据包，并提供错误检测与修复功能。在 NBT 协议中，会话服务工作在 TCP139 号端口。NetBIOS 提供的会话服务接口如下：

❑ Call：打开与某个 NetBIOS 名称的会话。

❑ Listen：监听远程机与某个 NetBIOS 名称的会话请求。

❑ Hang Up：关闭一个会话。

❑ Send：发送一个数据包给另一端的会话对象。

❑ Send No Ack：与 Send 相似，但不需要回应。

❑ Receive：等待接收对方的数据包。

会话是通过交换数据包建立的。会话发起方向接收方的 TCP 139 端口发送一个 TCP 连接请求，接收方接受该请求后就建立了 TCP 连接。TCP 连接建立后，会话发起方通过该连接向接收方发送一个"会话请求"数据包，里面包含会话发起方的 NetBIOS 名称和会话接收方的 NetBIOS 名称。会话接收方回应一个"肯定会话响应"数据包，表示可以建立会话，或者回应一个"否定会话响应"数据包，表示不能建立会话。

📑说明：不能建立会话的可能是接收方没有在监听，或者资源不够等原因。

会话建立后，双方就可以通过"会话消息包"进行数据传输了。在 NBT 协议中，所有会话数据包的流量控制和重传机制由 TCP 负责，而路由、数据的分割和重组由 IP 层来完成。关闭 TCP 连接的同时也关闭了双方的会话。

数据包服务是一种无连接的不可靠通信，每个数据包都是独立的，而且比较小。另外，应用层程序要自己负责数据包的检测与修复。在 NBT 协议中，数据包服务工作在 UDP 138 号端口。NetBIOS 提供的数据包服务接口如下：

❑ Send Datagram：发送一个数据包给某个 NetBIOS 名称。

❑ Send Broadcast Datagram：发送一个数据包给所有的 NetBIOS 名称。

❑ Receive Datagram：等待接收 Send Datagram 数据包。

❑ Receive Broadcast Datagram：等待接收 Send Broadcast Datagram 数据包。

数据包可以发送到特定的地点，或发送给组中的所有成员，或广播到整个局域网。发送方使用 Send_Datagram 接口时，需要设定目的 NetBIOS 名称。如果目的 NetBIOS 名称是组名，则组中的每个成员都会收到数据包。Receive_Datagram 接口的调用者必须确定接收数据的本地 NetBIOS 名称，除了实际数据外，Receive_Datagram 接口也返回给调用者发送方的 NetBIOS 名称。如果客户机的 NetBIOS 收到数据包，却没有应用程序调用 Receive_Datagram 接口在等待，则数据包将会被丢弃。

通过 Send_Broadcast_Datagram 接口可以给本地网络上的每个 NetBIOS 发送消息，当 NetBIOS 收到广播数据包时，调用 Receive_Broadcast_Datagram 接口的每个进程都会收到该数据包。同样，当 NetBIOS 收到广播数据包时，如果没有进程调用这个接口，那么数据包将会被丢弃。

NetBEUI 协议实际上是 NetBIOS 的扩展，它直接构建在以太网等数据链路层上，而不像 NetBIOS，需要网络层协议的支持。因此，NetBEUI 具有效率高、速度快、内存开销较少并易于实现等特点。但是，由于缺少网络层，不能在网络之间进行路由选择，只能限制在小型局域网内使用，所以不能单独使用 NetBEUI 构建由多个局域网组成的大型网络。

17.2.3　Samba 简介

Samba 是一种开放源代码的自由软件，可以为 SMB/CIFS 客户提供所有方式的文件和打印服务，包括各种版本的 Windows 客户。Samba 的出现，使 Windows 和 UNIX/Linux 之间的文件和打印共享变得非常简单。在 Linux 上运行 Samba 后，Windows 用户可以通过网上邻居的形式访问 Linux 计算机上的文件和打印机，Linux 用户也可以访问 Windows 系统中的文件和打印机。

Samba 提供 Windows 风格的文件和打印机共享服务。Windows 95、Windows 98、Windows NT、Windows 2000 和 Windows 2003 等操作系统都可以利用 Samba 共享 Linux 等其他操作系统上的资源，而且从操作习惯和图形界面来看，和 Windows 的共享资源没有区别。

Samba 服务可以在 Windows 网络中解析 NetBIOS 的名字。为了能够使用局域网上的资源，同时使自己的资源也能被别人使用，各个主机都定期地向局域网广播自己的身份信息。负责收集这些信息，提供检索的服务器也称为名称服务器，Samba 能够实现这项功能。同时在跨越网关的时候 Samba 还可以作为 WINS 服务器使用。

Samba 服务提供了 SMB 的客户功能。利用 Samba 程序集提供的 smbclient 程序可以在 Linux 中以类似于 FTP 的方式访问 Windows 网络中的共享资源。另外，Samba 还提供了一个命令行工具，利用该工具可以支持 Windows 的某些管理功能。

Samba 服务可以与 OpenSSL 相结合，实现安全通信，也可以与 OpenLDAP 相结合实现基于目录服务的身份认证，同时还能承担 Windows 域中的 PDC 和成员服务器的角色。

17.2.4 Samba 服务器的安装与运行

默认情况下，RHEL 9 操作系统安装时已经安装了 Samba 的客户端软件包，但并没有安装 Samba 服务器。如果要安装 Samba 服务器，可以从 http://www.samba.org 处下载源代码进行安装，目前 Samba 的最新版本是 4.18.0 版。RHEL 9 发行版的安装光盘也包含 Samba 的 RPM 包，版本是 4.16.4 版。可以用以下命令查看 Samba 软件包的安装情况：

```
# rpm -qa|grep samba
samba-common-4.16.4-101.el9.noarch
samba-client-libs-4.16.4-101.el9.x86_64
samba-common-libs-4.16.4-101.el9.x86_64
#
```

由以上信息可见，Samba 客户端的 RPM 包 samba-client-libs-4.16.4-101.el9.x86_64 已经安装，samba-common-4.16.4-101.el9.noarch 是为 Samba 服务器和客户端提供支持的公共包。为了安装 Samba 服务器，通过 RHEL 9 的 DNF 源即可快速安装。执行命令如下：

```
# dnf install samba
```

Samba 服务器安装完成后，几个重要的文件分别如下：

❑ /etc/pam.d/samba：Samba 的 PAM 认证配置。

❑ /usr/lib/systemd/system/smb.service：Samba 的启动脚本。

❑ /usr/bin/smbpasswd：创建 Samba 用户的脚本。

❑ /usr/bin/smbcontrol：控制 Sanmba 服务器运行的工具。

❑ /usr/bin/smbstatus：列出 Sanmba 服务器的连接状态。

❑ /usr/sbin/nmbd：Samba 服务器的 nmbd 进程的命令文件。

❑ /usr/sbin/smbd：Samba 服务器的 smbd 进程的命令文件。

除了以上文件外，还有一些说明和帮助手册页文档。可以用以下命令启动 Samba 服务器：

```
# systemctl start smb.service   #启动 SMB 服务
# systemctl start nmb.service   #启动 NMB 服务
# ps -eaf|grep smbd
root   36839   1      0 16:05 ?     00:00:00 /usr/sbin/smbd --foreground
--no-process-group
root   36841   36839  0 16:05 ?     00:00:00 /usr/sbin/smbd --foreground
--no-process-group
root   36842   36839  0 16:05 ?     00:00:00 /usr/sbin/smbd --foreground
--no-process-group
root   36855   33627  0 16:05 pts/1 00:00:00 grep --color=auto smbd
# ps -eaf|grep nmbd
root   36849   1      0 16:05 ?     00:00:00 /usr/sbin/nmbd --foreground
--no-process-group
root   36861   33627  0 16:05 pts/1 00:00:00 grep --color=auto nmbd
```

可以看出，默认情况下，Samba 服务器启动了 3 个 smbd 进程和 1 个 nmbd 进程，均以 root 用户的身份运行。其中，smbd 进程主要负责处理对文件和打印机的服务请求，而 nmbd 进程主要负责处理 NetBIOS 名称服务并提供网络浏览功能。另外，可以用以下命令查看这几个进程监听的网络端口：

```
# netstat -anptu|grep smbd
tcp   0   0 0.0.0.0:139     0.0.0.0:*       LISTEN      36839/smbd
tcp   0   0 0.0.0.0:445     0.0.0.0:*       LISTEN      36839/smbd
tcp6  0   0 :::139          :::*            LISTEN      36839/smbd
tcp6  0   0 :::445          :::*            LISTEN      36839/smbd
# netstat -anptu|grep nmbd
udp   0   0 192.168.164.255:137   0.0.0.0:*      36849/nmbd
udp   0   0 192.168.164.141:137   0.0.0.0:*      36849/nmbd
udp   0   0 0.0.0.0:137           0.0.0.0:*      36849/nmbd
udp   0   0 192.168.164.255:138   0.0.0.0:*      36849/nmbd
udp   0   0 192.168.164.141:138   0.0.0.0:*      36849/nmbd
udp   0   0 0.0.0.0:138           0.0.0.0:*      36849/nmbd
#
```

由以上结果可以看出，smbd 监听 TCP 139 和 TCP 445 端口。TCP 139 端口是 NetBIOS 协议默认的会话服务监听端口，通过这个端口，Samba 实现了 NetBIOS 上的 SMB 协议，通过 TCP 445 端口，则直接在 TCP 上实现了 SMB 协议。另外，NetBIOS 的名称服务使用的是 UDP 137 端口，而数据包服务使用的是 UDP 138 端口。nmbd 进程实现 NetBIOS 的名称服务和数据包服务，因此这两个端口由 nmbd 进程进行监听。

为了使远程客户机能够访问 Samba 服务器，如果有防火墙，还需要开放防火墙的相应端口，命令如下：

```
# firewall-cmd --zone=public --add-port=139/tcp --permanent
# firewall-cmd --zone=public --add-port=445/tcp --permanent
# firewall-cmd --zone=public --add-port=137/udp --permanent
# firewall-cmd --zone=public --add-port=138/udp --permanent
# firewall-cmd --reload
```

以上操作完成后，可以在 Windows 客户端测试一下 Samba 服务器是否正常工作，具体方法是在 IE 浏览器的地址栏中输入"\\192.168.164.141"。其中，192.168.164.141 是 Samba 服务器主机的 IP 地址。正常情况下将会弹出如图 17-5 所示的对话框，要求用户进行认证。

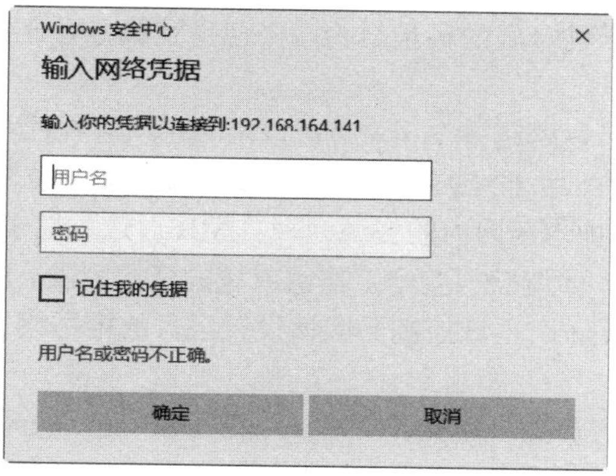

图 17-5　Windows 客户访问 Samba 服务器时弹出的认证对话框

> 🔔 **注意：** 默认情况下，Samba 不使用操作系统的账号进行认证，而是使用它自己创建的账号，具体创建方法见 17.2.8 小节。

17.2.5　与 Samba 配置有关的 Windows 术语

由于 Samba 服务的主要目的是让 UNIX/Linux 系统与 Windows 系统共享文件与打印资源，因此，为了能更好地配置 Samba 服务器，需要了解一些 Windows 系统中的知识。下面介绍几个与 Samba 服务器配置有关的 Windows 系统中的术语。

1. 浏览

在 SMB 协议中，计算机为了能够访问网络资源，必须先了解网络中存在的资源列表，这要通过“浏览”才能实现。虽然在 SMB 协议中可以使用广播方式告诉其他计算机自己的 NetBIOS 名称，但是这种方式会占用很大的网络流量，并且需要较长的查找时间。因此，最好在网络中维护一个网络资源列表，以方便计算机查找网络资源。

如果网络中的所有的计算机都维护整个资源列表，则会浪费资源，因此维护网络中当前资源列表的任务通常由几台特殊的计算机完成，这些计算机称为 Browser（浏览者）。作为 Browser 的计算机通过广播数据或查询名称服务器来记录网络上的各种资源。

作为 Browser 的计算机并不需要事先指定，它是由网络中的计算机通过自动推举产生的。不同的计算机可以按照其提供服务的能力设置自己的权重，以便推举时进行比较。为了保证某个 Browser 停机时网络浏览仍然能正常进行，网络中可以存在多个 Browser，其中一个为主 Browser（Master Browser），其余的为备份 Browser。

2. 工作组和域

工作组和域都是由一组计算机组成的，它们的共享资源位于同一个资源列表中。这两个概念在进行浏览时具备同样的用处，它们的不同之处在于认证方式。工作组中的每台计算机基本上都是独立的，都是自己对客户访问进行认证。而每一个域中都会存在至少一个域控制器，它保存了整个域的所有认证信息，包括用户的认证信息和域成员计算机的认证信息。在工作组和域模型下，浏览资源列表的时候都不需要进行认证。域实际上是工作组的扩展，其目的是形成一种分级的目录结构，再把目录服务融合到原有的浏览中，以扩大 Microsoft 网络的服务范围。

由于工作组和域都可以跨越多个子网，所以网络中就存在两种 Browser。一种是 DMB（Domain Master Browser），用于维护整个工作组或域内的资源列表；另一种是 LMB（Local Master Browser），用于维护本子网内的资源列表。LMB 通过本地子网的广播获得资源列表，DMB 需要与 LMB 交流，才能获得整个工作组或域的资源列表。由于域控制器管理着整个域，因此经常用作 Browser，主域控制器应该设置很大的推举权重值，以便在推举时被选作 DMB。

为了浏览多个子网的资源，需要 NBNS（NetBIOS Name Server）名称服务器的帮助，没有 NBNS 提供的名称解析服务，将不能获得其他子网中的计算机的 NetBIOS 名称。LMB 也需要通过查询 NBNS 服务器以获得 DMB 的名称，才能相互交换网络共享资源信息。

3．认证方式

在 Windows 9x 系统中，由于缺乏真正的多用户能力，共享资源的认证方式一般采用共享级的认证。此时访问这些共享资源，只需要提供一个密码，而不需要提供用户名。这种认证方式可以在用户比较少、共享资源也很少的情况下使用。如果需要共享的资源很多，而且对访问的控制比较复杂，那么针对每个共享资源都设置一个密码的方法就不再合适了。此时，更适合的方法是采用用户级的认证方式。

用户级认证方式区分并认证每个访问共享资源的用户，通过对不同的用户分配访问权限的方式来控制访问。例如，对于工作组中的计算机，用户的认证是通过提供共享资源的计算机来完成的，而域中的计算机可以通过域控制器进行认证。

📑**说明**：通过域控制器进行认证还有一个好处，就是用户认证成功后，可以自动执行域控制器设置的相应用户的登录脚本，以提供个性化服务。

4．共享资源

Samba 服务器可以对外提供文件或打印服务，这些服务的内容也称为共享资源。每个共享资源都必须赋予一个共享名称，当客户端进行访问时，可以在服务器的资源列表中看到这个名称。如果一个共享资源名称的最后一个字符为$，则这个名称就具有隐形属性，不会直接出现在资源列表中，用户只能通过其名称进行访问。

🔔**注意**：在 SMB 协议中，为了获得某台服务器的共享资源列表，必须使用一个隐藏的资源名称 IPC$来访问服务器。

5．网络登录

网络登录是 Windows 服务器提供的一种系统服务，用于对用户和其他服务进行身份验证。它维护着计算机和域控制器之间的一个安全通道，将用户登录时的凭据传送给域控制器，然后从域控制器返回用户的域安全标识符和所能行使的权限。这种登录方式也称为 pass-through 身份验证。

17.2.6　配置 Samba 服务器的全局选项

Samba 服务器的主配置文件是/etc/samba/smb.conf，它的配置内容包含许多区段，每个区段都有一个名称并用方括号括起来，其中有特殊含义的区段是[global]、[homes]和[printers]。[global]区段定义全局参数，决定 Samba 服务器要实现的功能，是 Samba 配置的核心内容。[homes]区段定义用户的主目录的文件服务，包含所有用户主目录的共享特性。[printers]区段定义打印机共享服务的相关特性。另外，还可以添加其他用户命名的区段，表示要添加一个共享资源。

每个区段里都定义了许多选项，格式为"选项名 = 选项值"，等号两边的空格被忽略，选项值两边的空格也被忽略，但是选项值里面的空格有意义。"#"是信息注释符，而";"是选项注释符。如果一行太长，可以用"\"进行换行。下面对 Samba 软件包安装完成后，初始/etc/samba/smb.conf 文件中的全局选项做一下解释：

```
# [global]区段内的选项决定 Samba 服务器要实现的功能
[global]

# 定义 Samba 服务器所属 Windows 域或工作组的名称
        workgroup = MYGROUP

# 指定 Samba 服务器的描述字符串
        server string = Samba Server Version %v

# 定义安全模式，可能的值是 share、user、server、domain 和 ads，含义如下
#   share: 不需要提供用户名和密码
#   user: 需要提供用户名和密码，而且身份验证由 Samba 服务器负责
#   server: 需要提供用户名和密码，可以指定其他机器进行身份验证
#   domain: 需要提供用户名和密码，指定 Windows 的域服务器进行身份验证
#   ads: 需要提供用户名和密码，指定 Windows 的活动目录进行身份验证
;       security = user

# 设置允许连接到 Samba 服务器的客户机范围，多个参数之间以空格隔开，表示方法可以为完整的
# IP 地址也可以是网段。以下设置表示允许网段 192.168.1.0/24 和主机 192.168.2.127 访问
;   hosts allow = 192.168.1. 192.168.2. 127.

# 启动 samba 服务器后马上共享打印机
;       load printers = yes

# 设置打印机共享的配置文件位置及名称
;   printcap name = /etc/printcap

# 在 UNIX System V 操作系统中，按以下设置可以自动从假脱机(spool)中获得打印机列表
;   printcap name = lpstat

# 设置打印机的类型，可用的选项是 bsd、cups、sysv、plp、lprng、aix、hpux 和 qnx。
# 一般标准打印机无须设置
;   printing = cups

# 将 cups 类型的打印机打印方式设置为二进制方式
        cups options = raw

# 设定访问 Samba 服务器的来宾账户，也就是访问共享资源时不需要输入用户名和密码的账户。现
```

```
# 设为 pcguest
# 如果客户机操作系统中没有该用户, 则会映射为 Samba 服务器操作系统中的 nobody 用户
;  guest account = pcguest

# 设置 Samba 服务器日志文件的名称和位置。在以下设置中, %m 表示所连接的客户机的 NetBIOS
# 名称也就是说, 要为每一个连接的客户机设置一个日志文件。也可以把所有的日志记录在一个文件里
        log file = /var/log/samba/%m.log

# 设定日志文件的最大容量, 单位为 KB。如果设为 0, 则表示不予限制
        max log size = 50

# 当 security=server 时, 指定提供用户认证功能的服务器
#   password server = My_PDC_Name [My_BDC_Name] [My_Next_BDC_Name]

# 也可以按以下设置让客户机自动定位域控制器
#   password server = *
;   password server = <NT-Server-Name>

# 当 security = ads 时, 指定主机所属的领域
;   realm = MY_REALM

# 设置存储账号的后端数据库。在新的安装中, 建议使用 tdbsam 或者 ldapsam。当使用 tdbsam
# 时, 不需要进一步的设置, 而且原来的 smbpasswd 也可以继续使用
;   passdb backend = tdbsam

# 在此处把其他文件的内容包含进来。%m 表示所连接的客户机的 netbios 名称, 以下设置表示
# 根据不同的客户机名称引入不同的配置内容
;   include = /usr/local/samba/lib/smb.conf.%m

# 指定 Samba 服务器使用的本机网络接口。默认时使用所有具有广播能力的接口
;   interfaces = 192.168.12.2/24 192.168.13.2/24

# 设定 Samba 服务器是否要承担 LMB 角色(LMB 负责收集本地网络的资源列表), no 表示不承担
;   local master = no

# 指定 Samba 服务器在承担 LMB 角色时的优先权值
;   os level = 33

# 指定 Samba 服务器是否承担 DMB 角色(DMB 负责收集域中的资源列表), yes 表示要承担
# 如果域控制器已经做了这项工作, 则应设为 no
;   domain master = yes

# Samba 服务器启动时, 是否进行本地 Browser 的选择
;   preferred master = yes

# 设为 yes 表示想让 Samba 服务器成为 Windows 95 工作站的域登录服务器
;   domain logons = yes

# 如果 domain logons 设为 yes, 则为每个登录的客户机设置登录后的自动执行脚本
;   logon script = %m.bat

# 如果 domain logons 设为 yes, 则为每个登录的用户设置登录后的自动执行脚本。%U 表示登
# 录的用户名
;   logon script = %U.bat

# 指定登录后自动执行脚本的位置。%L 表示服务器的 Netbios 名称, 按以下方式设置时, 还要设
# 置[Profiles]共享区段
```

```
;    logon path = \\%L\Profiles\%U

# 设置为 yes 表示让 Samba 服务器承担 WINS 服务器的功能
;    wins support = yes

# 设置 WINS 服务器的地址，使 Samba 服务器成为该 WINS 服务器的客户
# 该选项与"wins support = yes"只能二选一，即不能同时承担 WINS 服务器和客户机的角色
;    wins server = w.x.y.z

# 使 Samba 服务器成为 WINS 代理，回复非 WINS 客户的名称查询，此时网络中至少要有一台 WINS
# 服务器
;    wins proxy = yes

# 告诉 Samba 服务器是否使用 DNS 的 nslookup 对 NetBIOS 名称进行解析
        dns proxy = no

# 指定 Samba 服务器用户与操作系统用户映射文件的位置与名称
        username map = /etc/samba/smbusers

# 下面提供了一些用户管理的脚本
;    add user script = /usr/sbin/useradd %u
;    add group script = /usr/sbin/groupadd %g
;    add machine script = /usr/sbin/adduser -n -g machines -c Machine -d
/dev/null  -s /bin/false %u
;    delete user script = /usr/sbin/userdel %u
;    delete user from group script = /usr/sbin/deluser %u %g
;    delete group script = /usr/sbin/groupdel %g
```

以上是 Samba 例子配置文件中关于全局配置选项的解释。这些选项都是常用选项，用户根据实际情况进行修改后，就可以配置一台实用的 Samba 服务器了。所有的配置选项可以通过 man smb.conf 命令查看 smb.conf 的帮助手册页。

☎提示：在 Samba 4 中，security 参数不推荐使用 share 和 server 值。因为 Samba 4 现在默认支持 Active Directory（AD）域控制器角色，并且推荐使用 AD 域控制器来管理文件和打印机共享。

17.2.7　Samba 的共享配置

17.2.6 小节介绍了例子配置文件中的全局配置选项。除此之外，例子配置文件中还包含有关共享资源配置的区段，每个区段都有一个名称，有些区段的名称具有特殊含义。下面对例子配置文件中出现的区段以及其中的选项进行解释。

```
#    [homes]是一个特殊的区段，它代表每个用户的个人目录
[homes]
    comment = Home Directories        # 注释，也是出现在共享资源列表中的名称
    browseable = no                   # no 表示不在共享资源列表中出现，默认是 yes
    writeable = yes                   # yes 表示这个目录所属的用户具有写的权限

# Samba 服务器提供 netlogon 服务，需要配置该区段
; [netlogon]
;    comment = Network Logon Service
;    path = /var/lib/samba/netlogon  # 设置共享目录的完整路径
;    guest ok = yes                   # yes 表示不需要密码就可以访问这个共享资源
;    writable = no
```

```
;    share modes = no                        # no 表示文件不能被多个用户同时打开

# 该区段与全局选项 logon path 有关，用于设置共享用户登录脚本存放的目录
;[Profiles]
;    path = /var/lib/samba/profiles
;    browseable = no
;    guest ok = yes

# 该区段指定所有打印机的共同配置。可以用区段[printer1] ,[printer2]等指定单台
# 打印机的配置
[printers]
        comment = All Printers
        path = /var/tmp                        # 存储用户打印任务的目录
        browseable = no
;        guest ok = no
;        writeable = no
        printable = yes                        # 启用打印机
# 还可以设置 public = yes，此时允许全局选项 guest account 指定的用户执行打印命令

# 该区段为用户设置存储临时文件的共享目录
;[tmp]
;    comment = Temporary file space
;    path = /tmp
;    read only = no                        # 用户对该共享资源具有写权限
;    public = yes                          # 与 guest ok=yes 意义相同

# 该区段定义一个公共共享目录，除 staff 用户组以外的用户只能读
;[public]
;    comment = Public Stuff
;    path = /home/samba
;    public = yes
;    writable = no
;    printable = no
;    write list = +staff                    # 表示属于 staff 的用户组具有写权限

# 下面定义了一个 fred 用户的私人打印机，只有 fred 使用，假脱机目录是 fred 用户的个人目录
;[fredsprn]
;    comment = Fred's Printer
;    valid users = fred                     # 表示只有 fred 能登录
;    path = /homes/fred
;    printer = freds_printer
;    public = no
;    writable = no
;    printable = yes

# 下面区段定义一个 fred 用户的私人目录，只有 fred 能写，其他用户不能浏览
# 注意：fred 用户在操作系统设置中对所设的目录要有写的权限
;[fredsdir]
;    comment = Fred's Service
;    path = /usr/somewhere/private
;    valid users = fred
;    public = no
;    writable = yes
;    printable = no

# 下面的区段配置可以使每台客户机登录时看到的同一名称的共享目录实际上是不同的目录
;[pchome]
;    comment = PC Directories
```

```
;    path = /usr/pc/%m    # %m 表示客户机的 NetBIOS 名称。每台客户机看到的是不同的目录
;    public = no
;    writable = yes


# 该区段定义一个所有用户都可写的共享资源。以 guest 对应的操作系统用户写入, 该用户对共享
# 目录要有写权限
;[public]
;    path = /usr/somewhere/else/public
;    public = yes
;    only guest = yes
;    writable = yes
;    printable = no


# 该区段定义一个 mary 和 fred 可写的共享资源, 而且文件写入后不能被删除或修改
;[myshare]
;    comment = Mary's and Fred's stuff
;    path = /usr/somewhere/shared
;    valid users = mary fred
;    public = no
;    writable = yes
;    printable = no
;    create mask = 0765                    # 创建文件时设置 sticky 位
```

以上是 Samba 例子配置文件中有关共享资源的配置, 这些共享资源区段包含的选项内容相差不大。该文件中提供的共享资源例子都比较典型, 用户可以将其作为模板, 配置自己的共享资源。另外, 如果需要了解更多的配置选项, 可以通过 man smb.conf 命令查看smb.conf 的帮助手册页。

17.2.8　Samba 客户端

为了测试 Samba 服务器的运行, 需要创建 Samba 服务器自己管理的用户账号, 因为默认时, Samba 是不通过操作系统去认证用户的。由于 Samba 用户登录时, 需要以某个操作系统用户的身份访问服务器的共享资源, 所以 Samba 用户需要与操作系统用户建立映射关系。Samba 通过 smbpasswd 命令创建自己的用户账号, 但前提是操作系统中应该存在同名的用户账号。下面是创建 Samba 用户的过程:

```
# useradd smb_user1            //首先创建操作系统用户
# passwd smb_user1             //设置该用户的操作系统密码
更改用户 smb_user1 的密码。
新的密码:
重新输入新的密码:
passwd: 所有的身份验证令牌已经成功更新。
//添加 Samba 服务器用户账号, 用户名 smb_user1 必须是操作系统用户
# smbpasswd -a smb_user1
New SMB password: //设置该用户在 Samba 服务器中的登录密码, 可以和操作系统密码不一样
Retype new SMB password:
Added user smb_user1.         //Samba 用户添加成功
```

以上步骤完成后, 就可以在客户机上通过 smb_user1 用户账号登录 Samba 服务器了, 登录成功后, 将弹出如图 17-6 所示的窗口。在默认的 Samba 服务器配置下出现的共享资源是用户的个人目录和共享打印机。

图 17-6　在 Windows 客户端访问 Samba 服务器

🔔注意：登录时用户要输入在 Samba 服务器的登录密码，而不是操作系统密码。

此时，双击 smb_user1 图标进入个人目录后，可以拥有写的权限。

🔔注意：如果不能打开个人目录，可能是 RHEL 9 操作系统的 SELinux 设置还不允许 Samba 服务器访问用户的个人目录，需要通过以下命令改变设置：

```
setsebool -P samba_enable_home_dirs=1
```

Samba 用户除了使用操作系统用户的名称外，还可以把操作系统用户映射为另外一个用户名称，以便登录时可以使用映射后的名称，而密码采用原来的 Samba 密码即可。具体方法是在/etc/samba/smbusers 文件中加入相应的条目。在 Samba 新版本中默认没有创建 smbusers 文件，需要用户自己创建。例如，将 smb_user1 用户映射为 user1，格式如下：

```
smb_user1 = user1
```

接下来还需要在主配置文件 smb.conf 的 global 全局配置中指定名称映射文件。

```
username map = /etc/samba/smbusers
```

然后，重新启动 Samba 服务器。这样以后登录 Samba 服务器时，可以用 user1 代替 smb_user1。

上面介绍的是通过 Windows 客户端访问 Samba 服务器。实际上，RHEL 9 操作系统也默认安装了 Samba 的客户端软件包，其中包含许多 Samba 客户端的命令工具。最常用的是 smbclient 命令，它能以类似 FTP 客户端的形式访问网络上的共享资源，常用的命令格式如下：

```
//以用户名 smb_user1 登录，列出 10.10.1.29 上的共享资源
$ smbclient -L 10.10.1.29 -U smb_user1
Password [SAMBA\smb_user1]:                    //输入 smb_user1 用户的密码
  //下面是 10.10.1.29 上的共享资源列表
    Sharename       Type        Comment
    --------        ------      ------
    IPC$            PC          IPC Service (Samba 4.16.4)
    abc             Disk
    home            Disk
    public          Disk
    smb_user1       Disk        Home Directories
...

//下面的命令表示以 smb_user1 用户身份访问 10.10.1.29 上的 smb_user1 资源
$ smbclient //10.10.1.29/smb_user1 -U smb_user1
```

```
Password [SAMBA\smb_user1]:                        //输入 smb_user1 用户的密码
Try "help" to get a list of possible commands.
smb: \>                        //出现 Samba 客户端命令提示符
Smb:\>?                        //列出所有的可用命令，这些命令与 FTP 客户端命令类似
...
smb: \> mkdir test             //创建名为 test 的子目录
smb: \> ls                     //列出目录的内容
  .                            D        0  Sun Mar 26 17:09:48 2023
  ..                           D        0  Sun Mar 26 16:44:46 2023
  .bash_logout                 H       24  Thu Mar 23 11:10:39 2023
  .bashrc                      H      124  Mon Aug  8 21:07:55 2022
  test                         D        0  Sun Mar 26 17:09:48 2023
  .bash_profile                H      176  Mon Aug  8 21:07:55 2022

               37630 blocks of size 1048576. 31940 blocks available
smb: \>
```

以上列出了 Samba 客户端工具 smbclient 中的常用命令，可以看到，其命令名称和操作形式非常像字符方式下的 FTP 客户端。

17.3 小   结

在 Internet 上传输文件时，一般采用 FTP 形式，但在小范围的局域网中，相互之间共享文件的方式比较多。本章介绍了两种常见的共享文件系统——NFS 和 Samba，前者是 UNIX 平台最著名的共享文件系统，后者是 Linux 和 Windows 系统之间共享资源最常用的一种方式。

17.4 习   题

一、填空题

1．NFS 的全称为_____，中文意思是_____。
2．NFS 采用_____工作模式。
3．SMB 是基于_____协议。

二、选择题

1．NFS 服务默认使用的端口是（　　）。
A．2048　　　　　B．2049　　　　　C．111　　　　　D．139
2．在 Samba 提供的两个服务程序中，smbd 服务监听的 TCP 端口是（　　）。
A．137　　　　　B．138　　　　　C．139　　　　　D．445
3．Samba 服务器 192.168.1.100 配置了匿名共享目录 share，在 Linux 客户端可以通过（　　）命令访问该共享资源。
A．mount //192.168.1.100/share /mnt/smbdir

B．mount \\192.168.1.100:share /mnt/smbdir

C．smbclient -U 192.168.1.100

D．smbclient //192.168.1.100/share

三、判断题

1．使用 NFS 服务器共享文件系统，访问服务器的文件系统和对本地文件系统的操作方法相同。　　　　　　　　　　　　　　　　　　　　　　　　　　　　（　　）

2．如果要创建 Samba 用户，则系统中必须有对应的系统用户。　　　　（　　）

四、操作题

1．使用 NFS 服务器共享/share 目录。在客户端使用 mount 命令挂载后，可以访问共享资源。

2．使用 Samba 服务器共享/share 目录，然后使用 smbclient 命令访问共享资源。

第 18 章　Squid 代理服务器架设

代理（Proxy）是位于客户端与服务器之间的一种中介，它分析客户端向服务器的请求，如果请求的数据在代理缓存中已经存在，则会代替服务器进行响应。相对服务器，代理与客户端在网络上的距离比较近，可以更快地为客户端提供服务。本章将介绍代理服务器的原理，以及 Squid 代理服务器的安装、运行与配置等内容。

18.1　代理服务概述

代理服务的种类非常多。如果按所支持的协议来分，可以分为 HTTP 代理、FTP 代理、SSL 代理、POP3 代理和 SOCKS 代理等。其中，HTTP 代理（也称为 Web 代理）的应用最广泛。本节主要以 HTTP 代理为例，介绍代理服务的原理、作用、缓存机制及代理的方式等内容。

18.1.1　代理服务器的工作原理

代理服务器一般构建在内部网络和 Internet 之间，负责转发内网计算机对 Internet 的访问，并对转发请求进行控制和登记。代理服务器作为连接 Intranet（局域网）与 Internet（广域网）的桥梁，在实际应用中起着重要的作用。利用代理，除了可以实现最基本的连接功能外，还可以实现安全保护、缓存数据、内容过滤和访问控制等功能。如图 18-1 是 Web 代理的原理示意。

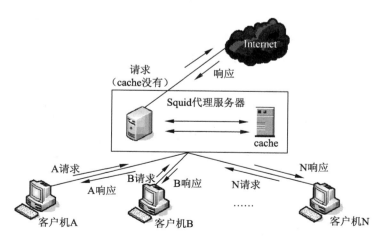

图 18-1　Web 代理原理示意

在图 18-1 中，多台客户机通过内网与 Web 代理服务器连接，Web 代理服务器除了与内网连接外，还有一个网络接口与外网连接。Web 代理平时维护着一个很大的缓存（Cache）。当某一台客户机，如 A 客户机，访问外网的某台 Web 服务器时，发过去的 HTTP 请求要先经过 Web 代理。Web 代理对这些 HTTP 请求进行分析，如果发现所请求的数据在缓存中已经存在，则直接把这些数据发送给客户机 A。

如果 Web 代理在缓存中找不到所请求的数据，则会转发这个 HTTP 请求到客户机要访问的 Web 服务器。Web 服务器响应后，把数据发给 Web 代理，Web 代理再把这个数据转交给客户机 A，同时把这些数据储存在缓存中。于是，下次客户机 A 或其他客户机再次请求同样的数据时，Web 代理就直接用缓存中的数据进行响应，不需要再次向 Web 服务器请求数据。

对于客户机来说，它是感觉不到代理存在的，它以为看到的网页是由真实的 Web 服务器回复的。实际上，很多的回复数据是从代理服务器的缓存中得到的，由于 Internet 与真实的 Web 服务器没有通信，而内网的速度比 Internet 要快很多，所以用户会感觉访问速度有很大的提高。特别是对一些访问量很大的热门网站，访问速度更是有明显的提高。

当然，如果客户机每次请求的数据在代理服务器的缓存中都没有，则需要通过代理服务器向 Internet 上的 Web 服务器发出请求，这比客户机自己直接请求的速度要慢。

> 说明：实际上，对于 Web 访问来说，一个网站的网页往往包含大量重复的链接。即使客户机初次浏览一个网站，看到的是不同的网页，但构成这些网页的链接实际上很多是重复的。于是，重复链接所指的内容就不需要直接访问 Web 服务器，而是从代理服务器的缓存中得到。

除了上面提到的使用代理服务器可以大大提高访问速度外，代理服务器还有以下几个好处。

1．可以起到防火墙的作用

由于所有的客户机访问外网时都是通过代理服务器出去的，所以代理服务器可以按照一定的规则限制某些客户机访问外网，或者限制客户机访问某些 Internet 上的服务器。同时，客户机所有要访问的数据都是由代理服务器转发给客户机的，因此代理服务器也可以按一定的规则过滤或屏蔽掉某些有害信息，使客户机不能收到这些信息。总的来说，有了代理服务器后，网络管理员可以更方便地进行访问控制。

2．客户机的安全性得到提高

客户机通过代理服务器访问时，目的服务器看到的往往是代理服务器的地址，并不知道客户机的真实地址，于是客户机的身份就得到了隐藏。这样不仅保护了用户的隐私，而且使攻击者失去了目标。另外，如果代理服务器提供了病毒、木马程序过滤等功能，则目标服务器向客户机发送病毒或木马等恶意程序时，会遭到代理服务器的拦截，从而保证了客户机的安全。

3．可以访问受限的服务器

有些服务器由于各种原因往往只接受部分 IP 地址范围的客户机访问。对于落在这个范围以外的客户机将拒绝访问，或只能访问一部分内容。此时，如果位于允许 IP 地址范围内的客户机设置了代理服务，则受限制的客户机就可以通过这台提供代理服务的机器访问原来不能访问的服务器，从而突破对方的限制。

4．减少出口流量

对于采用流量计费的出口线路来说，使用代理服务器还可以减少上网费用。如果内网客户机大量的数据都是从代理服务器的缓存中得到的，则出口线路的流量将大大减少，这不仅提高了网页访问速度，而且使上网费用降低了。

18.1.2 Web 缓存的类型和特点

在计算机领域中，缓存技术的使用无处不在，使用缓存的主要目的在于加快数据的访问速度。在 Internet 中，人们也广泛使用缓存技术来提高网络速度。由于 Web 是 Internet 上最重要的一种服务，因此 Web 缓存的使用对于减少网络流量、提高网络速度具有重要的意义。Web 缓存的位置有 3 种，一是可以放置在客户端，二是放在服务器端，三是放在客户机与 Web 服务器之间的某个网络结点上，这个网络结点一般就是 Web 代理服务器。

1．客户端缓存

几乎所有的 Internet 浏览器都提供了缓存功能，允许用户在客户机的内存或硬盘上缓存访问过的 Web 对象，如网页、图像和声音等。当用户通过浏览器请求 Web 服务器上的网页时，浏览器首先要查找自己的缓存。如果请求的数据存在缓存副本，而且满足一定的时间条件，则浏览器直接读取缓存副本。如果在缓存中找不到请求的数据，则通过网络从 URL 所指向的 Web 服务器读取，并且把读取的数据缓存起来，以便下次使用。

客户端缓存有两个缺点：一是由于缓存的容量小，不能存储大量的 Web 对象，因此读取时的命中率比较低；二是每个客户机的缓存都在本地，虽然距离很近，相互之间却不能共享缓存中的数据，从而造成缓存中存在大量的重复数据。因此，客户端缓存的作用与效果是相当有限的。

说明：有些客户端的浏览器有时会采取预读策略，把可能要访问的网页提前下载到缓存中。这虽然对本机是有利的，但是提前下载的网页并非都能被访问，这样就增加了额外的网络流量，对网页访问速度并没有好处。

2．代理服务器缓存

代理服务器缓存位于网络的中间位置，它可以同时接收很多客户机的请求。因此，它的缓存可以被这些客户机共享。当一个客户端请求在代理服务器处得到满足时，就减少了代理服务器与 Web 服务器之间的网络流量，也就减少了请求的延时和 Web 服务器的负载。因为代理服务器缓存要面对大量的客户机，所以在管理上要注重整体性能，而且容量要比客户端缓存大得多。

由于代理缓存要面向很多的客户机，因此它的性能也是至关重要的。如果代理缓存的性能不能满足要求，则不仅不能提高速度，反而会造成网络瓶颈，影响客户机的访问速度。

代理缓存应该具有健壮性、可扩展性、稳定性、负载平衡等特点。

3．服务器缓存

设置服务器缓存的目的是减轻 Web 服务器的负载，而不是提高网页访问的命中率。它接收到的都是访问自己的请求，而不是像代理缓存那样，接收到的请求是指向为数众多的另外的 Web 服务器。由于一些热门网点访问量特别巨大，单一的 Web 服务器难以应付，所以可以在前面放置几台服务器缓存，分担客户机的访问请求。如果客户机请求的网页在 Web 服务器缓存中找不到，则由服务器缓存从 Web 服务器读取，再发送给客户机。

服务器缓存不仅减少了 Web 服务器所在网络的流量，同时还保护着 Web 服务器的安全。因为 Web 服务器是不直接面向客户机的，它只向服务器缓存提供数据。另外，采用服务器缓存还提高了网站的可靠性，因为服务器缓存的数量一般不只一台。如果其中一台出现故障，它的工作可以由另外几台临时承担，不会造成整个网站的瘫痪。

由于 Web 环境的特点，Web 缓存设计时与传统的操作系统缓存考虑的角度不一样。操作系统管理的缓存其数据大小往往是固定的，如一页或者一块，读取固定大小的数据时其时间也可以认为是固定的。但 Web 缓存的对象其大小变化很大，从几百字节到几兆字节不等，而且在网络环境中，即使对象的大小是一样的，读取的时间差别可能很大。因此，传统的缓存系统使用的算法并不适合在 Web 缓存中使用。

18.1.3　三种典型的代理方式

根据 Web 代理服务器的配置方案与工作方式，可以把 Web 代理分为 3 种。第 1 种是传统的代理方式，它需要在客户端进行配置，而且客户端知道代理的存在；第 2 种是透明代理，一般用于为内部网络中的主机提供外网的访问服务，但不需要配置客户端，而且客户端不知道代理的存在；第 3 种是反向代理，为外部网络上的主机提供内网的访问服务。

1．传统代理

图 18-1 就是传统的代理方式，它是用户最熟悉的，需要在浏览器中进行代理设置，明确指出代理服务器的 IP 地址和网络端口，使得浏览器访问指定的服务时，先把访问请求发送给代理服务器。这种方式的优点是便于用户对访问进行管理，使用的服务种类多，并且可以在需要时进行设置。同时，代理服务器配置简单，不需要其他服务器或网络设备的配合。

传统的代理方式也存在缺点。首先传统的代理方式需要发布代理服务器的地址和端口信息，并且改变后要及时通知用户，当用户数很多的时候，这对管理员是一个不小的负担。其次，由于用户需要自行配置浏览器，虽然步骤比较简单，但是对有些初学者来说可能有一定的难度。最后，如果网络存在多个出口，用户可以不使用代理，代理服务器也就失去了意义。

2．透明代理

透明代理的原理示意如图 18-2 所示，它一般为内网计算机提供外网的访问服务，不需要客户端做任何设置。当客户端的某种数据包如 TCP 80 号端口的 HTTP 请求数据包经过内网的出口路由器时，可以被路由器重定向到本地代理服务器的代理端口，然后由本地代理服务器对 HTTP 请求进行处理。如果请求的数据在缓存中已经存在，则直接响应，如果不存在，则向外网的 Web 服务器发出请求，然后响应。

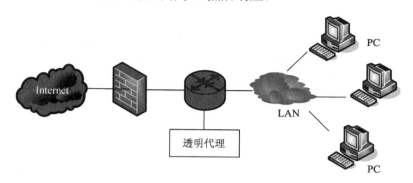

图 18-2　透明代理示意

透明代理克服了传统代理的缺点，不需要客户端进行配置，能够强制客户端使用代理，容易实现平衡。但它也有缺点：首先是需要其他网络设备的配合，把某种数据包转发给代理服务器；其次是需要从大量的外出 Internet 流量中过滤所需的数据包，增加了网络设备的负担，而且会有一定的延时；最后就是当应用程序的一系列请求是相关的并涉及多个目标对象时，如果要求传递状态信息，这时使用透明代理可能会有问题。

3. 反向代理

与传统代理和透明代理不同的是，反向代理服务器能够代理外部网络上的主机访问内部网络，如图 18-3 所示。

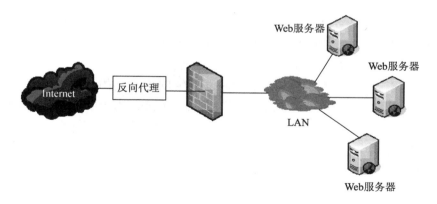

图 18-3　反向代理示意

反向代理主要为一个或几个本地网站进行缓存，以加快 Web 服务器的响应速度；或者代理外网的计算机访问内部的服务器，以加强 Web 服务器的安全。反向代理实际上相当于前面介绍的服务端缓存，相关内容可参见 18.1.2 小节。

18.2　Squid 服务器的安装与运行

代理服务器软件的选择有很多种，其中最有名的是 Squid。它是一种开源软件，可以工作在各种操作系统平台上，包括 Linux 操作系统。Squid 服务器效率高，功能强大，提供丰富的访问控制、用户认证和日志功能。本节主要介绍 Squid 服务器的概况、软件获取、安装与运行、客户端设置与测试等内容。

18.2.1　Squid 简介

Squid 软件来源于一个名为 Harvest Cache 的项目，它得到了美国国家科学基金的资助，是一种开放源代码的软件，其某些特征的加入和 BUG 的修复由一个在线的工作组来完成。美国国家科学基金对 Squid 的资助于 2000 年 7 月结束。目前，Squid 是由很多志愿者进行开发和管理的，其主要经济来源是一些公司的赞助，这些公司因为使用 Squid 获得了收益。

Squid 是一种快速的代理缓存程序，它扮演一种中介的角色，从浏览器等客户端程序接受请求，并把它传递给请求的 URL 所指向的 Internet 服务器，然后把返回的数据传给客户端，同时存储一份副本在硬盘缓存中。这样做主要的好处是下次客户端有同样的请求时，硬盘缓存中的副本可以马上传送给客户端，从而加快网页访问速度，节省带宽。

📋说明：在 Internet 防火墙中通常有一个代理单元，但是这种代理单元与 Squid 代理不一样。大多数的防火墙代理单元并没有存储返回的数据的副本，每次的请求数据都要从 Internet 服务器上读取。另外，Squid 比 Internet 防火墙的代理单元支持更多的协议，并可以构建复杂的分级代理机制。

许多 Internet 服务器支持多种协议的访问。例如，一台 Web 服务器在提供 HTTP 访问的同时，可能还具有 FTP 服务器的功能。Squid 为了避免把缓存的 FTP 数据返回给 HTTP 客户，采用完全的 URL 来唯一地索引所缓存的数据。

Squid 除了对 Web 对象进行缓存外，同时也缓存 DNS 查询的结果。此外，它还支持非模块化的 DNS 查询，对失败的请求进行消极缓存。Squid 采用一个主进程 squid 来处理所有的客户端请求，同时还派生出几个辅助进程。Squid 可以运行在各种 UNIX/Linux、Windows 等操作系统平台上，要求机器的内存一定要大，硬盘访问速度要快，但对处理器的要求不是很高。Squid 的主要功能如下：

- ❏ 加速内部网络与 Internet 的连接。
- ❏ 保护内部网络免受来自 Internet 的攻击。
- ❏ 获得内部网络用户访问 Internet 的上网行为记录。
- ❏ 阻止不合适的 Internet 访问。
- ❏ 支持用户认证。
- ❏ 过滤敏感信息。
- ❏ 加速 Web 服务器的页面访问速度。

Squid 支持的客户端网络协议如下：

- ❑ 访问 Web 服务器的协议 HTTP。
- ❑ 文件传输协议 FTP。
- ❑ 信息查找协议 Gopher。
- ❑ 广域信息查询系统 WAIS。
- ❑ 安全套接层协议 SSL。

Squid 支持以下内部缓存和管理协议：

- ❑ HTTP，用于从其他缓存抽取 Web 对象的副本。
- ❑ ICP（Internet Cache Protocol，互联网缓存协议），用于从其他缓存中查找一个特定的对象。
- ❑ Cache Digests 协议，用于生成在其他缓存中所存对象的索引。
- ❑ SNMP，为外部工具提供缓存信息。
- ❑ HTCP，用来发现 HTTP 缓冲区，并储存、管理 HTTP 数据的协议。

18.2.2　Squid 软件的安装与运行

Squid 是一个开放源代码的软件，可以免费获取并使用，其主页地址是 http://www.squid-cache.org，目前最新稳定版是 5.8 版。RHEL 9 提供了 RPM 安装包。用户可以使用如下命令查看系统是否已经安装：

```
# rpm -qa | grep squid
squid-5.5-3.el9_1.x86_64
```

上述执行结果表明 RHEL 9 中已经安装了 Squid，版本是 5.5.3。如果没有安装，可以使用本地 DNF 软件源安装，执行命令如下：

```
# dnf install squid
```

安装成功后，Squid 服务器软件的几个重要文件分布如下：

- ❑ /etc/httpd/conf.d/squid.conf：在 Apache 服务器中加入运行 cachemgr.cgi 程序的配置。
- ❑ /etc/logrotate.d/squid：Squid 的日志滚动方式的配置。
- ❑ /etc/pam.d/squid：Squid 的 PAM 认证配置。
- ❑ /etc/squid/mime.conf：定义 MIME 类型的文件。
- ❑ /etc/squid/squid.conf：Squid 的主配置文件。
- ❑ /usr/lib64/squid/*_auth：各种认证方式的库文件。
- ❑ /usr/lib64/squid/cachemgr.cgi：对缓存进行管理的 CGI 程序。
- ❑ /usr/sbin/squid：Squid 服务器的主程序。
- ❑ /usr/sbin/squidclient：统计显示摘要报表的客户程序。
- ❑ /usr/share/squid/errors：是一个目录，存放各种语言出错报告的 HTML 文件。
- ❑ /var/log/squid：存放 Squid 日志的目录。
- ❑ /var/spool/squid：Squid 缓存的根目录。

为了运行 Squid，可以输入以下命令：

```
# systemctl start squid
# ps -eaf|grep squid
root     68149    1  0 11:37 ?        00:00:00 /usr/sbin/squid --foreground -f
/etc/squid/squid.conf
```

```
squid    68151    68149  0 11:37 ?     00:00:00 (squid-1) --kid squid-1
--foreground -f /etc/squid/squid.conf
squid    68152    68151  0 11:37 ?     00:00:00 (logfile-daemon) /var/log/
squid/access.log
root     68162    66974  0 11:37 pts/0   00:00:00 grep --color=auto squid
#
```

可以看到，Squid 服务器启动了 3 个进程。其中一个是由 root 用户运行的，另外两个由 squid 用户运行，squid 用户是在 Squid 软件包安装的时候自动创建的，如果采用源代码安装，需要手工创建。输入以下命令可以查看 squid 进程监听哪些网络端口：

```
# netstat -anptu |grep squid
tcp6   0   0 :::3128   :::*     LISTEN   68151/(squid-1)
udp    0   0 0.0.0.0:32836   0.0.0.0:*     68151/(squid-1)
udp6   0   0 :::53728   :::*     68151/(squid-1)
#
```

可见，初始配置下，Squid 服务器监听的是 TCP 3128 端口。也就是说，Squid 服务器通过这个端口接受客户端的代理请求。

📖注意：Squid 服务器监听的另外两个 UDP 端口主要用于与其他代理服务器交换缓存信息。

为了使远程客户可以使用 Squid 服务器，需要主机防火墙开放上述端口。

```
# firewall-cmd --zone=public --add-port=3128/tcp --permanent
# firewall-cmd --reload
```

上述工作完成后，Squid 服务器就能正常使用了，使用的是/etc/squid/squid.conf 文件的初始配置，代理的方式是传统代理。可以通过客户端对其进行测试，具体方法见 18.2.3 小节。

18.2.3　代理的客户端配置

代理可以分为传统代理、透明代理和反向代理 3 种方式。对于传统代理来说，需要在客户端进行配置，明确指定代理服务器的 IP 地址和网络端口等信息，而透明代理和反向代理是不需要进行客户端配置的。在 Windows 的 Microsoft Edge 浏览器中，可以在代理设置对话框中进行配置，具体步骤如下。

（1）在 Microsoft Edge 的主菜单中单击三个点按钮 ⋯，在弹出的子菜单中依次选择"设置"|"高级"|"代理设置"|"打开代理设置"命令，打开代理设置对话框，如图 18-4 所示。

（2）在"手动设置代理"部分，启动"使用代理服务器"功能。然后在"地址"文本框中输入代理服务器地址（Squid 服务器 IP 地址），在"端口"文本框中输入监听端口 3128。然后，单击"保存"按钮，客户端代理配置成功。

除了 Microsoft Edge 浏览器外，RHEL 9 平台的 Firefox 浏览器也可以进行代理服务器设置，具体方法是在工具栏上选择"编辑"|"设置"|"网络设置"|"设置"命令，会弹出如图 18-5 所示的对话框。

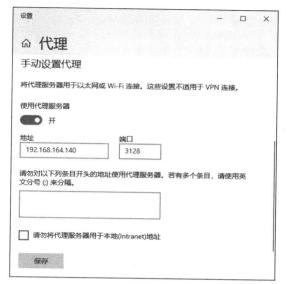
图 18-4　手动设置代理对话框

图 18-5　"连接设置"对话框

在图 18-5 中选择"手动配置代理",就可以在下面的文本框中输入各种协议的代理服务器 IP 地址和端口号了。输入完成后,单击"确定"按钮返回即可。

说明:客户端浏览器代理设置完成后,可以查看浏览器是否能够上网,如果能正常上网,说明 18.2.2 小节运行的 Squid 服务器工作正常。

18.3　配置 Squid 服务器

Squid 的功能非常丰富,服务器安装完成后,所提供的初始配置比较简单,大部分选项都是按默认值进行配置。为了充分发挥 Squid 代理服务器的作用,需要根据实际情况进行配置。本节先介绍 Squid 的基本配置选项,再介绍 Squid 的访问控制配置、缓存配置、透明和反向代理配置及日志管理等内容。

18.3.1　Squid 的常规配置选项

Squid 的配置文件的格式与其他 UNIX 程序相似,相对比较规范,每行包含一项配置内容,前面是配置选项的名称,后面跟参数值或关键字,它们之间用空格分隔。在读取配置文件时,Squid 会忽略空行和每一行"#"后面的注释。

注意:在 Squid 的配置文件中,字母大小写的意义是不同的。

对于某些取唯一值的配置选项,如果在不同的行赋予不同的值,则后面的值会覆盖前面的值。如果配置选项可以取多个值,则每一个值都有效。取多个值的选项也可以在同一行中进行赋值。通常情况下,配置文件中的配置选项出现的顺序是无关的。但是,如果某个选项指定的值被其他选项所使用,那么次序就很重要了。例如,访问控制的配置选项次序就很重要。下面对 Squid 的常规配置选项进行解释。

配置 1：

```
http_port  3128
```

功能：设置 Squid 服务器监听的端口号为 3128。

说明：TCP 的 3128 号端口是 Squid 默认的监听端口，也可以设置为其他值。另外，Squid 服务器可以同时监听多个端口，方法是在 http_port 选项后面放置多个端口值，并以空格隔开。也可以用多个 http_port 选项指定不同的端口值。

配置 2：

```
icp_port  3130
```

功能：设置 Squid 服务器之间共享缓存协议 ICP 使用的端口为 3130。

说明：ICP 是专门用于在代理服务器之间交换缓存数据的协议。通过它，一台代理服务器可以查询和读取另一台代理服务器中的缓存数据，以响应客户的请求。这个端口是 UDP 端口，3130 也是这个选项的默认值。

配置 3：

```
cache_effective_user squid
```

功能：设置运行 Squid 服务器进程的用户是 squid。

说明：由于某些功能需要 root 权限才能完成，因此 squid 进程是由 root 用户启动的，但是一直以 root 用户运行的话，会对主机的安全形成威胁。因此一般在 squid 启动完成后，需要指定另一个用户来运行。此处指定的 squid 用户必须在操作系统中已经存在。

配置 4：

```
pid_filename /var/run/squid.pid
```

功能：设置 Squid 服务器进程的 PID 文件的位置与名称。

说明：进程 PID 文件由 root 用户创建。

配置 5：

```
logformat squid %ts.%03tu %6tr %>a %Ss/%03Hs %<st %rm %ru %un %Sh/%<A %mt
access_log /var/log/squid/access.log squid
```

功能：定义名为 squid 的日志格式，并指定 Squid 的访问日志为/var/log/squid/access.log，格式为 squid。

说明：访问日志中记录了所有客户端的访问请求，包括 HTTP 和 ICP 请求。如果不想记录访问日志，可以设置为 none。

配置 6：

```
cache_mem 8 MB
```

功能：设置 cache 的内存为 8MB。

说明：设定一个 squid 进程能够用多少额外的内存来缓存对象的限制值，如果需要，这个限制可能会被突破。

配置 7：

```
cache_dir ufs /var/spool/squid 100 16 256
```

功能：指定缓存目录的类型是 ufs，目录位置是/var/spool/squid，大小限制为 100MB，第 1 层子目录为 16 个，第 2 层子目录为 256 个。

说明：这是 Squid 服务器中最基础的设置之一，它告诉 Squid 以何种方式存储缓存数据到硬盘的什么位置。一般来说，充当代理服务器的主机应该具有海量、高速度的外存，最常见的是采用磁盘阵列或大容量的硬盘。另外，Squid 在设计搜索缓存对象时采用了HASH 算法，为了加快数据传输速度，采用了两级目录结构，而且每层最少有 16 个子目录，最多有 256 个子目录，真正的缓存数据存放在第 2 层目录中。

配置 8：

```
maximum_object_size_in_memory 8 KB
```

功能：设置 Squid 保存在内存中的对象最大为 8KB。

说明：内存中的对象访问速度最快，但内存空间有限，该值要根据内存大小进行设置。

配置 9：

```
maximum_object_size 4096 KB
```

功能：设置最大的缓存对象字节数为 4096KB。

说明：Squid 服务器并不是缓存所有的 Web 对象，只有小于该值的对象才能被缓存。如果硬盘空间很大，可以适当提高该值。

配置 10：

```
cache_swap_low 90
cache_swap_high 95
```

功能：设置 Squid 缓存空间的使用策略。以上设置表示当缓存中的数据占据整个缓存空间的 95%以上时，将会按一定的算法删除缓存中的数据，直到缓存数据占整个缓存空间90%不超过为止。

说明：这种策略可以最大限度地利用缓存空间，但又不至于出现空间溢出的情况。

配置 11：

```
cache_mgr root
```

功能：设置 Squid 服务器管理员用户的 E-mail 地址。

说明：当 Squid 服务器出现故障时，会给该地址发送一封电子邮件。

18.3.2　Squid 访问控制

通过访问控制，Squid 可以保证自己所管理的资源不被非法使用和非法访问，并根据特定的时间间隔访问、缓存指定的网站。Squid 用于访问控制的配置选项主要有两个：一个是 acl，它是 Squid 访问控制的基础，用于命名一些网络资源或网络对象；另一个是http_access，它对 acl 命名的对象进行权限控制，允许或拒绝它们的某些行为。acl 选项的格式如下：

```
acl name type value1 value2 ...
```

其中，name 是对象的名称，它不能是一些 Squid 保留的关键字。type 是网络对象的类型，可以是 IP 地址、域名、用户名、网络端口号、协议、请求方法及正则表达式等。还有很多类型，常见的 acl 类型见表 18-1。value 是指某种类型的网络对象的值。

表 18-1　常见的acl类型

类　　型	含　　义
src	源IP地址，可以是单个IP，也可以是地址范围或子网地址
dst	目的IP地址，可以是单个IP，也可以是地址范围或子网地址
myip	本机网络接口的IP地址
srcdomain	客户所属的域，Squid将根据客户IP地址进行反向DNS查询
dstdomain	服务器所属的域，与客户请求的URL匹配
time	表示一个时间段
port	指向其他计算机的网络端口
myport	指向Squid服务器自己的网络端口
proto	客户端请求所使用的协议，可以是http、https、ftp、gopher、urn、whois和cache_object等值
method	HTTP 请求方法，如GET、POST等
proxy_auth	由Squid自己认证的用户名
url_regex	有关URL的正则表达式

定义和使用 acl 对象时，需要注意以下几点：

❑ 某种 acl 类型的值可以是同种类型的 acl 对象。

❑ 不同类型的对象其名称不能重复。

❑ acl 对象的值可以有多个，在使用过程中，当任一个值被匹配时，则整个 acl 对象被认为是匹配的。

❑ 当同种类型的对象其名称重复使用时，Squid 会把所有的值组合到这个名称的对象中。

❑ 如果对象的值是文件名，则该文件所包含的内容作为对象的值。此时，文件名要带双引号。

下面通过 acl 选项的具体例子来理解这些选项的使用方法。

示例 1：

```
acl worktime time MTWHF  08:00-17:00
```

功能：将周一至周五的早上 8 点到下午 17:00 命名为 worktime。

📑说明：在一个星期的时间表示周期中，每一天的英文单词的第一个字母就表示那一天，如 M 表示星期一，T 表示星期二等。时间采用 24 小时制。

示例 2：

```
acl mynet src 10.10.1.0/24
```

功能：将 IP 地址为 10.10.1.0/24 的子网命名为 mynet，使用时要与源地址进行匹配。

示例 3：

```
acl all dst 0.0.0.0/0.0.0.0
```

功能：将所有的地址命名为 all，使用时要与目的地址进行匹配。

示例 4：

```
acl aim dstdomain .sina.com.cn  .sohu.com   .163.com
```

功能：将.sina.com.cn、.sohu.com 和.163.com 3 个域名的组合定义为 aim，使用时要与

目的域进行匹配。

示例 5：

```
acl giffile url_regex -i \.gif$
```

功能：把以.gif 结尾的 URL 路径命名为 giffile。

示例 6：

```
acl other srcdomain "/etc/squid/other"
```

功能：把/etc/squid/other 文件中的内容作为 other 对象的值，类型是源 URL 中的域名。

示例 7：

```
acl safe_port port 80
acl safe_port port 21 443
```

功能：将端口 80、21 和 443 的组合命名为 safe_port。

以上是有关 acl 选项的使用方法。定义 acl 对象的目的是对与这些对象匹配的请求进行访问控制，这个控制功能不是由 acl 选项实现的，而是由 http_access 或 icp_access 选项实现的。http_access 的格式如下。

示例 8：

```
http_access <allow|deny>  [!]ACL 对象 1  [!]ACL 对象 2  ...
```

其中，allow 表示允许，deny 表示拒绝，两者必须选一。ACL 对象是指由 acl 选项定义的网络对象，可以有多个。"！"表示非运算，即与 ACL 对象相反的那些对象。Squid 处理 http_access 选项时，要把客户端的请求与 http_access 选项中的 ACL 对象进行匹配。当请求与每一个 ACL 对象都能匹配时，则执行 allow 或 deny 动作。只要请求与多个 ACL 对象中的一个不匹配，则这个 http_access 无效，不会执行指定的动作。

注意：如果有多个 http_access 选项，当一个请求与其中一个 http_access 匹配时，将执行该 http_access 指定的动作；如果与所有的 http_access 都不匹配，则执行与最后一条 http_access 指定的动作相反的动作。

下面是几个 http_access 选项的例子。

示例 9：

```
acl Tom ident Tom
http_access allow Tom
```

功能：只允许名为 Tom 的用户访问。ident 也是 acl 选项的一种类型，表示用户。

示例 10：

```
acl All src 0/0
acl MyNet src 10.20.6.100-10.20.6.200
acl ProblemHost src 172.16.5.9
http_access deny ProblemHost
http_access allow MyNet
http_access deny All
```

功能：只允许源地址为 10.20.6.100～10.20.6.200 的 IP 使用 Squid 服务器。

示例 11：

```
acl abc src 10.20.163.85
acl xyz src 10.20.163.86
acl asd src 10.20.163.87
```

```
acl morning time 06:00-11:00
acl lunch time 14:00-14:30
http_access allow abc morning
http_access allow xyz morning lunch
http_access allow asd lunch
```

功能：给 3 个 IP 的客户机分别规定不同的上网时间。

Squid 访问控制的功能非常强大，以上只是介绍了一些常见的用法，更多的内容可参见 Squid 的文档和初始配置文件中的解释。

18.3.3　Squid 多级代理配置

在大型网络中，使用一台 Squid 服务器往往不能应对日益增长的网络访问量，需要构建多级代理服务器。多级代理类似于计算机集群，是将一组独立的代理服务器组合在一起，通过特定的缓存通信进行相互访问，从而在逻辑上构成一个具有更大缓存、更强处理能力的代理服务器。

说明：根据代理服务器之间的关系，可以将多级代理分为同级结构、层次结构和网状结构 3 种类型，其中最常见的是层次结构。

配置多级代理需要使用 cache_peer 选项，它的作用是当自己的缓存中没有客户机请求的数据时，将通过 ICP 向其他代理服务器询问是否有该请求的数据，格式如下：

```
cache_peer hostname type http_port icp_port options
```

其中，hostname 是另一台支持 ICP 的代理服务器的域名或 IP 地址，http_port 是对方监听代理请求的端口，而 icp_port 是对方用于 ICP 的端口。type 是 ICP 请求的类型，可以根据对方的特点使用 parent 或者 sibling。

如果使用 parent，则会把客户机的请求发送给对方，如果对方的缓存中有所请求的数据，则返回数据，如果没有请求的数据，则由对方负责从目的 Web 服务器中读取数据。当使用这种类型时，对方一般位于代理网络结构中的上一级，也就是离 Internet 更近的地方，因此比本机能更快地获得 Internet 中的数据。

当类型值使用 sibling 时不会把客户端的请求发送给对方，只是询问对方的缓存中是否存在所请求的数据。如果存在则返回数据；如果不存在，对方并不会负责向 Internet 上的目的服务器请求该数据，只是简单地告诉对方找不到数据。当使用这种类型时，对方一般与己方处于网络中的同等地位。

cache_peer 选项的 options 的值及其含义见表 18-2。

表 18-2　cache_peer选项的options值

值	含　义
proxy-only	表示从对方得到的数据不在本地缓存，默认是要缓存的
weight=n	指定对方的权重值，当存在多个cache_peer选项时，根据权重值进行选择，n为整数，越大越优先，默认由己方根据网络响应时间决定权重值
no-query	不向对方发送ICP请求，只是发送HTTP代理请求，用于对方不支持ICP或不可用的场景
no-digest	不使用内存摘要表进行查询，而是直接使用ICP进行通信

值	含　义
default	与no-query一起使用，当多个peer都不支持ICP时，使用该peer
login=user:passwd	对方需要认证时，提供用户名和密码

下面是几个 Squid 有关 cache_peer 的例子：

```
cache_peer  parent.foo.net      parent   3128  3130  proxy-only default
cache_peer  sib1.foo.net        sibling  3128  3130  proxy-only
cache_peer  sib2.foo.net        sibling  3128  3130  proxy-only
```

在配置多级代理时，可以根据实际情况，使用特定的规则来选择不同的父代理服务器，从而达到均衡负载的目的。此时除了 cache_peer 选项外，还需要使用 cache_peer_domain 和 cache_peer_access 选项。格式如下：

```
cache_peer_domain cache-host domain [domain ...]
cache_peer_access cache-host allow|deny [!]aclname ...
```

前者表示为某些目的域指定其他代理服务器，后者更灵活，可以与 ACL 对象结合使用。下面是其他代理服务器选择的例子：

```
cache_peer  edu.foo.net     parent   3128  3130
cache_peer  common.foo.net  sibling  3128  3130  proxy-only
cache_peer_domain edu.foo.net    .edu
cache_peer_domain common.foo.net   !.edu
```

功能：指定 parent.foo.net 主机为访问.edu 域的客户端的代理服务器，common.foo.net 主机为访问除.edu 域以外的客户端的代理服务器。

18.3.4　透明代理配置

透明代理除了为内网计算机提供外网的访问服务外，它的最大特点是不需要客户端做任何设置，但是需要出口路由器或防火墙的配合。当客户端访问外网 Web 服务器的数据包经过防火墙时，防火墙应该把该数据包重定向到本地代理服务器的代理端口，然后由本地代理服务器对客户端的 Web 请求进行处理或转发。

如图 18-6 是一种典型的局域网连入 Internet 的方案。一台 Linux 主机承担防火墙的工作并提供 NAT 服务。它有两块网卡，ens224 与 Internet 连接，使用公网 IP；ens160 与局域网连接，使用保留地址。局域网内的客户机都使用保留地址，正常情况下，通过 Linux 主机的 NAT 转换后访问公网。

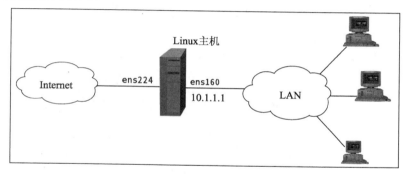

图 18-6　配置例子透明代理时的网络拓扑

假设现在要求在 Linux 主机上构建一台 Squid 代理服务器，由它来处理局域网内的所有客户机访问外网 Web 服务器的请求。如果缓存中已经有所请求的数据，则直接响应；如果没有请求的数据，则由代理把请求转发给目的 Web 服务器，目的 Web 服务器返回数据后，再由代理转发给客户端并存入缓存。下面介绍在上述网络结构基础上，如何配置一台 Squid 透明代理，使客户机不需要任何设置就可以使用代理。Squid 2.6 以上版本对透明代理的配置进行了很大简化，在核心内容中只需要添加下面一行代码即可：

```
http_port  Squid服务器IP地址:3128  transparent
```

http_port 选项前面已经介绍过，它用于设置 Squid 服务器的监听端口。也就是说，Squid 从这个端口接收客户端的代理请求。但在透明代理中，代理请求是从防火墙 firewall-cmd 转发过来的，客户端并不需要在浏览器中设置代理服务器的地址和端口。

与前面介绍的传统代理不一样，这里的 http_port 需要增加一个参数 transparent，告诉 Squid 从监听端口进来的请求是由防火墙转发的，而不是客户端直接发送的。此时，Squid 处理这些请求的方法与传统代理不一样。例如，需要通过主机头来区分不同的主机等。下面是在图 18-6 中 Linux 主机上的 Squid 服务器的完整配置例子：

```
http_port 3128                            # 配置 Squid 标准的监听端口
http_port 10.1.1.1:3128 transparent       # 配置 Squid 为透明代理
access_log /var/log/squid/access.log squid
hosts_file /etc/hosts # 在 Squid 中先按照/etc/hosts 文件对主机名和 IP 地址进行解析
acl all src 0.0.0.0/0.0.0.0
# cache_object 是 Squid 自定义的协议，用于访问 Squid 的缓存管理接口
acl manager proto cache_object
acl localhost src 127.0.0.1/255.255.255.255
acl to_localhost dst 127.0.0.0/8
acl SSL_ports port 443 563         # HTTPS、Snews 端口
acl SSL_ports port 873             # Rsync 端口
acl Safe_ports port 80             # HTTP 端口
...                                # 此处还有很多 Safe_ports，详见例子配置文件
acl Safe_ports port 901            # SWAT 端口
# PURGE 是 Squid 自定义的 HTTP 方法，用于删除 Squid 缓存中的对象
acl purge method PURGE
acl CONNECT method CONNECT         # CONNECT 是 HTTP 中用于代理的方法

# 以下两行代码表示只有本机才能使用 cache_object 协议
http_access allow manager localhost
http_access deny manager

# 以下两行代码表示只有本机才能使用 PURGE 方法
http_access allow purge localhost
http_access deny purge

http_access deny !Safe_ports       # Squid 不转发客户机对非 Safe_ports 端口的请求
http_access deny CONNECT !SSL_ports
                                   # Squid 不转发客户机对非 SSL_ports 提出的连接请求
http_access allow localhost        # 但对本机不进行上述限制
acl lan src 10.0.0.0/8             # 内网的 IP 段是 10.0.0.0/8
http_access allow localhost
http_access allow lan              # 允许内网的计算机进行 HTTP 访问
http_access deny all
http_reply_access allow all        # 允许对所有的客户机进行请求的回复
icp_access allow all               # 允许所有的客户机访问 ICP 端口
```

```
# 设置对外可见的主机名，如一些在错误信息中出现的主机名
visible_hostname  proxy.wzvtc.edu
always_direct allow all              # 不查询其他代理服务器的缓存
coredump_dir /var/spool/squid  # 放置 Squid 进程运行时 coredump 文件的存放目录
```

在以上配置中，除了第 2 行与透明代理配置有关外，其余的都可以根据实际情况进行修改。另外，透明代理的工作还需要进行防火墙配置。执行命令如下：

```
# firewall-cmd --add-port=3128/tcp --permanent #对外开放端口 3128
success
# firewall-cmd --direct --add-rule ipv4 nat PREROUTING 0 -i ens160 -p tcp
--dport=80 -j REDIRECT --to-ports 3128       # 将 80 端口请求转发给端口 3128
success
# firewall-cmd --reload                          # 重新加载配置，使添加的规则生效
success
```

以上命令表示把从网络接口 ens160 收到的 TCP 协议目的端口是 80 的数据包，重定向到本机的 3128 号端口。

🔔注意：如果 Squid 运行在其他主机上，在 firewall-cmd 命令中还需要指名重定向后的主机地址。

18.3.5　反向代理配置

当 Internet 上的用户通过浏览器发出一个 HTTP 请求，访问被代理的 Web 服务器时，通过域名解析，这个请求被定向到反向代理服务器上，反向代理服务器根据缓存的情况或者直接响应，或者转发给真正的 Web 服务器。一个反向代理服务器可以面向多个 Web 服务器。此时，这些 Web 服务器的域名都要映射为反向代理服务器的 IP 地址。反向代理一般只保留可缓存的数据（如 HTML 网页和图片等），它根据从 Web 服务器返回的 HTTP 头域来缓存静态页面。而一些 CGI 和 ASP 等动态网页则不缓存。

图 18-7 是一个典型的反向代理服务器的网络拓扑。反向代理服务器上有两块网卡，网卡 ens160 通过内网与 Web 服务器连接，使用保留的 IP 地址；另一块网卡 ens224 连接到公网，使用公网 IP 地址。来自 Internet 的 HTTP 请求从 ens224 进入，不能直接与 Web 服务器联系。下面看一下如何配置 Squid 为反向代理服务器，使 Internet 上的客户机可以得到 Web 服务器的响应。

```
http_port 80 accel defaultsite=192.168.4.50
cache_peer 192.168.4.50 parent 80 0 no-query originserver
```

以上两行代码是 Squid 关于反向代理配置的核心内容。与前面不一样，这里 http_port 指定的是 80 号端口，也就是 HTTP 的默认端口。之所以这样指定是因为作为反向代理服务器，它接收的是客户端对源 Web 服务器请求的原始数据包，此时数据包 TCP 头中默认的目的端口是 80 号。因此，只有指定 80 号监听端口才能收到客户端的请求数据包。

📑说明：在传统代理方式下，客户端请求数据包 TCP 头中的目的端口是由客户端自己在浏览器中指定的，而在透明代理中，目的端口是由防火墙改写的。因此，可以任意指定端口。

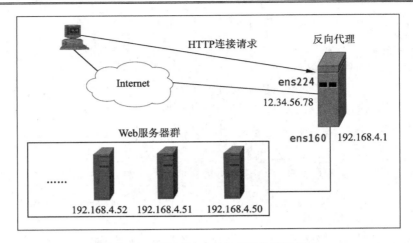

图 18-7　配置例子反向代理时的网络拓扑

http_port 选项中的 defaultsite=192.168.4.50 参数表示如果在客户的请求中没有主机头域，则把该域指定为 192.168.4.50，也就是被代理的 Web 服务器的 IP 地址。另外，在 Squid 2.6 以上版本中，与 Web 服务器进行联系的选项改成了 cache_peer 选项，而不是以前版本中的 httpd_accel_host 和 httpd_accel_port 选项。

cache_peer 选项表示如果在本机的缓存中找不到客户端请求的数据，将与主机 192.168.4.50 以 parent 类型进行联系。no-query 表示不使用 ICP 进行联系，而是使用 HTTP 进行联系，联系的端口是 80 号。originserver 表示这台主机是处理请求的源服务器，不能再转发给其他服务器了，此时要使用加速模式。

以上介绍的是反向代理服务器代理一台 Web 服务器的配置方法。在实际应用中，一般要求一台反向代理服务器代理多台 Web 服务器。这些 Web 服务器相互之间是独立的，此时的配置要稍加改动。下面是一台代理服务器代理 3 台 Web 服务器的配置例子：

```
http_port 80 vhost
cache_peer 192.168.4.50 parent 80 0 no-query originserver
cache_peer 192.168.4.51 parent 80 0 no-query originserver
cache_peer 192.168.4.52 parent 80 0 no-query originserver
```

此时，除了要用 cache_peer 选项定义 3 台主机为 peer 外，最重要的是在 http_port 选项中要增加 vhost 参数，表示使用主机头域对目的服务器进行访问。另外，此时这 3 台 Web 服务器对外网的域名解析都应该指向反向代理服务器的外网 IP 地址，而反向代理服务器应该把这 3 个域名解析成相应的内网 IP 地址。

18.3.6　Squid 日志管理

Squid 的日志功能非常强大，包含很多的日志文件，这些日志文件除了记录服务器进程的运行情况外，还记录用户的访问情况、缓存的存储状况、缓存的访问情况等信息。利用 Squid 日志，管理员可以实时、准确地了解 Squid 服务器的运行状态，并对用户操作习惯、缓存的使用情况进行分析，从而优化 Squid 服务器的性能：

```
logformat squid %ts.%03tu %6tr %>a %Ss/%03Hs %<st %rm %ru %un %Sh/%<A %mt
access_log /var/log/squid/access.log squid
```

在前面的 Squid 基本配置中已经对上面两个选项的含义进行了解释，access_log 选项用于定义访问日志文件的位置及记录格式，logformat 用于指定某种日志格式的名称。下面对例子中 logformat 选项的各个参数项进行解释。

%ts.%03tu 表示记录请求完成的时间，以 UNIX 纪元（UTC 1970-01-01 00:00:00）为基点；%ts 表示相对 UNIX 纪元的秒数，%03tu 表示 3 个宽度的毫秒数。其中，"." 是写入日志的固定符号，使用这种表示方法是为了简化某些日志处理程序的工作，但会影响人工可读性。

%6tr 表示响应时间。对 HTTP 请求来说，这个值表明 Squid 处理请求所用的时间。从 Squid 接受 HTTP 请求开始计时，在响应完全送出后计时终止，响应时间以毫秒为单位。对 ICP 查询来说，响应时间通常是 0，这是因为 Squid 响应 ICP 查询时非常快速，有可能当其完成一个请求时系统还没有更新进程时钟。

%>a 表示记录客户端的地址。这个域包含客户端的 IP 地址，如果开启了 log_fqdn 选项，则会记录客户端的主机名。另外，出于安全或隐私考虑，可以使用 client_netmask 选项来隐藏客户端的一部分 IP 地址。

%Ss/%03Hs 表示记录请求结果码和响应状态码。请求结果码%Ss 说明 Squid 处理请求时，该请求是否命中了缓存、对象是否进行了更新等结果，这里的编码是 Squid 专有的，它把事务结果进行了归类，如以 TCP_开头的编码指 HTTP 请求，以 UDP_开头的编码指 ICP 查询。%03Hs 表示记录 HTTP 响应状态码，如 200、304、500 等，它一般来自原始服务器。

%<st 表示记录传输的字节数。这个字节数是 Squid 告诉 TCP/IP 协议栈发送给客户端数据的字节数，并不是客户端主机实际收到的字节数。因为传输这些数据时，还要加上 TCP/IP 头部，所以实际传输的字节数要大一些。

%rm 表示记录请求方法。方法的名称可以是 HTTP 请求中的 GET、PUT 等，但 Squid 客户端也可能使用 ICP，因此以 ICP_QUERY 表示 ICP 请求。

%ru 表示记录客户端请求的 URI。Squid 在某些情况下会采用特殊的记录格式。例如，当 Squid 不能解析 HTTP 请求或者不能决定 URI 时，将把字符串 error:invalid-request. 记录在这个位置。默认情况下，Squid 记录时会删掉第 1 个问号之后的所有内容，如果禁用 strip_query_terms 选项，则不这样做。

%un 表示记录客户端用户的身份。Squid 用两种不同的方法来决定用户的身份，一种是根据 RFC1413 身份认证协议，另一种是根据 HTTP 验证头部。如果两种方法都给 Squid 提供了一个用户名，并且使用了原始的 access.log 格式，则保留 HTTP 验证的用户名，RFC1413 用户名会被忽略。但普通日志文件会把两者都记录下来。

%Sh/%<A 表示记录 peer 主机的信息。当 Squid 查询其他代理服务器的缓存时，那台代理服务器称为 peer，这里记录的是 Squid 请求的方式和 peer 主机地址。

%mt 表示记录 MIME 类型。此处的 MIME 指的是原始 HTTP 响应的媒体类型。Squid 从服务器响应的 Content-Type 头域获取内容类型值，如果该头域不存在，Squid 将使用一个横杠 "_" 代替。

另外，squid.conf 还有几个与日志有关的选项，下面对这些选项进行解释。

选项 1：

```
cache_log /var/log/squid/cache.log
```

功能：指定缓存信息日志的文件名和路径。这个文件包含缓存的起始配置信息、分类的错误信息等。当发现一个 Web 站点通过代理访问有问题的时候，这个日志里面的条目对问题的解决可能有帮助。

选项 2：

```
cache_store_log /var/log/squid/store.log
```

功能：指定对象存储记录日志的文件名和路径。该日志记录哪些对象被写到缓存空间，哪些对象被从缓存空间清除。这个日志的用处不大，一般只在调试时使用。

选项 3：

```
cache_swap_log /var/spool/squid /cache_swap.log
```

功能：指明每个交换日志的文件名和路径。该日志文件包含存储在交换空间里的对象的元数据。通常，系统把该文件自动保存在第 1 个 cache_dir 所定义的顶级目录里，但也可以指定其他地方。需要注意的是，这类日志文件最好不要删除，否则 Squid 可能无法正常工作。

选项 4：

```
debug_options ALL,1
```

功能：控制日志记录内容的多与少。第 1 个参数决定对哪些行为进行记录，ALL 表示对所有的行为进行记录。第 2 个参数决定记录每种行为时的详细程度，1 表示详细程度最低。

选项 5：

```
log_fqdn off
```

功能：控制 access.log 日志中客户机地址的记录方式。当该选项为 on 时，Squid 试图记录客户机的完整域名，此时会增加系统的负担。当该选项设为 off 时，Squid 只记录客户机的 IP 地址。

18.4　小　　结

不论对服务器还是客户端来说，使用代理可以提高速度，并且可以提高计算机的安全。本章首先介绍了代理服务器的工作原理、特点、代理方式等内容，然后以 Squid 为例，介绍了代理服务器的架设方法，包括 Squid 软件的安装、运行和使用方法，以及各种代理方式的配置方法。

18.5　习　　题

一、填空题

1．代理服务按照支持的协议来分，可以分为＿＿＿＿＿、＿＿＿＿＿、＿＿＿＿＿、＿＿＿＿＿和＿＿＿＿＿等。

2．根据 Web 代理服务器的配置方案与工作方式，可以把 Web 代理分成 3 种，分别是_____、_____和_____。

3．Squid 代理服务器的配置文件是_____。

二、选择题

1．Squid 代理服务器默认监听的端口是（　　　）。

A．80　　　　　　　B．8080　　　　　　　C．3389　　　　　　　D．3128

2．如果需要更改 Squid 服务器监听的端口，可以修改配置文件 squid.conf 中的（　　　）项。

A．listen　　　　　B．http_port　　　　　C．icp_port　　　　　D．bind_address

3．将 Squid 配置为以下（　　　）服务器时，客户端需要在浏览器里指定代理服务器的地址和端口。

A．传统代理　　　　B．透明代理　　　　　C．反向代理

三、判断题

1．使用 Squid 配置代理服务器时，必须在客户端进行配置。　　　　　　　（　　　）

2．将 Squid 配置为透明代理服务器时，还需要添加相应的防火墙规则。　　（　　　）

四、操作题

1．使用 RPM 包搭建 Squid 服务器。

2．配置 Squid 服务器为传统代理，并在客户端的浏览器中指定代理服务器。测试成功后使用 Squid 代理服务器访问互联网。

第 19 章　LDAP 服务的配置与应用

随着网络规模的增大，网络管理变得越来越复杂。目录服务由于灵活方便、安全可靠、支持分布式环境等优点，逐渐从提供公共查询服务的功能转变为网络资源管理的平台，并成为网络智能化管理的一种基础服务。本章主要介绍目录服务的概念，常见的目录服务种类，以及 LDAP 目录服务的安装、使用、配置和管理等内容。

19.1　目录服务概述

从本质上讲，目录服务实际上就是一种信息查询服务。它采用客户端/服务器结构，使用树状结构的目录数据库来提供信息查询服务。目录服务在网络信息的组织和查询、网络本身的资源管理等方面得到了广泛的应用。下面介绍目录服务的概念，X.500 目录服务、LDAP 目录服务，以及常见的目录服务产品等内容。

19.1.1　目录服务简介

在 UNIX 系统中，所有的资源都是以文件形式来管理的。为了管理和存储方便，人们把文件分到目录中存放。UNIX 的目录是一种树状结构，目录中包含文件和子目录，目录和文件的安全通过访问权限进行控制。UNIX 中的目录实际上是目录服务中提到的目录的一个子集，作为一种网络协议的目录服务协议（Directory Access Protocol，DAP），远比 UNIX 文件系统的目录要复杂，其功能和安全性也更强。

🔔说明：所谓的目录实际上就是一个数据库，在这个数据库里存储的是网络资源的信息，包括资源的位置和管理等。

与常用的关系数据库相比，目录更容易为用户提供高效的查询。目录中的数据读取和查询效率非常高，比关系型数据库可以快一个数量级。但是目录的数据写入效率较低，适用于数据不需要经常更新，但需要频繁读取的场景。例如，利用目录存储电子邮件系统的用户信息就是一个很典型的应用例子。

在目录数据库中，数据信息是以树状的层次结构来描述的。这种模型与众多行业中的业务组织结构完全一致。例如，政府部门、行政事业单位和各类企业的机构设置、人员和资源的组织方式等，都是以树状层次结构进行组织的。由于现实世界中资源的分布形式很多都是属于层次结构，因此，采用目录数据库技术的信息系统能够更容易地与实际的业务模式相匹配。

目录服务是网络服务的一种，它把管理网络需要的信息按照层次结构关系构造成一种树形结构，并将这些信息存储于目录数据库中，然后为用户提供有关这些信息的访问、查询等服务。或者说，目录服务实际上就是一种信息查询服务，这些信息存在于树状结构的目录数据库中。目录服务既面向网络管理，也面向最终用户。随着网络中资源数量的增多，目录服务也变得越来越重要。

含有目录数据库，供用户查询信息和使用信息的计算机就是目录服务器。向目录服务器进行信息查询、访问目录数据库的计算机就是目录服务客户机。目录服务器主要用来实现对整个网络系统中各种资源的管理，作为网络的一种基础架构，目录服务器主要有以下功能：

❑ 按照网络管理员的指令，强制实施安全策略，保证目录信息的安全。
❑ 目录数据库可以分布在一个网络中的多台计算机上，以提高响应速度。
❑ 复制目录，以使更多的用户可以使用目录，同时提高可靠性和稳定性。
❑ 将目录划分为多个数据源（存储区），以便存储大量对象。

早期，目录服务主要用于命名和定位网络资源，现在这些功能得到了扩展，目录服务也变成了 Internet/Intranet 基础结构中的一个重要组件，提供类似白页、黄页之类的服务。目录服务在应用程序集成方面所起的作用也越来越重要，它可以为应用程序工作过程中需要或产生的很多数据提供中央存储库。例如，使用目录服务，可以达到在不同的邮件系统之间共享邮件用户的目的。

目前，越来越多的应用程序都提供了对目录服务的支持，它们利用目录服务进行用户身份验证和授权、命名和定位，以及网络资源的控制与管理。此时，目录被看作一个具有特殊用途的自定义数据库，只要能够与目录服务器建立连接，用户和应用程序便可以按自己的权限轻松地查询、读取、添加、删除和修改数据库内容，然后，修改后的内容便可以自动地分布到网络中的其他目录服务器上。

19.1.2　X.500 简介

X.500 是由国际标准化组织制定的一套目录服务标准。它是一个协议族，定义了一个机构如何在全局范围内共享名称和与名称相关联的对象。通过 X.500，可以将局部的目录服务连接起来，构成基于 Internet 的分布在全球的目录服务系统。X.500 采用层次结构，其中的管理域可以提供这些域内的用户信息和资源信息，并定义了强大的搜索功能使得获取这些信息变得简单。

X.500 目录服务是一个非常复杂的信息存储机制，包括客户机-目录服务器访问协议、服务器-服务器通信协议、完全或部分的目录数据复制、服务器链对查询的响应、复杂搜寻的过滤功能等。X.500 协议族中的核心协议 X.519 包含以下内容：

❑ DAP：目录访问协议，定义服务器和客户机之间的通信标准。
❑ DSP：目录系统协议，定义两个或多个目录系统代理间、目录用户代理和目录系统代理间的交互操作。
❑ DISP：目录信息映像协议，定义如何将选定的信息在服务器之间进行复制。
❑ DOP：目录操作绑定协议，定义服务器之间自动协商连接配置的机制。
此外，X.500 协议族还包括以下几部分：
❑ X.501：模型定义，定义目录服务的基本模型和概念。

❑ X.509：认证框架，定义如何处理目录服务的客户和服务器认证。

❑ X.511：抽象服务定义，定义 X.500 提供的功能性服务。

❑ X.518：分布式操作过程定义，定义如何跨平台处理目录服务。

❑ X.520：定义属性类型和数据元素。

❑ X.521：定义对象类。

❑ X.525：定义在多个服务器之间的复制操作。

❑ X.530：定义目录管理系统的使用。

在 X.500 标准中，目录数据库采用分散管理，运行目录服务的每个站点只负责本地目录部分。因此，客户端要求的数据更新操作能迅速完成，管理维护操作能立即生效。X.500 还提供了强大的搜索性能，支持由用户创建的任意的复杂查询。

与 DNS 类似，X.500 采用单一的全局命名空间，能保证数据库命名的唯一性，而且 X.500 的命名空间更灵活且易于扩展。X.500 目录事先定义了信息的结构，而且允许进行本地扩展。由于 X.500 可以用于建立一个基于标准的目录数据库，所以，所有访问目录数据库的应用程序都可以识别数据库中的数据内容，从而获得有价值的信息。

📠 说明：由于最初制定目录访问协议时，是按照复杂的 ISO/OSI 七层协议模型中的应用层进行制订的，所以对相关层协议环境提出了较多的要求。而 ISO/OSI 网络模型并没有真正被实现，实际网络中使用的基本上都是 TCP/IP，这使得 DAP 越来越不适应实际需求。

19.1.3 轻量级目录访问协议（LDAP）

X.500 虽然是一个完整的目录服务协议，被公认为实现目录服务的最好途径，但是由于其过于复杂等原因，使得它在实际的应用过程中存在不少问题。目前，X.500 主要运行在 UNIX 机器上，而且支持的应用程序非常少。

1. LDAP概况

为解决 X.500 过于复杂的问题，美国密歇根大学按照 X.500 的 DAP 推出了一种简化的 DAP 新版本，称为 LDAP（Lightweight Directory Access Protocol，轻量级目录访问协议）。LDAP 主要在基于 TCP/IP 的 Internet/Intranet 上使用。LDAP 具有很多与 DAP 类似的功能，能用来查询私有目录和公开的 X.500 目录上的数据。由于 Internet 的迅速发展，LDAP 得到了包括大多数电子邮件和目录服务软件供应商的支持，迅速发展为 Internet 上目录服务协议的事实标准。

当前最新的 LDAP 第 3 版主要由 RFC2251 和 RFC2252 描述。它定义了 LDAP 客户机和服务器之间进行内容交换所采用的消息模式，包括客户机的查询、修改和删除等操作，服务器对客户机相应的应答，以及消息的内容格式。由于 LDAP 消息通过 TCP/IP 进行传输，因此协议中还描述了客户机和服务器之间如何建立和关闭连接。

2. LDAP的特点

LDAP 目录存储和组织的基本数据结构称为条目，每个条目都有一个唯一的识别符，并包含一个或多个属性。条目依据识别符被加入一个树状结构中，组成一棵目录信息树。通过目录信息树，可以很方便地将条目信息分布到不同的服务器上。当用户到某台 LDAP 服务器上查询信息时，如果查不到，则会通过一种参照链接功能，将查询指引到可能包含相应信息的服务器上。

LDAP 目录实际上是一种数据库，但与用户平常使用的关系数据库有较大的差别。LDAP 目录的读操作用得很频繁，但写操作不常使用，因此存储 LDAP 数据时，已经为读取操作进行了相应的优化。LDAP 提供了比 SQL 语句更简单和优化的方式进行目录数据的存取操作。LDAP 目录提供了一种经济的方式用于实现在大型分布式环境下的数据取存操作，但通常不支持事务操作，因此不适合在那些需要严格的数据一致性的场合使用。

LDAP 目录服务的主要功能是提供分布式存取服务，它的 3 个要素分别为信息内容、客户机位置和服务器分布情况，都是相互无关的。在网络中构建 LDAP 目录服务后，几乎所有计算机平台上的应用程序都可以很方便地从 LDAP 目录中获取信息。在日常应用中，LDAP 目录存放着各种类型的数据，如 E-mail 地址、人事信息、公用密钥和通信录等。因此，LDAP 成为系统集成中的一个重要环节，可以简化用户在企业内部网络中的信息查询步骤，而且数据存放的位置非常灵活。

LDAP 是跨平台的标准协议，可以在任何计算机平台上使用，LDAP 目录可以存放在任何服务器上，应用程序也可以很容易地加上对 LDAP 的支持。实际上，LDAP 确实已经得到了业界的广泛认同，成为了事实上的 Internet 标准，各种软件生产商都很乐意在自己的产品中加入对 LDAP 的支持。

大多数的 LDAP 服务器安装起来都很简单，也容易维护和优化。LDAP 服务器还有一个特殊的功能，即可以使用"推"或"拉"的方法复制部分或全部数据。复制技术是内置在 LDAP 服务器中的，而且很容易配置。同样的功能如果要在 DBMS 中实现，一般需要支付一定的费用，而且也很难管理。

用户可以使用 ACL 访问控制列表对 LDAP 服务器中的数据进行安全管理，ACL 是一种灵活、方便的用户访问权限控制方法，在很多系统中都有类似的应用。ACL 功能都是由 LDAP 目录服务器实现的，客户端应用程序只需要按照规则使用即可。

📖说明：与 LDAP 目录不同的是，各种关系数据库之间是互不兼容的，软件生产商不能使用一种统一的方法操作所有的数据库。

19.1.4　LDAP 的基础模型

在 LDAP 中定义的 4 种基本模型如下：
- ❑ 信息模型：定义 LDAP 目录的信息表示方式及数据的存储结构。
- ❑ 命名模型：定义数据在 LDAP 目录中如何组织与区分。
- ❑ 功能模型：定义可以对 LDAP 目录进行哪些操作。
- ❑ 安全模型：定义如何保证 LDAP 目录中的数据的安全。

信息模型定义 LDAP 目录的信息表示方式及数据的存储结构。LDAP 目录中最基本的数据存储单元是条目，条目代表现实世界中的人或公司等实体，以树状的形式组织。创建条目时，其必须属于某个或多个对象类（Object Class），每个对象类包含一个或多个属性，某些属性必须为它提供一个或多个值，而且要符合指定的语法和匹配规则。定义对象和属性类型时，可以使用类的继承概念。

在 LDAP 中，将对象类型、属性类型、属性的语法和匹配规则统称为模式（Schema）。在关系数据中，输入表的内容前，必须先定义表结构，确定列名、列类型及索引等内容，LDAP 中的模式就相当于关系数据库中的表结构。LDAP 定义了一些标准的模式，还有一些模式是为不同的应用领域制订的，用户也可以根据自己的需要定义自己的模式。

命名模型实际上就是 LDAP 中的条目的定位方式。在 LDAP 中，每个条目都有一个 DN 和 RDN，DN 是该条目在整个树中的唯一标识，相当于 Linux 文件系统中的绝对路径。每个条目节点下的所有子条目也有一个唯一标识，这个唯一标识称为 RDN，相当于文件系统中的文件或子目录名称。在文件系统中，每个目录下的文件和子目录名称也是唯一的。

功能模型定义 LDAP 中的有关数据的操作方式，类似于关系数据库中的 SQL 语句，LDAP 定义了几类标准操作，每类操作还包含子操作，具体内容如下：

- ❏ 查询类操作：包括搜索和比较两种操作。
- ❏ 更新类操作：包括添加条目、删除条目、修改条目和修改条目名 4 种操作。
- ❏ 认证类操作：包括绑定、解绑定和放弃 3 种操作。
- ❏ 其他操作：包括一些扩展操作。

除了上述 9 种 LDAP 的标准操作之外，还有一些扩展操作，这些扩展操作有的由最新的 RFC 文档定义，有的是 LDAP 厂商自己的扩展。

安全模型用于定义 LDAP 中的安全机制，包括身份认证、安全通道和访问控制 3 个方面。身份认证有 3 种方式，即匿名认证、基本认证和 SASL 认证。匿名认证即不对用户进行认证，相当于 FTP 中的匿名用户，这种方式只对完全公开的目录适用；基本认证均是通过用户名和密码进行身份识别，密码又分为简单密码和摘要密码；SASL 认证是在 SSL 和 TLS 安全通道基础上进行的身份认证方式，如采用数字证书等。

LDAP 支持 SSL/TLS 的安全连接。SSL/TLS 基于 PKI 信息安全技术，是目前 Internet 上广泛采用的一种安全协议。LDAP 通过 StartTLS 方式启用 TLS 服务，可以保证通信时数据的保密性和完整性。TLS 协议可以强制客户端使用数字证书进行认证，实现对客户端和服务器端身份的双向验证。

LDAP 提供的访问控制功能非常灵活和丰富。在 LDAP 中是基于访问控制策略语句实现访问控制的，用户数据管理和访问标识是一体的，应用不需要关心访问控制的实现。

📖说明：在关系型数据库中，用户数据管理和数据库访问标识是分离的，复杂的数据访问控制需要通过应用来实现。

19.1.5　流行的 LDAP 产品

目前，很多的公司都推出了支持 LDAP 产品，比较知名的主要有以下几个。

1. eTrust Directory简介

eTrust Directory 是由美国 CA 公司开发的，它提供了一种"主干"的目录服务，可满足大规模在线业务应用所带来的最紧迫的需求。eTrust Directory 支持 LDAP v3 目录访问，同时为高速发布和复制提供 X.500 协议支持，并通过使用商用 RDBMS 来保障其可靠性。总之，eTrust Directory 提供了最高级别的可用性、可靠性、可伸缩性和优秀的功能。eTrust Directory 可以为核心商务应用系统上的大型解决方案提供以下帮助：

❑ 客户鉴别和授权：借助 eTrust Directory 骨干结构，可以采用数字证书和智能卡提供 Internet 访问服务，并通过强有力的客户鉴别方法进行保护。

❑ 集中的客户管理：eTrust Directory 提供了单一、分布式和高度安全的客户和账户关系信息库，这些信息和关系可来自不兼容的传统系统和办公应用系统。

❑ ISP 用户管理：eTrust Directory 骨干网能为 ISP 用户身份、关系、组和安全细节提供通用的参考，帮助 ISP 集中管理用户信息和权限，确保网络资源的安全和合理使用。

❑ 信息集成：eTrust Directory 在集成不兼容的后端办公系统时更显其价值，它可以提供一个安全、分布式的信息库。

eTrust Directory 系列产品的核心是 Dxserver 目录服务器，另外还包括一些功能强大的实施和管理工具套件，如海量数据加载器、负载平衡器，以及包含 LDIF 和模式管理工具在内的强大的 Java 浏览器等。同时，强大的 Dxlink 特性允许在 eTrust Directory 骨干网中融入任何 LDAP 兼容型服务器。

2．Active Directory简介

Active Directory 是由 Microsoft 公司提供的目录服务产品，它是构建 Windows 分布式系统的基础。Active Directory 存储的是有关网络对象的信息，并且管理员和用户能够轻松地查找和使用这些信息。Active Directory 使用了一种结构化的数据存储方式，并以此作为基础对目录信息进行合乎逻辑的分层组织。

Active Directory 是一个支持 LDAP 的全面的目录服务管理方案，它是一个企业级的目录服务，具有很好的可伸缩性，并与操作系统紧密地集成在一起。活动目录不仅可以管理基本的网络资源，如计算机对象、用户账户和打印机等，而且充分考虑了现代应用的业务需求，为这些应用提供了基本的管理对象模型。几乎所有的应用都可以直接利用系统提供的目录服务结构，而且活动目录也具有很好的扩充能力，允许应用程序定制目录对象的属性或者添加新的对象类型。

3．Novell eDirectory简介

Novell eDirectory 是经过时间考验的跨平台的企业级目录服务产品，从 1993 年开始就已经为企业应用提供目录服务。LDAP 应用可以在 eDirectory 环境下，按照其他 LDAP 目录的方式浏览、阅读和更新信息，可以按本地访问 eDirectory 对象的方式处理 LDAP 请求。eDirectory 符合 LDAP v3 的所有 RFC，并获得了 LDAP 2000 证书。

采用 eDirectory 和 Novell DirXML，其他目录可与 eDirectory 实现双向同步，事件引擎可以在 eDirectory 发生变化时进行同步。eDirectory 允许在树中任意点定义目录分区，并且可以在树结构中的任何服务器上复制这些分区。这个功能可以使管理员优化认证效率，提高带宽利用率，减少系统故障。eDirectory 支持对树结构的修整、移植、重命名、合并和拆分，便于企业应用的合并和重组。

4．Sun ONE Directory Server简介

Sun ONE Directory Server 原来的名称是 iPlanet Directory Server，属于 SUN ONE 系列产品中的一种，可以提供大型的目录服务。Sun ONE Directory Server 除了支持 LDAP v3 的所有功能外，还对 JNDI 和基础 XML 提供支持，能够在 Solaris、AIX、HP-UX 和 Windows NT 等环境中运行。

Sun ONE 目录服务器可为各类企业提供用户可管理的基础架构，用于管理大量信息。Sun ONE 目录服务器以符合业界标准的 LDAP 为基础，提供可靠、安全和可扩展的目录服务，用于存储和管理各种目录信息。它可以与现有的系统充分整合，充当用户配置文件合并时的中央存储库。

5．OpenLDAP简介

OpenLDAP 是 LDAP 自由和开源的实现，在 OpenLDAP 许可证下发行，并支持众多流行的 Linux 发行版。OpenLDAP 包含 LDAP 服务器和一些应用开发工具，其目标是提供一个稳定的商业应用级和功能全面的 LDAP 软件，并且得到了广泛的应用。

📖说明：本章后面的部分将主要介绍 OpenLDAP 的安装、配置和运行。

19.2　架设 OpenLDAP 服务器

在 Linux 系统中，架设目录服务器最常用的软件是 OpenLDAP，它可以免费获得，并且已经包含在 RHEL 9 发行版中。下面介绍 OpenLDAP 目录服务器的架设方法，包括 OpenLDAP 的安装、运行、配置管理和使用等。

19.2.1　OpenLDAP 服务器的安装与运行

OpenLDAP 是一个开放源代码的软件，可以免费获取使用，其主页地址是 http://www.openldap.org/，目前最新版是 2.5.14 版。主页网站只提供源代码的下载，文件名是 openldap-2.5.14.tgz。另外，也可以使用 RPM 包进行安装，其版本号是 2.6.2。默认情况下，RHEL 9 并没有安装 OpenLDAP 服务器，而且也没有提供 OpenLDAP 服务器安装包，只提供了 OpenLDAP 客户端安装包。用户可以到 http://rpmfind.net/网站下载 RPM 包，然后使用 rpm 命令安装。

```
# rpm -ivh openldap-servers-2.6.2-2.el9.x86_64.rpm
警告: openldap-servers-2.6.2-2.el9.x86_64.rpm: 头 V4 RSA/SHA256 Signature,
密钥 ID 3228467c: NOKEY
Verifying...                        ################################# [100%]
准备中...                           ################################# [100%]
正在升级/安装...
   1:openldap-servers-2.6.2-2.el9   ################################# [100%]
Closing DB...
```

安装成功后，OpenLDAP 服务器软件的几个重要文件分布如下：

- [ ] /etc/openldap/schema：该目录预定义了许多模式。
- [ ] /etc/openldap/slapd.conf：OpenLDAP 的主配置文件。
- [ ] /usr/lib/systemd/system/slapd.service：OpenLDAP 的启动脚本。
- [ ] /usr/sbin/slapd：OpenLDAP 服务器的进程文件。
- [ ] /usr/share/doc/openldap-servers/：OpenLDAP 的说明文件。

为了运行 OpenLDAP 服务器软件，可以输入以下命令，此时是在初始配置下运行的：

```
# systemctl start slapd.service
[root@localhost ~]# ps -eaf|grep ldap
ldap      20989     1     0 17:11 ?        00:00:00 /usr/sbin/slapd -u ldap -h
ldap:/// ldaps:/// ldapi:///
root      21006  5657     0 17:11 pts/1    00:00:00 grep --color=auto ldap
```

可以看到，OpenLDAP 服务器只有一个由 ldap 用户运行的进程，进程的命令文件是 /usr/sbin/slapd，ldap 用户是在 OpenLDAP 软件包安装的时候自动创建的，如果采用源代码安装，则需要手工创建。OpenLDAP 默认监听的是 TCP 389 号端口，可以输入以下命令查看该端口是否处于监听状态：

```
[root@localhost ldap]# netstat -anp|grep :389
tcp        0      0 0.0.0.0:389           0.0.0.0:*          LISTEN      5316/slapd
tcp        0      0 :::389                :::*               LISTEN      5316/slapd
#
```

可以看到，TCP 389 端口已经处于监听状态。为了使远程客户可以使用 OpenLDAP 服务器，需要主机防火墙开放上述端口：

```
# firewall-cmd --zone=public --add-port=389/tcp --permanent
# firewall-cmd --reload
```

上述操作完成后，OpenLDAP 服务器就能正常运行了，使用的是/etc/openldap/slapd.d/ cn=config.ldif文件中的初始配置。RHEL 9 提供了 OpenLDAP 客户端软件包 openldap-clients-2.6.2-3.el9.x86_64，因此可以使用本地 DNF 软件源安装客户端工具。执行命令如下：

```
# dnf install openldap-clients
```

OpenLDAP 客户端软件包中有几个对 LDAP 目录进行管理的工具，如添加条目、删除条目和搜索条目等。可以用以下命令测试 OpenLDAP 服务器的工作是否正常：

```
# ldapsearch -x -b '' -s base '(objectclass=*)' namingContexts
...
dn:
namingContexts: dc=my-domain,dc=com
...
#
```

ldapsearch 是由 LDAP 客户端软件包提供的一个目录搜索工具，上述命令列出了目录的根域。

19.2.2　OpenLDAP 服务器的主配置文件

OpenLDAP 服务器传统的主配置文件是/etc/openldap/slapd.conf。虽然在 OpenLDAP 安装包中包含 slapd.conf 配置文件，但是软件安装完毕后，该文件不会被自动创建。如果想要使用 slapd.conf 配置文件，需要手动创建并在启动 OpenLDAP 服务时指定加载该文件。

也可以直接复制/usr/share/openldap-servers/slapd.ldif 文件到/etc/openldap，并重命名为 slapd.conf。

由于 slapd.conf 配置太烦琐，而且配置完必须重新生成 OpenLDAP 数据库。所以在 OpenLDAP 2.5.0 版本之后，官方推荐使用基于 LDIF 格式的配置文件进行配置，而不再使用传统的 slapd.conf。新版本的所有配置都保存在/etc/openldap/slapd.d/cn=config 文件夹内，配置文件的后缀为 ldif，而且每个配置文件都是通过命令自动生成的，打开任意一个配置文件，在开头部分都有一行注释，说明此文件是自动生成的，不建议用户编辑。如果需要修改配置文件的内容，可以使用 ldapmodify 命令进行修改。例如，下面是主配置文件/etc/openldap/slapd.d/cn=config.ldif 的默认内容：

```
# cat cn\=config.ldif
# AUTO-GENERATED FILE - DO NOT EDIT!! Use ldapmodify.
# CRC32 0835111a
dn: cn=config                                          # 唯一标识
objectClass: olcGlobal                                 # 用户属于 olcGlobal 类
cn: config                                             # 对象全称
structuralObjectClass: olcGlobal                       # 用户属于 olcGlobal 结构类
entryUUID: 549c3dc6-625c-103d-90b4-bdc3f990460d        # 条目 UUID
creatorsName: cn=config                                # 条目的创建者
createTimestamp: 20230329090335Z                       # 条目创建时间戳
# 条目的 CSN，用于实现同步和复制功能
entryCSN: 20230329090335.038827Z#000000#000#000000
modifiersName: cn=config                               # 条目的修改者
modifyTimestamp: 20230329090335Z                       # 最后一次修改的时间戳
```

为了更加了解 LDIF 文件格式，下面先对它的概念及语法格式进行介绍，然后对服务器进行简单配置。

1．LDIF的概念

LDIF（LDAP Data Interchanged Format，轻量级目录交换格式）是存储 LDAP 配置信息及目录内容的标准文本文件格式。之所以使用文本文件来存储这些信息，是为了方便读取和修改，这也是大多数服务配置文件所采用的格式。

LDIF 通常用于在 OpenLDAP 服务器之间互相交换数据，并且可以实现数据文件的导入、导出及数据文件的增加、修改、重命名等操作。这些信息需要按照 LDAP 中的模式规范进行操作，并会接受模式检查。如果不符合 OpenLDAP 模式规范要求，则会提示语法错误。

2．LDIF文件的格式

如果用户要使用 LDIF 的配置文件，则需要了解该文件的基本格式。LDIF 文件的基本格式如下：

```
dn:<唯一标识>
<属性名称 1>:<属性值 1>
<属性名称 2>:<属性值 2>
...
```

其中，dn 的值表示指定的 LDIF 条目在目录树中的位置，LDIF 条目的属性名称已经在

LDAP 模式中定义了。下面是一个 LDIF 条目的例子，它表示的是一个用户号：

```
dn: uid=zhangs,ou=dean,dc=wzvtc,dc=edu    # 唯一标识
uid: zhangs                               # 用户标识
cn: zhangsan                              # 用户的全称
sn: Zhang                                 # 用户的姓
uidNumber: 1203                           # 用户账号的 UID
gidNumber: 1200                           # 用户账号的 GID
homeDirectory: /home/dean                 # 用户的个人目录位置
Password: agrowieugjlogin                 # 用户账号的密码
Shell: /bin/bas                           # 用户登录后执行的 Shell 程序
objectClass: organizationalUnit           # 用户属于 organizationalUnit 类
objectClass: person                       # 用户属于 person 类
```

3．LDIF文件格式的特点

如果需要手动定义 LDIF 文件，添加相关条目，则需要了解 LDIF 文件格式的基本特点，具体如下：

- ❏ LDIF 文件每行的结尾不允许有空格或者制表符。
- ❏ LDIF 文件允许相关属性可被重复赋值和使用。
- ❏ LDIF 文件以#号开头的行为注释行。
- ❏ 在 LDIF 文件中，所有属性的赋值方式为：属性:[空格]属性值。
- ❏ LDIF 文件通过空行来区分两条条目。

4．配置服务器

OpenLDAP 服务器默认安装后，需要做一些简单配置。操作步骤如下：

（1）为 OpenLDAP 生成一个管理用户密码。执行命令如下：

```
# slappasswd -s 123456
{SSHA}RWVVBF1lFLMvEozx939Lw/xaxVU3y54o
```

以上命令表示设置的密码为 123456，输出的密码是加密后的密码，在后面将会用到。

（2）创建一个名为 rootpwd.ldif 的文件，在数据库配置文件中添加管理员用户密码，内容如下：

```
# vi /etc/openldap/rootpwd.ldif
dn: olcDatabase={0}config,cn=config
changetype: modify
add: olcRootPW
olcRootPW: {SSHA}RWVVBF1lFLMvEozx939Lw/xaxVU3y54o
```

以上内容表示在数据库文件 olcDatabase={0}config.ldif 中，添加参数为 olcRootPW（管理员用户密码）的信息。

（3）使用 ldapadd 命令将 rootpwd.ldif 文件写入 LDAP。执行命令如下：

```
# ldapadd -Y EXTERNAL -H ldapi:/// -f rootpwd.ldif
SASL/EXTERNAL authentication started
SASL username: gidNumber=0+uidNumber=0,cn=peercred,cn=external,cn=auth
SASL SSF: 0
modifying entry "olcDatabase={0}config,cn=config"
```

（4）导入一些基本的 Schema 预设模式。这些 Schema 预设模式文件位于/etc/openldap/schema/目录下，定义用户以后创建的条目可以使用哪些属性。为了方便用户操作，建议全

部导入这些模式。操作如下：

```
[root@localhost openldap]# ldapadd -Y EXTERNAL -H ldapi:/// -f schema/
cosine.ldif                                    # 导入 cosine.ldif 模式
SASL/EXTERNAL authentication started
SASL username: gidNumber=0+uidNumber=0,cn=peercred,cn=external,cn=auth
SASL SSF: 0
adding new entry "cn=cosine,cn=schema,cn=config"
[root@localhost openldap]# ldapadd -Y EXTERNAL -H ldapi:/// -f schema/
nis.ldif                                       # 导入 nis.ldif 模式
SASL/EXTERNAL authentication started
SASL username: gidNumber=0+uidNumber=0,cn=peercred,cn=external,cn=auth
SASL SSF: 0
adding new entry "cn=nis,cn=schema,cn=config"
[root@localhost openldap]# ldapadd -Y EXTERNAL -H ldapi:/// -f schema/
inetorgperson.ldif                             # 导入 inetorgperson 模式
SASL/EXTERNAL authentication started
SASL username: gidNumber=0+uidNumber=0,cn=peercred,cn=external,cn=auth
SASL SSF: 0
adding new entry "cn=inetorgperson,cn=schema,cn=config"
```

📑说明：模式（Schema）定义了 LDAP 中的对象类型、属性、语法和匹配规则等，类似于
　　　关系数据库中的表结构。在实际应用过程中，用户可以自己定义模式，以便 LDAP
　　　能够按要求的格式存储用户数据。为了方便用户使用，OpenLDAP 已经为某些应
　　　用定义了相应的模式，这些模式都存放在/etc/openldap/schema 目录下。

19.2.3　使用 LDIF 添加目录树

在初始的 OpenLDAP 服务器配置中，定义了一个名为 my-domain.com 的例子目录树。
在实际应用中，用户需要根据实际情况添加自己的目录树。下面以一个单位的组织结构为
例，说明用户如何定义自己的目录树，并添加到 LDAP 数据库中。假设要添加的单位名称
为 Wzvtc College，该单位有 3 个部门，名称分别为 Dean、Finance 和 Personnel，每个部门
有若干人，具体结构如图 19-1 所示。

图 19-1 所示的组织结构是一种典型的目录树结构，为了在 LDAP 中存储这个组织结构
的目录树，首先需要为目录树建立一个"根"，根是目录树的最高层，以后建立的所有对象
都附属于这个根。可以有 3 种方法表示目录树的根，一般采用的形式为 dc=wzvtc,dc=edu，
类似于域名 wzvtc.edu。

单位的部门是目录树的分支节点，用 ou 表示。例如，ou=dean 表示一个名为 dean 的
部门。分支节点下面可以包含叶节点，也可以包含其他分支节点。分支节点相当于文件系
统中的子目录，叶节点相当于文件，而根节点相当于根目录。

在上例中，叶节点相当于单位中的人，是目录树的最底层，可以使用 uid 和 cn 进行描
述。例如，uid=tom 或 cn=Zhang San。每个人都是属于某一个部门的，因此每个叶节点都
要附属于某一个分支节点。根据以上描述，单位组织结构转化后形成的 LDAP 目录树如图
19-2 所示。另外，常见的 LDAP 目录树节点的属性关键字如表 19-1 所示。

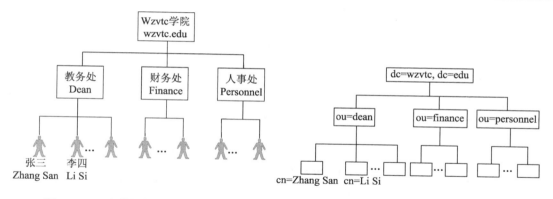

图 19-1　一个单位的实际组织结构　　　图 19-2　转化为 LDAP 目录树后的结构

表 19-1　LDAP目录树常见的关键字

关　键　字	说　　　明
dc	域名，其格式是将标准域名进行拆分，如域名wzvtc.edu可表示为dc=wzvtc,dc=edu
o	组织的实际名称
dn	表示对象的唯一标识，类似于文件系统中的绝对路径，如"uid=zhang,ou=dean,dc=wzvtc, dc=edu"
c	国家代码，如cn、uk等
rdn	是dn中与目录树结构无关的部分，通常用对象的cn属性的值来表示
ou	组织机构，是一个容器，可以包含其他组织机构和对象，相当于文件系统中的子目录
cn	表示对象的全称
uid	表示用户标识
sn	表示用户的姓

为了把上述目录树存储到 LDAP 数据库中，需要使用 LDIF 文件。在 OpenLDAP 服务器中，默认目录树为 my-domain.com，因此用户需要修改目录树为 wzvtc.edu。操作步骤如下：

（1）使用 slappasswd 为根节点管理员生成一个密码。该密码与 OpenLDAP 管理员密码不同，一个 LDAP 数据库可以包含多个目录树。

```
# slappasswd -s 654321
{SSHA}LYU4dsGazqAc2nKu6Ta3deISms+caa6L
```

（2）创建一个名为 changes.ldif 的文件，内容如下：

```
dn: olcDatabase={1}monitor,cn=config
changetype: modify
replace: olcAccess
olcAccess: {0}to * by dn.base="gidNumber=0+uidNumber=0,cn=peercred,cn=
external,cn=auth"
  read by dn.base="cn=Manager,dc=wzvtc,dc=edu" read by * none

dn: olcDatabase={2}mdb,cn=config
changetype: modify
replace: olcSuffix
olcSuffix: dc=wzvtc,dc=edu

dn: olcDatabase={2}mdb,cn=config
```

```
changetype: modify
replace: olcRootDN
olcRootDN: cn=Manager,dc=wzvtc,dc=edu

dn: olcDatabase={2}mdb,cn=config
changetype: modify
add: olcRootPW
olcRootPW: {SSHA}LYU4dsGazqAc2nKu6Ta3deISms+caa6L

dn: olcDatabase={2}mdb,cn=config
changetype: modify
add: olcAccess
olcAccess: {0}to attrs=userPassword,shadowLastChange by
  dn="cn=Manager,dc=wzvtc,dc=edu" write by anonymous auth by self write by
* none
olcAccess: {1}to dn.base="" by * read
olcAccess: {2}to * by dn="cn=Manager,dc=wzvtc,dc=edu" write by * read
```

注意，修改 olcRootPW 的密码为新生成的密码。

（3）使用 ldapmodify 执行 LDIF 文件，写入 LDAP。

```
# ldapmodify -Y EXTERNAL -H ldapi:/// -f changes.ldif
SASL/EXTERNAL authentication started
SASL username: gidNumber=0+uidNumber=0,cn=peercred,cn=external,cn=auth
SASL SSF: 0
modifying entry "olcDatabase={1}monitor,cn=config"

modifying entry "olcDatabase={2}mdb,cn=config"

modifying entry "olcDatabase={2}mdb,cn=config"

modifying entry "olcDatabase={2}mdb,cn=config"

modifying entry "olcDatabase={2}mdb,cn=config"
```

☎提示：执行 ldapmodify 命令时如果显示如下错误

```
ldap_modify: Type or value exists (20)
    additional info: modify/add: olcRootPW: value #0 already exists
```

将文件中的 add 全部替换成 replace，然后重新执行命令即可。

以上步骤是成功创建一个 wzvtc.edu 根节点（图 19-2 的第一层）。接下来，还需要创建部门及部门中的对象。这里将创建一个名为 wzvtc.ldif 的文件，输入以下内容（因篇幅所限，这里只列出了 dean 部门中的两个对象）。

（1）定义根 DN。

```
dn: dc=wzvtc,dc=edu
objectclass: top
objectclass: dcObject
objectclass: organization
o: Wzvtc College
dc: wzvtc
```

（2）定义管理员。

```
dn: cn=Manager, dc=wzvtc,dc=edu
objectclass: organizationalRole
cn: Manager
```

（3）定义组织机构。

```
dn: ou=dean,dc=wzvtc,dc=edu
objectclass: organizationalUnit
ou: dean
```

（4）定义 dean 中的用户。

```
dn: cn=Zhang San,ou=dean,dc=wzvtc,dc=edu
objectclass: organizationalPerson
objectclass: inetOrgPerson
cn: Zhang San
sn: Zhang
telephoneNumber: 0577-88888888
mail: zhangs@wzvtc.edu

dn: cn=Li Si,ou=dean,dc=wzvtc,dc=edu
objectclass: organizationalPerson
objectclass: inetOrgPerson
cn: Li Si
sn: Li
telephoneNumber: 0577-99999999
mail: lisi@wzvtc.edu
```

以上是图 19-2 所示的目录树所对应的 LDIF 文件的部分内容，可以按步骤（3）增加类似的 Finance、Personnel 组织机构条目，再按步骤（4）增加类似的用户对象条目，形成完整的对应图 19-2 所示的目录树的 LDIF 文件。然后使用 OpenLDAP 提供的 ldapadd 命令添加目录树。执行命令如下：

```
# ldapadd -x -D "cn=manager,dc=wzvtc,dc=edu" -W -f wzvtc.ldif
Enter LDAP Password:                   # 在 changes.ldif 文件中设置的原始密码
adding new entry "dc=wzvtc,dc=edu"

adding new entry "cn=Manager, dc=wzvtc,dc=edu"

adding new entry "ou=dean,dc=wzvtc,dc=edu"

adding new entry "cn=Zhang San,ou=dean,dc=wzvtc,dc=edu"

adding new entry "cn=Li Si,ou=dean,dc=wzvtc,dc=edu"
```

在以上命令参数中，-x 表示使用 LDAP 自带的简单认证方式，-D 表示使用 olcDatabase={2}mdb.ldif 文件中定义的 DN，-W 表示不在命令行中放置密码，而是在命令执行时要求输入密码。-f 参数指定一个 LDIF 文件。可以看到，使用 ldapadd 命令成功添加一个条目时，都会输出一行提示。

📖注意：在 wzvtc.ldif 文件中，每一行的前后都不允许有空格，否则会出现以下错误提示。

```
additional info: objectclass: value #0 invalid per syntax
```

可以用 OpenLDAP 提供的 ldapsearch 命令查看刚才添加的条目，命令如下：

```
# ldapsearch -x -W -D "cn=manager,dc=wzvtc,dc=edu" -b 'dc=wzvtc,dc=edu'
Enter LDAP Password:
# extended LDIF
#
# LDAPv3
# base <dc=wzvtc,dc=edu> with scope subtree
```

```
# filter: (objectclass=*)
# requesting: ALL
#

# wzvtc.edu
dn: dc=wzvtc,dc=edu
objectClass: top
objectClass: dcObject
objectClass: organization
o: Wzvtc College
dc: wzvtc
...
```

其中，-b 表示要搜索的内容，其余选项的含义与 ldapadd 命令类似。

19.2.4　使用图形界面工具管理 LDAP 目录

OpenLDAP 软件包提供了管理目录树的命令，可以进行添加、删除、搜索条目等操作。对于一般用户来说，掌握命令行操作方式不是一件容易的事，他们希望能通过图形界面进行操作。为此，许多第三方软件提供了图形界面的 LDAP 目录管理工具，其中的开源软件 phpLDAPadmin 是最具有代表性的工具。

phpLDAPadmin 是一个基于 Web 的 LDAP 管理工具，可用于管理 LDAP 服务器的各个方面，如浏览 LDAP 目录，创建、删除、修改和复制条目，执行搜索，导入或导出 LDIF 文件，查看服务器中的模式等。利用 phpLDAPadmin，还可以在两个 LDAP 服务器之间复制各种条目和对象。

☎提示：phpLDAPadmin 只支持 PHP 5。因此，如果要使用 phpLDAPadmin，只能安装 PHP 5。如果服务器环境是最新的 PHP 8，使用 phpLDAPadmin 则会出现各种问题。

可以从 http://phpldapadmin.sourceforge.net 上下载 phpLDAPadmin 的源代码，目前其最新的版本是 1.2.3 版，文件名是 phpldapadmin-1.2.3.tgz。假设 Apache 服务器的主目录是 /var/www/html，把 phpldapadmin-1.2.3.tgz 文件复制到/var/www/html 目录下之后再用以下命令进行解压并改目录名：

```
# tar -zxvf phpldapadmin-1.2.3.tgz
# mv phpldapadmin-1.2.3 phpldapadmin
```

为了使用 phpLDAPadmin，需要配置能支持 PHP 的 Apache 服务器，具体方法可参见 14.4.2 小节。还有，在 phpldapadmin 的 config 目录下有一个 config.php.example 文件，它是 phpLDAPadmin 的例子配置文件，需要复制该文件并改名为 config.php。以上工作完成后，可以用浏览器访问 phpldapadmin，假设 Apache 服务器的主机的 IP 是 10.10.1.29，在地址栏中输入 http://10.10.1.29/phpldapadmin，将会弹出如图 19-3 所示的页面。

🔍注意：如果初始访问 phpLDAPadmin 时没有出现这个主界面，而是出现类似 Your php memory limit is low 这样的错误提示，则需要改变/etc/php.ini 文件中的 memory_limit 选项，以增大 PHP 可用的内存，然后重启 Apache。

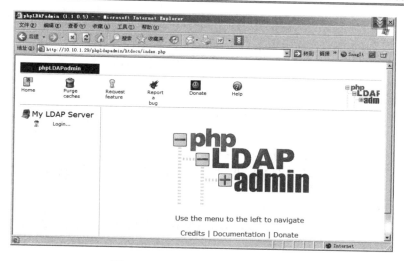

图 19-3　phpLDAPadmin 的主页面

　　出现 phpLDAPadmin 主界面后，可以单击左边的"Login…"链接进行登录，然后就会弹出一个登录框。输入在 19.2.3 小节中创建的管理员用户和密码，如图 19-4 所示，单击 Authenticate 按钮。登录成功后，将会弹出如图 19-5 所示的页面。

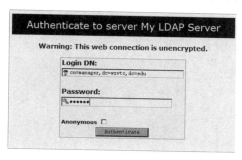

图 19-4　phpLDAPadmin 登录框

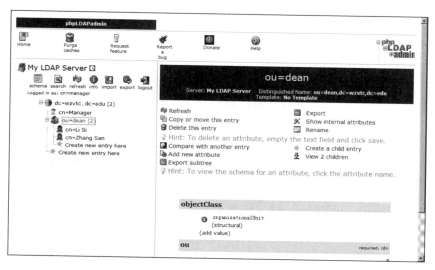

图 19-5　成功登录后的 phpLDAPadmin 界面

从图 19-5 中可以看到，页面的左边列出了目录树中现存的条目以及它们的关系，选中某个条目后，页面的右边会列出该条目所有属性的值，某些属性可以进行修改或增加值。此外，页面中还提供了添加条目、删除条目、添加属性等功能的链接。

📑说明：通过使用 phpLDAPadmin，本来需要通过编辑复杂的 JDNI 文件才能实现的功能，现在可以通过图形界面轻松地完成了。

19.3　使用 OpenLDAP 进行用户认证

LDAP 目录最常见的一种应用是存储用户账号，然后通过 LDAP 服务器对各种系统提供认证服务，从而实现集中认证的功能。下面介绍使用 OpenLDAP 进行 Apache 服务器用户认证的配置方法。

Apache 服务器为用户认证提供了多种方式，其中就包括 LDAP 认证。为了在 Apache 中配置 LDAP 认证，需要修改 Apache 的主配置文件。在 14.3.5 小节中配置 Apache 认证时，采用的是本地的账号文件，如果改为 LDAP 认证，而且需要认证的目录是/var/www/html，则配置内容如下：

```
<Directory "/var/www/html">
    Options Indexes FollowSymLinks
    AllowOverride None
Require all granted
    AuthType Basic
    AuthName "LDAP Login"
    AuthLDAPURL "ldap://127.0.0.1/dc=wzvtc,dc=edu" #指定采用 LDAP 认证
    require valid-user
    </Directory>
```

🔍注意：上述配置能作用的前提是 Apache 已经提供了对 LDAP 的支持，方法是在生成 Makefile 文件的命令 "./configure" 后面加入 "--enable-ldap --enable-authnz-ldap" 选项。

19.4　小　　结

目录实际上是一种树状的数据库，虽然不如关系数据库有名，但是在网络管理领域的应用非常广泛。本章首先讲述了目录服务器的一些基本知识，包括目录服务的概念、X.500 和 LDAP 协议等内容；然后以 Linux 系统中应用最广泛的 OpenLDAP 软件为例，介绍了目录服务器的架设方法，包括 OpenLDAP 的安装、运行、配置管理和使用等；最后介绍了 OpenLDAP 在用户认证方面的应用示例。

19.5　习　　题

一、填空题

1. 目录服务是一种_____服务。

2. X.500 是由_____目录服务标准。在该标准中，目录数据库采用_____，运行目录服务的每个站点只负责本地目录部分。

3. LDAP 的中文全称是_____。

4. LDAP 目录存储和组织的基本数据结构称为_____，每个条目都有一个_____标识符并包含_____属性。

二、选择题

1. 下面属于 LDAP 基础模型的是（　　　　）。

A. 信息模型　　　　B. 命名模型　　　　C. 功能模型　　　　D. 安全模型

2. OpenLDAP 服务器默认监听的 TCP 端口是（　　　　）。

A. 80　　　　B. 3128　　　　C. 389　　　　D. 8080

3. 在 OpenLDAP 服务器中，添加目录数配置文件的后缀为（　　　　）。

A. txt　　　　B. ldif　　　　C. com　　　　D. domain

三、判断题

1. LDAP 目录实际上也是一种数据库，但与用户平常使用的关系数据库有较大的差别。

（　　　）

2. LDAP 是跨平台的标准协议，可以在任何计算机平台上使用。　　　　（　　　）

四、操作题

1. 使用 RPM 包搭建并启动 OpenLDAP 服务。

2. 在 OpenLDAP 服务器中添加一个根节点为 benet.com，ou 为 Marketing 部门条目。

第 20 章　网络时间服务器的配置与应用

NTP（Network Time Protocol，网络时间协议）是用于同步计算机及网络设备内部时钟的一种协议。随着计算机网络的发展，网络设备越来越多，它们之间的时间同步越来越受到人们的重视。本章主要介绍 NTP 的基本知识以及 Chrony 服务器的安装、配置、运行和使用方法。

20.1　网络时间服务概述

NTP 的目的是在国际互联网上传递统一、标准的时间，基于 NTP 构建的网络时间服务器可以为用户提供授时服务，根据自己的时钟源同步客户机的时钟，以提供高精准度的时间校正。下面介绍 NTP 的基本原理、报文格式、工作模式和 NTP 服务的网络体系结构等内容。

20.1.1　NTP 的用途与工作原理

随着网络规模的增大，各种网络设备和服务器越来越多，这些设备和服务器的时钟显示也要求保持一致。如果仅仅依靠管理员通过手工方式修改系统时钟显示是不能现实的，不但工作量巨大，而且也不能保证时钟的精确性。通过 NTP，可以很快地同步网络中各种设备的时钟，而且能保证很高的精度。NTP 主要用于以下场景：

- ❏ 网络管理过程中，分析从不同设备上采集的日志信息和调试信息时，需要以时间作为参照依据。
- ❏ 计费系统要求所有相关设备的时钟保持一致。
- ❏ 某些特殊功能，如定时自动对网络中的部分设备进行管理，此时要求这些设备的时钟保持一致。
- ❏ 协同处理系统在处理某些事件时，各个系统必须参考同一时钟才能保证正确的执行顺序。
- ❏ 备份服务器和客户端之间进行增量备份时，需要备份服务器和客户端之间的时钟保持一致。

NTP 最早是由美国 Delaware 大学的 Mills 教授设计和实现的，从 1982 年最初提出到现在已经发展了 40 多年，最新的 NTPv4 是当前正在开发的版本，但还没有正式标准。目前使用的 NTP 几乎都是 NTPv3，它由 RFC1305 文档描述。另外还有一种秒级精度的 SNTP（简单网络时间协议），由 RFC2030 描述。NTP 属于 TCP/IP 模型的应用层协议，工作在 UDP 之上，默认使用的端口号是 123。

　　NTP 除了可以估算数据包在网络上的往返延迟时间外，还可以独立地估算计算机的时钟偏差，从而实现在网络上的高精准度计算机校时。在大部分情况下，NTP 可以提供 1～50ms 的可信赖的同步时间源和网络工作路径。NTP 的原理如图 20-1 所示。

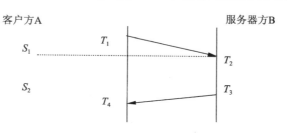

图 20-1　NTP 的工作原理

　　客户机进行时间校正时需要发送一个 UDP 数据包，然后 NTP 服务器回复一个 UDP 数据包，传输双方都要在数据包上加上自己的时间戳。根据这两个数据包的发送时间、接收时间，就可以对客户机和服务器的时间差进行估计。客户机通过查看两个数据包中的时间值，可以知道以下 4 个时间：

- ❑　T_1：客户机发送数据包的时刻，来自客户机的时钟；
- ❑　T_2：服务器收到数据包的时刻，来自服务器的时钟；
- ❑　T_3：服务器回复数据包的时刻，来自服务器的时钟；
- ❑　T_4：客户方收到数据包的时刻，来自客户机的时钟。

　　假设：δ_1 和 δ_2 的含义如下。

- ❑　δ_1：请求数据包在网络中传播时所花费的时；
- ❑　δ_2：回复数据包在网络中传播时所花费的时间。

　　根据 T_1、T_2、T_3、T_4 和 δ_1、δ_2，再假设 θ 是客户机与 NTP 服务器的时间差，则可以列出下式。

$$\begin{cases} T_2 = T_1 + \theta + \delta_1 \\ T_4 = T_3 - \theta + \delta_2 \\ \delta = \delta_1 + \delta_2 \end{cases}$$

　　再假设请求和回复数据包在网上传输的时间相同，即 $\delta_1 = \delta_2$，则可解得：

$$\begin{cases} \theta = \dfrac{(T_2 - T_1) - (T_4 - T_3)}{2} \\ \delta = (T_2 - T_1) + (T_4 - T_3) \end{cases}$$

　　可以看到，θ、δ 只与 T_2 和 T_1 差值、T_3 和 T_4 差值相关，而与 T_2 和 T_3 差值无关，即最终的结果与服务器处理请求所需的时间无关。于是，客户机即可通过时差 θ 去调整本地时钟。

📖 说明：客户机可以按同样的方法进行若干次调整，以进一步提高时钟的精准度。

　　在 NTP 中，发送 UDP 数据包时，除了采用单播方式外，还可以采用组播或广播的方式。同时，NTP 还实现了访问控制和 MD5 验证的功能。

20.1.2　NTP 的报文格式与工作模式

NTP 有两种不同类型的报文，一种是时钟同步报文，另一种是控制报文。时钟同步报文是 NTP 的核心内容，而控制报文主要是为用户提供一些网络管理的附加功能，对于时钟同步来说不是必需的。时钟同步报文封装在 UDP 报文中，其格式如图 20-2 所示。

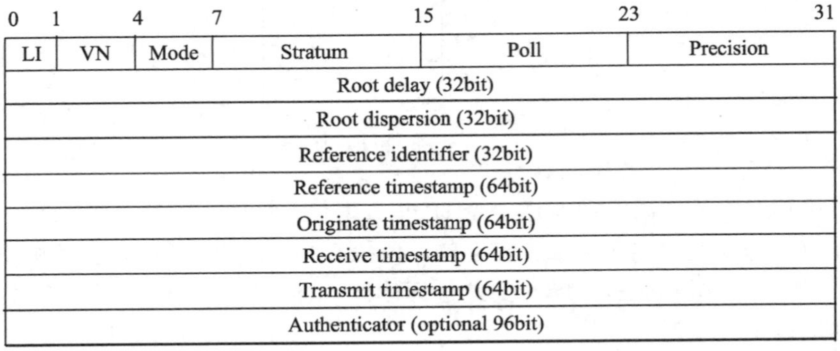

图 20-2　时钟同步报文格式

主要字段的解释如下：

❑ LI（Leap Indicator）：长度为 2bit，值为"11"时表示时钟未被同步。

❑ VN（Version Number）：长度为 3bit，表示 NTP 的版本号，目前大部分使用的是 NTP 3。

❑ Mode：长度为 3bit，表示 NTP 的工作模式。0 表示未定义；1 表示主动对等体模式；2 表示被动对等体模式；3 表示客户模式；4 表示服务器模式；5 表示广播模式或组播模式；6 表示此报文为 NTP 控制报文；7 为预留值。

❑ Stratum：系统时钟的层数，取值范围为 1～16，它决定时钟的准确度。层数为 1 的时钟准确度最高，然后依次递减。层数为 16 的时钟表示未同步，不能作为参考时钟。

❑ Poll：轮询时间，即两个连续 NTP 报文之间的时间间隔。

❑ Precision：系统时钟的精度。

❑ Root delay：本地到参考时钟源的往返时间。

❑ Root dispersion：系统时钟相对于参考时钟的最大误差。

❑ Reference identifier：参考时钟源的标识。

❑ Reference timestamp：系统时钟最后一次被设定或更新的时间。

❑ Originate timestamp：发送端发送 NTP 请求报文时的本地时间。

❑ Receive timestamp：接收端接收 NTP 请求报文时的本地时间。

❑ Transmit timestamp：接到 NTP 请求报文的服务器发送应答报文时的本地时间。

❑ Authenticator：认证信息。

计算机之间通过 NTP 校正时间时，可以有以下 4 种工作模式，它们主要通过报文中 Mode 字段的值进行区分。

1．客户端/服务器模式

客户端/服务器是最简单的一种模式。此时，客户端首先向服务器发送时钟同步请求报文，报文中的 Mode 字段设置为 3，表示客户模式。服务器收到请求报文后将发送应答报文，报文中的 Mode 字段设置为 4，表示服务器模式。客户端收到应答报文后，计算出客户机与 NTP 服务器的时间差，再同步服务器的时间。客户端可以向一台服务器发送多个报文，或向多台服务器发送报文，以提高同步时间的准确度。

2．对等体模式

在对等体模式中，包含主动方和被动方，它们之间可以互相同步。开始时，和客户端/服务器一样，主动方首先向被动方发送 Mode 为 3 的请求报文，被动方以 Mode 为 4 的报文应答。然后，主动方向被动方发送 Mode 为 1 的报文，表示自己是主动对等体，被动方收到报文后工作在被动对等体模式下，并发送 Mode 为 2 的应答报文，表示自己是被动对等体。经过以上报文交互后，对等体模式就建立起来了，双方再进行时钟同步。

3．广播模式

在广播模式中，服务器周期性地向广播地址 255.255.255.255 发送时钟同步报文，报文中的 Mode 字段设置为 5，表示广播模式。同一子网中的客户端接收到第 1 个广播报文后，客户端向服务器发送 Mode 字段为 3 的报文，服务器回复 Mode 字段为 4 的报文，于是客户端就可以像客户端/服务器模式一样对自己的时钟进行校正了。然后，客户端继续侦听广播报文的到来，以便进行下一次校正。

4．组播模式

组播模式与广播模式基本上一样，但使用的是组播地址，只有同组中的客户端才能收到组播报文，才能进行时钟校正。

📓说明：用户可以根据需要选择合适的工作模式。广播或组播模式主要用于不能确定服务器或对等体 IP 地址，或者网络中需要同步的设备很多等场景。如果能确定服务器或对等体 IP 地址，那么可以采用客户端/服务器或对等体模式，此时的时钟源比较可靠。

20.1.3　NTP 服务的网络体系结构

在 NTP 服务中，各个计算机节点构成了一种类树状的网络结构，采用的是分层管理模式。网络中的节点有两种角色，即时钟源和客户，每一层的时钟源和客户可以向上一层或本层的时钟源请求时间校正。最高层为第 0 层，为权威时钟所保留。

第 1 层为一级时钟源层，它是实际应用中最权威的时钟源，通常从原子时钟或通过全球卫星定位系统获得。第 1 层里面没有任何客户，只有时钟源，而且这些时钟源之间相互不允许校正，它们的任务就是向第 2 层的时钟源和客户发布时间信息。

第 2 层及以下各层除层数不同、时间质量不一样之外，没有其他本质上的区别。第 N

层上的时钟源主要为第 $N+1$ 层的客户和时钟源提供 NTP 服务，但它们之间也提供校正服务。如图 20-3 是 NTP 服务的体系结构。

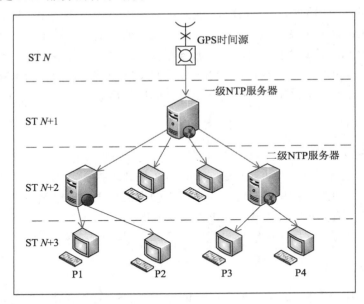

图 20-3　NTP 服务的体系结构

在图 20-3 中，箭头表示时间校正服务的方向。从图 20-3 中可以看出，上一层主要为下一层提供时间服务，即时间质量好的节点要向时间质量差的节点提供服务。另外，同一层的时钟源之间也可以相互进行时间校正。

需要说明的是，目前有两类时间标准被广泛采用。一种是基于天文学的，还有一种则以原子振动的频率作为依据。国际原子时的准确度为每日数纳秒，而基于天文学的世界时准确度是每日数毫秒。随着时间的增加，国际原子时和世界时之间的误差将会越来越大。为了解决这个问题，人们于 1972 年规定了一种称为协调世界时的时间。协调世界时又称为世界标准时间，英文简称是 UTC，它就是 NTP 中所指的时间。

说明：为了确保 UTC 与世界时相差不会超过 0.9s，当国际原子时和世界时之间的误差大到一定程度时，需要为 UTC 加上正或负闰秒，因此 UTC 与国际原子时之间会出现若干整数秒的差别。位于巴黎的国际地球自转事务中央局负责决定何时加入闰秒。

20.1.4　时区

地球是圆的，总是自西向东自转，东边总比西边先看到太阳，东边的时间也总比西边的早。如果统一都以 UTC 计时，则会造成在同一时刻，地球上有些地方是白天，有些地方是黑夜，这将会给人们的日常生活和工作带来许多不便。

为了克服时间上的混乱，1884 年，在华盛顿召开的一次国际经度会议上，规定将全球划分为 24 个时区，每个时区跨越经度为 15°，时间差正好是 1h。每个时区的中央经线上的时间就是这个时区内统一采用的时间，称为区时，相邻两个时区的时间相差 1h。另外，还对这些时区统一进行了命名，称为中时区（零时区）、东 1～12 区，西 1～12 区。

例如，北京处在东 8 区，它的时间要比处在东 7 区的泰国早 1h，而比处在东 9 区的日本晚 1h。因此，当跨时区旅行时，人们需要随时调整自己的手表，才能和当地时间保持一致。当向西移动时，每经过一个时区，就要把手表拨慢 1h。当向东移动时，每经过一个时区，就要把手表拨快 1h。

以上介绍的时区也称为理论时区，但在实际情况中，为了避开国界线，时区的形状并不规则，而且有些跨越时区比较多的国家为了在全国范围内采用统一的时间，一般会把某个时区的时间作为全国统一采用的时间。例如，我国把首都北京所处的东 8 区的时间作为全国统一的时间，称为北京时间。又如，英国、法国、荷兰和比利时等国家，虽然地处中时区，但是为了和欧洲的大多数国家的时间相一致，也采用了东 1 区的时间。这样的时区也称为实际时区或法定时区。表 20-1 列出了部分法定时区的代号、名称及与 UTC 的偏差值。

表 20-1　部分法定时区列表

时 区 代 号	时 区 名 称	与UTC的偏差值
GMT	格林威治标准时间	0:00
NOR	挪威标准时间	+01:00
SST	瑞典夏时制	+02:00
BT	巴格达时间	+03:00
IOT	印度 Chagos 时间	+05:00
CCT	中国北京时间	+08:00
GST	关岛标准时间，俄罗斯时区 9	+10:00
AESST	澳大利亚东部标准夏时制	+11:00
NZST	新西兰标准时间	+12:00
WAT	西非时间	-01:00
AKST	阿拉斯加标准时间	-09:00
HST	夏威夷标准时间	-10:00

🔔说明：所有的法定时区有 100 多个。

在计算机系统中设置时间时，除了设定本地时间外，还要指定法定时区，这样通过 Internet 上的 NTP 服务器校正时间时才能得到正确的结果。

20.2　Chrony 时间服务概述

Chrony 是基于 NTP 实现的时间同步服务。它既可以当作服务端，也可以充当客户端。在 RHEL 7 之前，默认使用的是 NTP 软件提供时间服务。在 RHEL 的新版本中，使用 Chrony 软件代替 NTP 实现网络时间服务。本节将介绍 Chrony 的概念及该时间服务的优势。

20.2.1　Chrony 简介

Chrony 是网络时间协议（NTP）的一种实现，是一个类 UNIX 系统上 NTP 客户端和服务器的替代品。Chrony 客户端可以与 NTP 服务器同步系统时间，也可以与参考时钟（如

GPS 接受设备）进行同步，还与手动输入的时间进行同步。同样，Chrony 也可以作为一个 NTPv4（RFC 5905）服务器为其他计算机提供时间同步服务。

Chrony 可以更快地同步系统时钟，具有更好的时钟准确度，并且它对于那些不是一直在线的系统很有帮助。Chrony 在 Internet 上同步的两台机器之间的精度在几毫秒内，而在 LAN 上的机器之间的精度在几十微秒内。Chrony 更小、更节能，它占用更少的内存，而且需要时它才唤醒 CPU，即使网络拥塞较长时间，它也能很好地运行。它支持 Linux 上的硬件时间戳，允许在本地网络上进行极其准确的同步。Chrony 是自由、开源的，并且支持 GNU/Linux 和 BSD 衍生版（如 FreeBSD、NetBSD）、macOS 和 Solaris 等。

Chrony 由 chronyd 和 chronyc 两个程序组成。其中，chronyd 是一个后台运行的守护进程，用于调整在内核中运行的系统时钟与时钟服务器同步。它确定计算机增减时间的比率，并对此进行补偿；chronyc 提供了一个用户界面，用于监控系统性能并进行多样化的配置，它可以在 chronyd 实例控制的计算机上工作，也可以在一台远程计算机上工作。

20.2.2　Chrony 的优势

Chrony 是 NTP 的另一种实现，与 NTP 不同，它可以更快且更准确地同步系统时钟，最大程度地减少时间和频率误差。Chrony 与 NTP 相比，主要优势包括以下几点：

- ❑ Chrony 可以更快地同步时，并且只需要数分钟而非数小时的时间，从而最大程度地减少时间和频率误差，这对于并非全天 24 小时的运行的台式计算机或系统而言非常有用。
- ❑ Chrony 能够更好地响应时钟频率的快速变化，这对具备不稳定时钟的虚拟机或使时钟频率发生变化的节能技术非常有用。
- ❑ Chrony 在初始同步后，不会停止时钟，以防止对需要系统时间保持单调的应用程序造成影响。
- ❑ Chrony 在应对临时非对称延迟时场景中提供了更好的稳定性。
- ❑ Chrony 无须对时间服务器进行定期轮询，因此可以在间歇性网络连接（如网络不稳定的场景）的系统中快速同步时钟。

为了对 Chrony 与 NTP 更加了解，下面分别介绍它们的优缺点。

1. NTP能做而Chrony做不到的事情

- ❑ NTP 支持 RFC 5905 的所有操作模式，包括广播、多播和 manycast 服务器/客户端。然而，广播和多播模式本质上不如普通的服务器/客户机模式准确和安全（即使身份验证），通常应该避免。
- ❑ NTP 支持自动密钥协议（RFC 5906）使用公钥加密对服务器进行身份验证。该协议已被证明是不安全的，并且已被 NTS（RFC 8915）替代。
- ❑ NTP 已经被移植到更多的操作系统中。
- ❑ NTP 包含大量用于各种硬件参考时钟的驱动程序。Chrony 需要其他程序（如 gpsd 或 ntp refclock）通过 SHM 或 SOCK 接口提供参考时间。

2. Chrony可以比NTP做得更好的事情

☐ Chrony 可以在访问时间参考时，在断断续续的环境中有效地执行，而 NTP 需要定期对引用进行轮询才能正常工作。

☐ Chrony 通常可以更快地同步时钟，并具有更好的时间精度。

☐ Chrony 能够快速适应时钟速率的突然变化（例如，由于晶体振荡器的温度变化），而 NTP 可能需要很长时间才能重新稳定下来。

☐ Chrony 即使在网络拥塞时间较长的情况下也能表现良好。

☐ 默认配置中的 Chrony 从不占用时间来打乱其他正在运行的程序。NTP 也可以配置为从不步进时间，但是在这种情况下，它必须使用不同的方法来调整时钟（daemon 循环而不是内核规程），这可能会对时钟的准确性产生负面影响。

☐ Chrony 可以在更大的范围内调整时钟的速率，这使得它甚至可以在时钟中断或不稳定的机器（如在某些虚拟机）上运行。

☐ Chrony 更小，占用的内存更少，只有在需要时才会唤醒 CPU，这样更省电。

3. Chrony可以做而NTP做不到的事情

☐ ntpd 支持 NTP v4（RFC 5905）的所有同步模式，包括 broadcast、multicast 和 manycast clients and servers 模式。其中，broadcast 和 multicast 模式（即使有身份验证）与普通 servers and clients 模式相比更不精确、更不安全，通常应避免使用。

☐ ntpd 支持使用公钥加密的 Autokey 协议（RFC 5906）对服务器进行身份验证。而该协议已被证明是不安全的，可能会被 Network Time Security（NTS）取代。

☐ ntpd 包含很多参考时间源的驱动程序，而 Chronyd 依赖于其他程序（如 gpsd），以使用共享内存（SHM）或 Unix domain socket（SOCK）访问参考时间源的数据。

20.3　Chrony 服务器的安装与配置

对 Chrony 服务器的概念了解清楚后，就可以搭建该服务器了。本节将介绍 Chrony 服务器的安装与配置过程。

20.3.1　安装 Chrony 服务器

Chrony 服务器是一个开放源代码的软件，可以免费获取并使用，其主页地址是 https://chrony.tuxfamily.org/。目前，Chrony 的最新版本是 4.3，源代码文件名是 chrony-4.3.tar.gz。在 RHEL 9 中默认已经安装了 Chrony 服务器软件包。用户可以使用以下命令查看：

```
# rpm -qa | grep chrony
chrony-4.2-1.el9.x86_64
```

上述命令执行后，显示的 chrony-4.2-1.el9.x86_64 表示 RHEL 9 中已经安装了 Chrony 服务器软件，版本号是 4.2。如果 Chrony 软件包还没有安装，用户可以通过 DNF 软件源安装，执行命令如下：

```
# dnf install chrony
```

安装成功后，Chrony 服务器软件的几个重要文件分布如下：

- ❑ /etc/chrony.conf：Chrony 服务器主配置文件。
- ❑ /etc/chrony.keys：存放密钥的文件。
- ❑ /usr/bin/chronyc：用于监视 chronyd 的性能，并在运行时更改各种操作参数。
- ❑ /usr/lib/systemd/system/chronyd.service：Chrony 服务器的启动脚本。
- ❑ /usr/sbin/chronyd：Chrony 服务器的后台守护进程。
- ❑ /usr/share/doc/chrony：Chrony 服务器说明文件。
- ❑ /var/log/chrony：Chrony 服务器日志文件位置。

20.3.2　配置 Chrony 服务器

Chrony 服务器默认主配置文件是/etc/chrony.conf。在该文件中，默认的配置如下：

```
# cat /etc/chrony.conf
# Use public servers from the pool.ntp.org project.
# Please consider joining the pool (https://www.pool.ntp.org/join.html).
pool 2.rhel.pool.ntp.org iburst # 指定 NFP 服务器池而不是单个 NTP 服务器

# Use NTP servers from DHCP.
sourcedir /run/chrony-dhcp         # 使用 DHCP 提供的网络时间协议服务器

# Record the rate at which the system clock gains/losses time.
driftfile /var/lib/chrony/drift # 根据实际时间计算出计算机增减时间的比率，将它记
                                # 录到一个文件中，会在重启后为系统时钟做出补偿
# Allow the system clock to be stepped in the first three updates
# if its offset is larger than 1 second.
makestep 1.0 3                     # 头三次校时，如果时间相差为 1.0s，则跳跃式校时

# Enable kernel synchronization of the real-time clock (RTC).
rtcsync             # 启用内核模式，系统时钟每隔 11min 就会复制到实时时钟（RTC）

# Enable hardware timestamping on all interfaces that support it.
#hwtimestamp *                     # 通过使用 hwtimestamp 指令启用硬件时间戳

# Increase the minimum number of selectable sources required to adjust
# the system clock.
#minsources 2                      # 增加调整所需的可选择源的最小数量

# Allow NTP client access from local network.
#allow 192.168.0.0/16   # 仅允许 192.168.0.0/16 网络的主机可以访问此时间服务器

# Serve time even if not synchronized to a time source.
#local stratum 10                  # 即时 server 指令中的时间服务器不可用，允许将本
                                   # 地时间作为标准时间授时给其他客户端
# Require authentication (nts or key option) for all NTP sources.
#authselectmode require            # NTP 服务器需要认证

# Specify file containing keys for NTP authentication.
keyfile /etc/chrony.keys           # NTP 验证密钥的文件

# Save NTS keys and cookies.
ntsdumpdir /var/lib/chrony         #避免在系统引导时重复 NTS-KE 会话
```

```
# Insert/delete leap seconds by slewing instead of stepping.
# leapsecmode slew
# Get TAI-UTC offset and leap seconds from the system tz database.
leapsectz right/UTC

# Specify directory for log files.
logdir /var/log/chrony          # 日志文件的目录

# Select which information is logged.
# log measurements statistics tracking
```

chrony.conf 配置文件中默认定义了一些基本设置。如果想要了解更详细的参数，可以查看 man 手册页。此时，使用默认配置也可以启动 Chrony 服务器。如果要实现两台主机之间的时间同步，则需要进行简单配置。这里，服务器地址为 192.168.164.132，客户端 IP 地址为 192.168.164.131。需要修改的配置如下：

```
# vi /etc/chrony.conf
# pool 2.rhel.pool.ntp.org iburst  # 注释掉 pool 指令行
server ntp.aliyun.com iburst              # 使用 server 指令设置为阿里云时间同步服务器
allow 192.168.164.0/24 # 允许 192.168.164.0/24 网络内主机从服务端同步时间
local stratum 10         # 即使服务端无法从互联网同步时间，也同步本机时间至客户端
```

保存以上配置，重新启动 Chrony 服务器即可实现时间同步。

20.3.3　配置 Chrony 客户端

Chrony 服务器配置完成后，即可配置客户端了。客户端的配置比较简单，同样在客户端安装 Chrony 服务器，编辑主配置文件/etc/chrony.conf。这里主要修改两处，具体如下：

```
# vi /etc/chrony.conf
# pool 2.rhel.pool.ntp.org iburst    # 注释掉原服务器池
server 192.168.164.132 iburst        # 指向服务端
```

保存以上配置，重新启动 Chrony 服务器即可实现时间同步。

20.4　启动与测试 Chrony 服务器

Chrony 服务器配置完成后，即可启动该服务并实现时间同步了。本节将介绍启动及测试 Chrony 服务器的方法。

20.4.1　启动 Chrony 服务器

如果要实现时间同步，在服务端和客户端都需要启动 Chrony 服务才可以。为了运行 Chrony 服务器程序，可以执行以下命令：

```
# systemctl start chronyd.service
```

接下来可以使用以下命令查看 chronyd 进程是否启动。

```
# ps -eaf | grep chronyd
chrony      977       1  0 04:42 ?        00:00:00 /usr/sbin/chronyd -F 2
```

```
root        3741     2458   0 18:46 pts/0     00:00:00 grep --color=auto chronyd
```

可以看到，名称为/usr/sbin/chronyd 的进程已经启动，并且以 chrony 用户的身份运行。Chrony 默认监听 UDP 端口 323，此时可以再看下 Chrony 默认的端口是否处于监听状态，输入以下命令：

```
# netstat -an | grep :323
udp        0        0 127.0.0.1:323            0.0.0.0:*
udp6       0        0 ::1:323                  :::*
```

从输出结果中可以看到 UDP 的 323 号端口已经处于监听状态，它就是 chronyd 监听的端口。为了确保客户端能够访问 Chrony 服务器，如果防火墙未开放 323 号端口，可以输入以下命令开放 323 号端口。

```
firewall-cmd --zone=public --add-port=323/udp --permanent   # 设置防火墙规则
firewall-cmd --reload                                       # 使配置生效
```

或者使用以下命令关闭防火墙。

```
systemctl stop firewalld.service
```

20.4.2　测试 Chrony 服务器

用户成功启动 Chrony 服务器后，即可测试该服务器是否成功实现时间同步。在客户端可以使用 chronyc 命令查看时间同步情况。chronyc 命令主要用于设置时间与时钟服务器的同步工作，该命令的语法格式如下：

```
chronyc [选项] [命令]
```

chronyc 命令的常用选项及含义如下：

- ❏ -4：解析主机名为 IPv4 地址。
- ❏ -6：解析主机名为 IPv6 地址。
- ❏ -n：禁止解析 IP 地址为主机名，避免 DNS 查询超时。
- ❏ -c：以 CSV 格式显示信息。
- ❏ -d：显示命令调试信息。
- ❏ -m：接收多个命令。
- ❏ -h HOST：指定远程 Chrony 服务器地址，默认为本机。
- ❏ -p PORT：指定远程 Chrony 服务器监听的 UDP 端口，默认为 323。
- ❏ -v：显示版本信息。
- ❏ --help：显示帮助信息。

在终端直接执行 chronyc 命令，不加任何选项将进入命令行界面。

```
# chronyc
chrony version 4.2
Copyright (C) 1997-2003, 2007, 2009-2021 Richard P. Curnow and others
chrony comes with ABSOLUTELY NO WARRANTY. This is free software, and
you are welcome to redistribute it under certain conditions. See the
GNU General Public License version 2 for details.
chronyc>
```

此时，输入 help 命令，即可查看所有支持的命令及其含义。

```
chronyc> help
```

```
System clock:                         # 系统时钟
tracking                   Display system time information
makestep                   Correct clock by stepping immediately
makestep <threshold> <updates>
                           Configure automatic clock stepping
maxupdateskew <skew>       Modify maximum valid skew to update frequency
waitsync [<max-tries> [<max-correction> [<max-skew> [<interval>]]]]
                           Wait until synchronised in specified limits

Time sources:                         # 时间源
sources [-a] [-v]          Display information about current sources
sourcestats [-a] [-v]      Display statistics about collected measurements
selectdata [-a] [-v]       Display information about source selection
reselect                   Force reselecting synchronisation source
reselectdist <dist>        Modify reselection distance

NTP sources:                          # NTP 源
activity                   Check how many NTP sources are online/offline
authdata [-a] [-v]         Display information about authentication
ntpdata [<address>]        Display information about last valid measurement
add server <name> [options] Add new NTP server
add pool <name> [options]   Add new pool of NTP servers
...//省略部分内容
```

【实例 20-1】在服务器端查看 NTP 源的状态。

```
[root@Server ~]# chronyc activity
200 OK
1 sources online                              # 表示一个时间同步服务器在线
0 sources offline
0 sources doing burst (return to online)
0 sources doing burst (return to offline)
0 sources with unknown address
```

从输出信息中可以看到，有一个时间同步服务器在线。接下来使用 chronyc 命令确认是否成功与 NTP 服务器同步。

```
[root@Server ~]# chronyc tracking
Reference ID    : CB6B0658 (203.107.6.88)
Stratum         : 3
Ref time (UTC)  : Sat Apr 15 13:53:41 2023
System time     : 0.000235543 seconds slow of NTP time
Last offset     : -0.000128658 seconds
RMS offset      : 0.000937768 seconds
Frequency       : 7.198 ppm slow
Residual freq   : -0.075 ppm
Skew            : 10.336 ppm
Root delay      : 0.050281655 seconds
Root dispersion : 0.002939474 seconds
Update interval : 65.0 seconds
Leap status     : Normal
```

以上输出信息包括多个参数，每个参数及其含义如下：

❑ Reference ID：与之进行同步的 NTP 服务器的参考 ID（一串 16 进制数字）和名称（或 IP 地址）。

❑ Stratum：与附加硬件参考时钟的计算机（stratum-1）的距离。本机是 stratum-3，也就是说 192.168.164.131 是 stratum-4。

❑ Ref time（UTC）：来自参考时间源的最后测量的 UTC 时间。

❑ System time：正常情况下，chronyd 默认不会步进调整时钟，因为时间的跳跃存在对某些应用程序造成不良后果的风险。相反，系统时钟的偏差是通过略微加快或减慢系统时钟的方式来调整的，直到消除偏差，然后返回系统时钟的正常速度。这样做的结果是，将会有一段时间，系统时钟（由其他程序读取的）会和 chronyd 估计的当前真实时间（当 chronyd 作为 NTP 服务器时，报告给其他 NTP 客户端的时间）不一样。这一行显示的值是这两个时间的差值。

❑ Last offset：最后一次时钟更新时估计的本地偏移量。

❑ RMS offset：偏移量的长期平均值。

❑ Frequency：如果 chronyd 不进行校正，系统时钟出错的频率，它以 ppm 表示（百万分之几）。例如，1ppm 表示当系统时钟认为前进了 1s 时，实际上相对于真实时间前进了 1.000001s。

❑ Residual freq：显示当前选择的参考时间源的剩余频率，表示从参考时间源测量到的频率与当前使用的频率之间的差值。

❑ Skew：频率的估计误差范围。

❑ Root delay：本计算机到最终同步的 stratum-1 计算机的网络路径延迟的总和。

❑ Root dispersion：通过所有经过的计算机，回到最终同步的 stratum-1 计算机累积的总弥散。下面的公式给出了计算机时钟精度的绝对界（假设 stratum-1 计算机的时间是正确的）：clock_error $\leqslant$ |system_time_offset| + root_dispersion + (0.5 * root_delay)。

❑ Update interval：最后两次时钟更新的时间间隔。

❑ Leap status：可能值为 Normal、Insert second、Delete second 或 Not synchronized。

经过分析以上输出信息可知，当前主机已经与 Chrony 服务器同步。而且同步的服务器地址为 203.107.6.88（ntp.aliyun.com）。为了确定当前主机连接的时间源，可以使用 chronyc sources 命令查看。

```
[root@Server ~]# chronyc sources
MS Name/IP address         Stratum Poll Reach LastRx Last sample
===============================================================================
^* 203.107.6.88                 2   6    377     45   -322us[ -505us] +/-   27ms
```

输出的信息包括 8 列，每列的含义如下：

❑ M：时间源的模式。其中：^表示 server，=表示 peer，#表示 local clock，即本地时钟。

❑ S：时间源的状态。其中：*表示 current synced，当前同步的服务器；+表示 combined，与所选的时间源相结合的可选的时间源；-表示 not combined，被合并算法排除的可接受的时间源；?表示 unreachable，即连接不上的、不可达的时间源；x 表示 time maybe in error，即该时间源的时间与其他时间源的时间不一致；~表示 time too variable，即该时间源的时间变化太大。

❑ Name/IP address：时间源的域名、IP 地址或 Refernce ID。

❑ Stratum：时间源的层级。连接有硬件参考时钟（GPS、原子钟等）的计算机是 stratum-1，与 stratum-1 计算机同步的是 stratum-2，与 stratum-2 同步的是 stratum-3，以此类推。

- ❑ Poll：对时间源进行轮询的频率。Poll 为 6，表示每隔 2^6=64s（秒）对该时间源进行轮询，Poll 为 9 就是每隔 2^9=512s（秒）对该时间源进行轮询。chronyd 会根据情况自动调整轮询频率。

- ❑ Reach：一个 8 进制数，表示时间源的可达性。每次从时间源收到或丢失数据包时，都会更新该 8 进制数。值 377，表示收到了最后 8 次传输的所有有效回复。

- ❑ LastRx：在多久以前从该时间源收到了最后一个好的时间数据（即 Last sample 中的时间数据）。通常以 s 为单位，字母 m、h、d、y 分别表示分钟、小时、天和年。

- ❑ Last sample：这一列显示最后一次测量到的本地时间与时间源之间的偏移量。方括号中的数字表示实际测量的偏移量，可以使用 ns（纳秒）、us（微妙）、ms（毫秒）或 s（秒）作为后缀。方括号左边的数字显示的是最初的测量值，经过调整后可以应用到本地时钟上。"+/-"符号后的数字显示的是测量误差。"+"表示本地时钟比时间源快。

对所有字段了解清楚后，可知同步的源服务器地址为 203.107.6.88，时间源层级为 2。接下来，在客户端查看与时间服务器的同步情况。首先，查看服务器的活跃状态如下：

```
[root@Client ~]# chronyc activity
200 OK
0 sources online
0 sources offline
1 sources doing burst (return to online)
0 sources doing burst (return to offline)
0 sources with unknown address
```

从输出信息中可以看到，有一个联机在线时间源。接下来，在客户端查看时间同步信息，具体如下：

```
[root@Client ~]# chronyc tracking
Reference ID    : C0A8A484 (192.168.164.132)
Stratum         : 4
Ref time (UTC)  : Sun Apr 16 00:52:27 2023
System time     : 0.000000070 seconds slow of NTP time
Last offset     : +0.000097829 seconds
RMS offset      : 0.000097829 seconds
Frequency       : 6.339 ppm slow
Residual freq   : +0.032 ppm
Skew            : 3.489 ppm
Root delay      : 0.055407904 seconds
Root dispersion : 0.008250353 seconds
Update interval : 2.0 seconds
Leap status     : Normal
```

从输出信息中可以看到，客户端同步的服务器地址为 192.168.164.132。为了确定成功与服务器同步，可以在客户端查看其时间源具体如下：

```
[root@Client ~]# chronyc sources
MS Name/IP address         Stratum Poll Reach LastRx Last sample
===============================================================================
^* 192.168.164.132            3    6    17    18    +22us[ +120us] +/-   36ms
```

从输出信息中可以看到，同步的时间服务器地址为 192.168.164.132，时间源层级为 3。由此可以说明，客户端成功与服务器进行了时间同步。

20.5　小　　结

虽然一般的用户使用时间服务器的机会并不多，但是在某些应用和网络管理中，时间服务器却是必不可少的。本章主要介绍了时间服务器的架设方法，首先讲述了相关的 NTP 协议知识，然后以 RHEL 9 发行版自带的 Chrony 服务器软件为例，介绍了时间服务器的安装、运行与配置方法，最后介绍了测试 Chrony 服务器的方法。

20.6　习　　题

一、填空题

1．NTP 的英文全称是_____，是用于_____的一种协议。

2．NTP 协议有 4 种工作模式，分别是_____、_____、_____和_____。

3．Chrony 是_____的另一种实现。

二、选择题

1．Chrony 实现时间同步服务器的主要优势是（　　　）。

A．同步时间快　　　　　B．具备间歇性网络连接　　　　　　　　　C．稳定

2．Chrony 时间服务器默认监听 UDP 端口（　　　）。

A．123　　　　　　　　　B．323　　　　　　　　C．223　　　　　　　　D．321

3．Chrony 是由（　　　）两个程序组成的。

A．chrony　　　　　　　B．chronyd　　　　　　C．chronyc　　　　　　D．ntpd

三、操作题

1．使用 Chrony 搭建时间服务器。

2．分别配置 Chrony 服务器端和客户端，然后使用 chronyc 命令测试服务器与客户端是否成功进行时间同步。

第 21 章 容 器 管 理

Linux 容器（Container）已逐渐成为一种关键的开源应用程序打包和交付技术，它将轻量级应用程序隔离与基于镜像的部署方法的灵活性相结合。通过 Podman 和 UBI（Universal Base Image）的结合使用，可以方便地创建和管理容器，并提供一个稳定、可靠的容器运行环境。其中，Podman 是一个容器运行时工具，用于管理和运行容器；UBI 是一个通用基础镜像，可以作为 Podman 容器的基础环境。本章将学习管理容器的方法。

21.1 容 器 简 介

容器为用户提供了一种在 Linux 系统上运行软件的新方法。作为一个单元，容器可以在任何环境的任何操作系统上轻松移动和运行。本节主要介绍容器的概念及安装方法。

21.1.1 什么是容器

容器是一种轻量级、可移植并将应用程序进行打包的技术，使应用程序可以在几乎任何地方以相同的方式运行容器工具。镜像文件运行后，产生的对象就是容器。容器相当于镜像运行的一个实例。容器具有一定的生命周期，可以创建、运行、暂停和关闭等。

容器之间相互隔离，但又可以共享宿主机的资源，如内存和 CPU 等。容器可以在不同的操作系统之间移植，使得应用程序的部署变得更加灵活和高效。

☎提示：简单的说，镜像是文件，容器是进程。容器是基于镜像创建的，即容器中的进程依赖于镜像中的文件。

21.1.2 容器与虚拟机

容器与虚拟机类似，但是容器并不是虚拟机，只是它们之间有很多相似的地方。容器与虚拟机的相同点如下：

- ❑ 都会对物理硬件资源进行共享使用。
- ❑ 容器和虚拟机的生命周期比较相似（创建、运行、暂停、关闭等）。
- ❑ 在容器或虚拟机中都可以安装各种应用，如 MySQL、HTTP 等。也就是说，在容器中操作，如同在一台虚拟机（操作系统）中操作一样。
- ❑ 容器创建后会存储在宿主机上。在 Linux 中创建的容器保存在/var/lib/containers 目录下。

容器与虚拟机的不同点如下：

- 虚拟机的创建、启动和关闭都是基于一个完整的操作系统。一个虚拟机就是一个完整的操作系统。而容器直接运行在宿主机的内核上，其本质上是一系列进程的结合。

- 容器是轻量级的，虚拟机是重量级的。首先，容器不需要额外的资源来管理（不需要 Hypervisor、Guest OS），虚拟机需要更多额外的性能消耗；其次，创建、启动或关闭容器，如同创建、启动或者关闭进程那么轻松，而创建、启动或关闭一个操作系统就没有这么方便了。因此，在给定的硬件上能运行更多数量的容器，甚至可以直接把容器运行在虚拟机上。

21.1.3　容器镜像的类型

容器镜像是一个二进制文件，其中包含运行单个容器的所有需求，以及描述其需求和功能的元数据。容器镜像有以下两种类型：

- Red Hat Enterprise Linux Base Images（RHEL 基础镜像）
- Red Hat Universal Base Images（UBI 镜像）

两种容器镜像的主要区别在于 UBI 镜像允许用户与其他人共享容器镜像。用户可以使用 UBI 构建容器化的应用程序将其推送到选择的注册服务器中与他人共享，甚至将其部署在非红帽平台上。UBI 镜像被设计成在容器中开发的云原生和 Web 应用程序实例的基础。

☎提示：容器注册中心是用来存储容器镜像和基于容器的应用工具的存储库或存储库的集合。用户可以从红帽提供的容器注册中心获取容器镜像。

红帽提供的容器注册中心如下：

- registry.redhat.io：需要身份验证。
- registry.access.redhat.com：不需要身份验证。
- registry.connect.redhat.com：保留 Red Hat Partner Connect 程序镜像。

21.1.4　UBI 镜像

UBI 镜像允许用户与他人共享容器镜像。Red Hat Universal Base Images 提供了 4 个镜像，分别为 micro、min、standard 和 init。下面具体介绍这 4 个镜像的功能。

1. UBI标准镜像（standard）

UBI 标准镜像（名称为 ubi）专为在 RHEL 上运行的任何应用程序而设计。UBI 标准镜像的主要功能如下：

- init 系统：标准镜像中提供了管理 Systemd 服务所需的 systemd 初始化系统的所有功能。这些 init 系统可以让用户安装预配置的 RPM 软件包来自动启动服务，如 Web 服务器和 FTP 服务器。
- dnf：用户可以访问免费的 DNF 软件仓库来添加和更新软件。用户可以使用 dnf 命令的标准集合，如 dnf、dnf-config-manager 等。

❑ utilities：该工具包括 tar 命令、dmidecode 命令、gzip 命令、getfacl 命令、dmsetup 命令和其他设备映射器命令等。

2．UBI init镜像

UBI init 镜像（名称为 ubi-init）包含 Systemd 初始化系统，用于构建用户在容器中运行 Systemd 服务的镜像，如 Web 服务器或文件服务器。init 镜像内容小于使用标准镜像获得的内容，但要比最小镜像的内容多。

☎提示：由于 ubi9-init 镜像构建在 ubi9 镜像基础之上，因此它们的内容基本相同。但是它们也存在几个关键区别。ubi9-init 镜像的特点如下：
   ❑ CMD 被设为/sbin/init，以默认方式启动 Systemd init 服务。
   ❑ 包括 ps 命令和与进程相关的命令（procps-ng 软件包）。
   ❑ 将 SIGRTMIN+3 设为 StopSignal。因为 ubi9-init 中的 systemd 会忽略正常信号退出，如果系统收到的停止信号为 SIGRTMIN+3，则会终止运行。
   ubi9 镜像的特点如下：
   ❑ CMD 设为/bin/bash。
   ❑ 不包含 ps 和进程相关的命令（procps-ng 软件包）。
   ❑ 不要忽略正常信号退出（SIGTERM 和 SIGKILL）。

3．UBI最小镜像（min）

UBI 最小镜像（名称为 ubi-minimal）提供最小的预安装内容集和软件包管理器 Microdnf。因此，用户可以在最小化镜像包含的依赖项中使用 Containerfile。UBI 最小镜像的主要功能如下：
   ❑ 更小的体积：最小化的 UBI 镜像相比标准 UBI 镜像体积更小。
   ❑ 软件安装 microdnf：不包含为使用软件存储库和 RPM 软件包而完全开发的 DNF 工具，最小镜像包括 Microdnf 工具。Microdnf 是 DNF 的缩小版，允许用户启用和禁用存储库，删除和更新软件包，并在安装软件包后清除缓存。
   ❑ Based on RHEL packaging：最小镜像包含常规的 RHEL 软件 RPM 软件包，但删除了一些功能。最小镜像不包括初始化和服务管理系统，如 Systemd 或 System V init、Python 运行时环境和一些 Shell 工具。用户可以依赖 RHEL 存储库构建镜像，同时承担尽可能少的开销。
   ❑ 支持 microdnf 的模块：与 Microdnf 工具一起使用的模块可让用户安装同一软件的多个版本。用户可以使用 microdnf module enable、microdnf module disable 和 microdnf module reset 来分别启用、禁用和重置模块流。

4．UBI微镜像（micro）

UBI 微镜像（名称为 ubi-micro）可能是最小的 UBI 镜像，通过去掉软件包管理器及通常包含在容器镜像中的所有依赖项而得到。这最大限度地减少了基于 ubi-micro 镜像的容器镜像的攻击面，并适用于最小的应用程序，即使用户对其他应用程序使用 UBI Standard、Minimal 或 Init。没有 Linux 发行包的容器镜像称为 Distroless 容器镜像。

21.1.5　安装容器工具

RHEL 9 提供了 container-tools 包，包括 Podman、Buildah、Skopeo、CRIU、Udica 和所有必需的库。RHEL 9 不提供 stable 流。其中，container-tools 包的主要工具如下：

- ❑ Podman：运行容器的命令，用于直接管理 pod 和容器镜像（run、stop、start、ps、attach 和 exec 等）。
- ❑ Buildah：是一个专门用于创建容器镜像的工具。
- ❑ Skopeo：是一个用于复制、检查、删除和签名的镜像工具。

Podman、Skopeo 和 Buildah 工具可以取代 Docker 命令。这些工具都是非常轻量级的，并专注于功能的子集。这 3 个工具的主要优点如下：

- ❑ 以无根模式运行：该模式下的容器更安全，因为它们在运行时不需要添加任何特权。
- ❑ 不需要守护进程：这些工具在空闲时对资源的要求低很多，如果用户没有运行容器，Podman 就不会运行。相反，Docker 有一个守护进程一直在运行。
- ❑ 原生 systemd 集成：Podman 允许用户创建 systemd 单元文件，并将容器作为系统服务来运行。

Podman、Skopeo 和 Buildah 的特点如下：

- ❑ Podman、Buildah 和 CRI-O 容器引擎都使用相同的后端存储目录/var/lib/containers，而不是默认使用 Docker 存储目录/var/lib/docker。
- ❑ 虽然 Podman、Buildah 和 CRI-O 共享相同的存储目录，但是它们不能相互交互。这些工具可以共享镜像。
- ❑ 要以编程方式与 Podman 进行交互，用户可以使用 Podman v2.0 RESTful API，它可以在有根和无根的环境中工作。

所有容器工具都需要一个操作系统来运行，每个操作系统可以选择不同的技术来保护容器，只要它们符合 OCI（Open Container Initiative，开放容器倡议）标准即可。OCI 主要包括以下 3 个标准：

- ❑ 镜像规范：控制容器镜像在硬盘上的保存方式。
- ❑ 运行时规范：指定如何通过与操作系统（特别是 Linux 内核）通信来启动容器。
- ❑ 分发规范：管理如何从注册表服务器推送和提取图像。

RHEL 使用以下操作系统功能实现安全地存储和运行容器：

- ❑ 命名空间：用于进程隔离。
- ❑ 控制组：用于资源管理。
- ❑ Security-Enhanced Linux（SELinux）：是一种安全增强的操作系统，提供了更高级别的安全保护和访问控制方式。

下面将通过 DNF 软件源快速安装最新的容器工具包，执行命令如下：

```
# dnf install container-tools
```

成功执行以上命令后，容器工具包就安装好了。接下来就可以使用 Podman、Skopeo 或 Buildah 工具运行容器了。

21.2 使用 Podman 和 UBI 运行容器

Podman 是一个基于 Docker 和 Podman 的容器编排工具，而 UBI 是一种由 Red Hat 提供的经过验证和优化的基础操作系统镜像，可以用于构建和运行容器应用程序。通过前面的操作，已经在系统中成功安装了容器工具集。本节使用 Podman 和 UBI 运行容器。

21.2.1 Podman 的语法格式

Podman 可以管理和运行任何符合 OCI 规范的容器和容器镜像。Podman 提供了一个与 Docker 兼容的命令行前端来管理 Docker 镜像。在使用 Podman 工具之前，先了解一下其语法格式。语法如下：

```
podman [选项] [命令]
```

常用的选项及含义如下：

- ❏ -d：以后台模式运行容器，并打印新容器 ID。
- ❏ -a：以前台模式运行容器。
- ❏ -n：为容器分配一个名称。如果没有为容器分配名称，则会生成一个随机字符串名称。这适用于后台和前台容器。
- ❏ --rm：在容器退出时自动移除容器。当容器无法成功创建或启动时，不能删除容器。
- ❏ -t：将伪终端分配给容器的标准输入信息。
- ❏ -i：对于交互式进程，请使用-i 和-t 为容器进程分配终端。-i 和-t 通常写为-it。

Podman 支持的命令及其作用如表 21-1 所示。

表 21-1 Podman支持的命令及其作用

支持的命令	作　　用
podman attach	附加到正在运行的容器上
podman auto-update	根据其自动更新策略自动更新容器
podman build	使用Containerfile构建容器镜像
podman commit	根据更改的容器创建新图像
podman container	管理容器
podman cp	在容器和本地文件系统之间复制文件或文件夹
podman create	创建一个新容器
podman diff	检查容器或镜像文件系统上的更改
podman events	监控Podman事件
podman exec	在正在运行的容器中执行命令
podman export	将容器的文件系统内容导出为tar存档
podman generate	基于容器、Pod或卷生成结构化数据
podman healthcheck	管理容器的健康检查

续表

支持的命令	作　　用
podman history	显示镜像的历史记录
podman image	管理镜像
podman images	列出本地存储的镜像
podman import	导入 tarball 并将其另存为文件系统镜像
podman info	显示 Podman 相关的系统信息
podman init	初始化一个或多个容器
podman inspect	显示容器、镜像、卷、网络或 pod 的配置
podman kill	杀死一个或多个容器中的主进程
podman load	将 tar 存档中的图像加载到容器存储中
podman login	登录到容器注册表
podman logout	注销容器注册表
podman logs	显示一个或多个容器的日志
podman machine	管理 Podman 的虚拟机
podman manifest	创建和操作清单列表和图像索引
podman mount	挂载一个工作容器的根文件系统
podman network	管理 Podman CNI 网络
podman pause	暂停一个或多个容器
podman play	根据结构化输入文件播放容器、Pod 或卷
podman pod	容器组的管理工具，称为 pod
podman port	列出容器的端口映射
podman ps	从注册表中拉取镜像
podman pull	从远程仓库中拉取镜像
podman push	将镜像、清单列表或镜像索引从本地存储推送到其他地方
podman rename	重命名现有容器
podman restart	重启一个或多个容器
podman rm	移除一个或多个容器
podman rmi	删除一个或多个本地存储的镜像
podman run	在新容器中运行命令
podman save	将镜像保存到存档
podman search	在注册表中搜索图像
podman secret	管理 Podman 机密
podman start	启动一个或多个容器
podman stats	显示一个或多个容器的资源使用统计的实时流
podman stop	停止一个或多个正在运行的容器
podman system	管理 Podman
podman tag	向本地镜像添加附加名称
podman top	显示容器的运行进程
podman unmount	卸载工作容器的根文件系统

支持的命令	作　　用
podman unpause	取消或暂停一个或多个容器
podman unshare	在修改后的用户命名空间内运行命令
podman untag	从本地存储的图像中删除一个或多个名称
podman version	显示Podman 版本信息
podman volume	简单的卷管理工具
podman wait	等待一个或多个容器停止并打印其退出代码

21.2.2　运行容器

对 Podman 工具的语法了解清楚后，可以使用该工具运行和管理容器了。下面先介绍如何使用 Podman 启动一个容器。

【实例 21-1】下面使用 Podman 运行一个基于 Red Hat UBI 镜像的容器，它是一组基于 RHEL 的官方容器镜像和额外软件。执行命令如下：

```
[root@Client ~]# podman run -it registry.access.redhat.com/ubi9/ubi bash
Trying to pull registry.access.redhat.com/ubi9/ubi:latest...
Getting image source signatures
Checking if image destination supports signatures
Copying blob 72d37ae8760a done
Copying config 8e9c11168e done
Writing manifest to image destination
Storing signatures
[root@c20f859e711c /]#
```

现在就有了一个完全隔离的环境，可以执行任何操作了。例如，执行任意命令或安装软件等。运行这样的一次性容器对于测试新的配置更改和新的软件非常有用，而且不会直接干扰主机上的软件。

☎提示：以上命令是以 root 用户身份运行的，但是使用 Podman 的优势是可以在没有特殊权限的情况下以常规用户的身份运行容器或系统中正在运行的守护进程。

【实例 21-2】查看容器中运行的进程。

```
[root@c20f859e711c /]# ps -eaf
UID         PID    PPID C STIME TTY          TIME CMD
root          1       0 0 03:30 pts/0    00:00:00 bash
root         30       1 0 03:31 pts/0    00:00:00 ps -eaf
```

从输出结果中可以看到，只运行了一个 Shell 进程，该进程就是执行上面的命令所产生的。由此可以说明，这是一个完全隔离的环境。如果想要退出容器，可以执行 exit 命令：

```
# exit
```

此时，已经有了一组可工作的容器工具和一个本地缓存的 UBI 容器镜像。用户可以利用该容器进行一些基本操作。

☎提示：在启动的容器中，如果提示没有要执行的命令，手动安装对应的工具包即可。例如，提示没有 ps 命令，用户通过 DNF 软件源安装 procps 软件包即可。

以上实例可直接启动 RHEL 官方容器镜像。如果访问官方网站的速度慢，可以搭建私有镜像仓库，而且可以将新建的容器镜像上传到搭建的私有镜像仓库中。

☎提示：默认情况下，Podman 客户端使用 HTTPS 设置，如果 pull 或者 push 调用的仓库是 HTTP，则会报类似如下错误信息。

```
pinging container registry localhost:5000: Get "https://localhcst:5000/
v2/": http: server gave HTTP response to HTTPS client
```

此时，需要配置 Podman 客户端支持 HTTP。编辑/etc/containers/registries.conf 文件，增加如下内容：

```
[root@localhost ~]# vi /etc/containers/registries.conf
[[registry]]
location = "localhost:5000"
insecure = true
[root@localhost ~]# podman system info | grep Inse -B3 -A5
registries:
  localhost:5000:
    Blocked: false
    Insecure: true
    Location: localhost:5000
    MirrorByDigestOnly: false
    Mirrors: null
    Prefix: localhost:5000
    PullFromMirror: ""
```

【实例 21-3】在本地创建一个私有镜像仓库。然后，上传一个新的 Httpd 容器镜像到该私有镜像仓库中。操作步骤如下：

（1）启动本地仓库，执行命令如下：

```
[root@Server httpd]# podman run -d --name my-registry -p 5000:5000 registry:2
Resolved "registry" as an alias (/etc/containers/registries.conf.d/000-
shortnames.conf)
Trying to pull docker.io/library/registry:2...
Getting image source signatures
Copying blob 5ee46e9ce9b6 done
Copying blob 65d52c8ad3c4 done
Copying blob 91d30c5bc195 done
Copying blob ca8951d7f653 done
Copying blob 54f80cd081c9 done
Copying config 8db46f9d75 done
Writing manifest to image destination
Storing signatures
9a3106daea935223aa48cd99dfe30431859c19e255c1290025991e91d256fabf
```

（2）编写 Dockerfile 文件，指定需要安装的软件包和运行的命令。Dockerfile 是一个文本格式的配置文件，使用该文件可以快速创建自定义镜像。Dockerfile 由一行行命令语句组成，并且支持以#开头的注释行。Dockerfile 分为四部分：

- ❑ 基础镜像信息。
- ❑ 维护者信息。
- ❑ 镜像操作指令。常用的指令如表 21-2 所示。
- ❑ 容器启动时默认要执行的指令。

表 21-2　Dockerfile文件常用的镜像操作指令

指　　令	描　　述
FROM	指定构建新Image时使用的基础Image，通常必须是Dockerfile的第一个有效指令，但其前面也可以出现ARG指令
LABEL	附加到Image之上的元数据，键值格式；一般后面加MAINTAINER用来描述作者信息
ENV	以键值格式设定环境变量，可被其后的指令所调用，并且基于新生成的Image运行的Container中也会存在这些变量
ARG	定义专用于build过程中的变量，但仅对该指标之后的调用生效，其值可由命令行选项--build-arg进行传递
RUN	以FROM中定义的Image为基础环境运行指定命令，生成结果将作为新Image的一个镜像层，并且可由后续指令使用
CMD	基于该Dockerfile生成的Image运行Container时，CMD能够指定容器默认运行的程序，因而其只应该定义一次
ENTRYPONT	类似于CMD指令的功能，但不能被命令行指定要运行的应用程序覆盖，并且与CMD共存时，CMD的内容将作为该指令中定义的程序的参数
WORKDIR	为RUN、CMD、ENTRPOINT、COPY和ADD等指令设定工作目录
COPY	复制主机或者前一阶段构建结果中（需要使用-from选项）的文件或目录，生成新的镜像层
ADD	与COPY指令的功能相似，但ADD额外也支持使用URL指定的资源作为源文件
VOLUME	指定基于新生成的Image运行Container时期望作为Volume使用的目录
EXPOSE	指定基于新生成的Image运行Container时期望暴露的端口，但实际暴露与否取决于docket run命令的选项，支持TCP和UDP
USER	为Dockerfile中该指令后面的RUN、CMD和ENTRYPOING指令中要运行的应用程序指定运行者身份UID，以及一个可选的GID
ONBUILD	该命令作为触发器使用时后面跟其他命令。以当前镜像为基础镜像构建新的镜像时，将执行该命令之后的其他命令

另外，Dockerfile 文件也需要遵循一定的编写规则具体如下：

❏ 指令大小写不敏感，但为了区分建议用大写。

❏ Dockerfile 非注释行的第一行必须是 FROM。

❏ 文件名必须是 Dockerfile。

❏ Dockerfile 指定一个专门的目录为工作空间。

❏ 所有引入映射的文件必须在这个工作空间目录下。

❏ Dockerfile 工作空间目录下支持隐藏文件（.dockeringore）

❏ （.dockeringore）的作用是存放不需要打包导入镜像的文件，根目录就是工作空间目录。

❏ 每一条指令都会生成一个镜像层，镜像层增多的话执行效率就慢，因此能写成一条指令就写成一条。

下面创建运行 Httpd 的 Dockerfile，内容如下：

```
[root@localhost ~]# mkdir httpd
[root@localhost ~]# cd httpd
[root@Server httpd]# vi Dockerfile
FROM registry.access.redhat.com/ubi9/ubi:latest    # 指定镜像
RUN dnf -y update && \                              # 运行的命令
    dnf -y install httpd && \
```

```
    dnf clean all
EXPOSE 80                                                    # 暴露端口
CMD ["/usr/sbin/httpd", "-D", "FOREGROUND"]                 # 启动容器时默认执行的命令
```

（3）构建镜像，执行命令如下：

```
[root@Server httpd]# podman build -t my-httpd .
STEP 1/4: FROM registry.access.redhat.com/ubi9/ubi:latest
STEP 2/4: RUN dnf -y update &&    dnf -y install httpd &&    dnf clean all
Updating Subscription Management repositories.
Unable to read consumer identity
Subscription Manager is operating in container mode.

This system is not registered with an entitlement server. You can use
subscription-manager to register.

Red Hat Universal Base Image 9 (RPMs) - BaseOS  103 kB/s | 576 kB      00:05
Red Hat Universal Base Image 9 (RPMs) - AppStre 345 kB/s | 1.7 MB      00:05
Red Hat Universal Base Image 9 (RPMs) - CodeRea  34 kB/s | 104 kB      00:03
Dependencies resolved.
Nothing to do.
Complete!
Updating Subscription Management repositories.
Unable to read consumer identity
Subscription Manager is operating in container mode.

This system is not registered with an entitlement server. You can use
subscription-manager to register.

Last metadata expiration check: 0:00:01 ago on Wed Apr 19 09:08:22 2023.
Dependencies resolved.
==========================================================================
 Package          Arch      Version              Repository          Size
==========================================================================
Installing:
 httpd            x86_64    2.4.53-7.el9_1.5     ubi-9-appstream-rpms  53 k
Installing dependencies:
 apr              x86_64    1.7.0-11.el9         ubi-9-appstream-rpms  127 k
...//省略部分内容
Complete!
Updating Subscription Management repositories.
Unable to read consumer identity
Subscription Manager is operating in container mode.

This system is not registered with an entitlement server. You can use
subscription-manager to register.

25 files removed
--> a16943c4d6b
STEP 3/4: EXPOSE 80
--> 31ad47e4522
STEP 4/4: CMD ["/usr/sbin/httpd", "-D", "FOREGROUND"]
COMMIT my-httpd
--> 8756c52de10
Successfully tagged localhost/my-httpd:latest
b9f319eba479c89fff5f8fef23a5458273ce1cab0a7a9e7bcc9ee1510aecaa89
```

看到以上输出信息，表示成功构建了镜像。

（4）修改镜像名并上传到本地仓库。执行命令如下：

```
[root@Server httpd]# podman tag my-httpd localhost:5000/my-httpd
```

```
[root@Server httpd]# podman push localhost:5000/my-httpd
Getting image source signatures
Copying blob 11939111cd66 done
Copying blob 318d4cba11df done
Copying config b9f319eba4 done
Writing manifest to image destination
Storing signatures
```

21.2.3 管理容器

通过前面的操作，可以快速运行一个容器。本节将介绍如何对容器进行管理，如镜像获取，运行、停止和删除容器等。

1. 获取及查看镜像

为了更好地管理镜像，下面从官网获取一些 UBI 镜像。执行命令如下：

```
[root@rhel8 ~]# podman pull registry.access.redhat.com/ubi9/ubi-minimal
[root@rhel8 ~]# podman pull registry.access.redhat.com/ubi9/ubi-micro
[root@rhel8 ~]# podman pull registry.access.redhat.com/ubi9/ubi-init
```

此时，本地缓存了几个不同的镜像。使用 podman 可以查看所有的镜像，具体如下：

```
[root@localhost ~]# podman images
REPOSITORY                       TAG         IMAGE ID      CREATED      SIZE
registry.access.redhat.com/ubi9/ubi-init    latest   4856c7ad36f4  2 weeks
ago  237 MB
registry.access.redhat.com/ubi9/ubi-micro   latest   25e504361c4e  2 weeks
ago  26.2 MB
registry.access.redhat.com/ubi9/ubi         latest   8e9c11168e6d  2 weeks
ago  219 MB
registry.access.redhat.com/ubi9/ubi-minimal latest   96179718b4c3  2 weeks
ago  97.4 MB
localhost/my-httpd               latest  b9f319eba479  11 hours ago   243 MB
```

2. 删除镜像

当用户不需要某个镜像文件时，可以将其删除。

【实例 21-4】删除镜像 ID 为 b9f319eba479 的容器镜像。

```
[root@localhost ~]# podman rmi b9f319eba479
```

☎提示：podman rmi 后面跟 TAG 名称时，只会根据 TAG 名称删除镜像；后面跟镜像 ID
      时会尝试删除所有该 ID 的镜像。当删除镜像时，如果该镜像已经运行了容器，
      删除容器镜像前需要先删除容器。

3. 启动容器

下面以后台模式启动一个容器。执行命令如下：

```
[root@localhost ~]# podman run -itd --name background ubi9 bash
Resolved "ubi9" as an alias (/etc/containers/registries.conf.d/001-rhel-
shortnames.conf)
Trying to pull registry.access.redhat.com/ubi9:latest...
Getting image source signatures
Checking if image destination supports signatures
Copying blob 72d37ae8760a skipped: already exists
```

```
Copying config 8e9c11168e done
Writing manifest to image destination
Storing signatures
355f2a292f07635045a1aafe8d43784b3d26cf2ecc3342bd7fd6890bf6ae7a3f
```

由于以上命令是以后台模式启动容器，所以仍然处于当前的 Shell，不能执行容器中的命令。此时，使用 podman ps 命令可以查看运行的容器。

```
[root@localhost ~]# podman ps
CONTAINER ID    IMAGE    COMMAND    CREATED    STATUS PORTS    NAMES
355f2a292f07    registry.access.redhat.com/ubi9:latest bash    25 seconds
ago    Up 19 seconds ago    background
```

用户可以使用容器 ID 值来引用容器。前面在启动容器时指定了容器名称为 background，也可以通过该名称来引用容器。可以使用 podman exec 命令进入容器，查看容器内部情况。

```
[root@localhost ~]# podman exec -it background bash
[root@355f2a292f07 /]#
```

从命令行提示符中可以看到，Shell 终端环境发生了变化。此时，即可执行容器中的命令，如 ls。

```
[root@355f2a292f07 /]# ls
afs  boot  etc    liblost+found  mnt  proc  run   srv  tmp  var
bin  dev   home  lib64  media        opt  root  sbin sys  usr
```

操作完容器后，使用 exit 命令即可退出容器。

```
 [root@355f2a292f07 /]# exit
exit
[root@localhost ~]#
```

4．停止容器

为了节约系统资源，用户可以停止不需要的容器，需要的时候再重新启动该容器。

【实例 21-5】停止名为 background 的容器进程。执行命令如下：

```
[root@localhost ~]# podman stop background
```

使用以下命令查看容器列表，以确保 background 容器进程确实已经停止。

```
[root@localhost ~]# podman ps -a
CONTAINER ID  IMAGE      COMMAND      CREATED      STATUS      PORTS    NAMES
355f2a292f07    registry.access.redhat.com/ubi9:latest      bash    2
minutes ago  Exited (137) 41 seconds ago          background
```

从输出信息中可以看到，容器状态为 Exited。由此可以说明，background 容器进程确实已经停止。如果再次需要使用该容器，可以重新启动。执行命令如下：

```
[root@localhost ~]# podman restart background
f487f6fb16664fd3743bd273fdc167d00ed70e40ff79caf7e95b5f8a034ffa7c
```

5．删除容器

停止某容器后，虽然它不在内存中，但是硬盘上的存储仍然可用，可以重新启动这个容器。如果某个容器不再需要，可以将其永久删除。

【实例 21-6】删除 background 容器。执行命令如下：

```
[root@localhost ~]# podman rm background
355f2a292f07635045a1aafe8d43784b3d26cf2ecc3342bd7fd6890bf6ae7a3f
```

此时，再次查看容器列表，可以看到 background 容器已被删除。

```
[root@localhost ~]# podman ps -a
CONTAINER ID  IMAGE      COMMAND     CREATED     STATUS     PORTS    NAMES
```

6．将持久存储附加到容器中

容器中的存储具有临时性，因此移除容器后，其内容会丢失。如果容器重新启动时必须保留容器所使用的数据，则临时存储就不够用了。因此，必须为容器提供持久存储功能。为容器提供持久存储功能的一种简单方式是使用容器主机上的目录来存储数据。Podman 可以在正则运行的容器内挂载主机目录。当移除容器时，系统不会回收容器主机目录的内容，新容器可以挂载它来访问数据。

【实例 21-7】启动一个名为 data 的容器，并将其挂载到/mnt 目录下。

```
[root@localhost ~]# podman run -it --rm -v /mnt:/mnt:Z --name ubi9 bash
```

执行以上命令后，系统将提示选择一个获取镜像的容器注册中心。这里选择的容器注册中心为 docker.io/library/bash:latest。显示结果如下：

```
✔ (docker.io/library/bash:latest
Trying to pull docker.io/library/bash:latest...
Getting image source signatures
Copying blob 1eb2595706a1 done
Copying blob 4abd0b518e7b done
Copying blob f56be85fc22e done
Copying config f5c1538e3a done
Writing manifest to image destination
Storing signatures
bash-5.2#
```

命令行提示符"bash-5.2#"表示打开了一个新的 Shell 交互环境，而且 data 容器已被挂载到/mnt 目录下。以上命令中的 Z 表示该工具可以适当地更改 SELinux 标签，以便可以向其中写入数据；-rm 选项表示退出 Shell 时立即删除容器。此时，添加的数据将保存到/mnt 目录下，并且在退出容器时不会将其删除。下面在/mnt 目录下创建一个 test.txt 文件，然后退出容器。

```
bash-5.2# touch /mnt/test.txt
bash-5.2# exit
exit
```

进入/mnt 目录，查看创建的 test.txt 文件是否存在。

```
[root@localhost ~]# ls /mnt/
test.txt
```

从输出结果中可以看到，test.txt 文件仍然存在。虽然容器已经被删除，但是该文件仍在系统中。

7．使用Systemd管理容器

由于 Podman 不是守护进程，因此系统启动时依赖于 Systemd 来启动容器。Podman 通过创建一个 Systemd 单元文件，可以轻松地使用 Systemd 启动容器。

【实例 21-8】使用 Systemd 启动容器。操作步骤如下：

（1）运行一个名为 systemd-test 的容器。

```
root@Server ~]# podman run -itd --name systemd-test ubi9 bash
```

```
e13d90610016e3f8156d862228ecfd2a2400f8a0983e0ee595f59a45f3e6fc60
```

（2）导出用于启动容器的 Systemd 单元文件。

```
[root@localhost ~]# podman generate systemd --name --new systemd-test >
/usr/lib/systemd/system/podman-test.service
```

（3）启动 podman-test 服务并设置该服务开机自动启动。

```
[root@localhost ~]# systemctl enable --now podman-test.service
Created symlink /etc/systemd/system/default.target.wants/podman-test.
service → /usr/lib/systemd/system/podman-test.service.
```

（4）使用以下命令查看容器运行状态。

```
[root@localhost ~]# systemctl status podman-test.service
● podman-test.service - Podman container-systemd-test.service
    Loaded: loaded (/usr/lib/systemd/system/podman-test.service; enabled;
vendor preset: disabled)
    Active: active (running) since Thu 2023-04-20 21:34:01 CST; 11s ago
      Docs: man:podman-generate-systemd(1)
   Process: 34793 ExecStartPre=/bin/rm -f /run/podman-test.service.ctr-id
(code=exited, status=0/SUCCES>
  Main PID: 34927 (conmon)
     Tasks: 1 (limit: 24454)
    Memory: 1.2M
       CPU: 888ms
    CGroup: /system.slice/podman-test.service
            └─34927 /usr/bin/conmon --api-version 1 -c d49bf5782687587e58c
1585ca360464f59179326bdbbb08b
```

从输出信息中可以看到，成功启动了容器。

（5）此时，可以使用 podman ps 命令查看容器是否正在运行。

```
[root@localhost ~]# podman ps
CONTAINER ID  IMAGE       COMMAND      CREATED      STATUS    PORTS    NAMES
d49bf5782687    registry.access.redhat.com/ubi9:latest bash    18 seconds
ago  Up 18 seconds ago          systemd-test
```

从输出结果中可以看到，systemd-test 容器正在运行。并且每当系统启动时，该容器都会启动。即用户使用 Podman 杀死容器，Systemd 也会始终确保该容器正在运行。通过 Podman 和 Systemd 可以方便地使容器在系统中运行。

（6）如果想要停止容器并关闭开机自动启动，执行如下命令：

```
[root@localhost ~]# systemctl stop podman-test.service
[root@localhost ~]# systemctl disable podman-test.service
```

21.3　使用 Buildah 和 Skopeo

Skopeo 是补充 Podman 和 Buildah 的镜像实用工具，允许用户远程检查镜像，在注册表之间复制镜像等。Skopeo 工具也不需要运行守护程序或 root 权限，并且可以与 OCI 兼容的镜像一起使用。本节将介绍如何使用 Buildah 和 Skopeo 构建容器镜像。

21.3.1　Buildah 和 Skopeo 应用实例

Podman 是一个通用的容器工具，可以解决用户大部分的需求。Podman 利用 Buildah

和 Skopeo 作为库，可以将这些工具整合到一个接口中。也就是说，当用户想单独使用 Buildah 和 Skopeo 时，可能会出现一些问题，如构建环境问题、容器兼容性问题、网络连接问题等。下面将列举两个相关实例。

21.3.2　使用 Buildah 构建容器镜像

使用 Dockerfile 构建容器镜像非常容易，但在使用时要考虑镜像大小、安全性、构建时间、可维护性和版本控制等因素，以构建高质量和安全、可靠的容器镜像。例如，Buildah 在以下情况中使用非常好：

❑ 当用户需要对提交的镜像层进行精细控制时，用户可以运行两个或三个命令，然后提交给单层。

❑ 当用户有难以安装的软件时，例如，一些第三方软件附带的标准化安装程序不理解它们在 Dockerfile 中如何运行。许多 install.sh 安装程序都认为自己有访问权限到整个文件系统。

❑ 当容器镜像没有提供包管理器时。可以使用 Buildah 构建容器镜像，选择 UBI Micro 作为基础镜像，因为它没有安装 Linux 软件包管理器，也没有包管理器的任何依赖项。

【实例 21-9】使用 Buildah 在 UBI Micro 基础上构建容器镜像。

（1）创建一个新的容器。执行命令如下：

```
[root@localhost ~]# buildah from registry.access.redhat.com/ubi9/ubi-micro
ubi-micro-working-container
```

从输出信息中可以看到，上面创建了一个名为 ubi-micro-working-container 的容器。接下来，就可以在此基础上进行构建了。

（2）为了使操作更加容易，这里将新容器保存到 Shell 变量中。

```
[root@localhost          ~]#          microcontainer=$(buildah          from
registry.access.redhat.com/ubi9/ubi-micro)
```

用户可以将新容器挂载为一个卷。然后通过更改目录中的文件来修改容器镜像。执行命令如下：

```
[root@localhost ~]# micromount=$(buildah mount $microcontainer)
```

以上命令表示成功将新容器挂载为一个卷。此时，用户可以对其进行修改，这些修改最终将保存为容器镜像中的一个新层。用户可以在这个新层中运行安装程序（install.sh）。

（3）将使用主机上的包管理器在 UBI Micro 中安装包。

```
[root@localhost ~]# dnf install --installroot $micromount --releasever 9
--setopt install_weak_deps=false --nodocs -y httpd
Red Hat Universal Base Image 9 (RPMs) - BaseOS      174 kB/s | 576 kB
   00:03
Red Hat Universal Base Image 9 (RPMs) - AppStream 2.2 MB/s | 1.8 MB
   00:00
Red Hat Universal Base Image 9 (RPMs) - CodeReady Builder    27 kB/s | 104 kB
   00:03
依赖关系解决。
=================================================================
软件包         架构      版本                    仓库                    大小
=================================================================
```

```
安装:
 httpd            x86_64   2.4.53-7.el9_1.5     ubi-9-appstream-rpms   53 k
安装依赖关系:
 acl              x86_64   2.3.1-3.el9          ubi-9-baseos-rpms      77 k
 alternatives     x86_64   1.20-2.el9           ubi-9-baseos-rpms      40 k
 ...//省略部分内容
  util-linux-2.37.4-9.el9.x86_64    util-linux-core-2.37.4-9.el9.x86_64
  xz-libs-5.2.5-8.el9_0.x86_64      zlib-1.2.11-35.el9_1.x86_64
完毕!
[root@localhost ~]# dnf clean all --installroot $micromount
25 文件已删除
```

此时，软件包就安装完成了。

（4）卸载存储并将新的镜像层提交为一个名为 ubi-micro-httpd 的新容器镜像。

```
[root@localhost ~]# buildah umount $microcontainer
5a82525459d0ef7084a6b7fda24b5ffaa7467d9de12e1b9c2a9a5e91fbc859d9
[root@localhost ~]# buildah commit $microcontainer ubi-micro-httpd
Getting image source signatures
Copying blob a4d3d498fdcc skipped: already exists
Copying blob 17945aebd3d2 done
Copying config 8c5692f6c5 done
Writing manifest to image destination
Storing signatures
8c5692f6c573df5fcd8a082df6f1ad7282518c51ba5221bdbf27cb4ca9bb32d4
```

此时，已经安装了一个新的容器镜像，并在 UBI Micro 上构建了 httpd。这里只使用了一组最小的依赖项。可以使用如下命令查看该容器镜像的大小。

```
[root@localhost ~]# podman images
REPOSITORY                    TAG      IMAGE ID       CREATED          SIZE
localhost/ubi-micro-httpd     latest   8c5692f6c573   14 seconds ago   119 MB
```

☎提示：Buildah 是一个非常不错的工具，可以让用户对构建容器镜像的方式有很大的控制权。

21.3.3　使用 Skopeo 检查远程容器镜像

Skopeo 是操作各种容器镜像和容器镜像仓库的工具。使用该工具可以检查远程容器注册中心的镜像，无须下载整个镜像及其所有层。此外，还可以使用 Skopeo 复制镜像、签名镜像、同步镜像及在不同格式和层压缩间转换镜像。

【实例 21-10】使用 Skopeo 检查远程存储库上的容器镜像的属性或配置。

```
[root@localhost ~]# skopeo inspect docker://registry.access.redhat.com/
ubi9/ubi
{
    "Name": "registry.access.redhat.com/ubi9/ubi",
    "Digest": "sha256:49124e4acd09c98927882760476d617a85f155cb45759aea56
b2ab020563c4b8",
    "RepoTags": [
        "9.0.0-1468",
        "9.0.0-1604-source",
        "9.1.0",
        "9.1.0-1646.1669023907",
        "9.0.0",
        "9.1.0-1750-source",
```

```
    "9.1.0-1750.1675784955-source",
    "9.0.0-1640.1666621574",
    "9.1.0-1817",
...//省略部分内容
    "Architecture": "amd64",
    "Os": "linux",
    "Layers": [
        "sha256:72d37ae8760a66c6d3507cc766ab29e2e49082a565e2a531e4b0bea3c
4385392"
    ],
    "Env": [
        "PATH=/usr/local/sbin:/usr/local/bin:/usr/sbin:/usr/bin:/sbin:/
bin",
        "container=oci"
    ]
}
```

21.4　小　　结

容器非常受开发人员和运营商的欢迎，因为它提供了一种更快捷的方式来部署和管理应用程序，不用考虑目标环境。本章首先介绍了容器的一些基本知识，包括容器的概念、容器镜像类型和容器工具的安装等；然后介绍了使用 Podman 工具操作容器的方法，包括运行容器和管理容器的方法；最后介绍了使用 Buildah 构建容器镜像及使用 Skopeo 检查远程容器镜像的方法。

21.5　习　　题

一、填空题

1．容器是一种_____的技术，使应用程序可以在任何地方以相同的方式运行容器工具。

2．容器镜像有两种类型，分别为_____和_____。

3．容器注册中心是用来_____的集合。

4．UBI 镜像有 4 个，分别为_____、_____、_____和_____。

二、选择题

1．使用 Podman 管理容器时，用来启动容器的子命令是（　　　）。

A．start　　　　　　B．run　　　　　　C．stop　　　　　　D．rm

2．使用 Podman 管理容器时，用来查看运行的容器列表子命令是（　　　）。

A．images　　　　　B．ps　　　　　　C．list　　　　　　D．run

3．Podman 用来构建容器镜像的子命令是（　　　）。

A．rmi　　　　　　B．images　　　　　C．build　　　　　D．image

三、判断题

1．容器之间相互隔离，但又可以共享宿主机的资源。　　　　　　　　　　（　　）
2．容器与虚拟机完全一样，都可以创建、运行和关闭等。　　　　　　　　（　　）

四、操作题

1．使用 Podman 运行一个容器，并打开一个交互的容器终端。
2．查看运行的容器列表，然后尝试停止容器并删除容器。